T0073459

MYTHOS DETERMINISMUS

BRIGITTE FALKENBURG

MYTHOS DETERMINISMUS

WIEVIEL ERKLÄRT UNS DIE HIRNFORSCHUNG?

 Springer

Prof. Dr. Dr. Brigitte Falkenburg
Technische Universität Dortmund
Fakultät 14
Institut für Philosophie
und Politikwissenschaft
Emil-Figge-Str. 50
44227 Dortmund
Deutschland
brigitte.falkenburg@tu-dortmund.de

ISBN 978-3-642-25097-2   e-ISBN 978-3-642-25098-9
DOI 10.1007/978-3-642-25098-9
Springer Heidelberg Dordrecht London New York

Die Deutsche Nationalbibliothek verzeichnet diese Publikation in der Deutschen National-
bibliografie; detaillierte bibliografische Daten sind im Internet über http://dnb.d-nb.de abrufbar.

INHALTSVERZEICHNIS

VORWORT

Seit Jahren debattieren Naturwissenschaftler und Philosophen über die Hirnforschung. Aus der Sicht der Neurobiologie regiert im Kopf ein neuronales Netz. Was wir für unseren freien Willen halten, sei eine Illusion, die das Gehirn sich selbst vorspiegele – so Hirnforscher wie Wolf Singer oder Gerhard Roth. Sie behaupten, alle unsere Handlungen seien komplett durch das neuronale Geschehen im Gehirn determiniert. Sie streiten deshalb sogar ab, dass Verbrechern noch Schuld zugerechnet werden kann, und fordern Konsequenzen für das Strafrecht.

Ehe die Gesellschaft aus der Hirnforschung so drastische Konsequenzen zieht, sollte allerdings klar sein, wie gut die Hirnforscher die neuronalen Mechanismen und ihren Zusammenhang mit dem menschlichen Geist wirklich kennen. Von erschöpfendem Wissen kann derzeit keine Rede sein. In den Erklärungen der Hirnforscher klaffen drastische Lücken, von denen unklar ist, ob und wie sie je gefüllt werden können. Ob unser Geist nur eine illusionäre Begleiterscheinung neuronaler Automatismen ist, ein Rechenprodukt der Neurone, weiß heute niemand – es handelt sich um eine heuristische Vermutung der kognitiven Neurowissenschaft. Als Forschungshypothese der Hirnforscher ist sie sicher sinnvoll und nützlich. Der absolute Geltungsanspruch, mit dem sie oft daherkommt, ist aber eine andere Sache.

Die Debatte um neuronalen Determinismus und Willensfreiheit tritt seit längerer Zeit auf der Stelle. Das ist kein Wunder. Die Philosophen machen im Streit mit den Hirnforschern den zweiten Schritt vor dem ersten, solange sie es versäumen zu fragen: Was können die Erklärungen der Neurobiologie denn nun leisten und was nicht? Inwiefern kann man denn von den physischen Ursachen geistiger Phänomene sprechen? Und was heißt dabei „Ursache"?

Liebe Leserin, lieber Leser, hier setzt das Buch ein, das Sie in Ihren Händen halten. Es behandelt Fragen, die in der Debatte um Gehirn und

Geist, Determinismus und freien Willen bisher sträflich vernachlässigt wurden. Um sie zu behandeln, lade ich Sie auf eine wissenschaftstheoretische Reise durch die Befunde, Methoden und Erklärungen der Hirnforschung ein. Bitte lassen Sie sich nicht dadurch entmutigen, dass es manchmal kompliziert wird. Das Gehirn ist das komplexeste (un)bekannte Objekt im naturwissenschaftlichen Universum und die Wissenschaft dieses Objekts ist verwickelt. Doch Sie werden sehen, die geistige und neuronale Mühe lohnt sich.

Das Buch ist so geschrieben, dass es auch ohne detaillierte Kenntnisse der Debatte lesbar ist. Deshalb bitte ich Sie an dieser Stelle auch um Geduld, wenn Sie mit den Methoden und Forschungsergebnissen der kognitiven Neurowissenschaft schon gut vertraut sind und viel vom hier behandelten Material bereits kennen.

Um auszuleuchten, was uns die Hirnforschung erklärt und was nicht, werde ich ihre Befunde, Methoden und Erklärungen genau unter die Lupe nehmen und sie immer wieder mit denen der Physik vergleichen. Es heißt ja oft, die Physik sei inzwischen als Leitwissenschaft durch die Biowissenschaften einschließlich der Neurobiologie und der Hirnforschung abgelöst. Doch im Labor der Hirnforscher geht es weiterhin nicht ohne die experimentellen Methoden der Physik. Alle bildgebenden Verfahren, die elektrische Gehirnaktivitäten in Leuchtkurven am Oszillographen oder in bunte Bilder am Computer-Bildschirm umsetzen, beruhen auf physikalischen Effekten. Und viele Bücher zur Hirnforschung suchen selbst den Vergleich mit der Physik.

Ohne Rückgriff auf die Physik lässt sich auch die Debatte um die Hirnforschung nicht verstehen. Viele Erklärungen, Analogien, Metaphern und Mythen der Hirnforscher entpuppen sich bei näherer Betrachtung als Erbe der klassischen Physik. Und manche Vorstellungen des mechanistischen Zeitalters, die in der Physik längst überwunden sind, verstellen uns den Blick darauf, was die Hirnforschung tatsächlich erklären kann und was uns ihre Ergebnisse denn nun lehren.

Am Anfang der Naturwissenschaften standen Galileis experimentelle Methode, die Annahme des Descartes, alle Tiere sowie auch der menschlichen Organismus seien Automaten, und Newtons Suche nach den „wahren Ursachen" der Phänomene. Seitdem wurzelt die Naturerkenntnis nicht nur im kausalen Denken, sondern auch in Maschinenmetaphern und im Mythos, alles in der Welt ließe sich vollständig durch deterministische Naturgesetze erklären. Die Physik hat sich seit Beginn des 20. Jahrhunderts in einem schmerzhaften Prozess vom mechanistischen Weltbild gelöst. Doch in der Biologie sind die überholten mechanistischen Vorstellungen bis heute wirksam geblieben, bis in die Hirnforschung hinein. Die Debatte um Geist und Gehirn, freien Willen und neuronalen Determinismus zeigt, wie verheerend sich dies bis heute auf unser Naturverständnis und Menschenbild auswirkt.

Das Buch stellt den wissenschaftstheoretischen Ausführungen zur Hirnforschung ein philosophisches 1. Kapitel über den Streit um Gehirn und Geist voran. Die Debatte um den neuronalen Determinismus wird erst vor dem philosophischen Hintergrund verständlich, den ich dort deutlich mache. Ab Mitte des Kapitels wird das Trilemma plausibler Thesen über Geist, Gehirn und Natur erläutert, mit dem die Philosophen gegenwärtig die Ergebnisse der Hirnforschung mehr schlecht als recht verarbeiten. Neurowissenschaftler, die sich nicht für philosophische Fragen interessieren, mögen das 1. Kapitel zunächst überschlagen und vielleicht später zurückblättern – oder auch nicht. Doch wenn Sie meinen Ausführungen bis zur Mitte des 7. Kapitels gefolgt sind, sollten Sie nachträglich wenigstens die zweite Kapitelhälfte nachlesen.

Das 2. Kapitel entwickelt den wissenschaftstheoretischen Rahmen für eine fundierte Auseinandersetzung mit der Hirnforschung. Es erläutert, wie sich nach Galilei das Buch der Natur entziffern lässt: in „mathematischen Lettern" und mittels analytisch-synthetischer Methoden. Diese Methoden waren den Anatomen, Physikern, Chemikern und Hirnforschern von Vesalius über Galilei und Newton bis zu Planck oder Ramón y Cajal so vertraut, wie sie es den Neurowissenschaftlern unter den Namen *top-down approach* und *bottom-up approach* noch heute sind. Doch kaum jemand kennt noch ihre Herkunft und ihre erstaunlich konstanten Züge. Bitte überspringen Sie deshalb dieses Kapitel selbst bei wissenschaftstheoretischen Vorkenntnissen nicht völlig.

Das 3. Kapitel beginnt damit, die empirischen Befunde der Hirnforschung unter wissenschaftstheoretischen Gesichtspunkten zu erschließen. Dabei geht es zunächst um anatomische Befunde am toten Gehirn, um die Schichtenstruktur des Gehirns, um neurochemische Befunde, die auf schauerlichen Tierexperimenten beruhen, und um neuropathologische Befunde. Geschichten vom defekten Gehirn, wie sie unter anderem Oliver Sachs erzählt, liefern erste kausale Verbindungen zwischen Gehirn und Geist, oder: kognitiven Ausfällen und Gehirnfunktionen. Die Durchforstung der Anfänge, Methoden und Ergebnisse der Hirnforschung zielt schon hier auf die Frage, wie sich denn subjektive Bewusstseinsinhalte wissenschaftlich objektivieren lassen.

Das 4. Kapitel greift diese Frage auf. Es befasst sich mit dem Bewusstsein im Versuchslabor, mit der Anwendung experimenteller Methoden auf das phänomenale Bewusstsein und mit deren Grenzen. Die Gretchenfrage ist hier: Inwieweit gelingt es den Neurowissenschaftlern, ihre analytisch-synthetischen Methoden nicht nur auf das Gehirn bzw. das neuronale Geschehen, sondern auch auf den Geist bzw. auf unsere Bewusstseinsinhalte anzuwenden? Die Psychophysik und viele Reiz-Reaktions-Experimente der Hirnforschung stehen hier ganz gut da. Doch beim Libet-Experiment führt die analytisch-synthetische Methode auf mereologisches Glatteis (nämlich zur Versuchung, vom Bewusstsein zu dessen Bestandteilen zu schlittern), und bei der Analyse des Selbst anhand neuropathologischer Fälle nicht weniger.

Das 5. Kapitel spielt die Frage, wie sich unsere Bewusstseinsinhalte wissenschaftlich objektivieren lassen, am Rätsel Zeit durch. Wie können neuronale Prozesse unser Zeiterleben determinieren? Der physikalische Zeitpfeil beruht auf der statistischen Begründung der Thermodynamik, d. h. auf einer probabilistischen Theorie. Ist der neuronale Determinismus gar nicht so ernst gemeint? Dann gerät das naturalistische Credo der kausalen Geschlossenheit der Welt ins Wanken. Oder ist er doch strikt gemeint? Dann sind metaphysische Rettungsaktionen für den Determinismus angesagt, die an das Fundament der heutigen Physik rühren. Worauf die Richtung und die Einheit unseres Zeiterlebens beruht, ist damit aber noch lange nicht erklärt.

Das 6. Kapitel hinterfragt Ursachen und was sie erklären. Die Quintessenz ist hier betrüblich für strikte Deterministen. Weder die

Philosophie noch die Physik hat einen einheitlichen, hinreichend starken Ursachenbegriff, nach dem kausale Prozesse zugleich notwendig (deterministisch-reversibel) und zeitlich gerichtet (probabilistisch-irreversibel) sind. Von der physikalischen Signalübertragung bis zu den neuronalen Mechanismen sind nur kausale Prozesse bekannt, die *abwechselnd* das eine *oder* das andere sind, aber nicht beides zugleich. Der Aufstieg vom Gehirn zu kognitiven Leistungen und zum Bewusstsein ist erst recht nicht deterministisch fundiert, hier werden die mechanistischen Erklärungen durch Analogieschlüsse „aufgestockt".

Das 7. Kapitel fragt schließlich, wieviel uns die Hirnforschung denn nun erklärt. Es stellt die Leistungen und Lücken des *top-down-* und *bottom-up-*Vorgehens zusammen, vergleicht das Bindungsproblem der Hirnforschung mit den gebundenen Systemen der Physik als Vorbild und erläutert das *Blue Brain*-Projekt, das simuliert, wie die Neurone im Neokortex vernetzt sind. Mit all den Ergebnissen kehre ich dann zum philosophischen Trilemma des 1. Kapitels zurück. (Spätestens jetzt sollten Sie dort nachlesen.) Die wissenschaftstheoretische Sicht legt mir eine Auflösung nahe, die wider alle heutigen philosophischen Moden ist: Wenn unklar ist, was „Kausalität" bedeutet, und wenn die Naturgesetze nicht strikt deterministisch sind, dann macht die Annahme, die Natur sei kausal geschlossen, wenig Sinn.

Das 8. Kapitel behandelt die Frage, was die Hirnforschung nach alledem für unser Naturverständnis und Menschenbild bedeutet. Zu einem neuen Menschenbild zwingt sie uns nicht, wenn der neuronale Determinismus ein szientistischer Mythos ist. Und sie schafft es auch nicht, den Geist zu naturalisieren. Wer das Bewusstsein nur über den *top-down-* und *bottom-up*-Leisten der physischen Phänomene schlägt, wird nicht herausfinden, woraus es besteht oder worauf es beruht. Bewusstseinsinhalte sind weder Komponenten des Gehirns, die sich präzise vermessen lassen, noch Korrelate solcher Komponenten. Und dies setzt Grenzen für eine ontologische Reduktion, nach der die Phänomene in der Welt als Gebilde gelten, die sich in Bestandteile zerlegen lassen.

Die Hirnforschung kann die Behauptung, das neuronale Geschehen *determiniere* unsere Bewusstseinsinhalte, letztlich nicht begründen. Bei aller Bewunderung für die kognitive Neurowissenschaft – das Gefüge ihrer Puzzlesteine bleibt fragmentarisch. Die analytisch-synthetischen Methoden der Hirnforschung haben ihre Grenzen. Sie werden dem Bewusstsein nur ansatzweise gerecht und können nur manche der Bedingungen erfassen, unter denen das menschliche Dasein steht. Und die Modelle dieser aufregenden Disziplin sind genau das, was dieser Begriff besagt – Modelle, die idealisieren; und Forschungsinstrumente, von denen gegenwärtig niemand weiß, wie gut sie der Wirklichkeit von Gehirn und Geist gerecht werden.

Ohne vielfältige Unterstützung wäre dieses Buch nicht zustande gekommen. Angela Lahee vom Springer-Verlag hat das Projekt seit seinen Anfängen im Jahr 2009 gefördert und inhaltlich begleitet. Mehrere Kapitel entstanden während eines Forschungssemesters im Jahr 2010. Meine Dortmunder Mitarbeiterinnen, Mitarbeiter und Kollegen hatten großes Verständnis dafür, dass ich mich trotz schwieriger Zeiten auch danach noch, wann immer es ging, zum Schreiben in den äußersten Süden Europas zurückzog. Hilfreiche Anregungen und kritische Bemerkungen zum Projekt, zu Vorträgen und Thesen oder zu früheren Kapitelversionen bekam ich aus den verschiedensten Ecken. Wertvolle Hinweise verdanke ich insbesondere Jürgen Altmann, Nicolette Bohn, Johannes Falkenburg, Friedrich Fulda, Reiner Hedrich, Renate Huber, Wolfgang Rhode, Louise Röska-Hardy, Achim Stephan und den anonymen Gutachtern des Springer-Verlags. Die umfangreiche und detaillierte Kritik eines Gutachters am fast fertigen Buch war instruktiver als ich hier in knappen Worten ausdrücken kann; sie hat, so hoffe ich, entscheidend zur klareren Darstellung meiner Argumente beigetragen. Das Literaturverzeichnis und halbwegs konsistente Fußnoten wären ohne die umfangreiche Vorarbeit von Silvia Balbo vermutlich nie zustande gekommen; sie hat den gesamten Text kritisch durchgesehen. Holger Blumensaat, Anastasia Braun, Matthäus Ochmann und Marie Millutat haben Korrektur gelesen. Ihnen allen sei an dieser Stelle herzlich gedankt. *Y agradezco a Santi, que me hizo reir.*

Dortmund und Las Palmas   *Brigitte Falkenburg*
im September 2011

INHALTSÜBERSICHT

„Man muß übrigens zugestehen, daß die Perzeption *und was von ihr abhängt* durch mechanische Gründe, *d. h. durch Figuren und Bewegungen, unerklärbar ist. Angenommen, es gäbe eine Maschine, deren Struktur zu denken, zu fühlen und Perziptionen zu haben erlaubte, so könnte man sich diese derart proportional vergrößert vorstellen, daß man in sie eintreten könnte wie in eine Mühle. Dies vorausgesetzt, würde man, indem man sie von innen besichtigt, nur Teile finden, die sich gegenseitig stoßen, und niemals etwas, das eine Perzeption erklären könnte. Also muß man danach in der einfachen Substanz und nicht im Zusammengesetzten oder in einer Maschine suchen.*"

G.W. Leibniz (*Monadologie*, § 17)

1

STREIT UM GEHIRN UND GEIST

NEURONALER DETERMINISMUS

Der Mensch ist keine scharf vom Tierreich getrennte „Krone der Schöpfung". Die Gattung *homo sapiens* entstand im Verlauf von Jahrmillionen durch die Evolution; der menschliche Geist entwickelte sich aus Vorformen, die bei hoch entwickelten Tieren auftreten. Werkzeug- und Symbolgebrauch findet sich nicht nur bei den Primaten, sondern auch bei Rabenvögeln oder Papageien, deren Gehirn einen ganz anderen Aufbau zeigt als das der Säugetiere. Hirnforscher heben deshalb gern hervor, „die Natur" habe das intelligente Verhalten von Lebewesen mehrfach auf verschiedenen Wegen „erfunden".[1]

Unsere nächsten tierischen Verwandten sind die Schimpansen. Wir haben fast 99% unserer Gene mit ihnen gemeinsam, wir können sie ein Stück weit den Gebrauch unserer Symbole lehren, und sie haben uns durch ihr Verhalten davon überzeugt, dass sie sich im Spiegel erkennen, also über diejenige geistige Eigenschaft verfügen, die wir Selbstbewusstsein nennen. Aber sie können uns nicht mitteilen, wie es sich anfühlt, ein Schimpanse zu sein – so weit gehen ihre Fähigkeiten zum sprachlichen Ausdruck und zur Verständigung mit uns nicht. Selbst der intelligenteste Schimpanse kommt sein Leben lang kaum über Ausdrucksfähigkeit und technische Fertigkeiten eines drei- bis

B. Falkenburg, *Mythos Determinismus*, DOI 10.1007/978-3-642-25098-9_1,
© Springer-Verlag Berlin Heidelberg 2012

vierjährigen Kindes hinaus. Dasselbe gilt für andere Primaten, wie die Bonobos (Zwergschimpansen), Gorillas und Orang-Utans.

Dennoch lehrt uns die moderne Verhaltens- und Evolutionsbiologie: Wir haben gute Gründe anzunehmen, dass Schimpansen, Gorillas und Orang-Utans ansatzweise über einen Geist gleich dem unseren verfügen. Dasselbe vermuten die Biologen von anderen hochentwickelten Tieren, etwa von den Delphinen. Ein Stück weit färbt unser Geist umgekehrt auf die Haustiere ab, die seit Jahrtausenden domestiziert in menschlicher Gesellschaft leben. Seiner Katze oder seinem Hund schreibt jeder Hunde- und Katzenbesitzer Gefühle und Eigensinn zu, und dies ist nicht abwegig. Als René Descartes (1596–1650) die Tiere zu bloßen Automaten und nur uns zu Wesen mit Geist erklärte, lag er also ziemlich falsch.

Man spricht gern von den drei Kränkungen, die das Selbstverständnis des Menschen durch die Naturwissenschaften erfuhr. Die Astronomie und die Physik versetzten die Erde vom Zentrum des Kosmos in eine randständige Position – das war die kopernikanische Kränkung. Seit Charles Darwin (1809–1882) nimmt die Biologie an, dass der Mensch das Ergebnis einer Entwicklung der höheren aus den niedrigeren Arten ist – das war die nächste Kränkung. Nach der Evolutionstheorie passen sich die Lebewesen durch Mechanismen der genetischen Mutation und der Selektion immer ausgefeilter an ihre Umwelt an, wobei die Tiergattungen im Lauf der Evolution immer komplexere Organe und kognitive Fähigkeiten entwickelt haben. Aus der Sicht der Evolutionsbiologie hat sich unsere Art, der *homo sapiens*, vor ungefähr 200 000 Jahren aus Hominiden entwickelt, die heute ausgestorben sind.

Zuletzt wurde das menschliche Handeln zum Gegenstand naturwissenschaftlicher Erklärung. Sigmund Freud (1856–1939), der sich als Naturwissenschaftler verstand, entwarf eine Theorie des Unbewussten, nach der unser Bewusstsein nicht Herr im eigenen Haus ist, sondern auch durch Triebe gesteuert wird, deren wir uns nicht bewusst sind – dies war die dritte Kränkung. Bezüglich der unbewussten Antriebe gibt ihm die Hirnforschung heute Recht. Sie konnte vielfältige Belege dafür sammeln, wie anfällig unsere kognitiven Fähigkeiten gegen die

Manipulation durch Reize unterhalb der Wahrnehmungsschwelle, durch biochemische Stoffe oder gegen Gehirnverletzungen sind.

Die ersten beiden Kränkungen sind im naturwissenschaftlichen Weltbild längst verarbeitet, die Auseinandersetzung um die dritte ist angesichts der Hirnforschung jetzt erst richtig im Gang. Im Zentrum steht der *neuronale Determinismus* – die These prominenter Hirnforscher, dass die neuronalen Aktivitäten im Gehirn unser Handeln vollständig bestimmen oder determinieren.

Die Hirnforscher und die Philosophen sind sich in zwei Punkten grundsätzlich einig: Aus biologischer Sicht gibt es keinen prinzipiellen, sondern nur einen graduellen Unterschied zwischen Mensch und Tier. Doch der konkrete Unterschied ist gewaltig. Über Geist im Sinne unserer Sprachfähigkeit und Kulturleistungen verfügt offenbar nur der Mensch. Die Debatte um Gehirn und Geist entzündet sich an der Frage, wie weit der konkrete Unterschied zwischen Mensch und Tier denn nun geht. Die Verhaltensbiologie lehrt, dass unser Bewusstsein und Selbstbewusstsein keine exklusiv geistigen Fähigkeiten sind, die den Tieren völlig abgehen. Doch wie steht es mit der menschlichen Vernunft, die seit Aristoteles (384-322 v. Chr.) als unsere Fähigkeit gilt, wohldurchdachte, rationale Entscheidungen zu treffen? Besitzen wir einen freien Willen? Oder sind wir durch unsere biologische Ausstattung, unsere Umwelt und das neuronale Geschehen in unseren Köpfen „vorprogrammiert"?

Der neuronale Determinismus entpuppt sich bei näherem Besehen als ein Bündel von unterschiedlichen Behauptungen, die auf der Hirnforschung beruhen und im oben skizzierten evolutionsbiologischen Rahmen gerechtfertigt werden. Das Fernziel aller Hirnforschung ist, den Geist zu „naturalisieren", d. h. ihn möglichst vollständig durch das physische Geschehen im Gehirn zu erklären. So heißt es im *Manifest* der Hirnforscher, das 2004 in der Zeitschrift *Gehirn und Geist* erschien:[2]

> *„Wir haben herausgefunden, dass im menschlichen Gehirn neuronale Prozesse und bewusst erlebte geistig-psychische Zustände aufs Engste miteinander zusammenhängen und unbewusste Prozesse bewussten in bestimmter Weise vorausgehen. Die Daten,*

die mit modernen bildgebenden Verfahren gewonnen wurden, weisen darauf hin, dass sämtliche innerpsychischen Prozesse mit neuronalen Vorgängen in bestimmten Hirnarealen einhergehen – zum Beispiel Imagination, Empathie, das Erleben von Empfindungen und das Treffen von Entscheidungen beziehungsweise die absichtsvolle Planung von Handlungen. Auch wenn wir die genauen Details noch nicht kennen, können wir davon ausgehen, dass alle diese Prozesse grundsätzlich durch physikochemische Vorgänge beschreibbar sind. ...

Geist und Bewusstsein – wie einzigartig sie auch von uns empfunden werden – fügen sich also in das Naturgeschehen ein und übersteigen es nicht. Und: Geist und Bewusstsein sind nicht vom Himmel gefallen, sondern haben sich in der Evolution der Nervensysteme allmählich herausgebildet."

Dies sind starke Worte – auch wenn die Verfasser des *Manifests* weit davon entfernt sind zu behaupten, unser Geist sei eine Marionette, die am Faden des neuronalen Geschehens zappelt. Die knappe Passage enthält vier verschiedene Thesen darüber, wie Geist und Gehirn zusammenhängen:

(i) *Naturalismus:* Geist und Bewusstsein übersteigen das Naturgeschehen nicht; sie haben sich durch die Evolution des Nervensystems herausgebildet.

(ii) *Korrelation:* Alle innerpsychischen Prozesse gehen mit neuronalen Vorgängen in bestimmten Hirnarealen einher.

(iii) *Beschreibbarkeit:* Alle geistig-psychischen Prozesse sind grundsätzlich durch physikalische und chemische Vorgänge beschreibbar.

(iv) *Kausale Ordnung:* Unbewusste Prozesse gehen bewussten Prozessen in bestimmter Weise voraus (d. h.: als deren Bedingungen; womit offenbar die kausale Wirkung der neuronalen Prozesse auf das Bewusstsein gemeint ist).

„Naturalismus" heißt: Alles ist Natur; es gibt keine eigenständige geistige Welt oder Wirklichkeit. Evolutionsbiologisch betrachtet sind Geist und Bewusstsein auch nur Naturprodukte, die sich aus dem Nervensystem entwickelt haben und die Natur nicht übersteigen.

„Korrelation" heißt: Alle innerpsychischen Prozesse sind begleitet von neuronalen Aktivitäten in bestimmten Hirnarealen. Nach (i) übersteigen die innerpsychischen Prozesse nicht das Naturgeschehen im Gehirn, die neuronalen Prozesse; danach besagt (ii) also *mehr* als einen psychophysischen Parallelismus, nach dem geistige Prozesse und neuronale Aktivitäten unverbunden sind und parallel ablaufen.

„Beschreibbarkeit" heißt: Dieses „Mehr" lässt sich naturwissenschaftlich erfassen, in Form von physikalischen und chemischen Vorgängen, die den geistig-psychischen Prozessen zugrunde liegen. Die „physikochemischen" Vorgänge erklären also, warum innerpsychische Vorgänge nach (iii) mit neuronalen Prozessen korreliert sind.

„Kausale Ordnung" heißt: Eine Ursache geschieht nicht später als ihre Wirkung. Die bewussten Prozesse können also keinesfalls unbewusste Prozesse verursachen, die ihnen nach (iv) in bestimmter Weise *vorher*gehen. Die Verursachung kann nur umgekehrt sein: die unbewussten Prozesse können höchstens die bewussten Prozesse bedingen, verursachen oder determinieren, aber nicht umgekehrt. Nach (ii) gehen diese unbewussten Prozesse mit neuronalen Aktivitäten einher; nach (iii) sind sie als physikalische und chemische Vorgänge beschreibbar.

Vom „neuronalen Determinismus" ist hier gar nicht explizit die Rede, doch er folgt aus den Thesen (i)–(iv), wenn man sie zusammennimmt. Die oben zitierte Passage behauptet implizit, was tendenziell schon Freud lehrte: Wir sind nicht Herr im eigenen Haus, sondern durch unbewusste Antriebe determiniert. In heutiger Deutung heißt das: Unser Wille ist nur das, was wir bewusst verspüren, *nachdem* unsere neuronalen Aktivitäten im Gehirn längst geregelt haben, was wir tun werden.

Prominente Hirnforscher, die sich an der öffentlichen Debatte um Willensfreiheit und neuronalen Determinismus beteiligen, drücken plakativ aus, was das *Manifest* dezenter formuliert. Wolf Singer, Mitverfasser des *Manifests*, schreibt im Aufsatz *Verschaltungen legen uns fest: Wir sollten aufhören, von Freiheit zu sprechen*:[3]

„Damit das Gewollte zur Tat wird, muß etwas im Gehirn gesche-hen, was das Gewollte ausführt. Es müssen Effektoren aktiviert werden, und dazu bedarf es neuronaler Signale. Entsprechend müssen die Sinnessysteme eingesetzt werden, also wiederum neu-ronale Strukturen, um etwas über die Welt zu erfahren. Bei alledem begleitet uns das Gefühl, dass wir es sind, die diese Prozesse kontrollieren. Dies ist aber mit den deterministischen Gesetzen, die in der dinglichen Welt herrschen, nicht kompatibel.

... Da wir, was tierische Gehirne betrifft, keinen Anlaß haben zu bezweifeln, daß alles Verhalten auf Hirnfunktionen beruht und somit den deterministischen Gesetzen physiko-chemischer Prozesse unterworfen ist, muss die Behauptung der materiellen Bedingtheiten von Verhalten auch auf den Menschen zutreffen.“

Danach werden unsere Handlungen nicht durch unseren Willen ausge-löst, sondern durch die neuronalen Aktivitäten im Gehirn. Das Gefühl, *wir* seien es, die handeln, ist mit dem neuronalen Geschehen, das durch physikalische und chemische Gesetze determiniert ist, nicht vereinbar; dementsprechend muss dieses Gefühl eine Illusion sein. Das Verhalten von uns Menschen unterliegt wie das der Tiere nur materiellen Be-dingtheiten. – Der neuronale Determinismus umfasst auch hier wieder mehrere Behauptungen, die keineswegs ein-und-dasselbe besagen:

– Die neuronalen Prozesse sind den Gesetzen der Physik und Chemie unterworfen, d. h. die Gehirnaktivität ist letztlich physikalischer und chemischer Natur.
– Diese Gesetze sind deterministisch, d. h. sie bestimmen das Gehirn-geschehen vollständig.
– Das Verhalten von Tieren und Menschen ist materiell bedingt.

In einem Interview mit *Spektrum der Wissenschaft* macht Singer deut-lich, wie er diese materielle Bedingtheit versteht: als *kausale Beziehung*. Wenn Affen, andere Säugetiere oder wir die Aufmerksamkeit bewusst auf etwas richten, so treten dabei bestimmte neuronale Muster im Gehirn auf, die sich mit bildgebenden Verfahren nachweisen lassen.

Doch die Korrelation der Aufmerksamkeit mit den neuronalen Mustern ist kausal bedingt, auch wenn dies nur indirekt beweisbar ist:[4]

> *„Doch, das sind ja kausale Beziehungen. Es ist nur schwierig dies zu beweisen. ... Man kann durchaus neuronale Strukturen angeben, die für Aufmerksamkeitsprozesse verantwortlich sind. Die besten Beispiele dafür kommen aus der Klinik: Wenn bestimmte Strukturen des Gehirns zerstört werden, sind die Patienten nicht mehr in der Lage, ihre Aufmerksamkeit auf bestimmte Bereiche ihrer Wahrnehmungswelt zu richten. Häufig betrifft das dann Körperregionen oder einen Teil des Gesichtsfelds. Das Gleiche kennen wir aus Tierversuchen. Wenn bestimmte Hirnstrukturen vorübergehend inaktiviert werden – durch Kühlung zum Beispiel – kommt es zu selektiven Aufmerksamkeitsdefiziten, die zu den gleichen Verhaltensänderungen führen wie beim Menschen. Auf diese Weise lässt sich eine direkte Ursache-Wirkung-Beziehung herstellen.“*

Auf die Kausalbeziehung deuten also vor allem neuropathologische Fälle hin. Solche Geschichten vom defekten Gehirn, wie Oliver Sacks sie in seinem berühmten Buch *Der Mann, der seine Frau mit einem Hut verwechselte* erzählt, sind ein wichtiger Baustein des neuronalen Determinismus. Als anderer zentraler Baustein gelten die berühmten Libet-Experimente zur Willensfreiheit. Die Hirnforscher spielen Puzzle, um die materiellen Bedingtheiten des Geistes zu verstehen. Eine tragfähige, empirisch bewährte Theorie dafür, wie das neuronale Netzwerk im Gehirn den Geist erzeugt, sind sie uns bisher allerdings schuldig geblieben (mehr dazu in späteren Kapiteln).

Die Puzzlesteine kommen aus den verschiedensten Ecken. Neben der Evolutionsbiologie entstand im 19. Jahrhundert die Neurobiologie als Disziplin, die von der Physiologie der Sinneswahrnehmung bis zur Hirnforschung reicht. Die Sinnesphysiologie fing mit den physikalischen Experimenten an, in denen Luigi Galvani (1737–1798) Froschschenkel zum Zucken brachte, indem er sie unter Strom setzte. Spätere Experimente in seiner Tradition erkundeten, wie das Nervensystem arbeitet. Die Hirnforschung begann damit, dass der Arzt John Harlow (1819–1907) das traurige Schicksal des Phineas Gage (1823–1860) aufzeichnete. Phineas Gage war ein höchst angesehener und zuverlässiger junger Arbeiter, bis er nach einem grässlichen Unfall im Jahr 1848, den er wie durch ein Wunder physisch weitgehend unversehrt überlebte, jedes moralische Gefühl verlor.[5] Um immer neue Steinchen zusammenzutragen, halten sich die Hirnforscher seitdem an Tierversuche, die mehr oder weniger drastisch in Leib und Leben der Versuchstiere eingreifen; an bizarre Krankheitsgeschichten; an elektrische Nadeln im offenen Gehirn; an bunte Bilder der neuronalen Aktivitäten; an die Libet-Experimente; und an vieles mehr. Die Frage, der dieses Buch nachgeht, lautet:

Inwieweit rechtfertigen die bisher vorliegenden Puzzlesteine ein Menschenbild, nach dem wir keinen freien Willen haben, sondern neuronal determiniert sind?

Für manche Kognitionsforscher ist schon jetzt ausgemacht, was das vollständige Puzzle zeigen wird. So sagte der experimentelle Psychologe Wolfgang Prinz:[6]

> *„Aber um festzustellen, daß wir determiniert sind, bräuchten wir die Libet-Experimente nicht. Die Idee eines freien menschlichen Willens ist mit wissenschaftlichen Überlegungen prinzipiell nicht zu vereinbaren. Wissenschaft geht davon aus, daß alles, was geschieht, seine Ursachen hat und daß man diese Ursachen finden kann. Für mich ist unverständlich, daß jemand, der empirische Wissenschaft betreibt, glauben kann, daß freies, also nicht determiniertes Handeln denkbar ist.“*

Für mich ist unverständlich, wieso dann der große Physiker Albert Einstein (1879–1955) bezüglich seiner wissenschaftlichen Überlegungen zur Auffassung gelangte, naturwissenschaftliche Theorien seien freie Schöpfungen des menschlichen Geistes.[7] Der Photoeffekt, die Spezielle und die Allgemeine Relativitätstheorie – nichts als Produkte feuernder Neurone? Einstein war auch Determinist, doch nur in Bezug auf physikalische Prozesse. Den menschlichen Geist ließ er wohlweislich aus dem Spiel. Physiker haben meistens ein gutes Gefühl für die Leistungsfähigkeit und die Grenzen ihrer Methoden und Modelle – was sich von prominenten Hirnforschern nicht unbedingt behaupten lässt.

Wie in den folgenden Kapiteln Schritt für Schritt gezeigt werden soll, weist das Puzzle der kausalen Zusammenhänge zwischen Gehirn und Geist erhebliche Lücken auf. Die Hirnforscher übertünchen diese Lücken gern durch die plakative Rede vom „neuronalen Determinismus". Wie Sie oben schon gesehen haben, umfasst dieser jedoch mindestens vier starke Thesen: die Annahme, dass sich die Gehirnprozesse auf Physik und Chemie reduzieren; die Behauptung, die betreffenden Naturgesetze seien deterministisch; die These, das Verhalten von Tieren und Menschen sei nur materiell bedingt; und die kausale Interpretation dieser materiellen Bedingtheit.

Doch sind Determinismus, Kausalität und materielle Bedingtheit überhaupt dasselbe? Die Annahme, dies sei der Fall und bedeute etwas für den menschlichen Willen, hat eine altehrwürdige philosophische Tradition. Dieser Tradition wenden wir uns nun zunächst zu, denn die aktuelle Diskussion um Hirnforschung und Willensfreiheit wird erst vor ihrem Hintergrund verständlich. Dies mag erklären, warum die Debatte in den angelsächsischen Ländern nicht – oder jedenfalls nicht so heftig wie bei uns – geführt wird: Abgekoppelt vom Hintergrund der kontinentalen Philosophie besteht gar kein Grund zur Aufregung. Die Frage, ob dies gut oder schlecht ist, lasse ich hier lieber offen. Die Angelsachsen sind empiristisch imprägniert; während wir Deutschen, wie mir ein englischer Kollege einmal sagte, die Metaphysik im Blut haben.

ALTER KAMPFPLATZ DER METAPHYSIK

Die Geschichte beginnt natürlich bei Descartes, der die Tiere und den menschlichen Körper zu Automaten erklärte. Er dachte, der Geist sei ein besonderes, von unserer physischen Existenz unabhängiges, nicht-materielles „Ding", die *res cogitans*. Er hielt diese „denkende Sache" für eine nicht-räumliche Substanz, die durch ein Organ im Gehirn – die

Zirbeldrüse (Epiphyse) – mit dem menschlichen Körper in Verbindung stehe. Er betrachtete die Zirbeldrüse als Schnittstelle, an der sich der Geist in die mechanische Körperwelt einspeist. Seine Theorie ist widerlegt, aber sein Dualismus und seine mechanistische Sicht der Lebewesen blieben bis heute einflussreich.

Doch was ist er, unser Geist? Nach einer berühmten Kantate von Johann Sebastian Bach (1685–1750) ist das Menschenleben *Ach wie flüchtig, ach wie nichtig.* Dabei bringt des Menschen Geist so einzigartige Kulturleistungen zustande wie dieses Musikwerk. Bachs Kantate ist ein barockes *memento mori,* das an Endlichkeit und Sterblichkeit gemahnt, daran, wie vergänglich alle unsere Bestrebungen sind. Für Bach und seine meisten Zeitgenossen war es selbstverständlich, dass der Geist des Menschen von Gott kommt und zu Gott zurückkehrt, wenn wir sterben; dass er also nicht der physischen Welt zugehört, sondern einer höheren geistigen Wesenheit entspringt.

Auch die Begründer der neuzeitlichen Naturwissenschaft waren hiervon überzeugt. Galileo Galilei (1564–1642) geriet ja nicht in Konflikt mit der Kirche, weil er an der Existenz Gottes gezweifelt hätte, sondern weil er das „Buch der Natur" als Quelle göttlicher Offenbarung der Bibel vorzog und für die Wahrheit des Kopernikanischen Weltsystems eintrat. Isaac Newton (1642–1724) betrachtete den „absoluten Raum", den er als Bezugsrahmen für mechanische Trägheitsbewegungen annahm, zugleich als Garanten der Allgegenwart Gottes in der Welt. Selbst Darwin war gläubig, doch dies wird heute kaum noch wahrgenommen.

Es waren nicht die Physiker, sondern einige Philosophen der frühen Neuzeit, die zuerst am nicht-materiellen Wesen oder der „höheren Natur" des Geistes zweifelten und eine materialistische oder „naturalistische" Weltsicht propagierten. Immanuel Kant (1724–1804), der nicht zu ihnen zählte, schimpfte sie im Jahr 1755 „Freigeister". Er setzte ihnen einen Gottesbeweis entgegen,[8] nach dem sich die Ordnung im Weltall der ordnenden Hand Gottes verdankt, die so über die Naturgesetze wirke, wie dies durch Newtons Physik erfassbar sei. (Diesen frommen Glauben sah der junge Kant wenig später durch das Erdbeben von Lissabon schwer erschüttert.)

Der erste prominente materialistische „Freigeist" der frühen Neu-zeit war Thomas Hobbes (1588–1679), ein scharfer Kritiker des Carte-sischen Dualismus. Er vertrat die Auffassung, der menschliche Geist entspringe aus seiner physischen Basis, dem Gehirn, und erlösche mit dem Sterben des Körpers wie eine Kerzenflamme.

„Freigeister" wie Hobbes lebten damals gefährlich – nicht minder gefährlich als die Anhänger des Kopernikanischen Systems. Hobbes sah sich selbst in England, fern der römischen Inquisition, kirchlicher Verfolgung ausgesetzt, vor der ihn nur der König schützte. Giordano Bruno (1548–1600) war für die Behauptung, es gebe unendlich viele Sonnen und Welten gleich unserer, im vermeintlich liberalen Vene-dig verhaftet und als Ketzer verbrannt worden. Und Galilei hatte nicht nur provoziert, indem er die Natur als zweite Offenbarung be-trachtete, die Vorrang vor der Bibel habe. Im *Dialog über die beiden Weltsysteme* verlieh er dem Aristoteliker Simplicio ein äußerst schlich-tes Gemüt und stand klar auf Seiten des Kopernikaners; was ihm Folterandrohung, erzwungenes Dementi und lebenslangen Hausarrest bescherte.

Angesichts des Galilei-Prozesses behielt Descartes seine eigene Schrift über das Kopernikanische System unter Verschluss und publi-zierte seine anderen Werke nicht in Paris, sondern im liberalen Ams-terdam. 1641 erschienen dort seine *Meditationen* mit den Einwänden zeitgenössischer Theologen und Philosophen, darunter auch denjeni-gen von Thomas Hobbes (1588–1679), nebst Descartes' Erwiderungen.

Hobbes zerpflückte in seinen Einwänden die Beweise, die Descar-tes für die Existenz Gottes und die Unsterblichkeit der Seele führte. Im Werk *De Corpore* behauptete Hobbes später, das Gehirn sei nichts als eine Rechenmaschine. Damit prägte er die Computer-Metapher des Ge-hirns, die ihre Wirkung bis heute entfaltet. Die Debatte um Geist und Gehirn begann damals, mit Hobbes' Einwänden gegen Descartes' *Me-ditationen*, im Jahr 1641 – dreizehn Jahre, nachdem William Harvey (1578–1657) seine Entdeckungen über den Blutkreislauf veröffentlicht hatte, ein Jahr vor Newtons Geburt und gut zwei Jahrhunderte vor den Anfängen der modernen Hirnforschung.

Im Verlauf des 18. Jahrhunderts setzte sich das mechanistische Weltbild zunehmend durch und die Auseinandersetzung zwischen den Materialisten und den Cartesianern gewann an Schärfe. Dabei hatte die Cartesische Tradition die schlechteren Karten. Die Nachfolger des Descartes waren nicht imstande, eine eindeutige, unumstrittene Auffassung darüber zu entwickeln, wie denn nun der Geist in die Welt kommt und darin wirkt. Jeder rationalistische Philosoph kritisierte den Cartesischen Dualismus auf seine Weise und stellte wieder eine neue Theorie über den Zusammenhang von Geist und Materie dagegen, die seine Nachfolger dann wiederum kritisieren konnten.

In diesen Theorien spielte der Begriff der *Ursache*, den ich später noch ausführlich bespreche, eine schillernde Rolle. Baruch de Spinoza (1632–1677) hielt Geist und Materie für zwei verschiedene Attribute (Eigenschaften) einer allumfassenden („All-Einen") göttlichen Substanz. Diese Theorie sicherte er mit einem Gottesbeweis ab, indem er den Begriff eines Wesens definierte, das sich selbst verursacht oder seine eigene Ursache ist (*causa sui*); ein solches Wesen zieht sich als metaphysischer Münchhausen aus dem Sumpf der Nichtexistenz. Bei Spinozas Nachfolger Gottfried Wilhelm Leibniz (1646–1716) wurde die Ursache zum „zureichenden Grund". Sein „Prinzip des zureichenden Grunds" sollte beweisen, dass es Gott notwendigerweise als Daseinsgrund der Welt gibt. Zugleich wollte Leibniz damit beweisen, dass die Dinge in der Welt nicht aus leblosen Atomen bestehen, aber auch nicht aus den zwei Substanzen von Descartes oder der All-Einen Substanz von Spinoza, sondern aus unendlich vielen Monaden. Leibniz' Monaden sind bewusstseinsbegabt und lebendig. Anders als Descartes' Automaten-Theorie der Tiere können sie erklären, warum es Lebewesen gibt und wie sie organisiert sind. Leibniz behauptete, dass seine Monaden letztlich auch den scheinbar mechanischen Phänomenen der Körperwelt zugrunde liegen. Gegen den Dualismus des Descartes setzte er so eine vitalistische Sicht der materiellen Welt. Danach ist alles in der Natur vom Menschen bis zum kleinsten Sandkorn oder Wassertropfen lebendig und beseelt. Das ist eine schöne Theorie – doch sie lässt sich sowenig wie der Cartesische Dualismus oder Spinozas Theorie der All-Einen Substanz beweisen oder widerlegen.

Kant fand den philosophischen „Kampfplatz der Metaphysik" verheerend, auf dem er sich sah. In der *Kritik der reinen Vernunft* kritisierte er seine Vorgänger, seine eigenen früheren Gottesbeweise, ja, *jede* Metaphysik, die sich über die Grenzen der empirischen Erkenntnis hinwegsetzt. Den Cartesischen Dualismus ersetzte er durch einen „vernunftkritischen" neuen Unterschied von materieller und geistiger Welt; er unterschied „sinnliche" und „intelligible" Welt, Sinneserscheinungen (*phaenomena*) und blanke Ideen (*noumena*). Auch seine Neuauflage des Dualismus spielt für die Debatte um Geist und Gehirn bis heute eine Rolle, wie wir noch sehen werden.

Die Materialisten des 17. und 18. Jahrhunderts kümmerten sich nicht um die internen Streitigkeiten der rationalistischen Philosophen. Genauso wenig kümmerte es sie, dass die religiöse Obrigkeit einen Rationalisten nach dem anderen des Atheismus bezichtigte – von Spinozas Ausschluss aus der Synagoge im Jahr 1657 bis hin zur Vertreibung des Metaphysikers Christian Wolff (1679–1754) aus Halle im Jahr 1723. Als Wolff mit seiner Lehre in Atheismusverdacht geriet und Bach seine religiösen Kantaten und Passionen komponierte, hatten die radikalen Denker der französischen Aufklärung längst der Kirche den Rücken gekehrt. Sie entwickelten den Atheismus und Materialismus in Hobbes' Tradition weiter. Der Arzt und Philosoph Julien Offray de La Mettrie (1709–1751) schrieb das Buch *L'homme machine*. Darin erklärte er den Menschen zum Automaten *ohne* geistige Substanz. Als Arzt machte er sich schon damals Gedanken darüber, wie sich die Bewusstseinsvorgänge physiologisch als Funktionen körperlicher Zustände erklären ließen.

Ihm folgte Paul Henri d'Holbach (1723–1789), ein französischer Aufklärungsphilosoph deutscher Herkunft. Im Werk *Système de la Nature* erhob er stichhaltige Einwände gegen den Cartesischen Dualismus. Insbesondere kritisierte es die Vorstellung des Geistes als einer „ausdehnungslosen" Substanz, die dennoch auf den Körper wirke:

„Wie soll man sich eine Idee machen von einer Substanz, die ohne Ausdehnung ist und dennoch auf unsere Sinne wirkt, das heißt auf materielle Organe, die Ausdehnung haben? Wie kann

ein Ding ohne Ausdehnung beweglich sein und Materie in Bewe-
gung setzen? Wie kann eine Substanz ohne Teile fortwährend zu
verschiedenen Teilen des Raumes in Beziehung stehen?"[9]

Allerdings muss ich Descartes hier gegen d'Holbach in Schutz nehmen. Er hatte sich den Dualismus ja nicht völlig grundlos ausgedacht, sondern in seinen *Meditationen* gezeigt, dass die Existenz unseres eigenen Ich, das Bewusstsein meiner selbst, so ungefähr das *Einzige* ist, was wir *überhaupt* voraussetzungslos beweisen können – was auch immer dies dann über den menschlichen Geist besagen mag.

Jeder von uns erfährt die Welt nur aus der eigenen Innenperspektive heraus und besitzt einen exklusiven Zugang zum eigenen Ich. Alles andere, auch die Außenwelt, mitsamt aller materiellen Dinge *und* auch unseres eigenen Körpers, *könnte* dagegen *grundsätzlich* trügerisch sein, eine *Fata Morgana* unserer Sinne. Auch dieses Problem behandelt Descartes in den *Meditationen*. Die Ergebnisse der neueren Hirnforschung geben ihm hierin sogar recht; unter bestimmten Bedingungen gibt es Sinnestäuschungen, die dazu führen, dass unsere Sinne uns einen fremden Körper als den eigenen vorgaukeln.[10] Darüber hinaus hat Descartes nachdrücklich darauf hingewiesen, wie *andersartig* unser Geist oder Ich-Bewusstsein im Vergleich zu allen materiellen Dingen und ihren wesentlichen Eigenschaften ist.

Der Gegensatz zwischen dem Cartesischen Dualismus, seiner Umwandlung bei Kant und den materialistischen Gegenpositionen von Hobbes, La Mettrie oder d'Holbach prägt die Debatte um die Hirnforschung bis heute. Die *Alternativen* zum Dualismus und zum Materialismus wurden nachhaltig aus der Diskussion ausgeblendet. Die Alternative „Es gibt Geist *und* Materie" oder „Es gibt *nur* Materie, sie bringt den Geist hervor" ist ja auch prägnanter als die komplizierten Theorien eines Spinoza oder Leibniz. Diese Theorien konnten ja noch nicht einmal die Denker überzeugen, die jeweils daran *anknüpften*: Spinoza kritisierte Descartes; Leibniz kritisierte Spinoza; ihre Nachfolger wiederum kritisierten Descartes, Spinoza *und* Leibniz.

Der ewige „Kampfplatz der Metaphysik" wurde eben nie zur *Wissenschaft*, wie Kant mit Recht monierte. Aus moderner wissenschaftstheoretischer Sicht heißt dies: Hier kam *weder* ein *empirischer Erkenntnisfortschritt* im Sinne von Rudolf Carnap (1891–1970) zustande; *noch* wurden die Theorien jemals *falsifizierbar*, wie Karl R. Popper (1902–1994) forderte; *noch* entwickelte sich *normale Wissenschaft* im Zeichen eines *Paradigmas* nach Thomas S. Kuhn (1922–1998). Das Handwerk der Metaphysik wurde einsam in der Gelehrtenstube ausgeübt, und nicht im Versuchslabor oder im Team.

Leider ist dies in der heutigen Debatte um Gehirn und Geist nicht wesentlich anders. Die Hirnforschung ist zur empirischen Wissenschaft geworden, ohne sich deutlich gegen das Feld der alten, umkämpften metaphysischen Annahmen abzugrenzen. Die Hirnforscher ziehen aus ihren Befunden weitreichende Schlussfolgerungen zum neuronalen Determinismus. Dabei unterscheiden sie – wie schon gezeigt – nicht unbedingt zwischen Determinismus, Kausalität und materieller Bedingtheit. Bevor ich darauf eingehe, wie die Philosophen auf die These des neuronalen Determinismus reagieren, sind deshalb einige Begriffsklärungen fällig. Dies macht weitere Ausflüge in die Philosophiegeschichte nötig, denn die fraglichen Begriffe sind auch recht alt.

KLÄRUNG EINIGER BEGRIFFE

Wir haben schon ein ganzes Arsenal philosophischer Begriffe benutzt, die ich erst teilweise oder noch gar nicht erläutert habe. Dies soll nun nachgeholt werden. Sie seien hier in alphabetischer Reihenfolge genannt:

Bedingtheit, Bewusstsein, Determinismus, Dualismus, Freiheit, Geist, Grund, Kausalität, Materialismus, Materie/materiell, Metaphysik, Natur, Naturalismus, psychophysischer Parallelismus, Selbstbewusstsein, Substanz, Verursachung.

Der Terminus *Metaphysik* hat in dieser Liste eine Sonderstellung, denn *alle anderen* Begriffe der Liste zählen seit alters her zur Metaphysik, auch wenn sie Ihnen zum Teil vom alltäglichen Sprachgebrauch her vertraut sein mögen. Deshalb erkläre ich diesen Begriff zuerst. Geprägt wurde er, als spätere Philosophen die Werke des Aristoteles katalogisierten. Das Buch mit den grundsätzlichsten und abstraktesten Begriffen seiner Philosophie wurde hinter die Physik-Vorlesung gesetzt und bekam so den Titel „Meta-Physik", und das hieß damals wörtlich nur: Schriften, die *nach der Physik* kommen. Aristoteles hatte philosophisch vor allem als Sprachanalytiker gearbeitet; er analysierte, was und wie seine philosophischen Vorgänger (von den ersten Vorsokratikern bis Platon) so redeten und was bei ihnen Begriffe wie „Grund" oder „Ursache" bedeuteten. Seine eigenen Definitionen schuf er dann oft, indem er einseitige Begriffsbildungen seiner Vorgänger zusammentrug und systematisierte. (Ein gutes Beispiel dafür ist seine Vier-Ursachen-Lehre, die ich weiter unten erläutere und im 5. Kapitel wieder aufgreife.) Erst die neuzeitlichen Rationalisten überhöhten die Kategorien einer solchen „Metaphysik" zu einer Lehre von Gott und der Welt, die sich – in Abgrenzung gegen die empirischen Wissenschaften – auf reine Vernunft und nichts als die reine Vernunft gründen sollte, d. h. auf unser Vermögen zu denken. Kant kritisierte, wie sie dabei die Grenzen des menschlichen Erkenntnisvermögens heillos überstiegen. Seit Kant, und stärker noch seit der Wissenschaftstheorie des 20. Jahrhunderts, gelten metaphysische Begriffe als unwissenschaftlich, soweit sie keinerlei empirische, erfahrungsgestützte Bedeutung haben.

Allerdings ist es unmöglich, die Naturwissenschaften klar gegen metaphysische Begriffe ohne handfeste empirische Grundlagen abzugrenzen. Termini wie „Bewusstsein", „Kausalität", „Materie", „Natur" oder „Verursachung" aus der obigen Liste gehören zur Metaphysik *und* zur Naturwissenschaft, von der Physik bis zur Hirnforschung. Alle Naturwissenschaften untersuchen Dinge und Prozesse in der Natur. Die Physik sucht nach den Ursachen bestimmter Typen von Veränderungen und nennt sie „Kräfte", und sie untersucht die Zusammensetzung der Materie. Die Hirnforschung wiederum ist dem Bewusstsein auf der Spur.

Auf Begriffe wie *Determinismus, Dualismus, Freiheit, Geist, Grund, Materialismus, Naturalismus, psychophysischer Parallelismus, Selbstbewusstsein* oder *Substanz* stoßen Sie in der Fachliteratur der naturwissenschaftlichen Disziplinen aber eher *nicht*. Es handelt sich um einschlägig philosophische oder metaphysische Begriffe, die in den Naturwissenschaften selbst nicht benötigt werden – solange es um die Forschung und nicht um weitergehende Fragen der philosophischen Deutung geht.

Dagegen sind die Beiträge der Philosophen *und* der Kognitionsforscher zur Debatte um Gehirn und Geist, neuronalen Determinismus und Willensfreiheit nur so gespickt mit den obigen Termini. Der Neurowissenschaftler Wolf Singer oder der Psychologe Wolfgang Prinz sind zu Philosophen geworden – ähnlich wie zu Beginn des 20. Jahrhunderts die Physiker angesichts der Relativitäts- und Quantentheorie.[11]

In der philosophischen Debatte um die Physik *verwarfen* damals viele Physiker einen Teil des tradierten philosophischen Vokabulars. Sie waren davon überzeugt, dass es den Objekten, Prozessen und mathematischen Strukturen der relativistischen Physik oder der Quantenphysik nicht mehr gerecht wird. Albert Einstein verwarf mit der Relativitätstheorie den absoluten Raum und die absolute Zeit, hielt aber trotz der Quantentheorie unbeirrt am Determinismus und am Kausalprinzip fest. Niels Bohr (1885–1962) wiederum war der Auffassung, dass die Quantentheorie unsere intuitive Auffassung der Kausalität und von Objekten in Raum und Zeit über den Haufen wirft; und mit ihnen die alte metaphysische Vorstellung, Atome und ihre Bestandteile seien selbständige, vollständig determinierte materielle Substanzen im Kleinen. Es schloss sich jahrzehntelang die Bohr-Einstein-Debatte an, in der vor allem der Determinismus umstritten war, der heute auch im Zentrum der Debatte um Gehirn und Geist steht.

Die Hirnforscher stellen vor allem *einen* der philosophischen Termini zur Disposition – das Konzept der *Freiheit*. Dagegen übernehmen sie *andere* Begriffe aus der obigen Liste recht unkritisch, etwa die Begriffe der *Kausalität* und des *Determinismus*, die ja aus physikalischer Sicht keineswegs unproblematisch sind. Ich gehe davon aus, dass dieser unkritischen Verwendung dann ein Konglomerat von Alltagswissen, philosophischem Bildungsgut und neurobiologischem Fachwissen zugrunde liegt.

Die Liste philosophischer Fachtermini gruppiert sich in vier Begriffscluster:

A *Materie/materiell, Natur, Substanz.*
B *Bewusstsein, Selbstbewusstsein, Geist, Freiheit.*
C *Materialismus, Naturalismus, Dualismus, psychophysischer Parallelismus.*
D *Bedingung, Grund, Kausalität/Verursachung, Determinismus.*

Die Kategorien A und B bezeichnen das Inventar der Welt, wie wir sie kennen – es sind *ontologische* Begriffe, die sich auf die Dinge oder Phänomene der Außenwelt bzw. unserer Innenwelt beziehen. Sie gehen bis auf die antike Philosophie zurück, doch ihr heutiges Verständnis entspringt der neuzeitlichen Philosophie. Descartes prägte die A-Begriffe neu, der deutsche Idealismus seit Kant die B-Begriffe.

A: *Materie* ist der Oberbegriff für alle physischen, körperlichen oder stofflichen Dinge in der Welt, *materiell* das daraus abgeleitete Eigenschaftswort. *Natur* (griechisch: *physis*) ist der Inbegriff alles Physischen, Körperlichen, das von selbst (d. h. ohne technische Eingriffe des Menschen) entsteht und sich verändert. *Substanz* ist der philosophische Fachausdruck für das, was den veränderlichen Eigenschaften der Dinge in der Welt zugrundeliegt, eine Art unveränderlicher Träger von wechselnden Eigenschaften („Substanz" kommt von *substare* = „standhalten"). Nach Descartes ist die Substanz etwas, was unabhängig vom Rest der Welt für sich bestehen kann, ein *ens per se*; die Materie ist die körperliche Substanz, sie besteht aus mechanischen Korpuskeln, die sich gegenseitig nur in ihren Bewegungen beeinflussen. Und die Natur ist für Descartes identisch mit der körperlichen Substanz oder Materie.

B: Zum Inventar der Welt gehört auch die Art und Weise, wie wir die Welt und uns selbst erleben: im *Bewusstsein* sowie in einem Bewusstsein zweiter Stufe – dem *Selbstbewusstsein* oder Ich-Bewusstsein, das eine selbstbezügliche, reflexive Struktur hat. Der *Geist* umfasst Bewusstsein und Selbstbewusstsein, und darüber hinaus unsere sprachlichen, intellektuellen und kulturellen Fähigkeiten, d. h. kognitive Leistungen, über die nur wir Menschen, aber nicht die Tiere verfügen und die wir nicht vererben, sondern durch Wort, Bild und Schrift an unsere Nachkommen überliefern. „Geist" (lat. *mens*) ist der Oberbegriff für diese kognitiven Leistungen. G.W.F. Hegel (1775–1831) zählte auch alle Kulturleistungen von den Institutionen über die Kunst und die Religionen bis zur Philosophie dazu. Heutige Vertreter der Philosophie des Geistes haben eine engere Auffassung, die den Geist auf unsere Bewusstseinsinhalte beschränkt – auf *mentale* Phänomene, im Unterschied zu den physischen Dingen oder Phänomenen der Kategorie A. Die *Freiheit* bezeichnet aus ihrer Sicht die mentale Fähigkeit, Entscheidungen zu treffen und entsprechend zu handeln, genauer gesagt: die Art und Weise, wie wir es erleben, dass wir dies tun.

C: Hier sind „höherstufige" ontologische Begriffe versammelt – die philosophischen „Ismen", die das Inventar der Welt entweder in die Kategorien A und B *einteilen* (Dualismus) oder aber B auf A *reduzieren* wollen (Materialismus bzw. Naturalismus). Ein philosophischer „Ismus" behauptet grob gesagt, dass letztlich *alles* in der Welt unter die vor den „Ismus" gehängte Kategorie fällt.

Zum Beispiel heißt „Monismus": alles in der Welt ist von ein-und-derselben Sorte (griech. *móno* = einzig, allein). „Dualismus" heißt entsprechend: die Welt teilt sich in zwei Sorten von Dingen oder Entitäten auf; sie besteht aus physischen Dingen und aus mentalen Entitäten, die radikal verschieden sind. Aus dualistischer Sicht ist diese Verschiedenheit *ontologisch*, d. h. sie betrifft das faktische Inventar der Welt und nicht nur unser Wissen über die Welt. Im letzteren Fall wäre die Verschiedenheit bloß *epistemisch* und eventuell durch künftiges Wissen revidierbar. Dies wäre dann wiederum vereinbar mit dem Materialismus oder Naturalismus, einem Monismus, nach dem es letztlich nichts anderes als die Natur bzw. materielle Substanzen in der Welt gibt. Sehen wir uns die einzelnen „Ismen" nun noch etwas näher an!

Materialismus heißt: Die Welt besteht nur aus materiellen Entitäten, einschließlich des Lichts und anderer physikalischer Kräfte oder Wirkungen. Diese Auffassung geht auf den antiken Atomismus zurück. In der Neuzeit hat ihr Hobbes wieder Geltung verschafft, dessen Denken bis in die heutige Hirnforschung fortwirkt.

Naturalismus heißt: Die Welt ist identisch mit der Natur, es gibt nichts Außer- oder Übernatürliches. Beide Positionen laufen (außer bei Spinoza, siehe unten) auf dieselbe Auffassung hinaus: Alles, was geschieht, beruht auf Naturvorgängen, unterliegt den Naturgesetzen und hat keine außer-natürlichen, nicht-physischen oder immateriellen Ursachen. Eine weitere, eng damit verwandte, oft diskutierte Position ist der *Physikalismus*. Nach ihm unterliegt alles, was es gibt und was geschieht, den Gesetzen der Physik, weil alles in der Welt irgendwelchen Naturgesetzen unterliegt und alle Naturgesetze *letztlich* auf physikalischen Gesetzen beruhen. All diese Positionen kommen in diversen Spielarten vor, auf die es hier nicht ankommt.

Der *Dualismus* geht auf Descartes zurück. Er dachte sich die mentalen Entitäten der Kategorie B allerdings strukturell nach dem Vorbild der Dinge der Kategorie A: als Dinge oder Substanzen und deren Eigenschaften. – Kant gab dem Dualismus später eine neue, oft missverstandene Ausprägung, nach der alle physischen *und* mentalen Dinge, die Körperwelt genauso wie der menschliche Geist, erkenntnistheoretisch als in sich gedoppelt zu betrachten sind – nämlich einerseits als Sinneserscheinungen (*phaenomena*), die wir erfahren und erkennen können; und andererseits als „Dinge an sich" (*noumena*), die bestehen oder die unsere Vernunft sich ausdenkt, *ohne* dass wir sie erfahren und erkennen könnten. – Eine weitere Dualismus-Variante ist der *psychophysische Parallelismus*, nach dem Gehirnvorgänge und geistige Prozesse strikt parallel, aber unabhängig voneinander verlaufen – in einer Art prästabilierter Harmonie. Danach ist es sinnlos, in der Verbindung unserer Gedanken mit Hirnströmen mehr zu sehen oder zu suchen als eine bloße Korrelation.

D: Hier geht es um die Verknüpfung der Dinge und Ereignisse in der Welt, die zu den Kategorien A und/oder B gehören und nach den Kategorien C entweder nur in eine einzige oder in zwei distinkte Klassen von Entitäten fallen. In den metaphysischen Debatten von einst und jetzt spielen die Verknüpfungskategorien D eine schillernde Rolle – vor allem der Begriff der Kausalität, der uns im Folgenden immer wieder beschäftigen wird. *Bedingungen* und *Gründe* sind logische Prämissen, die wir in Argumenten rekapitulieren können: p ist eine notwendige

Bedingung für q; r ist eine hinreichende Bedingung für s; v ist der Grund für meine Entscheidung; etc. Wer dagegen von *Kausalität* oder *Verursachung* spricht, hat faktische Beziehungen zwischen empirischen Dingen und Ereignissen im Sinn; Beziehungen von Ursache und Wirkung, die viele Philosophen als notwendig betrachten. Der Determinismus wiederum, ein weiterer „Ismus", wird gern mit dem Kausalprinzip in einen Topf geworfen, doch auch hier sind genauere Unterscheidungen nötig.

DETERMINISMUS, NACH LAPLACE

„Determinismus" heißt: Alles, was geschieht, ist strikt festgelegt; nichts hätte anders kommen können, alles ist vollständig vorherbestimmt oder „prädestiniert". Es gibt keinen Zufall in der Welt. Auch, was uns als zufällig *erscheint*, hat seine Ursache, falls das Weltgeschehen deterministisch ist – nur kennen wir sie dann eben nicht.

Eine naturalistische Weltsicht muss nicht unbedingt deterministisch sein. Dies zeigt der antike Atomismus genauso wie die moderne Evolutionsbiologie. Nach beiden Lehren spielt der Zufall eine wichtige Rolle bei der Weltgestaltung. Er sorgt für Variation des Seienden, für die Buntheit der Welt. Für die antiken Atomisten ging der Materialismus noch *nicht* mit einem deterministischen Weltbild zusammen. Anders bei Hobbes; er hielt das Gehirn für eine Rechenmaschine und betrachtete die ganze Welt als Maschine. Nach der Evolutionsbiologie wiederum sind zufällige Mutationen der Motor der Evolution, das moderne biologische Weltbild ist *nicht* deterministisch.

Der Determinismus der Neuzeit beruht auf mechanistischem Denken und auf den Erfolgen der mathematischen Physik. Seit Galileis Fallgesetz, Keplers Gesetzen der Planetenbewegungen und Descartes' Korpuskeltheorie der Materie setzte sich die Idee durch, dass sich alle Körper in der Natur nach strikten Gesetzen bewegen – von den Atomen über Billardkugeln und Wurfgeschosse bis zu den Himmelskörpern. Der Triumphzug dieser Idee begann mit dem Kopernikanischen Weltsystem; mit Galileis Vision, das Buch der Natur sei in den „mathematischen Lettern" der Astronomie geschrieben; und mit dem Skandal, den Galileis *Dialog* von 1632 auslöste. Knapp zwei Generationen später erklärte Newtons Gravitationsgesetz *alle* mechanischen Bewegungen in der Welt durch ein einziges, universelles Gesetz.

Was wir heute unter Determinismus verstehen, wurde um 1800 durch die berühmte Vorstellung des Laplaceschen Dämons geprägt. Pierre-Simon Laplace (1749–1827) war ein französischer Mathematiker und Physiker, der sich um die Astronomie so verdient machte wie um die Wahrscheinlichkeitstheorie. Er glaubte an die universelle Gültigkeit von Newtons Mechanik – aber nicht daran, dass *wir* den Weltlauf genau berechnen können; und so ersann er wahrscheinlichkeitstheoretische Methoden, um die Astronomie genauer zu machen. Im Traktat über die Wahrscheinlichkeit von 1814 schrieb er:

> *„Wir müssen also den gegenwärtigen Zustand des Weltalls als die Wirkung eines früheren und als die Ursache des folgenden Zustands betrachten. Eine Intelligenz, welche für einen gegebenen Augenblick alle in der Natur wirkenden Kräfte sowie die gegenseitige Lage der sie zusammensetzenden Elemente kennte, und überdies umfassend genug wäre, um diese gegebenen Größen der Analysis zu unterwerfen, würde in derselben Formel die Bewegungen der größten Weltkörper wie des leichtesten Atoms umschließen; nichts würde ihr ungewiß sein und Zukunft wie Vergangenheit würden ihr offen vor Augen liegen. Der menschliche Geist bietet in der Vollendung, die er der Astronomie zu geben verstand, ein schwaches Abbild dieser Intelligenz dar.“*

> *„Die Regelmäßigkeit, welche uns die Astronomie ... zeigt, ist ohne Zweifel bei allen Erscheinungen vorhanden. Die von einem einfachen Luft- oder Gasmolekül beschriebene Kurve ist in eben so sicherer Weise geregelt wie die Planetenbahnen: es besteht zwischen ihnen nur der Unterschied, der durch unsere Unsicherheit bewirkt wird.“*[12]

Laplace forderte *nicht*, die Wahrscheinlichkeitstheorie zu gebrauchen, weil er an den Zufall geglaubt hätte. Er dachte vielmehr, alles Geschehen in der Welt, das uns zufällig erscheint, beruhe durchweg nur auf *unserer Unkenntnis* der Ursachen. Aus seiner Sicht könnte eine überragende „Intelligenz" – der berühmte Laplacesche Dämon – den Weltlauf exakt berechnen, selbst wenn *wir* es nicht können. Alles Geschehen sei bis ins kleinste Detail durch die Naturgesetze festgelegt; jeder Zustand der Welt sei eine Folge des vorherigen; und wie wir uns dies vorzustellen haben, lehre die Himmelsmechanik.

Das ist Determinismus: der Glaube, jeder Zustand des Kosmos sei eine durch strikte Naturgesetze bestimmte Folge des vorhergehenden. Dabei verhalten sich die aufeinander folgenden Zustände des Kosmos zueinander wie Ursache und Wirkung; ihre kausale Beziehung kann bis in alle Zukunft voraus, aber auch bis in alle Vergangenheit zurück berechnet werden. Laplace nimmt wie die antiken Atomisten an, dass alles im Universum aus Atomen besteht. Doch in seinem Kosmos gibt es keinen Zufall: Alles, was geschieht, ist vollständig festgelegt durch die Naturgesetze und die Anfangsbedingungen, unter denen sie wirken.

Der Determinismus ist eine sehr starke Behauptung, von der die moderne Physik in vielen Bereichen längst abgerückt ist. Dagegen greift die Hirnforschung wieder auf sie zurück, was die Debatte um die Willensfreiheit ausgelöst hat. Falls der Weltlauf deterministisch ist, scheint jede Möglichkeit menschlicher Freiheit ausgeschlossen. Wir könnten nach Laplace in unserem Handeln strikt determiniert sein, ohne es zu wissen – auch wenn wir uns subjektiv als frei in unserem Handeln erleben, soweit es die Umstände zulassen. Genau dies behauptet der neuronale Determinismus von Hirnforschern wie Wolf Singer oder Gerhard Roth.

Dagegen dachten Philosophen wie Spinoza und Leibniz, wir seien *wirklich* und nicht bloß scheinbar frei; und *dennoch* sei der Weltlauf mitsamt unserer Handlungen vollständig vorherbestimmt. Auch in der heutigen Diskussion um Geist und Gehirn wird diese Quadratur des Kreises, die *Kompatibilismus* heißt, gern vertreten; aber ohne die metaphysischen Ambitionen eines Spinoza oder Leibniz. Die heutigen Kompatibilisten sehen sich eher in der kantischen Tradition – ob zu Recht, ist eine andere Frage.

KAUSALITÄT UND FREIHEIT, NACH KANT

Kant behauptete in seiner *Kritik der reinen Vernunft*, angesichts des Kausalprinzips, nach dem es zu jeder gegebenen Wirkung eine Ursache geben muss, verwickle sich die menschliche Vernunft zwangsläufig in einen unentrinnbaren Widerstreit – die *Antinomie* von Freiheit und Determinismus. Eine Antinomie ist ein beweisbarer Widerspruch. In Kants Antinomie steht die These, es gebe „Ursachen aus Freiheit", die nicht unter das Kausalprinzip fallen, sondern als Spontanwirkungen in die Natur eingreifen, im Widerstreit mit der Determinismus-Antithese, wonach es nur natürliche Ursachen gebe und alles, was in der Natur geschieht, strikt durch das Kausalprinzip determiniert sei – exakt wie von Laplace behauptet. Wie es sich für eine ordentliche Antinomie gehört, lieferte Kant auch Beweise. Er untermauerte beide Behauptungen, indem er jeweils das Gegenteil *ad absurdum* zu führen versuchte.[13]

Für die Freiheit und gegen den Determinismus spricht nach dem Thesis-Beweis, dass ohne den spontanen Anfang von Kausalketten *nichts* in der Welt zustande käme, denn ein unendlicher Regress von Ursachen sei kein hinreichender Grund dafür, dass überhaupt etwas geschehe. Dieser Beweis steht und fällt mit Leibniz' metaphysischem „Prinzip des zureichenden Grundes", auf dem er beruht. Eine durchschlagendere Wirkung hatte das Argument für die deterministische Anti-Thesis. Spontanursachen, die ihrerseits durch *nichts* bewirkt seien, könne es danach nicht geben, da dies gegen die universelle Gültigkeit des Kausalprinzips verstoße.

Kant selbst hielt beide Beweise für stichhaltig. Er war der Auffassung, er habe sowohl bewiesen, dass es Freiheit in der Welt geben könne, als auch, dass es *keine* Freiheit in der Welt geben könne. Den einzig denkbaren Ausweg aus der Antinomie sah er darin, dass es sich nicht beide Male um *dieselbe* Welt handeln könne. Er suchte den Ausweg in einer neuen Variante von Dualismus, den er selbst (im Vergleich zu den metaphysischen Systemen seiner Vorgänger) als vernunftkritisch geläutert verstand.

Nach Kant gilt das Kausalprinzip in der Welt der Erfahrung, der „sinnlichen" oder *phänomenalen* Welt. Die spontanen „Ursachen aus

Freiheit" haben ihren Ort und Ursprung jedoch in einer „intelligiblen" oder *noumenalen* Welt. Wir Menschen sind „Bürger zweier Welten", selbst unser Ich gehört *beiden* Welten an. Wie wir uns selbst erleben oder erfahren, das sind nach Kant *innere* Phänomene; aber es sind immer noch *Phänomene*, die Gegenstand der empirischen Psychologie sind. Doch *letztlich* ist unser innerstes, ureigenstes Selbst *noumenal* – ein „Ding an sich", das uns selbst und der Psychologie völlig unzugänglich ist und das dennoch für „Ursachen aus Freiheit" sorgt, die über unsere Handlungen in der physischen Welt wirksam werden.

Kants Auflösung der Antinomie *erklärt* nicht, wie der Geist in der Welt verankert ist. Sie zeigt nur auf, wie er darin *wirken* könnte, ohne in Konflikt mit den Naturgesetzen zu geraten. Kants neuer Dualismus ist also viel raffinierter als der Cartesische. Nach Kant ist unser Selbst gedoppelt. Wir können nur die empirische Seite von uns selbst erfahren, d. h. unsere subjektiven Erlebnisse, oder die *mentalen Phänomene* der Philosophie des Geistes. Doch der *noumenale* Urgrund des Selbst bleibt uns nach Kant verborgen. Das noumenale Selbst kann spontan irgendwelche Kausalketten in der Natur in Gang setzen, in Form von freien Willensakten; aber es hinterlässt in der sinnlich erfahrbaren, empirischen Welt der Phänomene *keinerlei* Spuren außer der blanken *Möglichkeit* von Spontanursachen – und dem *Kategorischen Imperativ* der Moralphilosophie. Der letztere ist die moralische Richtschnur unseres freien Willens. Dabei hat er einen Inhalt, den Kant für ein „Faktum der Vernunft" hielt. *Jeder weiß recht gut*, so Kant, was er tun und lassen *sollte*; selbst der Verbrecher, der immer wieder anders handelt, als es ihm seine moralische Vernunft gebietet.

Kants Dualismus der „sinnlichen" und der „intelligiblen" Welt ist natürlich auch wieder eine metaphysische Theorie. Unser „intelligibles" Ich ist danach eine Instanz *hinter* dem empirischen, subjektiv erlebten Selbst, die aller Erfahrung entzogen ist – ein „Ding an sich", das wir postulieren, aber nicht erkennen können, und somit kein Gegenstand für die naturwissenschaftliche Forschung. Damit stattet Kant das Ich mit verborgenen Eigenschaften aus, die rätselhaft und metaphysisch sind. Das mag aus heutiger Sicht unbefriedigend sein; doch es war eine redliche Lösung.

Kant nimmt ernst, dass mentale und physische Phänomene das sind, was ihr Name besagt – d. h. *Phänomene* (Sinneserscheinungen) und keine „Dinge an sich" oder Substanzen. Sein Dualismus ist nicht der von Geist und Natur, sondern der von Sinneserscheinungen und Dingen an sich – ein Dualismus von (geistigen *und* natürlichen) Phänomenen und ihrem unbekannten, „intelligiblen" Grund, was auch immer dieser sein mag.

Natürlich ist das Metaphysik, allerdings im Vergleich zu Descartes eine relativ bescheidene. Sie vermeidet alle nicht-beweisbaren *inhaltlichen* Behauptungen über die geistige Substanz; und sie stellt klar, dass unser freier Wille *nicht* nach dem *naturwissenschaftlichen Kausalprinzip* in die Welt der mentalen und physischen Phänomene hineinwirkt. *Wie* unser Wille das schaffen soll, bleibt bei Kant offen. Dabei ist ihm jedoch zugute zu halten, dass die Neurowissenschaft in dieser Frage bis heute trotz aller Erkenntnisfortschritte kein Quäntchen weiter ist. Immerhin kommt ein gravierendes Problem des Cartesischen Dualismus nach Kants Ansatz gar nicht erst auf – nämlich die Frage, ob die Wirkung des Geists auf Materie nicht die Erhaltungssätze der Physik verletze.

Kants Lösung für das Problem, wie sich Determinismus und Freiheit miteinander vertragen könnten, wird heute nicht mehr gebührend beachtet. Dabei hat sie einen Aspekt, der unabhängig vom Kantischen Dualismus Licht in die Debatte um den neuronalen Determinismus bringen kann. Dieser erhellende Aspekt ist der Status des Kausalprinzips, nach dem es zu jeder gegebenen Wirkung eine Ursache geben muss.[14] Kant betrachtete dieses Prinzip als einen Grundsatz unseres Verstandes, den wir notwendigerweise aller Naturerkenntnis zugrunde legen. Ihm war aber klar, dass es sich dabei nur um ein *Prinzip von uns* handelt – um eine *Verfahrensregel*, nach der wir im Alltag und in den Naturwissenschaften uneingeschränkt verfahren, die aber nicht zwangsläufig auch uneingeschränkt empirisch gültig sein muss.

Seine Auflösung der Antinomie lehrt insgesamt, dass die Freiheits-These *nicht* in einem *schlichten* Sinne mit der Determinismus-These vereinbar ist. Kant wird heute gern als „Kompatibilist" betrachtet, weil er „intelligible" Freiheit und „sinnliche" Naturkausalität für vereinbar hielt. Doch entgeht so manchem heutigen Denker ein zentraler Punkt: Für Kant bedeutet die unbeschränkte Gültigkeit des Kausalprinzips gerade *nicht*, dass das Naturgeschehen durchgängig determiniert sein muss. *Kant war kein Determinist.* Entgegen landläufiger Meinung zog er durchaus in Betracht, dass das Kausalprinzip innerhalb der Natur gar nicht lückenlos gilt.

Wenn es Lücken im kausalen Naturgeschehen gibt, so kann sich unser Wille – wie auch immer er in die physische Welt hineinwirken mag – diese Kausalitätslücken zunutze machen, um genau die Kausalketten im Naturgeschehen in Gang zu setzen, die wir mit unseren Handlungen als Handlungsfolgen beabsichtigen. Es gibt Kant-Kenner, die Kants Sicht einer „Kausalität aus Freiheit" in diesem Sinne verstehen.[15] – Nach der heutigen philosophischen Terminologie entspricht dies gerade *keinem* Kompatibilismus, sondern eher einer „libertarischen Position", nach der sich die Willensfreiheit *nicht* mit einem strikten Determinismus verträgt.[16]

Was auch die richtige Kant-Lesart sein mag; für unsere Zwecke ist nur ein einziger Punkt bedeutsam: Wenn man das Kausalprinzip bloß als methodologisches Prinzip (und sonst nichts) betrachtet, so steht die Annahme, dass es für das Naturgeschehen uneingeschränkt gilt, nicht mehr im Widerspruch zur Annahme, dass wir in unseren Handlungen und in unserer moralischen Einstellung frei sind.

Dabei kommt es entscheidend auf das Wörtlein „Annahme" an. Das Kausalprinzip drückt keine Tatsache aus, sondern es ist nur eine Verfahrensregel; Kant sagt: ein *regulativer Grundsatz*. Wir *nehmen an*, dass das Kausalprinzip unbeschränkt gilt, aber wir *wissen nicht*, ob diese Annahme wahr ist. Wir *müssen* dies annehmen, um die Natur wissenschaftlich zu erforschen; aber auch schon, um die Alltagswelt als einen geordneten Zusammenhang zu erfahren, in dem wir die Folgen unserer Handlungen planen können. Auf diese Weise sind „Ursachen aus Freiheit" und Naturkausalität miteinander vereinbar. Wie beide Arten von Ursachen zusammengehen können, hat Kant allerdings *nicht* erklärt. (Hier beginnen dann haarige philosophische Probleme, bei denen ich für Kant nicht mehr unbedingt die Hand ins Feuer legen möchte.)

Mit dem heutigen neuronalen Determinismus hätte Kant allerdings vermutlich auch keine grundsätzlichen Probleme gehabt. Seine Philosophie schließt nicht aus, dass auf der *phänomenalen* Ebene die physischen Vorgänge das geistige Geschehen determinieren könnten. Doch er hat *weder* angenommen, dass diese Determination *faktisch* vollständig oder durchgängig sein muss; *noch* wäre er einverstanden mit der Auffassung gewesen, dies sei das letzte Wort über unsere Möglichkeiten, frei und im Einklang mit dem Sittengesetz zu handeln. Kant war zutiefst überzeugt davon, dass es Grenzen unserer Naturerkenntnis gibt; und dass sich gerade die „wesentlichen Zwecke" der menschlichen Vernunft auf Fragen beziehen, deren Gegenstände diese Grenzen überschreiten.[17]

DREI PLAUSIBLE ANNAHMEN, DIE SICH NICHT VERTRAGEN

Die bisher erörterten philosophischen Begriffe und Positionen sind zwar etwas schwere Kost, aber sie bilden den Hintergrund der heutigen Debatte um Gehirn und Geist. Doch nun endlich zu dieser Debatte selbst! Ihr Grundproblem, die Frage, wie Gehirn und Geist miteinander verknüpft sind, ist bei allen Fortschritten der Hirnforschung die gleiche geblieben. Wie verhält sich unser Geist oder Bewusstsein zur materiellen, von uns unabhängigen Außenwelt, in der Naturgesetze gelten? Und wie kann unser Geist durch bewusste Handlungen in dieser Außenwelt *wirksam* werden?

Aus naturwissenschaftlicher Sicht besteht dieses Grundproblem in der Frage, wie sich diese Wirksamkeit – oder die Art und Weise, in der wir sie erleben – zu den kausalen „Mechanismen" verhält, die in der physischen Welt am Werk sind. Die neuere Philosophie des Geistes wiederum weist darauf hin, dass wir gern jeden der drei folgenden Sätze unterschreiben würden. Jeder davon ist äußerst plausibel. Doch leider sind diese drei Behauptungen miteinander unvereinbar:[18]

(V) Radikale Verschiedenheit: Mentale Phänomene, also die geistigen Zustände, Prozesse oder Ereignisse, die wir erleben, sind *nicht physisch.* D. h., sie sind *strikt verschieden* von allen physischen Phänomenen.

(W) Mentale Wirksamkeit: Mentale Phänomene können physische Phänomene *verursachen*, d. h. unsere bewussten Absichten können Handlungen unseres Körpers in der Außenwelt bewirken.

(K) Kausale Geschlossenheit: Der Bereich der physischen Phänomene ist kausal geschlossen, d. h. physische Zustände, Prozesse und Ereignisse haben *nur physische*, aber keine nicht-physischen Ursachen.

Die These **(V)** der *radikalen Verschiedenheit* stützt sich darauf, dass wir geistige Phänomene völlig anders erleben als alle Erscheinungen der physischen Welt, unseren eigenen Körper eingeschlossen. Descartes deutete diesen Unterschied im Erleben als faktische Verschiedenheit der materiellen und der geistigen Substanz. Der Cartesische Dualismus liefert die stärkste, die ontologische Deutung von **(V)**.

Die These **(W)** der *mentalen Wirksamkeit* drückt unsere Erfahrung aus, dass wir, wenn wir physisch in die Welt eingreifen, nicht immer nur passiv und unbewusst auf unsere Umgebung reagieren, sondern auch aktiv handeln und bewusst tätig werden können. Dies erleben wir so, dass wir unsere Entschlüsse bzw. unseren Willen in körperliche Aktivität umsetzen. **(W)** ist so plausibel, dass manche Philosophen eine „interventionistische" Sicht der Kausalität darauf stützen, die an Aristoteles anknüpft.[19]

Die These **(K)** der *kausalen Geschlossenheit* schließlich drückt die rationale Überzeugung aus, dass alles in der Welt mit rechten Dingen zugeht. Sie ist das Grundprinzip aller Aufklärung und alles naturwissenschaftlichen Denkens; sie besagt, dass alles, was in der physischen Welt, der Natur, geschieht, natürliche Ursachen hat und nicht auf Spuk, Wunder oder göttliches Eingreifen zurückgeht. Im Rahmen eines physikalischen Weltbilds läuft **(K)** auf den Laplaceschen Determinismus hinaus.

Je zwei dieser Thesen sind jeweils mit der dritten unvereinbar. Die physische Welt kann nicht kausal geschlossen sein, wenn unser Geist auf körperliche Phänomene einwirken kann, von denen er strikt verschieden ist. Doch wenn die physische Welt kausal geschlossen ist, so können mentale Phänomene entweder überhaupt nicht auf physische Phänomene einwirken, oder aber sie können nicht radikal verschieden von ihnen sein. Wie wir es auch drehen und wenden: Wenn wir verstehen wollen, ob und wie unser Bewusstsein in die Welt eingreifen kann, müssen wir (mindestens) eine der drei Thesen fallen lassen, um uns nicht in Widersprüche zu verwickeln.

Aber welche? Darüber streiten sich die Philosophen in der Debatte um Gehirn und Geist untereinander und mit den Hirnforschern. Dualisten halten an (V) und (W) fest und opfern (K). Materialisten geben (V) auf, neuronale Deterministen negieren (W). (Aber keiner von ihnen ist dazu bereit, seinen jeweiligen „Ismus" zu opfern – was die Kantische Lösung wäre. Doch lassen wir Kant im Moment aus dem Spiel!) Um den Konflikt zwischen den drei Thesen besser zu verstehen und zu sehen, wie er sich vielleicht auflösen lässt, müssen wir jede davon nun genauer unter die Lupe nehmen.

WIE VERSCHIEDEN SIND GEIST UND MATERIE?

Nach der Verschiedenheits-These (V) sind mentale Phänomene, also die geistigen Zustände, Prozesse, oder Ereignisse, die wir erleben, *strikt verschieden* von allen physischen Phänomenen. Dies ist eine *phänomenologische* Behauptung, die einen elementaren Sachverhalt unserer Erfahrung ausdrückt, nämlich den Gegensatz von Geistigem (Mentalem) und Körperlichem (Physischem).

Die mentalen Phänomene bestehen in unseren Bewusstseinsinhalten, in unserem geistigen Erleben – sie machen unsere subjektive Innenwelt aus. Sie schließen Empfindungen, Sinneseindrücke, Gefühle, Erinnerungen, Gedanken, Wünsche, Absichten und Pläne ein. Dagegen machen die physischen Phänomene die objektive Außenwelt aus – sie bestehen in der Erfahrung von materiellen Dingen und ihren Zuständen, von Vorgängen und Ereignissen in der Außenwelt, der Welt außerhalb unseres Bewusstseins.

Die Phänomene unserer Innen- und Außenwelt lassen sich jeweils grob in zwei Klassen einteilen. Unsere geistigen Phänomene bestehen einerseits in *Qualia*, d. h. in Empfindungsqualitäten wie „rot", die sich auf ganz bestimmte Weise für uns anfühlen und die wir passiv erleben,[20] andererseits in den *Intentionen* oder Absichten, die wir aktiv verfolgen. Die physische Welt wiederum besteht teils aus *Dingen*, denen wir *kein* Bewusstsein oder Selbstbewusstsein zusprechen, teils aus *Personen*, denen wir ein Selbstbewusstsein *gleich unserem* zusprechen. Diese Abgrenzung ist aber nicht scharf, wie die Diskussion um Menschenwürde, Personenbegriff und Tierethik zeigt.

Der strikte Unterschied von Mentalem und Physischem, Geist und Materie besteht also *nicht* darin, dass wir die gesamte Welt messerscharf in körperliche, ausgedehnte und geistige, nicht-ausgedehnte Substanzen einteilen könnten, wie Descartes dachte. Er besteht vielmehr zunächst einmal im Unterschied von Innen und Außen, den wir erleben. Er beruht auf einer Grenzziehung, die jeder von uns in der Kindheit erlernt.

Ein Kind lernt, sich selbst vom Rest der Welt zu unterscheiden. Irgendwann beginnt es, nicht mehr in der dritten Person über sich selbst zu reden, mit seinem Namen, sondern „Ich" zu sagen. Dies ist dann zugleich auch ein Akt der Behauptung gegen die Außenwelt und ihre Zumutungen. Die Selbstbehauptung beginnt schon davor. Das erste Wort meines Sohns war nicht „Mama", sondern „Nein!" – ein entschiedener sprachlicher Akt des Widerstands gegen mich, die etwas von ihm wollte, was er nicht wollte. Die Abgrenzung des Ich gegen die Außenwelt geht einher mit Willensakten, die solcher Selbstbehauptung dienen.[21] Hier beginnt unsere Erfahrung der Freiheit: beim passiven Erleben und aktiven Errichten der Differenz von Innen und Außen; bei der Behauptung des Ich, des subjektiven Innenraums, gegen den Rest der Welt, gegen die Anderen und die physische Außenwelt.

Die Grenze zwischen Innen und Außen geht jedoch mitten durch jeden von uns selbst hindurch. Unser Körper ist von derselben Sorte wie die Dinge der Außenwelt. Er hat physikalische Eigenschaften wie Größe und Gewicht; er gleicht den Körpern anderer Personen. Doch anders als alle anderen Dinge der Außenwelt, mitsamt der anderen Personen, erleben wir unseren eigenen Körper, und nur ihn, zugleich aus der Innenperspektive. Er vermittelt uns Sinneseindrücke und Empfindungen, *Qualia* wie Farbeindrücke oder Zahnschmerzen. Diese sind nicht von derselben Art wie die Dinge der Außenwelt; wir erleben sie und können sie nicht mit Händen greifen.

Descartes nahm die Verschiedenheit von mentalen und physischen Phänomenen zum Ausgangspunkt seines Dualismus von Geist und Materie, von denkender und ausgedehnter Substanz. Dabei ging er von der Innenperspektive aus. Er analysierte, was er in seiner eigenen Vorstellungswelt vorfand, nämlich mentale und physische Phänomene sowie ihre Unterschiede. In den *Meditationen* von 1641 entwickelte er sein berühmtes *Cogito*-Argument, in dem er zeigte, dass alles, was es in der Welt gibt, ja, sogar die Wirklichkeit der Außenwelt, bezweifelt werden kann – außer der Tatsache, dass der Zweifler beim Zweifeln *denkt*. Zugleich mit der Außenwelt machte er dabei die eigene physische Existenz zum Gegenstand des radikalen Zweifels. So stellte er fest, dass er in der Lage war, an der Existenz seines Körpers zu zweifeln, d. h. sich vorzustellen, er hätte keinen Körper. Aus diesem Gedankenexperiment schloss er, der Geist sei etwas von der physischen Welt strikt Verschiedenes, Getrenntes, Selbständiges – die *res cogitans* oder denkende „Sache". Durch weitere Gedankenexperimente und Argumente gelangte er dann zur Auffassung, der zentrale Unterschied von Geist und Materie sei, dass die letztere ausgedehnt oder räumlich sei und der erstere nicht.

Die beiden Arten von Phänomenen, die Descartes auf diese Weise gefunden hatte, nannte er *res cogitans* und *res extensa*, also denkende bzw. ausgedehnte „Sache". D. h. er *reifzierte* oder „verdinglichte" sie. Im Grunde dachte er sich den Geist dabei nach dem Vorbild der Materie, nämlich als einen ganz besonderen Stoff, der den Empfindungsqualitäten und Gedankeninhalten in Ihrem oder meinem Kopf auf dieselbe Weise zugrunde liegt, wie Ihr oder mein Körper den Eigenschaften, groß oder klein, dünn oder dick, blond oder dunkelhaarig, blau- oder braunäugig zu sein. Was den Eigenschaften jeweils zugrunde liegt, ist die denkende bzw. ausgedehnte „Sache" oder Substanz.

Mit der Verschiedenheit von mentalen und physischen Phänomenen hatte Descartes wohl recht, doch anders ist es mit der Selbständigkeit oder dem Substanz-Charakter beider Arten von Phänomenen. Zwar kennen wir physische Dinge ohne geistige Fähigkeiten, Dinge, denen wir als aufgeklärte Menschen, die kein animistisches Weltbild haben, die Fähigkeit zum Denken absprechen. Steine, Regenwolken und Planeten, aber auch Computer sprechen nicht *wirklich* mit uns, und aufgrund dieser Erfahrung halten wir sie nicht für denkende Wesen. Doch das Umgekehrte, also körperlose geistige Substanzen, kennen wir *nicht*. Solange wir leben, können wir *keine* Erfahrung einer *realen* physischen Nicht-Existenz oder Körperlosigkeit haben. (Dies gilt auch für die oft erwähnten, z. T. gut dokumentierten Nahtod-Erfahrungen. Wer *fast* schon gestorben ist und ins Leben zurückkehrt, mag sich auf eindrucksvolle Weise von seinem Organismus *getrennt gefühlt* haben, doch auch dies ist noch keine *faktische Körperlosigkeit*.) So scharfsinnig das Gedankenexperiment von Descartes war, es hatte den entscheidenden Schönheitsfehler, dass er dabei natürlich *nicht wirklich* körperlos war, sondern nur *in seiner Vorstellung*.

Schon Descartes' rationalistische Nachfolger kritisierten die Zwei-Substanzen-Lehre. Spinoza und Leibniz versuchten, den Cartesischen Dualismus durch differenziertere metaphysische Unterscheidungen von Geist und Materie zu ersetzen. Nach ihren Lehren sind Geist und Materie zwar *radikal verschieden*, aber *nicht strikt getrennt*.

Nach Spinozas Lehre der All-Einen Substanz sind das Denken und die Materie keine getrennten, selbständigen „Sachen", sondern nur zwei verschiedene Aspekte oder „Attribute" ein-und-derselben Substanz, die Geist und Materie, Gott und Natur in Einem ist. Diese Aspekte oder „Attribute" sind *komplementär* zueinander, d. h. sie verhalten sich zueinander wie zwei untrennbare Seiten ein-und-derselben Münze.

In der neueren Philosophie gibt es eine weniger metaphysische Variante dieser Komplementaritäts-Auffassung von Geist und Materie, den sogenannten „neutralen Monismus". Er wurde vom Wiener Physiker Ernst Mach (1838–1916), dem geistigen „Vater" des Logischen Empirismus, sowie vom Mathematiker und analytischen Philosophen Bertrand Russell (1872–1970) vertreten. Der „neutrale Monismus" ist erheblich weniger metaphysisch als Spinozas Substanzmetaphysik; nach Spinoza ist die *gesamte Welt* geistig und körperlich zugleich, nach Mach und Russell sind es jedoch nur *Personen* – wir Menschen, die seit Aristoteles als vernünftige Tiere gelten. Mir scheint dabei allerdings unklar, ob der „neutrale Monismus" mehr leistet, als das Problem, wie der Geist in der Welt verankert ist, in einem rein deskriptiven Ansatz herunterzuspielen, d. h. nur zu beschreiben, wo wir doch gern eine Erklärung hätten.

Nach Leibniz wiederum sind Geist und Materie zwar verschieden, denn der erstere hat eine Innenperspektive und die letztere kann nur von außen betrachtet werden. Doch Leibniz macht Ernst damit, dass wir mentale und physische Phänomene *als Phänomene* erleben, d. h. als etwas, das jemandem – nämlich Ihnen oder mir und allen Wesen, die über eine Innenperspektive sowie über Wahrnehmungsorgane verfügen – *erscheint*. Nach Leibniz ist die ganze Welt bis in die kleinsten Bestandteile aller materiellen Körper hinein beseelt und wahrnehmungsfähig, sie besteht aus unendlich vielen Substanzen, den Monaden. Die Leibniz'schen Monaden sind durchgängig empfindungsfähig und verfügen über mehr oder weniger deutliche „Perzeptionen" oder Wahrnehmungen, in denen sie den Rest der Welt, die anderen Monaden, spiegeln oder repräsentieren. Mentale Phänomene sind die „Innenseite" der Dinge, d. h. die Innenperspektive der Substanzen in der Welt; physische Phänomene sind die „Außenseite" der Dinge, die Weise, wie die einen Substanzen den anderen in der Welt erscheinen. Nach Leibniz besteht diese „Außenseite" der Dinge darin, wie die Monaden ihre Gemeinschaft oder Koexistenz erleben; jede Monade ist für ihn ein lebendiger Spiegel der Welt.

So spekulativ die Monaden-Theorie auch ist – sie enthält zwei tiefe Einsichten in die Beziehung von Innen- und Außenwelt. Mentale Phänomene sind *perspektivisch*; und sie sind der *einzige* Zugang, den jeder von uns zu den physischen Phänomenen der Außenwelt hat. Dabei berücksichtigt Leibniz einen Sachverhalt, an dem sich weder die Philosophie des Geistes noch die Neurowissenschaft vorbei schmuggeln kann:

Wir erleben unsere mentalen Phänomene als *privat*. Fremdpsychisches, d. h. die Empfindungen und Gedanken anderer Personen, ist uns grundsätzlich unzugänglich. Jeder von uns besitzt einen privilegierten Zugang zum eigenen Ich; niemand kann die Innenperspektive eines Anderen teilen, niemand buchstäblich oder metaphorisch gesprochen in einen fremden Kopf hineinsehen. So sieht auch niemand Gedanken und Gefühle, wenn er mit physikalischen Methoden buchstäblich in einen fremden Kopf hineinblickt, wie es schon Leibniz betont hat und wie es noch für die heutigen bildgebenden Verfahren der Hirnforschung gilt. Ein Hirnscan bekommt erst dadurch Bedeutung, dass die Versuchsperson darüber Auskunft gibt, was sie gerade erlebt.

Ein verbreitetes, plausibles anti-naturalistisches Argument ist heute, dass die Erste-Person-Perspektive irreduzibel ist, d. h. nicht durch die Dritte-Person-Perspektive ersetzt werden kann. Mentale Phänomene erleben wir aus der „Ich"-Perspektive, physische Phänomene – zu denen auch der Eindruck gehört, den andere Personen auf uns machen – aus der „Er"-, „Sie"- oder „Es"-Perspektive. Ihr Unterschied ist der von Innen- und Außen-Perspektive, von Ich und Außenwelt, von Erster- und Dritter Person-Perspektive. Leibniz rückte diese Einsicht in das Zentrum seiner Philosophie. Mentale und physische Phänomene sind also nicht unbedingt darin verschieden, dass letztere ausgedehnt sind, erstere dagegen nicht, wie Descartes dachte; sondern sie unterscheiden sich primär in der Perspektive, die wir auf sie haben.

Wir sehen soweit schon: Es gibt stärkere und schwächere Spielarten der These, dass mentale und physische Phänomene radikal verschieden sind. Die radikalste Version ist die Zwei-Substanzen-Lehre von Descartes, nach der Geist und Materie nicht nur radikal verschieden, sondern auch strikt getrennt sind und grundsätzlich unabhängig voneinander existieren können. Schwächere Spielarten behaupten dagegen nur, dass Geist und Materie verschieden sind, nicht aber, dass sie auch strikt getrennt seien. Nach Spinoza und seinen weniger metaphysischen Nachfolgern um 1900 sind sie komplementär zueinander, d. h. mentale und physische Phänomene sind zwei Aspekte ein-und-derselben Sache, sei diese nun die All-Eine Substanz Spinozas, oder „nur" eine vernünftige Person, wie nach Mach oder Russell. Nach Leibniz dagegen verhalten sich mentale und physische Phänomene zueinander wie die Innenperspektive eines denkenden und/oder fühlenden Wesens und dessen Außenperspektive auf den Rest der Welt.

Der Cartesische Dualismus hat derzeit nur wenige Freunde unter den Philosophen.[22] Er lässt sich aber genauso wenig beweisen oder widerlegen wie die metaphysischen Theorien der Nachfolger von Descartes. Letzten Endes ist es pure Glaubenssache – oder eine Angelegenheit des philosophischen Geschmacks – ob wir Geist und Materie als strikt getrennte, selbständige Substanzen betrachten und an eine unsterbliche Seele glauben oder nicht. Aus der Sicht eines aufgeklärten, auch naturwissenschaftlich begründeten Weltbilds spricht gegen die Cartesische Zwei-Substanzen-Lehre aber vor allem das traurige Schicksal *anderer* Substanzen, die der naturwissenschaftliche Fortschritt in den letzten zwei Jahrhunderten hinweggerafft hat:

Wärme ist nicht, wie die Chemiker des 18. Jahrhunderts glaubten, ein besonderer Stoff, das *Phlogiston*, das bei Verbrennungsprozessen aus dem Feuer entweichen würde. Der absolute Raum ist nicht, wie Newton dachte, ein immaterieller Stoff, der zugleich physikalische Kräfte vermittelt und ein Sinnesorgan Gottes ist, sondern nur eine abstrakte Klasse von Inertialsystemen, d. h. gleichrangigen Bezugssystemen für die Trägheitsbewegungen der Mechanik. Elektromagnetische Wellen schwingen nicht, wie der Begründer der klassischen Elektrodynamik, James Clark Maxwell (1831–1879), dachte, in einem mechanischen Äther mit molekularer Struktur, sondern im leeren Raum. Das Licht, das zu den elektromagnetischen Wellen zählt, wird nicht abgebremst, wenn es sich gegen diesen Äther bewegt, wie Einsteins Gegenspieler Hendrik A. Lorentz (1853–1928) und Henri Poincaré (1854–1912) dachten, sondern es breitet sich in alle Richtungen gleich schnell aus. Selbst die ausgedehnte Substanz des Descartes, die Materie, besteht nicht aus „ordentlichen" Teilchen mit wohldefinierten Objekteigenschaften; um ihre subatomaren Bestandteile korrekt zu beschreiben, kommt die Qantenphysik nicht an ephemeren Wellenfunktionen mit einer Wahrscheinlichkeitsdeutung vorbei. Wenn der Substanzbegriff jedoch nicht einmal dazu taugt, uns zu sagen, was die *Außen*welt im Innersten zusammenhält, warum sollte er uns dann unsere *Innenwelt* erklären können?

Das ist allerdings nur eine plausible Kritik am metaphysischen Sub-stanzdenken von Descartes und seinen Nachfolgern. Eine stringente Widerlegung ist es *nicht*. Auch ein *idealistischer* Substanz-Monismus, nach dem *alles Geist* ist, lässt sich weder durch die Naturwissenschaft noch durch logische Argumente widerlegen. Dasselbe gilt für die speku-lativen Theorien von Spinoza oder Leibniz. Im 20. Jahrhundert hat noch Alfred N. Whitehead (1861–1947) eine solche Substanzmetaphysik ent-wickelt – zum Entsetzen von Russell, der mit Whitehead zusammen die Mathematik und Logik begründet hatte und zeitlebens jede Art von Metaphysik schärfstens kritisierte.

Da es in diesem Buch um die Frage geht, was wissenschaftliche Erklärungen leisten können und was uns die Hirnforschung über den menschlichen Geist lehrt, befasse ich mich nun nicht mehr mit dem Cartesischen Substanz-Dualismus, sondern nur mit *schwächeren* Spiel-arten der Verschiedenheits-These. Nur sie sind aus moderner naturwis-senschaftlicher und wissenschaftstheoretischer Sicht „salonfähig". Die heutige Diskussion zieht vor allem folgende Relativierungen von (**V**) in Betracht:

(**V$_E$**) **Eigenschafts-Verschiedenheit:** Mentale und physische Phä-nomene sind *radikal verschiedene Eigenschaften* ein und der-selben Person.

(**V$_R$**) **Reduzible Verschiedenheit:** Mentale und physische Phäno-mene *scheinen* zwar radikal verschieden, aber die ersteren lassen sich in irgendeiner Hinsicht auf die letzteren reduzieren.

Die *erste* Relativierung, (**V$_E$**), wandelt auf Spinozas Spuren. Wo Spi-noza von den „Attributen" und „Modi" einer „Substanz" sprach, ist nun konkret von „Eigenschaften" die Rede. Mentale Eigenschaften werden Personen als ihren Trägern zugesprochen. Dabei sind Eigen-schaften primär etwas, das so konkreten Dingen wie Tischen oder Stühlen zukommt. Es macht auch Sinn, von den Charaktereigenschaf-ten einer Person zu sprechen. Aber in welchem Sinn kommen Ihnen eine Rot-Empfindung, Glücksgefühle, Zahnschmerzen, Wünsche oder

Absichten als *Eigenschaften* zu? Fühlen sich unsere mentalen Phänomene nicht gerade darin radikal anders an als physische Phänomene, dass wir sie *nicht* als Eigenschaften wie „vier Beine haben" oder „aus Holz sein" erleben? Wie in (V) von Zuständen, Prozessen oder Ereignissen von oder in Personen zu reden, wäre also ontologisch neutraler, und es würde auch den dynamischen Aspekten unseres Erlebens besser gerecht.

Die zweite Relativierung geht noch weiter, sie führt zur naturalistischen Auflösung des ganzen Problems. (V$_R$) behauptet, dass sich die Verschiedenheitsthese (V) letztlich als *falsch* herausstellt. Nach (V$_R$) *scheinen* mentale Phänomene zwar radikal von den physischen verschieden zu sein, aber sie *sind* es in Wirklichkeit *nicht*, weil sich mentale Phänomene letztlich auf physische Phänomene zurückführen lassen – die Neurowissenschaft kann unser Erleben *irgendwann* so ähnlich durch das Feuern unserer Neurone erklären wie die Physik die Temperatur eines Gases aus der mittleren kinetischen Energie seiner Moleküle. (V$_R$) wäre offenbar bestens mit (W) und (K) verträglich. Das Problem daran ist nur, dass die Neurowissenschaften trotz aller Fortschritte keine gemeinsamen Maßeinheiten für das Bewusstsein und die Neurone finden[23] – irgendwie hängen die Neurone *radikal anders* mit unserem Erleben zusammen als die Energie der Molekülbewegungen mit der Temperatur.

KANN DER GEIST AUF DEN KÖRPER EINWIRKEN?

Die These (W) der mentalen Wirksamkeit besagt, dass mentale Phänomene physische Phänomene *verursachen* können. Wir können bewusst handeln, also absichtlich oder willentlich in die Welt eingreifen. Unser Willensentschluss oder Handlungsimpuls entspringt nach unserer Alltagserfahrung unserem Kopf; genauer gesagt: unseren Intentionen – Absichten, Plänen und Wünschen. Sie gehören zu unseren mentalen Zuständen. Wir erleben, dass wir erst einen Entschluss fassen, ihn dann in die Realität umsetzen und schließlich sehen, welche realen Folgen dies in der Außenwelt hat. Auf einen mentalen Zustand, eine Absicht, folgt ein mentaler Prozess der Planung und schließlich die konkrete Handlung, die ein physisches Ereignis in der Außenwelt bewirkt. Dass unsere mentalen Zustände und Prozesse auf diese Weise in der physischen Welt kausal wirksam sind, ist ein ebenso elementarer Sachverhalt unserer Erfahrung wie die radikale Verschiedenheit von mentaler Innenwelt und physischer Außenwelt.

Die komplementäre Erfahrung, dass physische Phänomene auf unsere mentalen Zustände wirken, machen wir ebenfalls auf Schritt und Tritt; jeden Sinneseindruck erleben wir als eine mentale Wirkung physischer Ursachen. Sinneseindrücke führen wir nicht aktiv herbei, sondern wir erleiden sie als mentale Ereignisse.

Wir erleben also die Grenze zwischen Innen und Außen, Mentalem und Physischem nach beiden Seiten hin als kausal durchlässig. Wenn wir es schaffen, eine Absicht in die Tat umzusetzen, so erleben wir dies so, dass wir aus unserer Innenperspektive heraus etwas in der Außenwelt bewirken. Sinneseindrücke erleben wir umgekehrt so, dass die Sachverhalte der Außenwelt irgendwelche Empfindungen in uns auslösen, sie bewirken, dass wir Sinnesqualitäten oder *Qualia* wie rot, laut, warm erleben.

Warum hebt die Philosophie des Geistes mit (**W**) vor allem die *eine* Richtung dieser Wechselwirkungen hervor? Nach dem heutigen Stand der Neurowissenschaften sind die kausalen Wirkungen in beiden Richtungen gleich rätselhaft. Wir wissen weder, wie wir es schaffen, durch unsere Absichten unsere Neurone feuern zu lassen – *falls* wir dies schaffen, d. h. falls (**W**) wahr ist; noch wissen wir, wie unsere Neurone es schaffen, in unserem Bewusstsein Sinnesqualitäten wie „rot" auszulösen. Doch *dass* die Neurone dies schaffen, legen die Fortschritte der Neurowissenschaften nahe, während in der Debatte um Geist und Gehirn gerade umstritten ist, *ob* (**W**) wahr ist oder nicht. Falls unsere Absichten nicht gemäß der Reduktions-These (V_R) durch physische Phänomene verursacht werden, sondern irreduzibel sind, besagt die These der mentalen Wirksamkeit ja, dass es einen freien Willen gibt; und dies bestreiten Hirnforscher wie Gerhard Roth und Wolf Singer gerade.

(W) ist eine vorwissenschaftliche These. Sie lässt völlig offen, um welche Art der Verursachung es sich handelt, wenn wir unsere Absichten in die Tat umsetzen. Genauso unklar ist, was es umgekehrt heißen könnte, dass feuernde Neurone Sinnesqualitäten in unserem Bewusstsein bewirken. An dieser Stelle bekommen wir es wieder mit den schillernden Begriffen von Ursache und Wirkung zu tun, die uns schon auf dem traditionellen Kampfplatz der Metaphysik begegnet sind, in Spinozas Begriff der *causa sui* und Leibniz' Prinzip des zureichenden Grunds. Diesmal geht es aber nicht um einen zweifelhaften metaphysischen Gebrauch des Ursachenbegriffs, sondern um eine These, die in der modernen analytischen Philosophie des Geistes ernsthaft diskutiert wird. Es sollte also begriffliche Klarheit herrschen. Damit fühle ich mich zu einer ersten, vorläufigen Klärung des Ursachenbegriffs verpflichtet. (Genauer untersucht das 5. Kapitel, was „Ursache" heißt und was kausale Erklärungen sind.)

Aristoteles, der antike Meister der Begriffsklärung, verstand den Ursachenbegriff ganz anders als die neuzeitliche Naturwissenschaft. In seiner berühmten Vier-Ursachen-Lehre unterschied er:

(i)   die Stoffursache oder *causa materialis*,
(ii) die Formursache oder *causa formalis*,
(iii) die Wirkursache oder *causa efficiens*,
(iv) die Zweckursache oder *causa finalis*.

Bei menschlichen Handlungen kommen oft alle vier Ursachentypen zusammen. Am besten lässt sich dies für technische und künstlerische Handlungen deutlich machen, etwa für den Bau eines Hauses oder die Herstellung einer Statue. Beim Hausbau sind Steine, Mörtel, Holz usw. der Stoff, aus dem das Haus gebaut wird; der Plan des Architekten legt die Form fest, in die dieser Stoff gebracht wird, Anzahl und Größe der Räume, Geschosse, Fenster, Türen und Treppen; bewirkt wird der Hausbau aber durch die Bauarbeiter, die den Baustoff mit ihren Werkzeugen bearbeiten; und der Zweck des Ganzen ist, dass jemand darin wohnen kann. Bei der Statue bearbeitet der Bildhauer den Marmorblock (Stoff) mit dem Meißel (Wirkung), um eine Gestalt (Form) herauszuarbeiten, die seine künstlerische Idee (den Zweck) ausdrückt.

Diese Vier-Ursachen-Lehre ist offenbar primär am menschlichen Handeln orientiert – an dem, was *wir* durch Technik (*techne*) zustande bringen, nicht an dem, was in der Natur (*physis*) von selbst geschieht. Aristoteles schließt zwei Arten nicht-physischer oder nicht-stofflicher Ursachen in seine Liste ein, Form- und Zweckursachen. Die Zweckursachen sind dabei allen anderen Ursachen übergeordnet, weil sie dem menschlichen Handeln erst sein Ziel und seine Richtung geben.

Aristoteles begründete nicht nur die Kunst der philosophischen Begriffsklärung, die wir noch heute als Musterbeispiel der sprachanalytischen Philosophie schätzen. Er begründete zugleich das Weltbild, dem der Skandal um Galileis *Dialog* zweitausend Jahre später den Dolchstoß gab. Aristoteles ordnete *alle* natürlichen Vorgänge, selbst die Bewegungen mechanischer Körper, den Zweckursachen unter. Er dachte *teleologisch* oder *final*, nach ihm sind die Naturvorgänge so wie unsere Handlungen auf ein Ziel (*telos, finis*) gerichtet. Seine Physik lehrte, dass alle Körper nach ihrem natürlichen Ort streben und dort zur Ruhe kommen – sie erklärte selbst den freien Fall nach dem Muster unserer Handlungen.

Seit Galilei wurde das teleologische Denken des Aristoteles in der Naturerkenntnis abgeschafft, soweit es nur irgend geht. Seit Newton erklärt die Physik den freien Fall durch das Gravitationsgesetz, wobei nun die Schwerkraft als (Wirk-) Ursache gilt. Dabei ist die aristotelische Vier-Ursachen-Lehre durch kausales Denken im modernen Sinn ersetzt. Physik, Chemie und Biologie tilgten die teleologischen Erklärungen aus dem Katalog der erlaubten Antworten auf naturwissenschaftliche Fragen – bis in die Evolutionsbiologie hinein.

Dennoch begegnen uns die vier Aristotelischen Ursachen weiterhin auf Schritt und Tritt. Nur sprechen wir meistens eher von *Gründen*, denn das moderne Verständnis von Ursachen beschränkt sich auf *Wirkursachen*. Gründe von der Art der Ursachen (i)–(iv) nennen wir oft als Antworten auf ganz alltägliche Warum-Fragen:

(i) stoffliche Gründe oder Materialeigenschaften: Warum brennt das Fleisch nicht an? Weil die Pfanne mit Teflon beschichtet ist;

(ii) formale Gründe oder Gestalteigenschaften: Warum rollt eine Kugel so gut? Wegen ihrer Symmetrieeigenschaften;

(iii) kausale Gründe oder Ursachen: Warum wird das Teewasser heiß? Weil die Herdplatte eingeschaltet ist;
(iv) finale Gründe oder Ziele, Zwecke, Absichten: Warum schreibe ich dieses Buch? Um einen Beitrag zur Debatte um Geist und Gehirn zu leisten.

Bemerkenswert ist: Die ersten drei Typen von Warum-Fragen und die Antworten, die wir darauf geben, lassen sich in naturwissenschaftliche Erklärungen einbetten oder übersetzen, der vierte Typ jedoch *nicht*. Warum-Fragen, die auf die Angabe von Zwecken, Absichten und Motiven zielen, fragen danach, *wozu* etwas gut ist oder gemacht wird. Sie zielen auf teleologische Erklärungen. Diese sind jedoch aus den modernen naturwissenschaftlichen Antworten auf unsere Warum-Fragen *getilgt*.

Damit zurück zur These (**W**) der mentalen Wirksamkeit. Sie besagt, dass mentale Phänomene physische Phänomene *verursachen* können. Der Geist wirkt in der Welt, indem wir absichtlich in die physische Welt eingreifen. Ich hatte hervorgehoben, dass diese These deshalb so plausibel ist, weil sie einen ganz elementaren Sachverhalt unseres Alltagserlebens ausdrückt; aber dass sie völlig offen lässt, um welche Art der Verursachung es sich handelt, wenn wir unsere Absichten in die Tat umsetzen.

Nun sehen wir, was los ist. In (**W**) ist offenbar von „verursachen" oder „bewirken" *im Alltagssinn* die Rede, d. h. im Sinne der *aristotelischen Ursachen oder Gründe* (i)–(iv). Gerade hieraus bezieht die These ihre Plausibilität. In der Neurobiologie, an der sich die Debatte um Gehirn und Geist entzündet, ist dagegen von „verursachen" oder „bewirken" *im naturwissenschaftlichen Sinn* die Rede. Die teleologischen Aspekte, die unser Handeln erst verständlich machen, sind aus ihren kausalen Erklärungen *getilgt* und (**W**) wird nur noch im Sinne der Wirkursachen (iii) verstanden. Jeder Neurobiologe wird nach den kausalen „Mechanismen" fragen, nach denen ein mentaler Akt einen physischen Akt hervorrufen kann. Doch dies geht am plausiblen ursprünglichen Sinn von (**W**) *völlig* vorbei.

Nehmen wir ein Beispiel. Sie haben die Absicht, einen bestimmten Film zu sehen, und verlassen aus diesem Grund Ihr Haus in Richtung Kino. Nach (W) darf ich dies so ausdrücken, dass ich sage: Ihre mentale Absicht, den Film zu sehen, bewirkt, dass Sie Ihre Beine physisch in Bewegung setzen und aus dem Haus gehen. Doch meine ich dies im Sinne von Newtons Schwerkraft, die bewirkt, dass ein Stein aus der Höhe zum Boden oder eine Sternschnuppe vom Himmel fällt? Würden Sie sich *verstanden* fühlen, wenn ich den Zusammenhang zwischen Ihrer Absicht und Ihren zielstrebigen Beinbewegungen analog zu einem solchen physikalischen Vorgang ausdrücken würde? Etwa so: „Die Neurone in Ihrem Gehirn feuern und bewirken damit, dass sich Ihre Beine in Richtung Kino bewegen." Irgendetwas *fehlt* hier, und dies ist vor allem Ihr Ziel (iv), den Film zu sehen – also Ihr *eigentlicher* Grund dafür, das Haus zu verlassen.

Die Neurowissenschaft dürfte natürlich den Ehrgeiz haben, diese Lücke durch die drei anderen, naturwissenschaftlich respektablen Arten von Gründen zu füllen. Die Wirk- und Stoffursachen (iii) und (i) sind elektro- und biochemisch; sie liegen im Stoffwechsel der Neurone und Synapsen, Botenstoffe, Nervenimpulse und Muskelbewegungen. Die Formursachen (ii) könnten vielleicht in einer physischen Repräsentation Ihrer mentalen Vorstellung des Films und des Wegs vom Haus zum Kino liegen. Doch die Beweislast ist enorm. Insbesondere: *Warum* wollen Sie *diesen* Film eigentlich sehen – was kann *dazu* die Neurobiologie sagen? ...wenn sie sich nicht auf Reiz-Reaktions-Mechanismen und blanken Behaviourismus zurückzieht.

Ich möchte dies hier nicht weiter ausspinnen. Wichtig ist nur, dass wir offenbar zwei grundverschiedene Spielarten von (W) unterscheiden müssen:

(W$_A$) **Aristotelische Wirksamkeit:** Mentale Phänomene können *Gründe* dafür sein, dass physische Phänomene bewirkt bzw. physische Tätigkeiten ausgeübt werden. Zu solchen Gründen gehören auch Zwecke und Absichten.

(W$_K$) **Kausale Wirksamkeit:** Mentale Phänomene können (*Wirk-*) *Ursachen* für physische Phänomene sein – zusammen mit *Stoff-*

und *Form*ursachen, aber *ohne* jede *genuin* teleologische, intentionale Struktur.

In der aktuellen philosophischen Debatte um Gehirn und Geist führen philosophische und neurobiologische Naturalisten gern (W_K) ins Feld, um die unverbesserlichen, altmodischen, aristotelischen Anti-Naturalisten zu belehren, die (W_A) ins Feld führen – und umgekehrt. Die einen reden von Ursachen, die anderen von Gründen. Leider bringt dies, wie seit jeher in metaphysischen Debatten, wenig – weil hier offenbar jede Konfliktpartei unter ihren eigenen Voraussetzungen gegen die andere Partei wettert. Solange der Ursachenbegriff, um den es dabei geht, nicht geklärt ist, werden wir in der Debatte um Gehirn und Geist weiter am alten Kampfplatz der Metaphysik auf der Stelle treten.

Der Hauptunterschied zwischen (W_K) und (W_A) ist, dass Erklärungen nach (W_K) *einheitlich* wirken, Erklärungen nach (W_A) *nicht*. Die Frage, ob (**W**) haltbar ist oder nicht, läuft darum auf das Problem hinaus, ob es einen *einheitlichen* Ursachenbegriff gibt, der uns erklärt, wie mentale Phänomene auf physische Phänomene wirken können – oder nicht. *Bisher* ist kein solcher Begriff gefunden worden.

Der Versuch, hier den Kausalbegriff zu verwenden, führt zu einem alten Einwand gegen (**W**) bzw. (W_K), den schon Leibniz gegen den Cartesischen Dualismus erhob: Eine Einwirkung des Geistes auf das Gehirn, wie Descartes sie in der Zirbeldrüse lokalisierte, würde die Erhaltungssätze der Physik verletzen. Leibniz dachte dabei an die Impulserhaltung; heutige Autoren führen an, dass die Wirkung mentaler auf physische Phänomene mit der Energieerhaltung im Konflikt stehen würde,[24] und dabei zugleich mit der These (**K**) der kausalen Geschlossenheit der Welt. In der kausalen Spielart (W_K) steht die These der mentalen Wirksamkeit darüber hinaus im Konflikt zur These (**V**) der radikalen Verschiedenheit von Geist und Körper.

Die Versuche, (**W**) aufgrund dieser Probleme aufzugeben, sind aber auch nichts anderes als Akte der Verzweiflung. Wenn der Geist nicht kausal auf die Materie einwirken kann, bleiben vier Optionen, die ebenfalls seit langem diskutiert werden:

(E) **Epiphänomenalismus:** Körperliche Phänomene können geistige bewirken, aber nicht umgekehrt. Das physische Gehirngeschehen verursacht unsere Bewusstseinsinhalte als Begleiterscheinung ohne jede kausale Wirkung.

(I) **Idealismus:** Geistige Phänomene bewirken zwar den Schein eines äußeren physischen Geschehens, doch eigentlich gibt es keine physischen Wirkungen.

(O) **Okkasionalismus:** Es gibt weder eine Einwirkung von mentalen Phänomenen auf physische noch umgekehrt. Gott greift immer wieder ein, um geistige und körperliche Zustände, Vorgänge und Ereignisse aufeinander abzustimmen.

(P) **Psychophysischer Parallelismus:** Es gibt keinerlei Einwirkung, weder von mentalen Phänomenen auf physische noch umgekehrt (noch durch Gott); geistige und körperliche Zustände, Vorgänge und Ereignisse laufen parallel ab, in prästabilierter Harmonie.

Nach (E) sind unsere mentalen Fähigkeiten so überflüssig wie der Blinddarm – doch der letztere gilt als Relikt, das erstere als höchste Errungenschaft der biologischen Evolution. Nach (I) gibt es keine reale Außenwelt und Gott ist der größte Betrüger, den wir uns nur denken können. Nach (O) sind wir aufgeklärten Zeitgenossen völlig auf dem falschen Dampfer – jeder Sinneseindruck, jede Handlung von uns ist ein göttliches Wunder; doch Gott fungiert dabei als Lückenbüßer unserer Erklärungen. Nach (P) leben wir in zwei wundersam aufeinander abgestimmten Parallelwelten.

IST DIE NATUR KAUSAL GESCHLOSSEN?

Nach der These (K) ist der Bereich der physischen Phänomene kausal geschlossen. Physische Zustände, Prozesse und Ereignisse haben danach *nur physische*, aber keine nicht-physischen Ursachen. Diese These beruht auf dem *Kausalprinzip*, nach dem jede Wirkung in der Natur eine natürliche Ursache hat. Das Kausalprinzip liegt jeder naturwissenschaftlichen Forschung zugrunde. Für die Physik ist es seit Galilei und Newton typisch, für die Chemie seit dem Ende der Suche nach dem Stein der Weisen und für die Biologie seit Darwin. „Natur" heißt nun einmal *physis*, und die *Natur*wissenschaft beschränkt ihre Erklärungsgründe auf die *physische* Welt.

(K) verbietet, nach dem Kausalprinzip von physischen Wirkungen auf nicht-physische Ursachen zu schließen. Dies schließt erfreulicherweise den schillernden Gebrauch aus, den Descartes, Spinoza oder Leibniz vom Ursachenbegriff machten, um damit Gottesbeweise zu führen.

Den rein „innerweltlichen" Gebrauch des Kausalprinzips hatte schon Kant gefordert. Dabei zählte er auch die mentalen Phänomene zur empirischen Welt; unsere Bewusstseinsinhalte unterscheiden sich nach ihm von den physischen Phänomenen nur dadurch, dass sie Gegenstände des „inneren" Sinns (d. h. der Zeitvorstellung) sind, nicht des „äußeren" Sinns (d. h. der Raumvorstellung).

Ich bringe Kant hier wieder ins Spiel, um auf einen wichtigen Punkt aufmerksam zu machen, den die heutige Philosophie des Geistes gern übersieht: Die Behauptung der kausalen Geschlossenheit der physischen Welt ist – bei aller Plausibilität, die sie scheinbar aus dem Kausalprinzip bezieht – eine äußerst starke metaphysische These! (K) verbietet es nämlich *auch*, physische Wirkungen auf mentale Ursachen zurückzuführen; es sei denn, diese ließen sich wiederum auf physische Ursachen zurückführen, im Sinne der „reduzierten" Verschiedenheitsthese (V_R). Kant, der *alle* Phänomene, mentale genauso wie physische, zur Natur zählte, hätte eine derartige Lesart des Kausalprinzips ziemlich seltsam gefunden.

Außerdem ist (K) unverträglich mit der Aristotelischen Wirksamkeit (W_A), nach der unsere Handlungen nicht nur physisch verursacht, sondern mindestens zum Teil auch in unseren Absichten gegründet sind. Und so werden die *mentalen* Gründe *physischer* Handlungen über den Leisten von (K) geschlagen – und Ihre Absicht, einen Film zu sehen, gilt aus naturwissenschaftlicher Sicht plötzlich nicht mehr als der entscheidende Grund dafür, dass Sie Ihren Körper in Richtung Kino bewegen.

Die These (**K**) der kausalen Geschlossenheit der physischen Welt hat allerdings einen völlig anderen Status als die Thesen (**V**) der radikalen Verschiedenheit von Geist und Materie und (**W**) der möglichen Wirkung des Geists auf die Materie. (**V**) und (**W**) beruhen auf alltäglicher Erfahrung, jedenfalls solange man (**V**) nicht gleich im Sinne des Cartesischen Dualismus versteht. Sie gehören zum althergebrachten Bestand an Wissen über die geistig-seelische Befindlichkeit des Menschen. Dagegen drückt (**K**) *keinen* elementaren Sachverhalt unserer Erfahrung aus. Wir erleben zwar im Alltag viele kausale Zusammenhänge; doch die Frage, ob die physische Welt, die Natur, komplett kausal geschlossen ist, übersteigt unsere Erfahrung grundsätzlich. An dieser Stelle darf ich Sie wieder an Kants Vernunftkritik erinnern.

Tatsächlich ist die Annahme (**K**), der Bereich der physischen Phänomene sei kausal geschlossen, zunächst einmal bloß eine *Verfahrensregel*, nach der die Physiker, Chemiker und Biologen vorgehen, um ihre Naturerkenntnis zu erweitern. Es ist seit Galilei und Newton das vornehmste Ziel der Naturwissenschaften, die Ursachen von gegebenen Naturerscheinungen innerhalb der Natur ausfindig zu machen. Zu fordern, dass die Ursache jeder Naturerscheinung wiederum natürlich sein soll (und nicht Zauberei, Spuk oder ein göttliches Wunder), ist eine sinnvolle methodologische Vorschrift, dank derer die Naturwissenschaften erst ihren Namen verdienen. Genau in diesem Sinn eines regulativen Grundsatzes der Verstandeserkenntnis hatte schon Kant sein Kausalprinzip methodologisch verstanden.

Doch die These der kausalen Geschlossenheit der physischen Welt geht einen entscheidenden Schritt weiter. Sie *verallgemeinert* die Methode, im Einklang mit dem Kausalprinzip nach den natürlichen Ursachen natürlicher Phänomene zu suchen, auf die Behauptung, *alle* Ursachen in der Welt seien *physisch*. In einer Art Umkehrung des naturalistischen Fehlschlusses der Ethik wird dabei ein Sollen zum Sein erklärt: Die Regel, immer weiter nach physischen Ursachen zu suchen, wird zur Annahme über das Sein – zur Behauptung, die physische Welt sei faktisch kausal geschlossen; wobei dann mentale Phänomene als reduzierbar im Sinne von (**V$_R$**) gelten müssen.

Das Ganze, d. h. der Widerstreit zwischen den drei philosophischen Thesen (V), (W) und (K), ist also ein *Verallgemeinerungsproblem.* Wenn Hirnforscher den Geist des Menschen untersuchen, weiten sie die naturwissenschaftlichen Verfahrensregeln mit Allgemeingültigkeitsanspruch vom Gehirn auf den Geist aus. Doch wie weit wird die naturwissenschaftliche Sicht der objektiven, intersubjektiv geteilten Außenwelt überhaupt unserer subjektiven, perspektivischen Innenwelt gerecht? Die plausible These (W), nach der unser Geist *irgendwie* in der materiellen Welt wirksam werden kann, wird nach (K) zur *nicht* mehr so plausiblen These (W_K), es müsse sich um physische Wirkungen des Mentalen auf das Physische handeln. Der Kern der Gründe, die nach (W_A) wirksam sind, nämlich unsere Absichten, bleibt dabei auf der Strecke. Und die radikale Verschiedenheit (V) des Mentalen und des Physischen wird nach dem Kausalprinzip zur *reduziblen* Verschiedenheit (V_R) entschärft, im Einklang mit (K). Die naturwissenschaftliche Sicht der Dinge wird so völlig kohärent. Doch sie ist *überhaupt* nicht mehr im Einklang mit unserem Erleben.

Die These (K) von der kausalen Geschlossenheit der physischen Welt stellt uns so vor das folgende Trilemma: Entweder ist unser mentales Erleben trügerisch, d. h. (V) oder (W) ist falsch – oder die These (K) ist falsch. Eine dieser drei Thesen müssen Sie aufgeben, sonst landen Sie in einem Widerspruch. Aber welche? Entweder Sie geben (V) auf und akzeptieren, dass Ihre Bewusstseinsinhalte und die physische Außenwelt *nicht wirklich* verschieden sind. Oder Sie geben (W) auf und akzeptieren, dass Ihr Wille *nicht wirklich* etwas in der Welt bewirkt. In beiden Fällen dürfen Sie sich selbst nicht mehr über den Weg trauen. Oder Sie verwerfen das Kausalprinzip (K) der Naturwissenschaften, legen sich mit den Hirnforschern an und behaupten, die Neurobiologie sei *letztlich* irrelevant für unser Menschenbild.

Welchen Ausweg ich aus diesem Trilemma suche, verrate ich Ihnen im 7. Kapitel. Doch die Stoßrichtung meiner Argumentation deute ich Ihnen unten schon an.

Das Trilemma bringt die gegenwärtige Debatte um Gehirn und Geist wie folgt auf den Punkt: Sie dreht sich darum, dass sich *weder* unser subjektives Erleben *noch* unser Menschenbild damit verträgt, das Kausalprinzip der neuzeitlichen Naturwissenschaft *unbeschränkt zu verallgemeinern*. Wenn es *nur* physische Ursachen in der Welt gibt, so sind auch alle unsere Handlungen, bei denen wir eine bewusste Absicht in die Tat umsetzen, physisch verursacht. Sie sind dann gerade *nicht* so aktiv durch unseren Willen gesteuert oder so frei, wie wir sie erleben.

Wir waren vom Problem ausgegangen, dass von den drei Thesen (**V**), (**W**) und (**K**) je zwei mit der dritten unvereinbar sind, und wir haben uns diese drei Thesen genauer angesehen. Dabei haben wir festgestellt: Die Thesen der radikalen Verschiedenheit (**V**) von Geist und Materie und der Wirksamkeit (**W**) mentaler Phänomene im Bereich des Physischen sind im Einklang mit unserem subjektiven Erleben, die These (**K**) der kausalen Geschlossenheit der physischen Welt dagegen nicht. (**K**) beruht darauf, das Kausalprinzip von einer (normativen) naturwissenschaftlichen Verfahrensregel zur (deskriptiven) Aussage über die physische Welt zu machen und zu behaupten, diese Aussage sei allgemeingültig. Diese Verallgemeinerung verträgt sich weder mit der Annahme, mentale und physische Phänomene seien *irreduzibel* verschieden, noch mit den aristotelischen Zweckursachen, d. h. mit mentalen Wirkungen, zu denen *Absichten* als echte, *irreduzible* Gründe beitragen.

Das Kausalprinzip besagt: „Alle Ursachen natürlicher Phänomene sind wiederum natürlich." Es ist dafür geschneidert, allen metaphysischen Monstern in unseren Erklärungen den Garaus zu machen. Wissenschaftliche Erklärungen sind kausal; und kausale Erklärungen dienen dazu, Geister, Götter, Spuk und Wunder aus unserem Verständnis des Naturgeschehens zu verbannen. Das Kausalprinzip unbeschränkt zu verallgemeinern *und* dabei die Natur ausschließlich als *physische* Natur (unter Ausschluss der mentalen Phänomene) zu betrachten, führt zur These (**K**) der kausalen Geschlossenheit der Natur. Das Problem ist nur: Unser subjektives Erleben, unsere Absichten und alle bewusst von uns gewollten Handlungen, also gerade das, was unserer Alltagserfahrung *am nächsten* liegt, alles dies bekommt dadurch *ebenfalls* den Status von Geistern, Spuk und Wundern.

Was läuft dabei schief? Meines Erachtens ist hier eine undurchschaute *Dialektik der Aufklärung* am Werk. Nach dem gleichnamigen

Werk von Theodor W. Adorno (1903–1969) und Max Horkheimer (1895–1973) schlägt Aufklärung in Mythos zurück. Das Bestreben, die Metaphysik abzuschaffen, gerinnt selbst zur Metaphysik. In unserem Fall wandelt sich das Kausalprinzip von einem regulativen Grundsatz im kantischen Sinne zum *Mythos Determinismus*. Die Götter wurden als Erklärungsinstanzen entthront, die Welt durch umfassende Kausalerklärungen entzaubert und nun gehen wir mit der Neurobiologie unserem Selbstbild an den Kragen, bis wir nichts mehr von uns selbst übrig lassen als überaus komplexe, prächtig funktionierende Maschinen – als wären nicht *wir* es gewesen, die sich die Maschinen unserer wissenschaftlich-technischen Lebenswelt ausgedacht haben.

Es ist traurig, aber wahr, dass kaum ein Philosoph es heute wagt, die These **(K)** der kausalen Geschlossenheit der Natur in Frage zu stellen, die uns erst den Konflikt zwischen Außenwelt und Innenwelt, objektiven Kausalwirkungen und subjektivem Erleben beschert. Dabei ist **(K)** klarerweise eine metaphysische Aussage. **(K)** besagt ja, dass *alle* Ursachen physischer Phänomene wiederum physisch sind. Das ist nicht empirisch beweisbar, denn es handelt sich um eine All-Aussage. Doch **(K)** ist auch nicht empirisch widerlegbar, denn die These **(K)** schließt die *Verfahrensregel* ein, das Kausalprinzip in der heute gängigen Lesart selbst dort tapfer weiter zu verwenden, wo es hartnäckig versagt.

Merkwürdigerweise wird der metaphysische Charakter der Behauptung, der Bereich des Physischen sei kausal geschlossen, in der aktuellen Debatte um Gehirn und Geist weder erkannt noch diskutiert. Eher herrscht die Tendenz vor zu glauben, dies sei eine Frage der Physik, die mit physikalischen Methoden entschieden werden müsse. Doch wie könnte die Physik das Kausalprinzip auf seine Gültigkeit testen? Noch wo es an seine Grenzen stößt, fordert es dazu auf, sie zu überschreiten – etwa durch „verborgene Parameter", die der Quantenphysik ein strikt deterministisches Fundament verschaffen, oder „Parallelwelten", die alle möglichen Ergebnisse einer quantenmechanischen Messung parallel realisieren können. Zu neuen empirischen Vorhersagen führt dies eher nicht, solche Ansätze rennen eher seit Jahrzehnten den empirischen Fortschritten der Physik hinterher. Verborgene Parameter oder Parallelwelten haben m.E. keinen grundsätzlich anderen Status als die „okkulten Qualitäten" der Renaissance, die schon Newton bekämpfte.

DER NEUE KAMPFPLATZ DER METAPHYSIK

Die gegenwärtige Debatte zur Vereinbarkeit von Freiheit und Determinismus wird in der Philosophie des Geistes geführt, als hätte Kant nie die *Kritik der reinen Vernunft* geschrieben. Was die These **(K)** der kausalen Geschlossenheit der Natur betrifft, wirkt sich dies fatal aus. Viele Philosophen halten sie für eine Tatsachenbehauptung, die wahr oder falsch ist. Dabei übersehen sie: **(K)** ist nur ein regulativer Grundsatz im Sinne von Kant, eine Verfahrensregel der Naturwissenschaft – die zudem (anders, als Kant es tat) mentale Phänomene aus dem Geltungsbereich des Kausalprinzips ausschließt, soweit sie *nicht* auf physische Phänomene reduzierbar sind.

Damit sind sie den naturalistischen Neigungen der Hirnforscher allerdings schon gründlich auf den Leim gegangen. Kant, für den die Bewusstseinsphänomene klarerweise *Phänomene* waren (nämlich Vorstellungsinhalte, die wir erleben), hätte vermutlich gesagt: Naturalisten dieses Typs verwechseln die *physische* Natur, die Welt der materiellen Körper, mit der *gesamten* Natur, der Welt als Inbegriff aller Sinneserscheinungen und aller Gesetze, die sie untereinander verknüpfen.

Die Naturwissenschaftler halten das Kausalprinzip aus professionellen Gründen für unbeschränkt gültig, jedenfalls innerhalb ihrer Forschung. Dabei suchen sie nur nach den *physischen* Ursachen physischer Wirkungen; alles andere sprengt den Rahmen der naturwissenschaftlichen Forschung. Bei ihrer Arbeit nehmen sie zwangsläufig die kausale Geschlossenheit der materiellen Natur an – was die Kernthese des Naturalismus ist. Eine naturalistische *Methodologie* ist jedoch nicht zwangsläufig mit einer naturalistischen *Metaphysik* verbunden. Nicht alle Naturwissenschaftler sind Naturalisten – das war schon zu Galileis und Newtons Zeit so, galt, wie am Anfang des Kapitels betont, noch für Darwin und ist bis heute so geblieben. Philosophen sollten die naturalistische Metaphysik einiger prominenter Naturwissenschaftler also nicht unkritisch übernehmen, sondern sich lieber wieder einmal mit Kant befassen.

Doch leider führt der heutige Streit um Determinismus und Freiheit schnurstracks auf den ewigen Kampfplatz der Metaphysik zurück. Fast alle Vertreter der Philosophie des Geistes unterstellen derzeit, die These (K) der kausalen Geschlossenheit sei wahr. Und dann führen sie eindrucksvolle geistige Klimmzüge aus, um zu zeigen, wie *dennoch* menschliche Freiheit denkbar sei. Die populäre philosophische Haltung ist heute der *Kompatibilismus*, wonach die vollständige kausale Determination des Naturgeschehens *grundsätzlich* mit der Willensfreiheit vereinbar sei.[25] Das Schöne an ihr ist, dass sie den Skandal der Hirnforschung entschärft. Sie entbindet die Philosophen davon, sich näher mit den Erklärungsleistungen der gegenwärtigen Naturwissenschaften zu befassen; sie dürfen es sich im Lehnstuhl bequem machen, nach dem Motto, „auch wenn Galilei recht hat, geht die Sonne weiter auf und unter". Ob unsere Willensfreiheit eine ähnliche Illusion ist wie die scheinbare Bewegung der Sonne um die Erde, oder eher nicht, steht dann gar nicht mehr zur Diskussion.

Nach dem „harten" Kompatibilismus verträgt sich die Willensfreiheit *bestens* mit einer durchgängigen, lückenlosen, strikten Naturkausalität – sprich: damit, dass unser Verhalten vollständig durch Naturgesetze determiniert sei, die keinerlei Ausnahmen gestatten. Im Anschluss an den englischen Philosophen George E. Moore (1873–1958) heißt es dann, unter anderen Umständen hätten wir sicher anders gehandelt; also seien andere Handlungsmöglichkeiten denkbar; also sei unsere Freiheit mit dem Determinismus vereinbar. Dem wäre das gute englische Sprichwort entgegen zu halten: *„You can't have the cake and eat it."* Kompatibilisten möchten den Freiheitskuchen gern zugleich bewahren und preisgeben. Doch Sie können Ihren metaphysischen Kuchen der Freiheit nicht behalten, wenn Sie ihn mit Messern und Gabeln des strikten Determinismus zerteilen, aufspießen und verspeisen.

Nach dem „weichen" oder „agnostischen" Kompatibilismus wiederum ist die Frage, ob das Naturgeschehen deterministisch und kausal geschlossen ist *oder nicht*, für das philosophische Verständnis unserer Willensfreiheit völlig irrelevant. Das ist auch eine nette Strategie, sich auf den Skandal, den die Ergebnisse der Hirnforschung für unser Menschenbild bedeuten, überhaupt nicht erst einzulassen.

Beide Varianten des Kompatibilismus haben eines gemeinsam. Aus ihrer Sicht spielt die Frage, wie die Neurowissenschaften arbeiten, mit welchen Methoden sie ihre Forschungsergebnisse erzielen und was wir daraus im einzelnen lernen können, eigentlich überhaupt keine Rolle für die philosophische Auseinandersetzung mit der Hirnforschung. Wozu also sollten Philosophen sich mit wissenschaftstheoretischen Analysen zur Tragweite der Neurowissenschaften herumplagen?

Als andere Option halten die meisten Philosophen nur für denkbar, dass (K) falsch sei. Sie sind sich dann mit den Hirnforschern allzu schnell darüber einig, dass dies nicht weiter helfe. Indeterminismus bedeute Kausalitätslücken im Naturgeschehen; Lücken in der Naturkausalität seien aber so zu verstehen, dass dann anstelle von wohldefinierten natürlichen Ursachen eben der bloße Zufall walte; und *dies* könne es ja wohl nicht sein, was wir unter freien Willensentscheidungen verstehen möchten.

So einleuchtend dieser Einwand wirkt – er unterstellt einfach, Lücken in der strikten Naturkausalität seien *gleichbedeutend* damit, dass der blanke Zufall am Werk sei. Doch wer dies annimmt, ist schon wieder unkritisch dem Naturalismus auf den Leim gegangen. Denn nur Naturalisten behaupten, dass es *nur physische* oder *gar keine* Ursachen gebe. Der Einwand setzt so die naturalistische Deutung des Wechselspiels von Innenwelt und Außenwelt schon voraus, die mit (K) auf dem Prüfstand steht.

Der Zufalls-Einwand ist aber noch in anderer Hinsicht kurzschlüssig. Er unterstellt eine realistische Deutung von kausalen Modellen, die (wie ich in den folgenden Kapiteln zeige) lückenhaft, provisorisch und heuristisch sind. Das Verständnis der Kausalität, das dabei strapaziert wird, ist alles andere als klar und eindeutig; weder in der Philosophie noch in den Naturwissenschaften gibt es heute einen einheitlichen Ursachenbegriff (siehe 6. Kapitel). Und auch die Kausalerklärung unserer kognitiven Fähigkeiten durch neuronale Mechanismen trägt nicht so weit, wie uns prominente Hirnforscher glauben machen wollen (siehe 7. Kapitel). Sie beruht auf Modellen, von denen klar ist, dass sie der Wirklichkeit von Gehirn und Geist nur sehr eingeschränkt gerecht werden. Nach dem heutigen Wissensstand sind diese Modelle mit großer Vorsicht zu genießen, sie dürfen keinesfalls realistisch gedeutet werden.

Sie beruhen auf einer Analogie zwischen einem künstlichen neuronalen Netz (einem parallel verschalteten Computer) und dem natürlichen neuronalen Netz in unserem Kopf. Dabei weiß jeder Hirnforscher, dass das Gehirn in seiner Komplexität und Plastizität gerade *nicht* wie ein Computer strukturiert ist. Für das Computer-Modell sind Kategorien wie Zufall und Berechenbarkeit zentral. Doch was besagt dies für unsere geistigen Fähigkeiten, wenn das Computer-Modell *unrealistisch* ist? Was soll uns die Heuristik der Hirnforscher, und sei sie innerhalb der Zunft noch so fruchtbar, über unsere Freiheit lehren?

Das Zufallsargument ist also nicht stringent. Es beruht darauf, *inner*wissenschaftliche Forschungsperspektiven, die noch stark im Fluss sind, unzulässigerweise auf unsere *außer*wissenschaftliche Lebenswelt zu verallgemeinern. Und es dient nur dazu, sich gegen die Option zu immunisieren, die These der kausalen Geschlossenheit der Natur könne vielleicht doch falsch sein, oder auf andere Weise in die Irre gehen – und dies wiederum könne weitreichende philosophische Konsequenzen haben.

All diese Argumente bringen uns dem Verständnis des Geist-Körper- oder *mind-body*-Problems nicht näher, das seit Descartes und Hobbes auf dem Kampfplatz der Metaphysik umstritten ist. Immerhin zeigen die Philosophen, dass der *plausibelste Zugang* zum Problem direkt in den *Widerspruch* führt. Die Behauptung (**K**) der kausalen Geschlossenheit der physischen Welt oder Natur stützt sich auf das Kausalprinzip, nach dem die naturwissenschaftliche Forschung vorgeht. Die Behauptungen (**V**) der Verschiedenheit mentaler und physischer Phänomene sowie (**W**) der möglichen Wirkungen geistiger Phänomene auf den Körper stützen sich dagegen auf unsere Alltagserfahrung – darauf, wie wir den Unterschied unserer Innenperspektive von der Außenwelt erleben und wie wir unsere Handlungen erfahren. Dabei stellt die gegenwärtige Philosophie die Annahme (**K**) der kausalen

Geschlossenheit der Welt erstaunlich wenig infrage. Wo sie es aber doch tut, verfällt sie in das entgegengesetzte Extrem, nämlich unserer Alltagserfahrung und den guten alten aristotelischen Zweckursachen, die unser Handeln bestimmen, *absolute* Geltung zuzusprechen und gar das Kausalitätsverständnis nur hierauf zu gründen.[26]

Und so sieht denn der neue Kampfplatz der Metaphysik aus: Die einen Philosophen betreiben vorauseilenden Gehorsam gegenüber den Naturwissenschaften und erheben den Naturalismus zur neuen Metaphysik. Und die anderen machen den Naturwissenschaften vom Standpunkt der Alltagserfahrung aus ihre Bedeutung für ein aufgeklärtes Menschenbild streitig. Beides ist (frei nach Kant) „faule Vernunft".[27]

Während die Philosophen seit Jahrhunderten auf dem Kampfplatz der Metaphysik darüber streiten, wie Geist und Natur miteinander zusammenhängen, versuchen die Anatomen, Ärzte und Naturforscher seit ebenso langer Zeit, mit ihren empirischen Methoden zu klären, wie der Geist im Gehirn verankert ist. Beide Problemfelder, das philosophische wie das naturwissenschaftliche, sind durch die Frage bestimmt, wie sich die mentalen und die physischen Phänomene zueinander verhalten. Ihren Unterschied erleben wir, wie ich oben herausgearbeitet habe, als Differenz von Innen- und Außenwelt, im Blick aus der Ersten-Person-Perspektive auf den Rest der Welt. Die geistigen Phänomene sind unser inneres Geschehen, die körperlichen Phänomene dasjenige, was wir von außen wahrnehmen. Soweit stimmen die Philosophen und Naturwissenschaftler von Descartes bis heute immerhin überein. Ihre philosophischen Differenzen beginnen erst bei der Frage, was wir von diesem Unterschied halten – ob wir ihn als absolut und irreduzibel betrachten oder nicht.

Die Naturwissenschaften sind *per definitionem* auf die wissenschaftliche Erforschung der Natur angelegt. Die *Phänomene* sind für sie *Natur*erscheinungen. Wenn die Neurowissenschaftler den Geist des Menschen erforschen, so geht es ihnen also um Naturalisierung, darum, die mentalen Phänomene durch das physische Geschehen im Kopf zu erklären. Die Hirnforschung ist deshalb immer schon darauf angelegt, mentale Phänomene auf physische zu reduzieren, sobald sie überhaupt beginnt, sich mit unserem geistigen Erleben anstatt nur mit dem Gehirn zu beschäftigen. Diesen Weg schlug sie im Zuge der Entwicklung der neuzeitlichen Naturwissenschaften ein.

Der Streit um Gehirn und Geist ist nicht aufzulösen, solange die Philosophen *und* die Naturwissenschaftler einen großen Bogen darum machen, sich mit den faktischen Erklärungsleistungen der Hirnforschung auseinanderzusetzen. Genau hieran fehlt es im aktuellen Streit um Freiheit und Neurodeterminismus. Diese Auseinandersetzung geht aber nicht ohne Wissenschaftstheorie. Die Wissenschaftstheoretiker-Zunft hat sich bisher allerdings höchstens ansatzweise mit den Methoden, experimentellen Ergebnissen und Theorien der Hirnforscher auseinandergesetzt. Und wo sie es tat, blieb sie entweder in Spezialproblemen oder in Pauschalurteilen stecken.

Hier ist weder das eine noch das andere beabsichtigt. Die folgenden Kapitel sollen die Methoden und Erklärungsleistungen der Hirnforschung so aufbereiten und diskutieren, dass Sie sich ein fundiertes Urteil darüber bilden können, selbst wenn Sie weder Naturwissenschaftlerin noch kundiger Neurophilosoph sind. Einfach ist dieses Unterfangen nicht, hoffnungslos aber auch nicht.

Da sich dieses Buch an sehr verschiedene Lesergruppen wendet, bitte ich Sie dabei auch um Geduld für alle Ausführungen, die Ihren naturwissenschaftlichen und/oder wissenschaftstheoretischen Horizont über- oder unterschätzen. Scheuen Sie sich nicht, Passagen zu überschlagen, die Sie langweilen oder die Ihnen zu kompliziert erscheinen. Ich versuche immer wieder, den „roten Faden" herauszuarbeiten.

Und nun lade ich Sie ein, sich näher damit zu befassen, wie die neuzeitliche Naturerkenntnis funktioniert, was die wichtigsten Befunde der Hirnforschung sind, was neurowissenschaftliche Erklärungen leisten – und was uns all dies über ein naturwissenschaftlich begründetes Menschenbild lehrt. Sie werden sehen: Letztlich geht es dabei um die Frage, wie weit sich die Erforschung unseres Bewusstseins über den Leisten der physikalischen Erkenntnis schlagen lässt.

2

DAS BUCH DER NATUR ENTZIFFERN

VOM KAMPFPLATZ DER METAPHYSIK ZUR EXAKTEN NATURERKENNTNIS

Im ersten Kapitel haben wir gesehen, dass die Philosophie des Geistes seit ihren Anfängen bei Descartes und Hobbes dem Kampfplatz der Metaphysik nicht wirklich entrinnen konnte. Dagegen begann die exakte Naturwissenschaft ihren Siegeszug mit Galileis und Newtons Physik. Die Metaphysiker des 17. und 18. Jahrhunderts hätten die Strenge der mathematischen Naturerkenntnis gern auf die Begründung ihrer Systeme übertragen. Doch alle ihre Systeme blieben umstritten, angefangen mit dem Cartesischen Dualismus. Weder Descartes noch seinen Nachfolgern gelang es ein tragfähiges philosophisches Fundament zu errichten, auf das die nächsten Denker aufbauen konnten, anstatt es sofort wieder umzustoßen. Zu den einhelligsten Ergebnissen gelangten noch diejenigen Metaphysiker, die sich auch inhaltlich auf die naturwissenschaftliche Erkenntnis stützten – das waren die Materialisten. Denker der französischen Aufklärung wie La Mettrie und d'Holbach übernahmen von Hobbes die Auffassung, das Gehirn sei nur eine Art Rechenmaschine und die Gesetze der Materie seien auch die des Geistes. Die Materialisten der frühen Neuzeit vertraten einen Determinismus, wie ihn dann um 1800 Laplace artikulierte. Ihm zufolge ist das Naturgeschehen vollständig durch die strikten Gesetze der Physik bestimmt.

Seit dem 19. Jahrhundert kamen die Evolutionsbiologie und die Neurowissenschaft dazu. Doch auch auf ihrer Grundlage gelang es nicht, die Entstehung des Geistes aus der Materie naturwissenschaftlich zu erklären. Die Naturalisierung des Geistes blieb Programm, und die Philosophie des Geistes wurde zum neuen metaphysischen Kampfplatz. Heute sind die drei Thesen umstritten, die im ersten Kapitel besprochen wurden: Die These (V) der radikalen Verschiedenheit von mentalen und physischen Phänomenen, oder: von Geist und Materie, geht auf Descartes zurück; sie behauptet eine stärkere oder schwächere Variante des Cartesischen Dualismus. Die These (W) der mentalen Wirksamkeit physischer Phänomene, sprich: der Verwirklichung unserer Absichten in der Welt, entspricht dem, was wir tagtäglich erleben. Die These (K) der kausalen Geschlossenheit der physischen Welt wiederum stützt sich auf das Kausalprinzip und die Erklärungserfolge der Naturwissenschaften; sie besagt, dass die Ursachen physischer Phänomene ebenfalls zur physischen Natur gehören. So plausibel jede dieser drei Thesen ist – sie können nicht alle drei zugleich gelten.

Wir sahen im 1. Kapitel auch, wie die drei Thesen in Widerstreit geraten. Die kausalen Erklärungen der Naturwissenschaften scheinen sich nicht damit zu vertragen, dass wir unsere Absichten angemessen verstehen oder erklären. Die Suche nach den *physischen* Ursachen unserer Handlungen, die das Kausalprinzip fordert, verträgt sich nicht mit der Angabe unserer *mentalen* Handlungsgründe – jedenfalls solange die Verschiedenheitsthese gilt. Das materialistische Programm der Naturalisierung des Geistes, das auf Descartes' Gegenspieler Hobbes zurückgeht, setzt genau an diesem entscheidenden Punkt an: Es zielt darauf, die Verschiedenheitsthese zu entschärfen. Es nimmt an, dass sich mentale Phänomene *letztlich* auf physische Ursachen reduzieren lassen – auf das Gehirngeschehen. Dies wiederum gelingt den Hirnforschern jedoch bis heute hartnäckig nicht; und ob es ihnen je gelingen kann, steht in den Sternen.

In der Debatte um die genannten Thesen läuft jedoch einiges schief. Dies beginnt damit, dass die These (K) der kausalen Geschlossenheit selten hinterfragt wird. Sie ist eine metaphysische Behauptung über die Welt, die wahr oder auch falsch sein kann und die sich weder beweisen noch widerlegen lässt. Das Kausalprinzip, auf das sie sich stützt, ist allerdings nur ein fruchtbares heuristisches Forschungsprinzip. Der Schritt vom Kausalprinzip zur metaphysischen Verallgemeinerung (**K**) ist ein Schritt von den Methoden naturwissenschaftlicher Forschung zu einer szientistischen Metaphysik. („Szientismus" heißt: Es gibt *nur* naturwissenschaftliche Erklärungen; die Methoden und Ergebnisse der Naturwissenschaften können uns die Welt *vollständig* erklären; daneben ist *kein anderer Blickwinkel* auf die Welt gleichrangig.)

Doch auch die anderen Thesen haben ihre Tücken. Bei einem echten Trilemma, wie es hier vorliegt, liegen diese Tücken meist in ungeklärten Voraussetzungen. Der Klärungsbedarf fängt bei den Begriffen an, in denen unser Trilemma formuliert ist. In (**V**) ist von mentalen und physischen *Phänomenen* die Rede. Doch was sind denn die „Phänomene" und in welchem Sinn ist hier von ihnen die Rede? (**W**) behauptet die *Wirksamkeit* der einen Phänomene auf die anderen, (**K**) besagt etwas über die *Kausalität*. Auch diese beiden Begriffe sind hochgradig erklärungsbedürftig.

Dabei ist es mit bloßer Sprachanalyse, wie sie die Philosophen lieben, nicht getan. Um das Trilemma der Debatte um die Hirnforschung aufzulösen, müssen wir genau verstehen, was es mit *naturwissenschaftlichen* Phänomenen und ihrer kausalen Analyse auf sich hat. Auf ihnen beruhen die wissenschaftlichen Erklärungen der Hirnforschung, um deren Tragweite es hier geht. Wer nichts davon wissen will, wie die naturwissenschaftliche Erkenntnis *grundsätzlich* funktioniert und nach welchen Methoden sie arbeitet, wird dem neuen Kampfplatz der Metaphysik nicht entrinnen.

Sollten Sie im Verlauf des Kapitels gelegentlich den „roten Faden" verlieren, lesen Sie bitte wieder diesen Anfang, um sich zu erinnern, worum es geht. Wir stehen vor drei Thesen, die in das Zentrum der Debatte um die Hirnforschung führen. Sie sind alle drei plausibel, aber sie lassen sich nicht widerspruchsfrei zugleich behaupten. Deshalb wollen wir wissen: *Was* behaupten sie denn eigentlich *genau*, wo steckt hier der Wurm? Damit wir sie am Ende beurteilen können, wollen wir wissen: Was sind physische und mentale Phänomene? Worin unterscheiden sie sich? In welchem Sinne können sie aufeinander wirken?

Wie funktioniert ihre kausale Analyse? Welche Rolle spielt dabei das Kausalprinzip der Naturwissenschaften, was kann es leisten? Um diese Fragen ab dem *nächsten* Kapitel Schritt für Schritt behandeln zu können, befassen wir uns in *diesem* Kapitel mit den Phänomenen der Naturwissenschaften und den verschiedenen Methoden ihrer Analyse – vom simplen Zerlegen über die Experimentiertätigkeit bis hin zur kausalen Analyse. Das wird ganz schön kompliziert! Am Ende wissen Sie aber in groben Zügen, was die Hirnforscher meinen, wenn sie von *top-down-* und *bottom-up*-Erklärungen sprechen – und was sie dabei bis heute mit der Denkweise von Galilei und Newton verbindet.

ZERLEGUNG DER PHÄNOMENE

Galileis Metapher vom „Buch der Natur", das in mathematischen Lettern geschrieben sei, ist ein Grundpfeiler der neuzeitlichen Naturwissenschaft. Sie drückt den Glauben aus, der Weltlauf sei durch universelle Naturgesetze bestimmt und berechenbar. Auf diesem Glauben beruht die gesamte klassische Physik, von der Mechanik Newtons über den Laplaceschen Determinismus und die klassische Elektrodynamik bis hin zur Allgemeinen Relativitätstheorie von Albert Einstein (1879–1955). Der zweite Grundpfeiler der Physik ist die experimentelle Methode; sie ist ebenfalls mit dem Namen Galileis verbunden. Die experimentelle Methode und die mathematische Sicht der Natur begründen die Erfolgsgeschichte der Naturwissenschaften.

Galilei hatte Vorläufer. Wie er Mathematik und Experiment kombinierte, war neu. Auch wie er das Fernrohr benutzte, um die Beobachtung der Himmelserscheinungen zu erweitern, war neu. Doch er hatte es nicht erfunden, sondern nur verbessert, und auch seine Idee, den Naturerscheinungen mit Lineal und Zirkel, Instrumenten und geometrischer Genauigkeit auf den Grund zu gehen, war *nicht* ganz neu. Sie stammt aus der Renaissance. Die Künstler, Baumeister und Naturforscher der Renaissance begnügten sich nicht mehr mit dem, was sie in der Natur mit bloßen Augen sahen, mit der Oberflächenwahrnehmung der Dinge. Sie fingen damit an, die Phänomene in Gedanken und in Wirklichkeit auseinander zu nehmen, die Proportionen der Dinge zu studieren und die Natur ins mathematische Raster zu spannen.

Auch die Ärzte und Anatomen der Renaissance trugen entscheidend dazu bei, den Dingen gezielt auf den Grund zu gehen. Sie brauchten dafür keine Mathematik und keine Experimente. Ihnen genügten Meißel und Messer – und mangelnder Respekt vor dem Papst. Gegen päpstliches Verbot sezierten sie Tierkadaver und menschliche Leichen. Ihnen schloss sich das Renaissance-Universalgenie Leonardo da Vinci (1452–1519) an, teils aus wissenschaftlicher Neugier und teils, um eine Grundlage für seine künstlerischen anatomischen Studien zu bekommen.

Die Renaissance-Anatomen praktizierten grundsätzlich schon das Verfahren, das auch Galileis experimenteller Methode zugrunde liegt – nämlich, die Dinge in ihre Teile oder Komponenten zu zerlegen, um Einblick ins Innere der Naturerscheinungen zu gewinnen. Dies taten sie mit dem menschlichen Gehirn genauso wie mit anderen Körperorganen. Die ersten Anfänge neuzeitlicher Naturwissenschaft fallen also mit dem Beginn der Hirnforschung zusammen. Bereits der antike Arzt Hippokrates (ca. 460-370 v. Chr.) hatte den Geist im Gehirn angesiedelt und es gab antike Anatomen. Doch den Bau des Gehirns genauer zu erforschen, wagten erst die Anatomen und Ärzte der Renaissance. Ihre anatomischen Studien gehörten mit zu den großen Neuerungen der Renaissance, die dem neuzeitlichen Weltbild den Weg bahnten.

Das Werk *De revolutionibus orbium coelestium* (Über den Umlauf der Himmelkörper), in dem Nikolaus Kopernikus (1473–1543) das heliozentrische Weltsystem darstellte, wurde 1543 gedruckt. Im selben Jahr erschien ein zweites bahnbrechendes, ähnlich umstrittenes Werk: *De humani corporis fabrica* (Über den Bau des menschlichen Körpers) von Andreas Vesalius (1514–1564). Vesalius war ein flämischer Arzt und Anatom, der in Italien Medizin studiert hatte. Sein anatomisches Wissen gewann er, indem er die Leichen Gehenkter sezierte. Seine Tätigkeit war entsprechend anrüchig; doch sein Buch machte ihn berühmt. Es interessierte vor allem die Künstler der Renaissance brennend, die nun ihre Darstellung des Menschen auf anatomische Kenntnisse stützen konnten, ohne je selbst seziert zu haben.

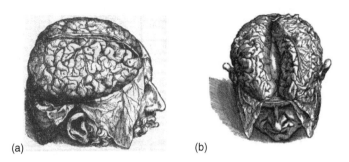

(a)   (b)

Abb. 2.1 Das menschliche Gehirn (Vesalius 1543)

De humani corporis fabrica war die erste detaillierte Darstellung der menschlichen Anatomie. Die Illustrationen stammten aus der Werkstatt des berühmten Malers Tiziano Vecellio (1488–1576), darunter auch präzise Darstellungen des Gehirns. Ein Stich zeigt, wie das Gehirn in zwei Hemisphären unterteilt ist (Abb. 2.1b); sie sind durch das feste Faserband verbunden, das die Anatomen der Renaissance *corpus callosum* („schwieliger Körper") nannten. Die Illustration zeigt die Gehirnhälften ein Stück weit wie von unsichtbarer Hand auseinander gehalten, so dass der weiße Verbindungsbalken sichtbar ist. Schön ist er nicht, dieser Blick von außen in das physische Innere des Menschen, in sein Denkorgan. Mentale Phänomene oder ihre physisches Korrelat macht er natürlich nicht sichtbar, zumal die Darstellung ja das tote Gehirn zeigt. Vesalius wusste nichts über die Funktionsweise des Gehirns und nur wenig über die der anderen menschlichen Organe. Den Blutkreislauf entdeckte ja erst Harvey zwei Generationen später. Vesalius' Werk der Anatomie macht jedoch eine grundlegende Regel deutlich, nach der die Naturwissenschaften verfahren: Die Naturforscher zerlegen die Dinge, um sichtbar zu machen, woraus sie bestehen.

Descartes dürfte das Werk des Vesalius genauso gekannt haben wie Hobbes, als der Dualist sich 1641 mit dem Materialisten darüber stritt, ob der menschliche Geist nur auf Rechenprozesse im Gehirn oder auf eine unsterbliche, immaterielle Seele zurückgeht. Trotz – oder wegen – des Dualismus von Geist und Materie machte sich Descartes Gedanken darüber, wie der Sehprozess funktioniert. Als Naturforscher und Mathematiker befasste er sich mit der geometrischen Optik; und so bemerkte er, dass die optische Information auf der Netzhaut ein am Kopf stehendes Bild erzeugt und von jedem der Augen zu den beiden Hirnhälften gelangt. Eine der frühesten Einsichten zur Sinnesphysiologie stammt also ausgerechnet vom Begründer des Dualismus.

Descartes nahm an, die gesamte beidseitige Information fließe über die Zirbeldrüse in ein einheitliches Bewusstsein zusammen. Dies macht den wichtigsten Unterschied deutlich, den er zwischen den beiden Substanzen sah: Wir erleben das Bewusstsein als einheitlich, als kohärenten, unteilbaren Ausgangs- und Sammelpunkt unserer Innenperspektive und unseres Blicks auf die Welt. Unser Bewusstsein lässt sich nicht wie die Materie in räumliche Bestandteile zerlegen. Das Seziermesser der Anatomen kann nur an das Gehirn angelegt werden, nicht an den Geist. Descartes hielt deshalb die *res cogitans* für räumlich unausgedehnt, anders als die *res extensa*.

Die Inhalte unseres geistigen Erlebens sind Ideen; soweit sie sich als „klare" und „deutliche" Ideen gegeneinander abheben, sind sie nach Descartes logisch oder begrifflich verschieden. Ihre Unterschiede können logisch analysiert werden, doch sie entziehen sich der naturwissenschaftlichen Zerlegung. Keine Gehirnuntersuchung und kein Messverfahren kann die Vorstellungen sichtbar machen, aus denen sich unser Denken und Empfinden zusammensetzt. Für Vesalius' anatomische Studien und Descartes' geometrische Analyse des Sehvorgangs gilt dies genauso wie heute für die bildgebenden Verfahren der Hirnforschung. Letztere werden erst dadurch aussagekräftig (im wahrsten Sinn des Wortes!), dass die Versuchsperson darüber Auskunft gibt, was sie erlebt. Und dies gilt auch dort noch, wo diese Verfahren so feinkörnig sind, dass sie das Feuern einzelner Neurone registrieren können.

Ein altes Argument gegen die Naturalisierung des Geistes geht auf Leibniz zurück, der mit dem Mikroskop so vertraut war wie mit Maschinen. Es lautet: Auch wenn Sie so klein wären, dass Sie im Gehirn einer anderen Person spazieren gehen könnten, würden Sie *niemals* deren Gedanken sehen. (Leibniz argumentierte im selben Sinn umgekehrt gegen die mechanistischen Denker seiner Zeit: Selbst wenn es eine

Maschine gäbe, die *wirklich* denken und fühlen könnte, und sie wäre groß wie eine Mühle und Sie könnten in sie eintreten, dann würden Sie doch im Inneren dieser Denkmühle immer nur Zahnräder oder andere Maschinenteile sehen.[1]) Nach der heutigen Neurowissenschaft würden Sie nur Neurone, Synapsen und den Fluss elektrochemischer Botenstoffe sehen. Kein Elektronenmikroskop würde Ihnen weiterhelfen – nur das, was Ihnen diese Person selbst über ihre Gedanken mitteilt.

Leibniz' Argument spricht bis heute in eindrucksvoller Weise für die These der radikalen Verschiedenheit von mentalen und physischen Phänomenen, von Geist und Materie. Jeder Materialist, angefangen mit Hobbes, greift diese These an und argumentiert dafür, dass sich unsere Gedanken letztlich durch das Gehirngeschehen erklären lassen.

Das „analytische" Vorgehen ist dabei nur der erste Schritt. Die Dinge werden in ihre Bestandteile zerlegt, um zu erforschen, wie diese zusammenwirken und das Ganze hervorbringen. Die Forscher beschränken sich ja nicht darauf, die Dinge zu zerlegen und nachzusehen, was drinnen ist. Schon ein Kind erfährt, dass es das Geheimnis der Uhr und der Zeitanzeige nicht enträtseln kann, indem es den Wecker in seine Einzelteile zerlegt – dann liegen Gehäuse, Zifferblatt, Zeiger, Zahnräder, Schrauben, Metallspiralen, Batterie und andere Teile herum, der Wecker ist kaputt und sein Geheimnis zerstört.

Würde das Kind aber verstehen, wie die mechanischen Teile der Uhr ineinander greifen und wozu die Batterie da ist, und wäre es so geschickt wie ein erfahrener Uhrmacher, dann könnte es den Wecker wieder zusammensetzen und zum Laufen bringen. Dann hätte es verstanden, was eine Uhr ist und wie sie funktioniert. Das Geheimnis des Weckers wäre damit enträtselt, wenn auch nicht das der Zeit. Die Dinge in ihre Bestandteile zu zerlegen ist also nur ein erster, wichtiger Schritt zu ihrem Verständnis. Genauso wichtig ist der umgekehrte Schritt, das Ganze aus der Funktionsweise und Zusammensetzung seiner Teile heraus zu verstehen.

Die heutigen Naturwissenschaftler nennen die Zerlegung eines Ganzen in seine Einzelteile den *top-down*-Ansatz und das umgekehrte Verständnis des Ganzen aus der Zusammenwirkung der Teile den *bottom-up*-Ansatz. Die Naturwissenschaftler der frühen Neuzeit benutzten keine englischen Ausdrücke, sondern griechische und lateinische Begriffe. Sie nannten das kombinierte Verfahren von *top-down-* und *bottom-up-*Ansatz die *analytisch-synthetische* oder auch *resolutiv-kompositive* Methode. Die Ausdrücke „analytisch" und „synthetisch" bedeuten dabei ungefähr dasselbe wie das, was sie noch heute in der Chemie besagen: Die Analyse eines Stoffs führt auf die chemischen Elemente, die er enthält (*analysis* = *resolutio* = Zergliederung). Die Synthese erfolgt, indem ein Stoff aus gegebenen chemischen Elementen „zusammengekocht" wird (*synthesis* = *compositio* = Zusammensetzung).

Jedoch erschöpfen sich weder die *top-down-* und *bottom-up-*Ansätze der heutigen Naturwissenschaften noch die analytisch-synthetischen Methoden der frühen Neuzeit in der Zerlegung und Zusammensetzung eines gegebenen Ganzen in Teile und aus Teilen. Zentraler Bestandteil aller naturwissenschaftlichen Verfahren ist daneben die *kausale Analyse*, die Suche nach den *Ursachen* der Phänomene.

Was dies heißt, zeigt wieder das Beispiel des zerlegten Weckers. Zum Mechanismus jeder Uhr gehört neben dem Räderwerk, das die Zeiger in Bewegung setzt, und der Hemmung, die für gleichmäßigen Zeigergang sorgt, ein Antrieb – ein elektrischer Motor, der auf Stromversorgung durch eine Batterie oder eine Solarzelle angewiesen ist, oder ein mechanischer Antrieb, etwa eine Feder, die aufgezogen werden kann. Der Antrieb bewirkt, dass sich das Räderwerk in der Uhr dreht und seine Drehung auf die Zeiger überträgt. Er ist ein physikalischer Wirkungsmechanismus, der solange kinetische Energie auf die Zahnräder überträgt, bis die Batterie leer ist. Sein Wirken ist die Ursache dafür, dass die Uhr geht; wenn Ihre Uhr stehen bleibt, müssen Sie sie, je nach Antriebsmechanismus, aufziehen oder die Batterie wechseln. Wer nicht versteht, wie der Antrieb funktioniert, nach welchem Prinzip er wirkt, bringt keine Uhr zum Laufen – und würde sie noch so schön aus ihren Einzelteilen zusammengesetzt.

Die kausale Analyse der Naturwissenschaften steht dabei immer schon im Konflikt mit der Verschiedenheitsthese (**V**), die Leibniz unterstrich, indem er darauf hinwies, dass die mikroskopische Betrachtung des Gehirns kein Weg zum Geist ist. Die Analyse der Phänomene zielt bei Galilei und seinen Nachfolgern nur noch auf die *Wirkursachen* aus der Vier-Ursachen-Lehre des Aristoteles und nicht mehr auf die *Zweck*ursachen, die nach dem Vorbild menschlicher Absichten gedacht sind. Sie zielt auf Objektivität, auf Unabhängigkeit vom menschlichen Subjekt, und dient dazu herauszufinden, was das Naturgeschehen antreibt – welche Kräfte oder anderen Ursachen in der Natur am Werk sind, um die Phänomene hervorzubringen. Nach dem Kausalprinzip der neuzeitlichen Naturwissenschaften sind diese Ursachen nur physisch. Die Wirkursachen, um die es dabei geht, sind bestens verträglich mit den Stoff- und Formursachen nach Aristoteles, aber eben *nicht* mit dem teleologischen Denken der aristotelischen Naturphilosophie, das nach dem Muster menschlicher Absichten geschneidert war. Insofern ist es kein Wunder, dass sich der menschliche Geist der naturwissenschaftlichen Kausalanalyse nicht weniger entzieht als der Zerlegung des Ganzen in seine Teile, der mikroskopischen Betrachtungsweise des Gehirns.

Wenn wir die Befunde der Hirnforschung verstehen wollen, führt aber kein Weg an den kausalen Methoden der Naturwissenschaften und ihrem Zusammenhang mit der Zerlegung der Phänomene vorbei. Die Methoden der neuzeitlichen Physik sind höchst komplex. Auf der Jagd nach den Kräften, die hinter den Naturvorgängen stecken, entwickelten Galilei die experimentelle Methode, Newton und Leibniz die Differentialrechnung. Diese Methoden liegen auch den anderen Naturwissenschaften zugrunde, bis in die Grundlagen und Messverfahren der heutigen Hirnforschung hinein.

Darum müssen wir uns nun den „Werkzeugkasten" der Physik genau ansehen. Er enthält: mathematische Gesetze und Näherungsverfahren; Experimentierapparate; Messgeräte, die dazu dienen, experimentelle Ergebnisse in Zahlen auszudrücken, als Werte von Messgrößen; Beobachtungsinstrumente wie das Fernrohr oder das Mikroskop, die dazu dienen, Bereiche der Wirklichkeit sichtbar zu machen, die wir mit bloßen Augen nicht sehen können. Die Grundwerkzeuge sind die Mathematik und das Experiment.

DAS BUCH DER NATUR

Die Mathematik ist das älteste Werkzeug der Physiker. Sie wurde schon in der antiken Astronomie verwendet, um Naturerscheinungen zu beschreiben – aber längst nicht so umfassend, wie es seit der Renaissance geschieht und wie Galilei es in der Metapher vom „Buch der Natur" beschwört. „Renaissance" heißt ja nichts anderes als „Wiedergeburt". Die Renaissance knüpfte wieder an antike Traditionen an, die auf der Strecke geblieben waren, als das christliche Mittelalter das aristotelische Weltbild mit biblischem Gedankengut amalgamierte. Die geozentrische Physik des Aristoteles passte wunderbar zum Befehl des Propheten Josua „[...] und er sprach in Gegenwart Israels: Sonne, steh still" (Josua 10,12). Die pythagoräische Zahlenmystik und der Atomismus vertrugen sich dagegen nicht mit dem christlichen Weltbild.

Der Atomismus resultiert aus der Idee, dass die Zerlegung der Naturerscheinungen auf letzte, absolut undurchdringliche Bestandteile der materiellen Körper führt. Er wurde durch Leukipp (5. Jahrhundert v. Chr.) und seinen Schüler Demokrit (460-371 v. Chr.) begründet, durch Epikur (341-270 v. Chr.) weiterentwickelt und verband sich mit einer materialistischen Weltauffassung.

Das römische Lehrgedicht *De rerum naturae* (Von der Natur der Dinge) des Lukrez (ca. 97-55 v. Chr.) stellte den Atomismus poetisch dar. Es wurde in der Renaissance wiederentdeckt und gewann großen Einfluss. Galilei und Newton waren Atomisten; Hobbes griff darüber hinaus die materialistische Weltsicht des Demokrit und Epikur auf. Der Atomismus ist bis heute wichtig für das, was die Physik in Newtons Tradition unter kausaler Analyse versteht, und ich komme später wieder auf ihn zurück.

Jeder kennt den Satz des Pythagoras aus der Schule. Wer mathematisch denken kann, kennt auch seinen wunderschönen geometrischen Beweis. Doch auch die Denktradition der Esoterik verdankt sich dem Pythagoras (570-510 v. Chr.). Er und seine Anhänger glaubten an die Seelenwanderung, und sie gaben den Zahlen, besonders der 5 und 7, eine geheimnisvolle Bedeutung. Sie deuteten den Kosmos durch Maß und Zahl, durch geometrische Figuren und Zahlenverhältnisse.

Die pythagoräischen Lehren wirkten vor allem durch Platon (428/27-348/47 v. Chr.) weiter, den die Renaissance-Gelehrten gegen das aristotelische Weltbild setzten. Platon übernahm die Auffassung, die sich später bei Descartes wiederfindet, dass es eine unsterbliche Seele als geistige Substanz gibt. Auch in seiner Naturphilosophie war Platon Pythagoräer. Sein *Timaios* brachte die populäre antike Elementenlehre des Empedokles (494-434 v. Chr.) mathematisch mit dem Atomismus zusammen. Nach Empedokles besteht alles in der Welt aus fünf Elementen: Erde, Wasser, Luft, Feuer und Himmelsmaterie. Im *Timaios* stellt Platon dar, wie die vier irdischen Elemente im Kosmos der Menge nach in Verhältnissen des Goldenen Schnitts proportioniert sind. Darüber hinaus spekuliert er, dass jedes der fünf Elemente aus Atomen besteht, die jeweils einer Art der fünf platonischen Körper entspricht; nach ihm sind diese Atome nicht stofflich, sondern aus mathematischen Elementardreiecken gebildet. Nach dem *Timaios* ist alles in der Natur primär Form und nicht Stoff.

Aristoteles kritisierte diese Sicht der Natur mit einem gewissen Recht als einseitig. Er übernahm aus Platons Naturphilosophie nur die Elementenlehre des Empedokles; nach seinem Weltbild ist der Kosmos schalenförmig daraus aufgebaut, mit der Erde im Zentrum und Wasser, Feuer, Luft und Himmelssphären darüber. Nach der Physik-Vorlesung von Aristoteles strebt alles in der Welt nach seinem natürlichen Ort, also Steine nach unten und Flammen nach oben. Diese Physik ist *teleologisch*; ihr liegt die im 1. Kapitel skizzierte Vier-Ursachen-Lehre zugrunde, die alle anderen Ursachen, auch die Wirkursachen, den Zweckursachen unterordnet. Gegen die aristotelische Physik konnte sich kein Atomismus und keine pythagoräische Mathematisierung der Natur durchsetzen, und erst recht nicht das heliozentrische Weltbild des Aristarch von Samos (ca. 310-230 v. Chr.), das erst Kopernikus wieder ausgrub.

Während der zweitausend Jahre, die das aristotelische Weltbild vorherrschte, wurden in der Naturwissenschaft nur die Himmelserscheinungen mathematisiert. Claudius Ptolemäus (ca. 100–170) sammelte astronomische Beobachtungsdaten und arbeitete das aristotelische Weltbild mathematisch aus. Dabei beschrieb er die komplizierten

Vorwärts- und Rückwärtsbewegungen der Planeten, die wir von der Erde aus sehen, durch ein System von Zyklen und Epizyklen. Dieses System war nichts anderes als ein mathematisches Näherungsverfahren, das die Planetenbewegungen, wie sie uns von der Erde aus erscheinen, beliebig genau beschreiben konnte – eine Art geometrischer Vorläufer der Fourier-Analyse, die mit Kreisen als Basis-Funktionen arbeitete. Ptolemäus konnte damit die Planetenbewegungen natürlich viel genauer beschreiben als Kopernikus; das heliozentrische System gab die astronomischen Daten erst dann halbwegs korrekt wieder, als Johannes Kepler (1571–1630) entdeckte, dass die Planetenbahnen nicht kreisförmig, sondern elliptisch sind. Deshalb nahm der neuzeitliche Siegeszug der Mathematisierung der Natur seinen Ausgang *nicht* von der Astronomie.

Die „Wiedergeburt" der pythagoräischen Lehren, die schließlich das aristotelische Weltbild umstürzte, begann in der Kunst der Renaissance. Die ersten wichtigen Schritte zur umfassenden Mathematisierung der Natur machten die Künstler der Renaissance, die oft Ingenieure und Architekten zugleich waren. Der Baumeister Filippo Brunelleschi (1377–1446) erfand die Zentralperspektive. Bald darauf diente sie Künstlern wie Fra Angelico (ca. 1390–1455), Leonardo da Vinci (1452–1519), Raffaello Santi (1483–1520) und Albrecht Dürer (1471–1521) dazu, Gott und die Welt, Himmel und Erde, die Natur und den Menschen zu geometrisieren.

Leonardo spannte in seiner berühmten Proportionsstudie von 1492 den Menschen nach dem „goldenen Schnitt" in das Rad der Geometrie. Raffaels berühmtes Fresko „Schule von Athen" von 1508 zeigt hinten, im Zentrum, Platon und Aristoteles im Gespräch, doch vorne links Pythagoras, rechts Ptolemäus, jeweils im Kreis ihrer Schüler. In der selben Gruppe von Fresken hält oben an der Wand eine zur Decke hin perspektivisch verzerrte Muse Urania als bewegte Bewegerin den Kugelkosmos des Aristoteles mit ihren Armen kräftig in Schwung. Und gegenüber der „Schule von Athen" befindet sich die „Disputà", eine theologische Szene mit der Welt und dem jüngsten Gericht; ihre perspektivische Bildkonstruktion vereinheitlicht die irdische Welt auf atemberaubende Weise mit dem überirdischen Himmelsraum.[2]

Abb. 2.2 Der Zeichner des liegenden Weibes (Dürer 1525)

Dürer schließlich verfasste ein seinerzeit berühmtes Mathematikbuch, die *Underweysung der Messung* von 1525. Er demonstrierte darin unter anderem, wie ein Raster eingesetzt werden kann, um eine liegende Frauengestalt zu zeichnen (Abb. 2.2).

Alle diese Werke entstanden am Vorabend der wissenschaftlichen Revolution, die 1543 begann, als die anatomischen Studien des Vesalius und das Hauptwerk des Kopernikus erschienen. Kopernikus stülpte das geltende astronomische Weltbild um, indem er die Sonne zum Zentralgestirn machte und die Erde unter die Planeten einreihte. Indem er die Sonne anstelle der Erde in das Zentrum des Kosmos rückte, konnte er die sonderbaren Schleifenbewegungen der Planeten um die Erde sehr einfach erklären – allerdings, wie schon erwähnt, um den Preis, dass sein System die scheinbaren Planetenbahnen gar nicht gut wiedergab. Deshalb war er ebenfalls dazu gezwungen, Epizyklen einzuführen wie Ptolemäus, wenngleich in geringerer Zahl.

Kopernikus gab auf dem Sterbebett dem Reformator Andreas Osiander (1498–1552) die Druckerlaubnis für *De revolutionibus orbium coelestium*. Die Kirchen der Zeit waren indes über alles zerstritten, nur nicht über das aristotelische Weltbild. Nicht nur der Vatikan, auch Martin Luther (1483–1546) und Philipp Melanchton (1497–1560) verstanden die Bibel in Bezug auf das Josua-Wort „Sonne, steh still!" ganz und gar buchstäblich. Darum „entschärfte" Osiander das Werk durch ein Vorwort, das der Verfasser *nicht* autorisiert hatte. Osiander behauptete darin, das heliozentrische System sei nur *eine* nützliche Hypothese neben anderen, um die astronomischen Daten zu organisieren. Immerhin bewirkte dieses Vorwort, dass Kopernikus' Werk erst gut siebzig Jahre nach dem Erscheinen auf den Index des Vatikans kam – als sich Galilei energisch für die Wahrheit der Kopernikanischen Theorie einsetzte.

1615 hob Galilei in einem berühmten Brief an Christina von Lothringen hervor, dass es zwei Quellen der Wahrheit gebe – die Bibel und die Natur, die beide gleicherweise aus dem göttlichen Wort hervor gingen. Was die Naturerkenntnis betrifft, sprach er jedoch der Sinneserfahrung und dem menschlichen Verstand höheren Rang zu als der Autorität der biblischen Offenbarung. 1623 prägte er schließlich die Metapher vom „Buch der Natur", das in mathematischen Lettern geschrieben sei:[3]

> *„Die Philosophie ist in dem größten Buch geschrieben, das unseren Blicken vor allem offensteht – ich meine das Weltall [. . .]. Es ist in mathematischer Sprache geschrieben, und seine Buchstaben sind Dreiecke, Kreise und andere Figuren, ohne diese Mittel ist es dem Menschen unmöglich, ein Wort zu verstehen, irrt man in einem dunklen Labyrinth herum."*

Diese mathematische Sicht der Natur führte dazu, den Weltlauf als berechenbar zu betrachten. Sie findet sich bei allen Begründern der neuzeitlichen Physik, auch bei Kepler, der direkt an Platons *Timaios* anknüpfte, als er die Planetenbewegungen studierte. Er wollte die Abstände der Planeten durch ein System platonischer Körper erklären, die um die Sonne herum ineinander geschachtelt sind. Dafür konstruierte er Dodekaeder, Würfel und Tetraeder um die Erdbahn herum und innerhalb der Erdbahn. Erst die Beobachtungsdaten des dänischen Astronomen Tycho Brahe (1546–1601) brachten ihn darauf, dass die Planetenbahnen gar nicht kreisförmig, sondern elliptisch sind. Auch Newton steht in dieser Tradition; er begründete die klassische Mechanik als erste umfassende Theorie der mathematischen Physik, nach der später Laplace die Welt als deterministischen Mechanismus deutete.

Auch als im 20. Jahrhundert die Quantenrevolution die Grenzen der klassischen Physik und ihres Einheitsstrebens sichtbar machte, gaben die theoretischen Physiker die traditionelle mathematische Sicht der Natur nicht auf. Max Planck (1858–1947) hatte sich der mathematischen Vereinheitlichung der Wärmelehre (Thermodynamik) mit der Theorie der Elektrizität und des Magnetismus (Elektrodynamik) gewidmet; doch dabei entdeckte er im Jahr 1900 wider Willen sein „Wirkungsquantum", das die Quantentheorie begründete. Noch 1908 pries er das mathematische Einheitsstreben der Physik mit den folgenden starken Worten:[4]

> „[. . .] *die Signatur der ganzen bisherigen Entwicklung der theoretischen Physik ist eine Vereinheitlichung ihres Systems, welche erzielt ist durch eine gewisse Emanzipierung von den anthropomorphen Elementen, speziell den spezifischen Sinnesempfindungen.* [...] *Das konstante einheitliche Weltbild ist ... das feste Ziel, dem sich die wirkliche Naturwissenschaft in allen ihren Wandlungen fortwährend annähert [...]* [...] *Dieses Konstante, von jeder menschlichen, überhaupt von jeder intellektuellen Individualität Unabhängige ist nun eben das, was wir das Reale nennen."*

Planck beschwört hier eine mathematische Einheit der Phänomene „hinter" ihrer verwirrend vielfältigen Oberfläche, die wir sinnlich wahrnehmen, und betrachtet sie – in den Fußstapfen von Galilei und Platon – als die „eigentliche" Realität. Auch der Quantenphysiker Werner Heisenberg (1901–1976) griff in seinen späten Jahren auf Platons *Timaios* zurück; er wollte danach eine umfassende feldtheoretische Physik der Symmetrien begründen.

GALILEIS EXPERIMENTELLE METHODE

Doch zurück zu den Ursprüngen der modernen Naturwissenschaften in der frühen Neuzeit. Der zweite Pfeiler, auf dem die neuzeitliche Naturerkenntnis beruht, ist Galileis experimentelle Methode. Sie machte es möglich, die Naturerscheinungen nach dem Vorbild der anatomischen Studien des Vesalius zu zergliedern und sie dabei zugleich wie die Renaissance-Künstler und Astronomen mathematisch zu analysieren. Galilei hat das Experimentieren nicht erfunden. Doch er hat es so perfektioniert, dass der Blick in das Innere der Naturerscheinungen mathematische Präzision bekam. Hierfür kombinierte er mathematische Messverfahren damit, die Bedingungen, unter denen er seine Experimente durchführte, auf wohldurchdachte Weise zu variieren.

Galileis große Experimentierkunst bestand darin, die Versuchsbedingungen so zu verändern, dass er strikt kontrollieren konnte, aus welchen Komponenten sich die Bewegungen mechanischer Körper zusammensetzen. Seine Experimente mit der schiefen Ebene sind berühmt. Bei ihnen änderte er den Neigungswinkel, um zu untersuchen, wie schnell verschieden schwere Kugeln unter unterschiedlichen Bedingungen rollen. Er zerlegte die Bewegung der Kugeln gedanklich in eine vertikale und eine horizontale Komponente, deren Länge er variierte. Dabei nahm er an, dass der Luftwiderstand und die Reibung vernachlässigt werden dürfen, weil sie die rollenden Kugeln nicht nennenswert abbremsen. Schließlich gelangte er zum Ergebnis, dass die Fallgeschwindigkeit, anders als Aristoteles behauptet hatte, nicht vom Gewicht der Kugel abhängt. Dann übertrug er sein Modell des Fallvorgangs auf das Pendel. So überprüfte er unter anderen experimentellen Bedingungen, ob die Fallgeschwindigkeit – hier: die Schwingungsfrequenz des Pendels – vom Gewicht der Kugel abhängt oder nicht.

In Galileis Experimenten geht das analytische Verfahren erheblich weiter als in den Leichensektionen des Vesalius. Das Seziermesser des Anatomen zielt darauf, aus einem statischen Ganzen seine Teile heraus zu präparieren. Galileis experimentelle Methode jedoch zielte darauf, die Bewegungen mechanischer Körper zu sezieren. Bei der Suche nach dem Fallgesetz wandte Galilei sie wie folgt an. Er zerlegte den Fallvorgang gedanklich in relevante und irrelevante Komponenten, in den freien Fall hier und die Abbremsung durch die Luft oder eine andere Art von Reibung dort. Seine Experimente dienten dazu, die relevante Bewegung, den Fallprozess, so gut zu isolieren wie möglich. Entsprechend wählte er die Versuchsbedingungen. Galilei nahm Kugeln, die gut rollen und auch wenig Luftwiderstand haben – anders als etwa ein Blatt, das von einem Baum fällt. Die relevante Bewegung wiederum wollte er in die vertikale Fallkomponente und die horizontale Komponente zerlegen. Da diese Bewegungskomponenten sich nicht mit dem Seziermesser auseinander schneiden lassen, variierte er die Neigung der schiefen Ebene, um das Verhältnis zu ändern, in dem sich beide Komponenten zusammensetzen. Dies erlaubte ihm, von der Gesamtbewegung auf die vertikale und die horizontale Bewegungskomponente zu schließen und davon zurück auf ihre Zusammensetzung. Dies kombinierte er mit Längen- und Zeitmessungen, bis er irgendwann die mathematische Formel für sein berühmtes Fallgesetz aufstellte.

Experimente leisten somit viel mehr als ein anatomisches Sezierverfahren, das einen konkreten Körper in säuberlich getrennte Teile zerlegt. Die experimentelle Methode ist ein mehrstufiges Verfahren, das darauf zielt, aus einem Naturvorgang, etwa einer Bewegung, Komponenten heraus zu präparieren, die *in concreto* untrennbar sind. Dieses trickreiche Vorgehen, das „analytische" und „synthetische" Teilschritte kombiniert, hieß bei Galilei *resolutiv-kompositive* Methode.[5]

Newton benutzte später in seinen optischen Experimenten dasselbe Verfahren, um das Licht zu untersuchen. Er isolierte seinen Untersuchungsgegenstand, indem er ein Loch in seinen Fensterladen bohrte, das ihm scharf gebündeltes Licht in Form eines Sonnenstrahls ins Zimmer schickte, wann immer in Cambridge die Sonne schien. Eines der schönsten und anschaulichsten Experimente zur analytisch-synthetischen Methode ist die Zerlegung des weißen Lichts mit einem Prisma in die Regenbogenfarben des Lichtspektrums. Newton zeigt in seiner Schrift *Opticks*, wie die Zerlegung rückgängig gemacht werden kann, indem der Experimentator dem Spektrum dieses Prismas das Spektrum eines zweiten, parallel angeordneten Prismas überlagert. Newton schloss aus dieser Analyse und Synthese des weißen Lichts in und aus farbigen Spektren, dass sich weißes Licht aus farbigem Licht zusammensetzt (Abb. 2.3). Allerdings betrachtete er dieses Experiment, wie jedes andere, nicht für sich allein genommen als beweiskräftig, sondern nur im Rahmen einer *Serie* optischer Experimente, die er unter systematisch variierten Versuchsbedingungen durchführte.

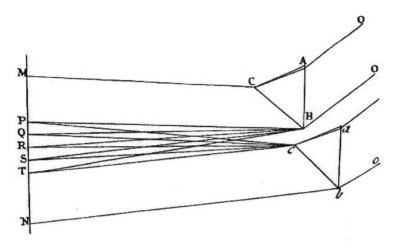

Abb. 2.3 Spektrale Analyse und Synthese des Sonnenlichts (Newton 1730)

Die experimentelle Methode zielt darauf, aus den Naturerscheinungen ihre Ursachen in Form von *kausal relevanten Faktoren* heraus zu präparieren. Galilei zeigte, dass es für die Fallgeschwindigkeit nicht auf das Gewicht eines Körpers ankommt, sondern nur auf die Fallhöhe. Newton dagegen schaffte es noch nicht, Atome nachzuweisen – dies gelang erst der Atom- und Quantenphysik nach 1900. Newtons Experimente reichten in der *top-down*-Richtung nicht tief genug in die mikroskopische Welt hinein; ganz zu schweigen von der umgekehrten *bottom-up*-Richtung, in der er hätte zeigen müssen, wie sich die Materie aus Atomen und das Licht aus farbigen Bestandteilen zusammensetzt und wie sich dies durch mathematische Naturgesetze beschreiben lässt. Um die Wirkungen der Atome und Lichtquanten eindeutig zu identifizieren, waren Experimente nötig, die das Mikroskop, radioaktive Strahlung, Leuchtschirme, Fotozellen, die Nebelkammer, statistische Methoden und vieles mehr benötigen.

Bis heute liegt bei jedem Experiment der Teufel im Detail. Experimente gelingen zu lassen ist schwierig, es muss in *jeder* Wissenschaft als fachspezifisches Handwerk gelernt werden. „Gelingen" heißt *nicht*, dass die Ergebnisse den Erwartungen des Experimentators entsprechen, sondern *nur*, dass sie stabil reproduzierbar sind, d. h. bei gleichartigem Versuchsaufbau auch dieselben Ergebnisse zu erzielen. Ein gelungenes Experiment kann also auch zu einem unerwarteten, überraschenden Ergebnis führen – zur Entdeckung eines neuen Phänomens.

Jedes Experiment verläuft selbst bei grundsätzlich gleichartigen Resultaten anders als jedes andere. Darüber hinaus sind die experimentellen Methoden der Physik, Chemie, Biologie, der empirischen Psychologie und der Neurobiologie teilweise sehr verschieden. Dennoch müssen die Experimente aller Naturwissenschaften von der Physik bis zur Neurobiologie bestimmten Kriterien genügen, damit sie von der jeweiligen *scientific community* akzeptiert werden. Sie sind umso „weicher", je mehr eine Disziplin noch in den „Kinderschuhen" steckt; doch in jeder „reifen" Disziplin (wenn sie denn experimentell arbeitet) sollten die Kriterien für physikalische Experimente so gut wie möglich erfüllt sein, die ich gleich schildere. Wo die Hirnforschung heute mit ihren Experimenten im Vergleich dazu steht, wird im 3. Kapitel diskutiert.

Damit ein Experiment als gelungen gilt, müssen seine Ergebnisse objektivierbar und mitteilbar, also von *jedem* Experimentator nachvollziehbar sein, und im Idealfall auch mathematisierbar. Um dies zu erreichen, analysieren die Physiker die Naturvorgänge unter künstlichen Bedingungen, wie Galilei den freien Fall mit der schiefen Ebene und dem Pendel, oder Newton das Licht mit dem Loch im Fensterladen und seinen Prismen. Ziel ist, die Phänomene so zu präparieren, dass bei denselben Handlungen unter denselben Umständen auch immer dasselbe herauskommt: stabile Ergebnisse, die sich auch von anderen Forschern überprüfen und reproduzieren lassen. So werden die Phänomene *standardisiert*. Dabei ist das Vertrauen am Werk, dass die Natur keine launische, sprunghafte Diva ist, sondern verlässlich und berechenbar – eben das Buch, das in mathematischen Lettern geschrieben ist und dessen Sinn sich mit Grips und Verstand und den geeigneten Messgeräten eindeutig entziffern lässt.

Diese Standardisierung hängt eng mit dem Ziel der *mathematischen Präzisierung* zusammen. Auf gleichartige Phänomene lässt sich wunderbar die mathematische Mengentheorie anwenden; und die Physiker können mathematische Funktionen benutzen, um zu beschreiben, wie sich die Phänomene in Abhängigkeit von den experimentellen Bedingungen verändern.[6] Die mathematische Präzision wird durch *Messverfahren* erreicht. Messverfahren dienen dazu, physikalische Eigenschaften wie Länge, Zeitspanne, Masse oder Temperatur quantitativ zu vergleichen.[7] Messungen verwirklichen das alte pythagoräische Projekt, die Phänomene in Maß und Zahl auszudrücken. Messen heißt, Phänomene auf wohldefinierte Weise miteinander bzw. mit einer etablierten Mess-Skala zu vergleichen – unter idealen, gleichartigen Bedingungen und so, dass dabei Werte einer physikalischen Größe herauskommen.

Damit die experimentellen Phänomene präzise messbar sind, müssen sie auf wohldefinierte Weise *hergestellt* worden sein. Seit Galileis Experimenten mit der schiefen Ebene und dem Pendel geschieht dies nach den Vorgaben der analytisch-synthetischen Methode. Dahinter steckt teils Vertrauen in die Mathematisierbarkeit der Natur und teils atomistisches Vertrauen – die Annahme, dass die Natur ein riesiger Spielzeugkasten ist und aus Einzelteilen besteht, die sich beliebig nach der analytisch-synthetischen Methode zerlegen und wieder zusammensetzen lassen. Die Phänomene der neuzeitlichen Naturwissenschaften sind ein Bauklötzchen-Spiel. Die Frage ist dabei nur, inwieweit die Natur *wirklich* ein mathematisches Buch ist und inwieweit die Phänomene *wirklich* aus unabhängigen Einzelkomponenten bestehen!

Die experimentelle Methode und die Mathematisierung der Natur, die sie leistet, kann nämlich auch genau *umgekehrt* gesehen werden: das heißt, als ein Verfahren, das seine Ergebnisse erst *herstellt*. Hierzu neigten die Aristoteliker aller Zeiten, von Aristoteles selbst über Galileis Gegner bis zu den Empiristen und Konstruktivisten von heute. Auf sie komme ich im übernächsten Abschnitt noch zu sprechen – im Zusammenhang mit der Frage, was naturwissenschaftliche Phänomene eigentlich sind und warum Physiker oder Neurowissenschaftler ihre „Evidenzen" aus guten Gründen als Anzeichen für etwas betrachten, das wirklich in der Natur geschieht.

Tatsache ist ja, dass die experimentelle Methode die Phänomene auf mathematische Modellierbarkeit zuschneidet, soweit es nur irgend geht. Und dabei geht sie gerade umgekehrt vor wie Ptolemäus mit seinem mathematischen Näherungsverfahren, das dazu diente, die

Bewegungen der „Wandelsterne" möglichst genau zu beschreiben, ohne viel in sie hinein zu deuten. Ptolemäus schnitt seine mathematischen Methoden auf die Natur zu, auf unregelmäßige astronomische Beobachtungsdaten; und so geht die numerische Mathematik mit ihren Approximationsmethoden bis heute vor. Doch Galilei und seine Nachfolger schnitten die Natur auf ihre mathematischen Methoden zu; und dies macht die Experimentalphysik bis heute – soweit sie nur irgend kann, ohne die Effekte zu verhindern, die sie eigentlich untersuchen will.

Die experimentelle Methode folgt dabei einer komplizierten Dialektik von Erkennen und Eingreifen, die schon Hegel diagnostiziert hat und die ich andernorts genauer beschrieben habe.[8] Dabei sind die folgenden methodologischen Vorgaben zentral:

(1) *Abstraktion:* Dabei sieht man von qualitativen Eigenschaften eines Phänomens ab, vor allem von denen, die nicht metrisierbar und quantifizierbar sind, weil es für sie keine Messverfahren gibt – etwa in der antiken Astronomie die scheinbare Helligkeit und Farbe der Sterne, mit denen erst die heutige Astrophysik etwas anfangen kann.

(2) *Idealisierung:* Die Unregelmäßigkeiten, die ein Phänomen gegenüber seiner mathematischen Beschreibung aufweist, werden „übersehen"; dies hängt eng mit der Vernachlässigung der komplexen Eigenschaften von Systemen zusammen.[9]

(3) *Analyse und Synthese der Wirkungen* wie in Galileis Experimenten zum freien Fall oder Newtons Prisma-Experimenten zur Zusammensetzung von weißem aus farbigem Licht; ihre kausalen Aspekte werden nachher noch gesondert behandelt.

(4) *Isolation des untersuchten Systems:* Galilei konnte den Luftwiderstand nur gedanklich ausschalten, d. h. durch Idealisierung. In heutigen Experimenten ist dies anders, etwa bei den Versuchen zum freien Fall in der evakuierten Röhre des Bremer Fallturms.

(5) *Reproduzierbarkeit der Versuchsergebnisse:* Die Phänomene der Physik sind immer schon regelmäßige, standardisierte, idealtypische Naturerscheinungen.[10] Um unbekannte systematische Fehler

so weit wie möglich auszuschalten, wiederholen die Physiker ihre Experimente meist mit mehreren unabhängigen Messmethoden.

(6) *Variation der Versuchsbedingungen*: Sie untersucht, wie sich die Phänomene in Abhängigkeit von den äußeren Umständen verändern. Die Beziehungen zwischen den Messgrößen, die man so gewinnt, sind physikalische Gesetze; sie werden durch mathematische Funktionen beschrieben und als Naturgesetze betrachtet.

Die experimentelle Methode der Physik hat also konstruktive Züge. Sie schneidert sich die Naturerscheinungen nach Maßgabe mathematischer Begriffe, Funktionen und Näherungsverfahren zurecht. Dennoch zielt sie auf Naturerkenntnis, darauf, die Ursachen der Naturvorgänge zu entdecken und sie durch mathematische Gesetze zu beschreiben – die Naturgesetze, die zum „Buch der Natur" gehören. Natürlich wirft dies die Frage auf, wie beides zusammen geht; mehr dazu später.

NEWTONS SUCHE NACH DEN „WAHREN" URSACHEN

Galilei und Newton bezeichneten ihr gesamtes Methodenarsenal als „die" *resolutiv-kompositive oder analytisch-synthetische* Methode. Newton sprach darüber hinaus im Rahmen dieser Methode(n) auch von „Induktion". Das ist verwirrend, denn unter „Induktion" verstehen heutige Philosophen die schlichte Verallgemeinerung von Einzelfällen auf ein allgemeingültiges Gesetz – so, wie wir von der Beobachtung *vieler* schwarzer Raben auf die Behauptung „*Alle* Raben sind schwarz" schließen. Newton hatte mit „Induktion" aber etwas Komplizierteres im Sinn, nämlich den kausalen Schluss von den Naturerscheinungen auf deren Ursache: auf Kräfte wie die Gravitation oder die Atome als kleinste Bestandteile der Materie und des Lichts.

Newton wird bis heute gelesen. Jeder Physiker, der etwas auf sich hält, blättert irgendwann in Newtons *Principia* von 1687, die 1729 auf Englisch (*Mathematical Principles of Natural Philosophy*) und 1873 auf Deutsch (*Mathematische Prinzipien der Naturlehre*) erschien; oder in Newtons *Opticks* von 1704 mit dem Fragen-Anhang über den atomaren

Aufbau der Materie und des Lichts. Doch nicht nur Physiker befassen sich mit Newton. Eine Einführung in die Neurowissenschaften hebt hervor, dass es zum wissenschaftlichen Rüstzeug gehört, Schlüsse zu ziehen, die über die Beobachtung hinausgehen, und bezieht sich dabei auf Newton:

> *„Wissenschaft hängt von einem konstanten Prozess des Schlie-ßens ab, wobei sie von bloßen Beobachtungen zu Konzepten mit Erklärungswert übergeht. Als die Menschen vor vielen tausend Jahren anfingen, sich über die Himmelslichter zu wundern, die Sonne, den Mond, und die Sterne, bemerkten sie, dass manche vorhersagbar waren und andere nicht. Die Griechen nannten die ‚Wanderer' am Nachthimmel* planete, *und wir nennen sie ‚Planeten' . . . Erst im 17. Jahrhundert wurden ihre Wege verstanden und vorhergesagt. Die Lösung des Rätsels der Wandersterne war die Einsicht, dass die Planeten riesige, erdähnliche Kugeln sind, die um das größte all dieser Objekte kreisen, die Sonne. Es brauchte Jahrhunderte der Argumentation und der Beobachtung, bis sich diese Lösung durchsetzte. Isaac Newton musste die Infinitesimalrechnung erfinden, um die Debatte auf eine einfache Gleichung herunter zu bringen: die Planetenbahnen können aus der simplen Tatsache vorhergesagt werden, dass die Schwerkraft gleich der Masse mal der Beschleunigung der Planeten ist . . . . Alle diese Worte – ‚Sonne', ‚Planet', ‚Kraft' und ‚Schwere' – sind* erschlossene Konzepte. *Sie sind weit entfernt von den ersten Beobachtungen von Lichtern am Himmel . . ., doch sie erklären diese bloßen Beobachtungen: sie sind Schlussfolgerungen mit Erklärungswert."*[11]

Die Schwerkraft erklärt so unterschiedliche Phänomene wie die Planetenbahnen, den freien Fall, oder Ebbe und Flut. Sie stellt die einheitliche Ursache dieser Phänomene dar, das Gravitationsgesetz beschreibt sie allesamt. Das Gravitationsgesetz und die Schwerkraft liefern hier das Musterbeispiel einer wissenschaftlichen Erklärung. Das Gravitationsgesetz ist ein mathematisches Naturgesetz. ‚Kraft' und ‚Schwere' sind erschlossene Konzepte – oder, wie die Wissenschaftstheoretiker sagen, *theoretische Begriffe*. Die theoretischen Begriffe und das mathematische Gesetz haben die kausale Funktion, unverstandene Phänomene zu erklären.

Das obige Beispiel aus den Grundlagen der klassischen Mechanik findet sich am Anfang eines Lehrbuchs mit dem Titel *Cognition, Brain, and Consciousness*. Es macht gezielt deutlich, wie sich in der neuzeitlichen Naturwissenschaft die kausale Analyse mit der Suche nach Kräften und mathematischen Naturgesetzen verbindet. Und es zeigt, wie stark Newton und die Erklärungsleistungen seiner Mechanik das naturwissenschaftliche Denken bis heute beeinflussen.

Bei Newton selbst war die kausale Analyse kompliziert. Er erläuterte vor allem an zwei Stellen seines Werks, wie er zu seinen Schlussfolgerungen gelangte und was er unter seiner analytisch-synthetischen Methode *genau* verstand – in den *Principia* und in den *Opticks*. Zu Beginn des *Dritten Buchs* der *Principia* finden sich die berühmten vier *Regeln des Philosophierens*.[12] Sie fordern, ein Naturforscher solle

1. nicht mehr Ursachen zulassen als solche, die wahr sind und zur Erklärung der Phänomene hinreichen;
2. gleichartigen Wirkungen soweit wie möglich dieselbe Ursache zuschreiben;
3. den unveränderlichen Eigenschaften, die allen experimentell untersuchbaren Körpern zukommen, allen Körpern zuschreiben;
4. die Sätze, die man durch „Induktion" aus den Phänomenen erschlossen hat, auch gegen alternative Hypothesen aufrecht erhalten, bis neue Phänomene dazu zwingen, sie zu präzisieren oder ihre Gültigkeit einzuschränken.

Die ersten beiden Regeln betreffen kausale Schlüsse. Sie empfehlen keine kausale Abstinenz, wie es die Empiristen von Aristoteles über Mach bis heute taten und tun. Doch sie empfehlen ontologische Sparsamkeit im Hinblick auf die Anzahl und Art der Ursachen, die Naturforscher annehmen, um gegebene Wirkungen zu erklären. Die Wahrheitsbedingung in der ersten Regel klingt allerdings kryptisch. Wenn wir nur klare

Kriterien dafür hätten, welche kausalen Annahmen wahr sind und welche nicht! Zwischen dem, was *wahr* ist, und dem, was wir *für wahr halten*, klafft nur allzu oft eine beträchtliche Lücke.

Als Newton in der ersten Regel die „wahren Ursachen" ins Spiel brachte, hatte er die „okkulten Qualitäten" der mittelalterlichen Scholastik genauso vor Augen wie Galileis Kampf um die Wahrheit des Kopernikanischen Systems. Das Ptolemäische System nahm eine Vielzahl von Zyklen und Epizyklen als Ursache der Planetenbewegungen an; doch diese waren *weder* wahr *noch* hinreichend dafür, die Planetenschleifen, die wir von der Erde aus sehen, ein-für-allemal zu erklären; es musste immer wieder nachgebessert werden. Newton dachte, *sein* System der Gravitation sei *universell* und gegen solcherlei Erschütterungen gefeit. (Seit Einstein sehen wir dies anders.)

Die zweite Regel ist ein Homogenitäts- oder Gleichartigkeitsprinzip, oder auch: ein *Vereinheitlichungsprinzip*. Newton hatte ja herausgefunden, dass die Bewegungen von Wurfgeschossen auf der Erde und von Himmelskörpern dieselbe Ursache haben, nämlich die Gravitation als *eine* universelle Kraft, mit der sich alle materiellen Körper gegenseitig anziehen. Er sah die „wahre Ursache" des freien Falls *und* der Bewegung der Planeten um die Sonne in derselben Kraft der Gravitation.

Das Gravitationsgesetz vereinigt Galileis Fallgesetz mit den Keplerschen Gesetzen der elliptischen Planetenbewegungen um die Sonne. Mathematisch betrachtet sind beide Gesetze zwei verschiedene Grenzfälle, die sich angenähert aus demselben umfassenderen Gesetz herleiten lassen. Aber es gibt auch einen kontinuierlichen Übergang zwischen beiden Bewegungen, wie Newton im *System of the World* am Ende der *Principia* von 1729 mit einem Gedankenexperiment veranschaulicht. Ein Stein, der von einem extrem hohen Berg mit immer größerer Kraft weiter und weiter geworfen wird, folgt einer immer weitläufigeren Wurfparabel, die schließlich in eine elliptische Satellitenbahn um die Erde herum übergeht (Abb. 2.4). Nach der zweiten Regel kommt für beide Arten von Bewegung nur dieselbe Ursache in Frage.

Die dritte Regel kommt am ehesten dem modernen Induktionsprinzip nahe. Newton benutzt sie, um von den beobachtbaren

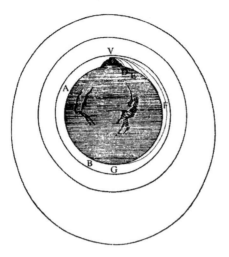

Abb. 2.4 Einheit von Galileis Fallgesetz und Keplers Bahnen (Newton 1962)

mechanischen Eigenschaften der Körper auf die Eigenschaften ihrer nicht-beobachtbaren Atome zu schließen. Die vierte Regel schließlich empfiehlt, die Naturgesetze, die nach den ersten drei Regeln aus den Phänomenen erschlossen werden, nicht leichtfertig preiszugeben, ohne dass *neue* Beobachtungen dazu zwingen, sie zu revidieren. Sie rät demnach zu Erklärungen, die möglichst nah an den Beobachtungen bleiben.

Soviel dazu, wie Newton selbst zu seinen „Schlussfolgerungen mit Erklärungswert" gelangte, nach denen er auf die Schwerkraft als Ursache der Planetenbewegungen schloss. Doch wie hängen sie mit der *analytisch-synthetischen* Methode zusammen, deren Teile heute *top-down-* und *bottom-up*-Ansatz heißen? In *Frage 31* der *Opticks* schreibt Newton hierzu:

> *„... so sollte auch in der Naturphilosophie bei Erforschung schwieriger Dinge die analytische Methode der synthetischen vorhergehen. Diese Analysis besteht darin, dass man aus Experimenten und Beobachtungen durch Induction allgemeine Schlüsse zieht und gegen diese keine Einwendungen zulässt, die nicht aus*

Experimenten oder aus anderen gewissen Wahrheiten genom-
men sind. Denn [bloße] Hypothesen werden in der experimen-
tellen Naturforschung nicht betrachtet. . . . Wenn auch die durch
Induction aus den Experimenten und Beobachtungen gewon-
nenen Resultate nicht als Beweise allgemeiner Schlüsse gelten
können, so ist es doch der beste Weg, Schlüsse zu ziehen, den
die Natur der Dinge zulässt, und [der Schluss] muss für um so
strenger gelten, je allgemeiner die Induction ist."[13]

Newtons Schluss von den Phänomenen auf ihre Ursachen ist also keine simple Induktion im empiristischen Sinne. Er entspricht viel eher
dem, was die heutige Wissenschaftstheorie als „Schluss auf die beste
Erklärung" bezeichnet, d. h. ein empirisch gut gestütztes, aber nicht
unfehlbares Verfahren, zu einer bevorzugten Hypothese zu gelangen.
Newton gab mit seinen vier „Regeln des Philosophierens" ein halbwegs
präzises Verfahren für diesen Schluss an.

Dieses Verfahren, auf die „wahren" Ursachen zu schließen, fällt
für ihn offenbar mit der *Analysis*, der Zergliederung der Phänomene,
zusammen. Das Ziel, der Endpunkt der *Analysis* ist eine allgemeins-
te, einheitliche Ursache – eine universelle Kraft, oder Atome, sowie
ein mathematisches Naturgesetz, das die Wirkungen dieser Ursachen
beschreibt.

Newton forderte allerdings, dieses Schlussverfahren noch in der
Gegenrichtung abzusichern. Er betrachtete es nur als den „analytischen" Teil der *analytisch-synthetischen* Methode, der einer „synthetischen", deduktiven Ergänzung bedarf – die Phänomene müssen sich
umgekehrt aus den Ursachen ableiten lassen, sonst sind sie nicht vollständig erklärt. Dies passt bis heute gut zum Verständnis des *top-down*-
Ansatzes, der für sich genommen bloß die „halbe Miete" liefert, wie
jeder Naturwissenschaftler weiß. Der umgekehrte Teilschritt von Newtons Verfahren, die Herleitung oder Erklärung der Phänomene aus den
Ursachen, ist die *Synthesis*. Sie entspricht ziemlich genau dem, was die
heutigen Naturforscher den *bottom-up*-Ansatz nennen:

„Auf diese Weise können wir in der Analysis vom Zusammengesetzten zum Einfachen, von den Bewegungen zu den sie erzeugenden Kräften fortschreiten, überhaupt von den Wirkungen zu ihren Ursachen, von den besonderen Ursachen zu den allgemeinern, bis der Beweis mit der allgemeinsten Ursache endigt. Dies ist die Methode der Analysis; die Synthesis dagegen besteht darin, dass die entdeckten Ursachen als Principien angenommen werden, von denen ausgehend die Erscheinungen erklärt und die Erklärungen bewiesen werden."[14]

Newton war der Auffassung, dass nur *beide* Verfahrensschritte *zusammen* eine gute, tragfähige, einwandfreie wissenschaftliche Erklärung liefern. Dies hatte er nur in der Mechanik geleistet, in seinen *Principia*. Dort war es ihm in beeindruckender Weise gelungen, Phänomene wie die Planetenbahnen, Ebbe und Flut, die Schwingung des Pendels und vieles mehr aus ein und demselben Gravitationsgesetz herzuleiten.

In der Optik drang er jedoch mit dem ersten, „analytischen" Teil seiner Methode nicht zu den fundamentalen Naturgesetzen vor, denen das Licht unterliegt; dies gelang erst im 19. und 20. Jahrhundert mit der Elektrodynamik und der Quantenphysik. Mit dem zweiten, „synthetischen" Teil der Methode war Newton hier wenig erfolgreich, was er in großer wissenschaftlicher Redlichkeit auch selbst hervorhob. Unter den experimentellen und theoretischen Voraussetzungen seiner Zeit war er nicht in der Lage, aus den Atomen der Materie und des Lichts, von deren Existenz er überzeugt war, auch nur *irgendein* optisches Phänomen herzuleiten. Aus diesem Grund stellte er seine Spekulationen über die atomare Konstitution der Materie und des Lichts in der *Opticks* von 1704 in Form von (rhetorischen!) *Fragen* dar.

Der Hirnforscher Ramachandran verglich den Stand der heutigen Neurobiologie mit der Physik von 1610, als Galilei die Jupitermonde und Venusphasen mit dem Fernrohr entdeckte,[15] also lang *vor* der Etablierung einer zuverlässigen Theorie. An dieser Stelle frage ich mich, ob sie nicht besser mit dem Stand der Newtonschen Optik zu vergleichen ist – mit vielen *Analysis*-Erfolgen oder *top-down*-Erklärungen und wenigen *Synthesis*-Erfolgen oder *bottom-up*-Erklärungen.

Newtons Verständnis der *Kausalität* war ebenso folgenreich für die neuzeitliche Naturwissenschaft wie seine analytisch-synthetische Methode. Zwar stellte Newton kein Kausalprinzip auf, nach dem jede gegebene Wirkung ihre Ursache hat; erst Kants *Kritik der reinen Vernunft* erhebt dieses Prinzip zum allgemeinen Naturgesetz.

Auch das moderne Prinzip der *kausalen Geschlossenheit der Welt* findet sich bei Newton noch nicht (sein geistiger Vater dürfte eher Laplace sein, der auf Napoleons Frage nach dem Schöpfer des Weltalls geantwortet haben soll, er brauche diese Hypothese nicht). Newton war ganz und gar kein Naturalist. Er dachte, Gott habe das Sonnensystem geschaffen, halte es trotz Reibung der Planeten im Himmelsäther stabil und sei über den „absoluten" Raum, den er für das Sinnesorgan Gottes *(sensorium dei)* hielt, in der Welt allgegenwärtig. Am Schluss der *Opticks* entwarf Newton gar den naturalistisch anmutenden Plan einer Moralphilosophie, die durch Naturgesetze inspiriert ist. Doch er dachte, die Gesetze der Moral seien so wie die Naturgesetze göttlicher Herkunft. Für den Naturalismus lässt sich Newton also nicht vereinnahmen; nein, er war Theist. Seine theologischen Überzeugungen, in denen auch sein physikalisches Konzept eines absoluten Raums gründet, waren beeinflusst durch den Neuplatonisten Henry More (1614–1687).

Dennoch war Newtons Kausalverständnis modern. Seine ersten beiden „Induktions"-Regeln betreffen kausale Schlüsse, bei denen es nur noch um Wirkursachen geht. Seine Physik und seine analytisch-synthetische Methode enthält keine Spur der Vier-Ursachen-Lehre von Aristoteles mehr, die alles den Zweck-Ursachen unterordnet. Auch Galileis experimentelle Methode geht nur den Wirkursachen von Bewegungen auf den Grund. Das kausale Denken der neuzeitlichen Physik richtet sich von Anfang an gegen das teleologische Denken des Aristoteles.[16] Die Physik Galileis und Newtons fragt nicht mehr nach Zwecken und Zielen, die wir den Naturvorgängen nach dem Vorbild unserer eigenen Absichten und Handlungen unterstellen, sondern nur noch nach der *causa efficiens.* Dabei änderte sich auch drastisch, was die Physiker unter den Phänomenen verstehen: Die Phänomene der Physik wandelten sich von Sinneserscheinungen zu *Effekten*, die sie mit technischen Mitteln finden.

WAS SIND EIGENTLICH PHÄNOMENE?

„Phänomen" heißt „Erscheinung". Der Begriff kommt aus dem Grie-
chischen; er bezeichnet ursprünglich das, was wir mit den Sinnen
wahrnehmen können. In der antiken Naturwissenschaft waren dies im
wesentlichen die Naturerscheinungen, die wir mit bloßen Augen beobachten können – das Wachstum der Pflanzen, die Abfolge von Tag und
Nacht, die scheinbare Bewegung der Sonne und der Fixsterne um die
Erde in vierundzwanzig Stunden, die Jahreszeiten und die sonderbaren
Schleifen der „Wandelsterne" am Nachthimmel. Der antiken Astronomie ging es um die „Rettung der Phänomene". Ptolemäus wollte die
Planetenbewegungen, die wir von der Erde aus sehen, im aristotelischen
Weltbild mathematisch möglichst akkurat beschreiben.

Die Künstler-Ingenieure der Renaissance begannen damit, auch die
irdischen Phänomene zu mathematisieren. Sie unterwarfen das, was wir
mit bloßen Augen sehen, dem Raster ihrer perspektivischen Bildkon-
struktionen. Dadurch stellten sie die Phänomene in einen gleichförmigen Raum, der auf einen Fluchtpunkt im Unendlichen hin entworfen
ist. In diesem geometrischen Raum entfliehen die Dinge, sie werden nach Maßgabe der Entfernung vom Bildbetrachter immer kleiner
dargestellt.

Galilei übertrug diese Rasterung auf die Bewegungen mechanischer
Körper und ihre Komponenten, die er mit der experimentellen Methode analysierte. So fand er das Fallgesetz. Seine Phänomene waren die
mechanischen Bewegungen und alles, was sich im Experiment daran
messen ließ – Höhe und Neigungswinkel der schiefen Ebene, Größe
und Rollzeit der Kugeln, ihr Gewicht, die Länge des Pendelfadens, die
Schwingungsdauer verschieden schwerer Kugeln. Seine mechanischen
Phänomene ließen sich noch sinnlich beobachten, Galilei legte nur die
Messlatte an sie an.

Doch als er das Fernrohr benutzte, um die Planeten zu studieren,
machte er neue Phänomene sichtbar. 1610 entdeckte er die Venusphasen und die Jupitermonde; sie waren die ersten naturwissenschaftlichen
Phänomene, die sich *nicht* mehr mit dem bloße Auge beobachten ließen. Der Gebrauch des Fernrohrs in der Astronomie war der erste

Schritt einer zunehmenden „Entsinnlichung" der naturwissenschaftlichen Phänomene. Seit Galilei werden die Phänomene nicht mehr
durch mathematische Näherungsverfahren *gerettet*, sondern mittels
technischer Beobachtungsgeräte und Messapparaturen *entdeckt*. Das
Fernrohr schärfte den Blick in den Nachthimmel, es erschloss nicht-
beobachtbare Weiten des Universums. Galilei fand damit neue Sterne –
er nannte die Jupitermonde zu Ehren seiner toskanischen Gönner die
Mediceischen Gestirne – und ein neues astronomisches Phänomen am
guten alten Planeten Venus: der Blick durch das Fernrohr enthüllte ihre
mondartigen Phasen.

Galilei entwickelte nicht nur das Fernrohr weiter, sondern auch das
Mikroskop, das es Ende des 16. Jahrhunderts ebenfalls schon in ru-
dimentärer Form gab. Doch er machte damit keine bahnbrechenden
Entdeckungen. Dies taten erst Anton van Leeuwenhoek (1632–1723),
ein niederländischer Naturforscher, der viele Mikroskope baute und damit rote Blutkörperchen und sogar Bakterien beobachtete, sowie der
englische Physiker Robert Hooke (1635–1703), der die Pflanzenzellen
entdeckte und 1665 sein bahnbrechendes Werk *Micrographia* veröffent-
lichte. Das Mikroskop erschloss seit dem 17. Jahrhundert den Blick in
das Innere der organischen Natur.

Fernrohr und Mikroskop erweitern die beschränkten Fähigkeiten
des menschlichen Auges und damit die beobachtbare Welt. Sie machen Phänomene sichtbar, die zu weit entfernt oder zu klein sind, als
dass wir sie sehen könnten. Ihre Vorläufer waren Brille und Lupe,
ihre Nachfolger sind optische Teleskope, Radioteleskope, Weltraum-
Teleskope, Elektronenmikroskope und Teilchenbeschleuniger. All diese
technischen Beobachtungsinstrumente entdecken Phänomene, die dem
bloßen, „unbewaffneten" Auge verborgen bleiben. Sie sind keine Phänomene im ursprünglichen Sinn mehr; sie liegen nicht offen zutage,
sondern werden nur dank technischer Geräte sichtbar.

Newtons Suche nach den „wahren Ursachen" der Naturerscheinungen veränderte das, was Naturwissenschaftler unter den Phänomenen
verstehen, entscheidend weiter. Dabei ist bemerkenswert, dass Newton den Phänomenbegriff *mehrdeutig* verwendete. Die Phänomene der
Principia sind etwas anderes als die der *Opticks*.

In den *Opticks* sind die Phänomene alle sichtbaren Erscheinungen, die Prismen, Linsen, Kalkspat und andere Geräte aus weißem oder farbigem Licht hervorbringen können: Spektralfarben, ihre Überlagerung zu weißem Licht, Beugungsringe, Lichtbrechung, Doppelbrechung und so weiter. All diese optischen Phänomene können wir *sehen*, allerdings nur unter bestimmten *experimentellen Bedingungen*. Es handelt sich also um Phänomene, die mit bloßen Augen sichtbar sind – jedoch nur im Experimentierlabor. Diese Phänomene müssen wie jedes experimentelle Ergebnis *stabil* und *reproduzierbar* sein, damit sie den Rang genuiner Phänomene erlangen, die als *Naturerscheinungen* (und nicht als experimentelle „Dreckeffekte") gelten.

Dagegen bezeichnet Newton in den *Principia* etwas ganz anderes als Phänomene – nämlich die Planetenbewegungen, die durch die Keplerschen Gesetze beschrieben werden. Das sind weder unmittelbare noch experimentelle Beobachtungen, sondern mathematische Ellipsen. Was ist hier passiert? Offenbar sind die Planetenbahnen *höherstufige* Phänomene; es handelt sich dabei um mathematische Funktionen, die auf den astronomischen Beobachtungsdaten beruhen. Die Phänomene der *Principia* sind also keine Einzelbeobachtungen, sondern phänomenologische Gesetze, die einen gesetzmäßigen Zusammenhang zwischen den Einzelbeobachtungen stiften.

Doch beide Arten von Phänomenen haben etliches miteinander gemeinsam – und auch mit den Phänomenen, die das Fernrohr, das Mikroskop und ihre Nachfolger im Makro- oder Mikrokosmos sichtbar machen. Sie sind reproduzierbar, treten also unter bestimmten Umständen regelmäßig auf. Sie kommen somit auf gesetzmäßige Weise zustande und können grundsätzlich – sobald ihre „wahren" Ursachen bekannt sind – vorhergesagt werden. Mit anderen Worten: Sie gehören zum Buch der Natur, das in mathematischen Lettern geschrieben ist. Dieses Buch wiederum kann mit geeigneten naturwissenschaftlichen Methoden entziffert werden – sprich: nach der *analytisch-synthetischen* Methode Newtons, die den *top-down-* und *bottom-up-*Ansätzen der heutigen Naturwissenschaften entspricht.

Newtons Phänomene sind demnach nichts anderes als Einträge im Buch der Natur, die nach der analytisch-synthetischen Methode entschlüsselt oder erklärt werden müssen. Damit sind sie Gegenstand der kausalen Analyse. Die kausale Analyse setzt ja von Galilei oder Newton bis heute immer bei Naturerscheinungen ein, die gut bekannt oder erhärtet sind, aber noch unverstanden sind und der Erklärung harren. Die Phänomene Newtons sind genau dasjenige, was beim jeweiligen Wissensstand erklärt werden soll – die *Explananda* von naturwissenschaftlichen Erklärungen.[17]

Diese *Explananda* liegen in einer fortgeschrittenen Naturwissenschaft nicht auf der Hand, sondern sie werden erst durch die naturwissenschaftliche Forschung zutage gebracht. Galilei wollte den Fallprozess und die Bewegung von Wurfgeschossen erklären, und er suchte nach Beweisen für die Wahrheit des Kopernikanischen Weltbilds. Seine Phänomene waren mechanische Bewegungen auf der Erde und das, was er mit dem Fernrohr am Nachthimmel sah; seine Erklärungen waren das Fallgesetz und das heliozentrische System. Kepler wiederum wollte die scheinbaren Planetenbewegungen erklären. Seine Phänomene waren die Beobachtungsdaten von Tycho Brahe, seine Erklärung bestand in den mathematischen Gesetzen für elliptische Planetenbahnen. Newton knüpfte in der Mechanik an diese Erklärungen von Galilei und Kepler an, um *diese* wiederum zu erklären. So wurden die elliptischen Kepler-Bahnen der Planeten und das Fallgesetz Galileis zu *seinen* Explananda, d. h. zu den Phänomenen, die *er* erklären wollte. Den gesetzmäßigen Zusammenhang dieser Phänomene demonstrierte er durch sein Gedankenexperiment mit dem immer weiteren Steinwurf von einem hohen Berg.[18] Seine optischen Experimente wiederum förderten völlig neue Naturerscheinungen zutage, die der Erklärung harrten – und die Newton nur allzu gern atomistisch erklärt hätte, was ihm aber nicht gelang.

Was die Phänomene sind, mit denen sich die naturwissenschaftliche Forschung befasst, hängt also vom theoretischen und experimentellen Stand der Forschung ab. Ein Phänomen ist immer etwas, das sich als stabile, hartnäckige und objektivierbare Naturerscheinung herausgestellt hat und noch der Erklärung harrt. Die Phänomene sind das, was jeweils erklärt werden soll und dafür der kausalen Analyse unterzogen wird. Mit dem ursprünglichen Verständnis der Phänomene, auf deren Rettung die antike Astronomie zielte, hat dies nur noch eines gemeinsam: Die Phänomene sind das, was beim jeweiligen Forschungsstand als *gegeben* gilt. Doch sie liegen nicht auf der Hand, sondern sie werden mühsam gefunden; und sie sollen nicht bloß *gerettet*, sondern *erklärt* werden. Naturvorgänge durch mathematische Näherungsverfahren so präzise zu beschreiben, wie Ptolemäus dies mit seinen Zyklen und Epizyklen der Planeten tat, genügt hierfür nicht. Die Phänomene der neuzeitlichen Naturerkenntnis sind Ausgangspunkt der kausalen Analyse und Endpunkt kausaler Erklärungen.

Das war zu Newtons Zeit nicht anders als heute. Doch je weiter eine Disziplin fortgeschritten ist, desto „verborgener" und theorielastiger sind die Phänomene, die sie erklären möchte. Die Phänomene der heutigen Physik sind ein Konglomerat von beobachtbaren Erscheinungen, phänomenologischen Gesetzen, experimentellen Daten, numerischen Messergebnissen und teils unerwarteten, teils präzise vorhergesagten physikalischen „Effekten". Beispiele für unerwartete Phänomene sind etwa der Quanten-Hall-Effekt,[19] den 1980 Klaus von Klitzing entdeckte, wofür er 1985 den Nobelpreis bekam, oder die unerklärliche „dunkle Materie" im Universum.

Dagegen sind die Phänomene der heutigen Neurowissenschaften ein Konglomerat von *neurobiologischen* und *mentalen* Gegebenheiten. Erstere sind vom Typ der Phänomene der Physik. Sie reichen von messbaren elektrischen Aktionspotentialen im Gehirn bis zum bunten Geflacker moderner bildgebender Verfahren, vom Nachweis biochemischer Botenstoffe zur Messung ihrer Konzentration, von den Neuronen und Synapsen bis zur Anatomie des Gehirns. Letztere dagegen sind noch nicht einmal vom Typ der ptolemäischen Planetendaten. Sie sind subjektiv, nur begrenzt objektivierbar und alles andere als genau messbar. Der Abgrund, der zwischen den neurobiologischen und den mentalen Phänomenen klafft, wird uns im Rest des Buchs noch gründlich beschäftigen. Hier sei nur soviel gesagt: Was die Hoffnung ihn zu überbrücken betrifft, scheint mir selbst Ramachandrans vorsichtige Behauptung mutig, die Neurowissenschaft sei heute auf dem Stand der Physik zur Zeit Galileis.

ERZEUGT ODER ENTDECKT?

Im Unterschied zur Naturforschung des Aristoteles beschränkt sich die neuzeitliche Physik also *nicht* auf die *bloße Beobachtung* der Naturerscheinungen, und alle ihre Nachfolgedisziplinen bis hin zur Neurobiologie folgen der Physik in diesem Punkt. Die meisten naturwissenschaftlichen Phänomene sind keine Sinneserscheinungen, sondern Effekte, die mit mehr oder weniger großem technischem Aufwand entdeckt werden. Dies galt schon für Galileis Entdeckung der Jupitermonde und Venusphasen mit dem Fernrohr oder für die Phänomene der Lichtbrechung, Spektralzerlegung und Beugungsringe, die Newton in seinen optischen Experimenten untersuchte; und es gilt noch für die Aktionspotentiale, die Benjamin Libet und seine Nachfolger in ihren aktuellen Experimenten zur Neurobiologie menschlicher Entscheidungen messen.

Die neuzeitliche Naturwissenschaft wurde deshalb seit ihren Anfängen von Skepsis begleitet. Sind Phänomene, die nur mit technischen Mitteln zutage gebracht werden können, noch genuine Phänomene im Sinne von Naturerscheinungen? Werden sie wirklich *entdeckt* – oder werden sie nicht durch diese technischen Mittel erst *erzeugt*? Das ist eine aristotelische Frage. Nach Aristoteles besteht die Natur oder *physis* in allem, was sich von selbst bewegt, wächst und entwickelt; und im Gegensatz dazu die Technik oder *techne* in allem, was von Menschenhand hervorgebracht wird. Aus aristotelischer Sicht bringt die neuzeitliche Physik diese Kategorien durcheinander. Wie kann denn ein Effekt, der nur dank technischer Instrumente, experimenteller Methoden und Messgeräte sichtbar wird, als *Naturerscheinung* betrachtet werden? So fragten Galileis aristotelische Widersacher, und so fragen noch die Anti-Realisten, Instrumentalisten und Konstruktivisten von heute, sprich: die modernen Aristoteliker.

Kopernikus und seine Nachfolger vertraten einen *Wissenschaftlichen Realismus*, d. h. im Philosophen-Englisch: *scientific realism*. Wissenschaftliche Realisten halten die gut bewährten Aussagen der Naturwissenschaften für *wahre* Aussagen über das Naturgeschehen und die Gesetze, nach denen es abläuft. Der Streit um die Wahrheit naturwissenschaftlicher Theorien begann mit Galileis Kampf für das Kopernikanische Weltbild, und er ist bis heute nicht beendet. Galilei sah seine Beobachtung der Venusphasen und Jupitermonde mit dem Fernrohr als Beleg dafür an, dass die Erde als Planet um die Sonne kreist. Seine Gegner weigerten sich bekanntlich, durch das Fernrohr zu blicken und sie *als Phänomene* zur Kenntnis zu nehmen. Natürliche Phänomene waren für sie nichts Technisches, und umgekehrt, und daran ließen sie nicht rütteln. Sie haben mit den Empiristen, Sozialkonstruktivisten und Kulturalisten von heute gemeinsam, dass sie die Methoden der neuzeitlichen Naturwissenschaften nicht als geeignet für die Erkenntnis genuiner Naturgesetze betrachten.

Als sich das Kopernikanische Weltbild durchsetzte und der Siegeszug der Physik Newtons begann, war die Debatte um die Wahrheit naturwissenschaftlicher Theorien beileibe nicht aus der Welt geschafft. Newtons Überzeugung, dass es Kräfte, Atome und einen absoluten Raum gibt, war auf dem Kampfplatz der Metaphysik genauso stark umstritten wie die Frage nach Geist und Gehirn, sowie der Dualismus von Descartes und der Materialismus von Hobbes.

Newtons Gegenspieler Leibniz war der Auffassung, dass es keinen absoluten, nicht-materiellen Raum und keine Atome gibt. Noch um 1900 folgte ihm darin Ernst Mach; und er kritisierte darüber hinaus den Kraftbegriff als überflüssiges metaphysisches Konzept. Einsteins Relativitätstheorien und die Quantenrevolution machten das physikalische Weltbild nicht gerade einfacher; und so darf nicht erstaunen, dass die Debatte bis heute andauert. Die Vertreter der *philosophy of science* zerbrechen sich bis heute den Kopf darüber, ob Raum und Zeit für sich genommen existieren, sowie ob es die Atome und subatomaren Teilchen der Physiker *wirklich* gibt, und wenn ja, in welchem Sinne.[20] Der Streit um die Wahrheit naturwissenschaftlicher Theorien und die Existenz von Raum und Zeit, Kräften und Feldern, Atomen und Elementarteilchen wäre wohl schon längst beendet, wenn die Physik des 20. Jahrhunderts nicht alle traditionellen Vorstellungen über diese Entitäten komplett über den Haufen geworfen hätte – und wenn nicht die „ewigen" Aristoteliker auch ein Stück weit recht hätten.

Die Sache, d. h. der Zusammenhang zwischen Mathematik und Natur, Theorie und Experiment, Physik und Wirklichkeit, ist fürchterlich kompliziert. Kein Verteidiger und kein Widersacher einer realistischen Deutung der Inhalte der modernen Physik hat *nur* recht oder *nur* unrecht. Leider neigen auch Philosophen zu simplen Haltungen, und anstatt auszudiskutieren, *wer worin* recht oder unrecht hat, verteidigen sie gern den eigenen Standpunkt mit scharfsinnigen Argumenten. Die philosophische Debatte um den *scientific realism* ist heute ein unübersichtliches Feld für Spezialisten, die den Wald vor lauter Bäumen kaum noch sehen. Ein paar grundsätzliche Bemerkungen zum Für und Wider um den *scientific realism* können hier deshalb nicht schaden.

Grob gesprochen (ja, auch ich neige zu Vereinfachungen) gibt es zwei Gruppen von modernen Aristotelikern, nämlich Empiristen und Konstruktivisten unterschiedlicher Spielart. Gemeinsam ist ihnen, dass sie naturwissenschaftliche Begriffe und Theorien als nützliche Instrumente betrachten und abstreiten, dass es „wahre" Naturgesetze gibt, die wir erkennen können. Beide Gruppen prägten die Wissenschaftstheorie des 20. Jahrhunderts nacheinander durch ihre (verschiedenen) Missverständnisse der Naturwissenschaft.

Die Empiristen missverstehen die Naturwissenschaft als *empirische* Tätigkeit. Die Begründer des Wiener Kreises, allen voran der Philosoph Rudolf Carnap (1891–1970), griffen die empiristische Philosophie von Ernst Mach auf und formten sie mit den formalen Methoden der modernen Logik zum Logischen Empirismus um. Aus der Sicht des Logischen Empirismus lässt sich das Paradepferd der neuzeitlichen Naturwissenschaften, die Physik, ganz und gar mit den Mitteln der formalen Logik und der Sinneserfahrung aufzäumen. Die Logischen Empiristen des Wiener Kreises versuchten sich lang und vergeblich daran, die Theorien der Physik von einer strikt empirischen Basis her zu entwickeln. Ihre Nachfolger versteiften sich bis in die jüngste Zeit darauf, den Kräften, Feldern, Atomen und Elementarteilchen der Physik den Nachweis der Existenz abzustreiten, weil sie nicht mit bloßen Augen sichtbar sind. Nur ihre Wirkungen sind dank hochkomplizierter Messgeräte beobachtbar.[21]

Der Empirismus beherrschte die Wissenschaftstheorie, bis Thomas S. Kuhn (1922–1996) im Buch *Die Struktur wissenschaftlicher Revolutionen* zeigte,[22] dass der Fortgang der Naturwissenschaften immer wieder zu Umstürzen im Weltbild führt, nach denen auch die empirischen Phänomene in neuem Licht erscheinen, weil sie anders gedeutet werden als bisher. Eines der besten Beispiele ist natürlich die Kopernikanische Revolution. Kuhns hervorragende Buch zog aber leider ein neues Missverständnis nach sich: die Auffassung, naturwissenschaftliche Phänomene und Theorien seien nicht mehr als soziale und historische *Konstrukte*. Sie hätten nichts mit der Natur zu tun, sondern seien bloß technische Artefakte, die nur in einem ganz bestimmten kulturellen und gesellschaftlichen Kontext entstehen. Die Epigonen von Kuhns Sicht wissenschaftlicher Revolutionen bestritten in postmoderner *fin de siècle*-Stimmung noch leidenschaftlicher als die Empiristen, dass es Kräfte, Felder, Atome und subatomare Teilchen wirklich gebe. Ihre Gründe waren durchaus verwandt: Wir können die mikroskopischen Bestandteile der materiellen Dinge nicht mit bloßen Augen sehen; wir beobachten nur unter Laborbedingungen und mit technischen Instrumenten die Wirkungen von etwas, das es in der freien Natur *so* nicht gibt.[23]

Der gemeinsame Nenner des strikten Empirismus und des Sozialkonstruktivismus ist eine *instrumentalistische* Sicht der neuzeitlichen Naturwissenschaften: Die Theorien der Physik zielen danach gar nicht auf die Erkenntnis der „wahren Ursachen" der Naturerscheinungen. Sie sind nur nützliche Instrumente, die dazu dienen, die im Forschungslabor gewonnenen Daten möglichst ökonomisch zu organisieren – und auch, um nützliche technische Geräte zu entwickeln, die uns den Alltag erleichtern.

Nach Jahrzehnten einer Wissenschaftstheorie, die sich weitgehend auf die Physik beschränkte, rückte schließlich die Biologie ins Zentrum der Aufmerksamkeit. Nun erstreckte sich die sozialkonstruktivistische oder kulturalistische Sicht der Dinge auch auf die Gene und Neurone der Mikro- und Neurobiologen. Wie Bruno Latour auf einer Konferenz einmal so schön sagte: Wir geben unseren Kindern nicht deshalb Antibiotika, weil es Bakterien gibt, die wir damit bekämpfen – sondern weil wir in einer Pasteur-Kultur und nicht in einer Schamanen-Kultur leben. Ein Biologe würde unter einer Pasteur-Kultur vermutlich eher seine Bakterienkultur in der Petrischale verstehen als das, was der postmoderne Philosoph meinte: die Medizin, die Louis Pasteur (1822–1895) begründete, indem er die Bakterien entdeckte und erforschte, und unser modernes Gesundheitssystem, das sich daraus entwickelte.

Die Debatte um Realismus, Empirismus und Konstruktivismus wird nicht einfacher dadurch, dass der Philosoph Ernst von Glasersfeld (1917–2010) und der Physiker Heinz von Foerster (1911–2002) angesichts der Kognitionswissenschaften eine neue Art von Konstruktivismus entwickelten – den „radikalen Konstruktivismus".[24] Danach ist unser Weltbild ein Konstrukt unserer Sprache, Wahrnehmung und Verarbeitung der Sinnesreize im Gehirn. Diese Spielart des Konstruktivismus verbindet Einsichten von Kants Erkenntnistheorie mit den Ergebnissen der Kognitionswissenschaften. In ihr berühren sich die Extreme nun wieder, insofern sie die letzteren realistisch deutet und Kant auf diese Weise „naturalisiert", oder frei nach Karl Marx (1818–1883) und Friedrich Engels (1820–1895) gesagt: vom Kopf auf die Füße stellt, d. h. geistige auf materielle Prozesse reduziert. Der Konstruktivismus der Hirnforscher deutet Kants Apriori als kognitive Leistung, die sich kognitionswissenschaftlich als Konstrukt des Gehirns erklären lässt.

Dies ist strikt zu unterscheiden vom eben erwähnten Sozialkonstruktivismus, der in der aristotelischen Tradition steht, indem er naturwissenschaftlichen Erkenntnissen höchstens einen instrumentalistischen Wert zugesteht. Die neurowissenschaftlch inspirierten „radikalen Konstruktivisten" stehen in der Tradition von Galilei und seinen Nachfolgern, also auf der Seite des wissenschaftlichen Realismus. Dabei stützen sie sich auf die Sinnes- und Neurophysiologie, die Sprachforschung und die empirische Psychologie, etwa auf die Untersuchungen von Jean Piaget (1896–1980).

Der „radikale Konstruktivismus" findet sich auch bei heutigen Hirnforschern und Neurophilosophen. Er wird uns im Verlauf dieses Buchs noch beschäftigen, etwa im Zusammenhang mit der These, unser Ich oder Selbst sei ein Konstrukt des Gehirns, und damit eine bloße Illusion. In dieser These schlägt die realistische Deutung von

Ergebnissen der kognitiven Neurowissenschaft in einen Anti-Realismus bezüglich empirisch gut verbürgter mentaler Phänomene um[25] – und hierin berühren sich die wissenschaftstheoretischen Extreme von Konstruktivismus und *scientific realism*.

Doch haben die „ewigen" Aristoteliker nicht auch ein Stück weit recht? Wer das Experimentieren nicht unter Naturerkenntnis, sondern unter Technik verbucht, sieht etwas Richtiges. Der Astrophysiker Arthur S. Eddington (1882–1944) prägte das provozierende Bild vom Experiment als Prokrustes-Bett, in das die Physiker die Phänomene mit ihren Methoden gewaltsam einpassen. Er verglich die Physiker mit Fischern, die ein Netz mit einer Maschenweite von 5 cm auswerfen und zur Theorie gelangen: „Alle Fische sind mindestens 5 cm dick."[26] Die Naturwissenschaftler beobachten eben nicht nur. Sie erzeugen sich Phänomene im Experimentierlabor und schneiden sie sich dabei auf mathematische Allgemeinheit und Präzision zu. Dass dies nicht die „unberührte" Natur ist, bestreitet niemand.

Im Gegenteil, es ist eine wichtige wissenschaftstheoretische Frage, inwieweit sich die Ergebnisse naturwissenschaftlicher Experimente auf das Geschehen *außerhalb* des Experimentierlabors verallgemeinern lassen. Oder auf unsere Bewusstseinsinhalte: dies ist genau das Problem, das uns ab dem 4. Kapitel immer wieder beschäftigen wird. Sie schlüpfen durch die Maschen der analytisch-synthetischen Methode; und dann erzählen uns prominente Hirnforscher, es gebe kein Selbst.

Eddington war ja selbst Physiker. Er wollte seine Leser vor allem anregen, die Dinge nicht *naiv* realistisch zu sehen, sondern *tiefer* über die experimentellen Methoden der Physik und über ihre Grenzen nachzudenken. Sein Beispiel lehrt: Die Fische, die im Netz der Physiker hängen bleiben – die sind bekannt; doch alles, was den Maschen der Experimente entschlüpft, ist der Naturerkenntnis grundsätzlich entzogen. Und so könnte es sich eben auch mit dem Bewusstsein verhalten, wenn sich die Hirnforscher keine neuen Methoden einfallen lassen.

Doch die Aristoteliker aller Zeiten stellen diese wichtige Einsicht auf den Kopf. Sie sehen das metaphysische Konstrukt in den *Fischen*, die das Netz der Physiker fängt – und nicht in der Rasterung der Wirklichkeit durch die *Maschen*.

Beim Streit zwischen den Realisten und Instrumentalisten liegt die Wahrheit also auf vertrackte Weise in der Mitte. Naturwissenschaftliche Phänomene und Theorien sind keine *beliebigen* Konstrukte. Sie sind weder *nur* entdeckt noch *nur* erzeugt, sondern sind immer ausgefeilte, streng überprüfbare Kombinationen von beidem.

Die Ergebnisse der Naturwissenschaften unterscheiden sich auch gravierend von den Theorien, die am ewigen Kampfplatz der Metaphysik umstritten sind. Gelingende Experimente sind nicht immer in der Hinsicht erfolgreich, dass sie die theoretischen Erwartungen der Physiker bestätigen würden. Sie können überraschende Ergebnisse haben, die, wenn sie sich erhärten lassen, sogar gut bewährte Theorien über den Haufen werfen können. Dieses Schicksal erlitten zum Beispiel die klassische Mechanik und Elektrodynamik im Verlauf der Quantenrevolution. Der „kritische Rationalist" Karl Popper (1902–1994) betonte deshalb in Kants Tradition, dass naturwissenschaftliche Theorien – *anders* als die metaphysischen Konstrukte – anhand empirischer Daten oder experimenteller Phänomene *falsifizierbar* sind.

Dennoch zeigen gerade die „großen" wissenschaftlichen Revolutionen, die des 17. ebenso wie die des 20. Jahrhunderts: Das Buch der Natur ist immer wieder für Überraschungen gut. Es ist eben nicht so leicht zu entziffern, wie Galileis Metapher glauben macht. Seine mathematischen Lettern erzählen uns nur das über die Natur, was wir mittels der experimentellen Methode exakt ausbuchstabieren können – und dies ist längst *nicht alles,* was in diesem unerschöpflichen Buch geschrieben steht.

ERKLÄRUNG *TOP-DOWN* UND *BOTTOM-UP*

In der Tat stieß die Physik im 20. Jahrhundert an hartnäckige Grenzen ihrer *top-down-* und *bottom-up*-Ansätze, oder: ihrer analytisch-synthetischen Methoden. Diese Grenzen werden uns noch beschäftigen. Sie zeigen sich bei Quantenphänomenen genauso wie bei nicht-linearen, komplexen Systemen.

Für die Quantenphänomene lässt sich bis heute nicht analysieren, was bei einer einzelnen quantenmechanischen Messung passiert

– einzelne Quantenprozesse sind indeterminiert. Jedenfalls ist diese Schlussfolgerung unvermeidlich, wenn man Newtons Rat zur kausalen Sparsamkeit beherzigt und nicht zu okkulten Qualitäten (verborgene Parameter oder viele Welten) greifen möchte, weil sie nichts mehr mit der Physik als einer empirisch gestützten Wissenschaft zu tun haben. Niels Bohr hob hervor, dass Quantenphänomene „Grenzen der experimentellen Analyse" anzeigen. Nach ihm lehrt Heisenbergs Unschärferelation, dass man nicht von Quanten*objekten* sprechen kann, sondern nur von Quanten*phänomenen* – also nicht vom „einzelnen" Elektron oder Lichtquant, sondern nur von der Teilchenspur in der Nebelkammer; vom Compton-Effekt, bei dem ein Lichtquant einem Elektron einen messbaren „Kick" oder Rückstoß gibt; vom Beugungsbild, das ein Photonen- oder Elektronen-Strahl hinter dem Doppelspalt erzeugt. Die *top-down*-Analyse hat quantenmechanische Grenzen, und deshab funktioniert auch die *bottom-up*-Erklärung makroskopischer Körper aus subatomaren Teilchen nur bruchstückhaft.

Zu den nicht-linearen, komplexen Systemen gehört unbestritten das Gehirn. Die Entstehung des Geistes im Gehirn ist nun sicher *kein* Quanteneffekt. Neurone und ihre Vernetzungen sind relativ zu subatomaren Teichen schon sehr groß, sie sollten sich also klassisch verhalten. Und Quantenphänomene weisen zwar „geisterhafte" Korrelationen über erstaunlich weite Entfernungen auf, die subatomaren „Teilchen" sind gar keine ordentlichen Teilchen. Insbesondere sind sie nicht lokal und können über große Entfernungen miteinander verschränkt sein, ihre Eigenschaften lassen sich teleportieren und sie sind unklonbar. Aber wie sehr die Quanten unsere üblichen Vorstellungen der Welt auch auf den Kopf stellen – das heißt noch lange nicht, dass sie denken und fühlen könnten, oder dass ihre Verschränkungen und Korrelationen gar *irgendwie* Fühlen und Denken hervorbringen könnten. Geisterhafte Fernwirkung ist noch lange kein Geist. Wo Menschen Spuk wittern, ist in der Regel *kein* Denken am Werk – weder in den Phänomenen noch in den Beobachtern.

Gehirn und Geist funktionieren *anders* als die Quantenphänomene in den Detektoren der Physiker. Als physikalisches Gebilde ist das Gehirn ein nicht-lineares, komplexes System, und zwar das komplexeste

System, das heute bekannt ist, im Universum. In nicht-linearen Systemen ist das Ganze etwas anderes als die Summe seiner Teile. Für komplexe Systeme lässt sich das Zusammenwirken der Teile höchstens noch ansatzweise und angenähert verstehen. Dabei bleibt in der Regel die *bottom-up*-Erklärung auf der Strecke, während die *top-down*-Analyse recht gut funktioniert.

Auch die Hirnforscher gestehen zu, dass sie nur in *top-down*-Richtung etliches über Geist und Gehirn wissen, doch in *bottom-up*-Richtung noch recht wenig. Sie wissen, wie sich das Gehirn aus Hälften und Balken, Hirnrinde und Windungen, Großhirn und Kleinhirn, Arealen, Zellschichten, Neuronen und Synapsen zusammensetzt. Doch sie wissen *nicht*, welche elektrochemischen Mechanismen und biologischen Funktionen durch ihre Vernetzung so etwas wie Erleben, Fühlen und Denken zustande bringen. Den professionellen Erkenntnis-Optimismus der Hirnforscher bremst dies wenig; es *darf* ihn auch nicht bremsen, sondern muss ihn eher beflügeln, damit ihnen die Ideen für Forschungsprojekte nicht ausgehen. Eine *ganz* andere Frage ist, wie weit der heuristische Erkenntniseifer metaphysisch trägt – doch darauf komme ich später.

Die analytisch-synthetischen Methoden der neuzeitlichen Naturwissenschaften sind komplex und unübersichtlich. Schließlich sind sie ja auch nicht bei Galilei und Newton stehen geblieben. Die folgende Zusammenstellung erhebt keinen Anspruch auf Vollständigkeit; dennoch gibt sie, glaube ich, einen ganz guten Überblick über das Methodenarsenal der Naturwissenschaften. Seine wichtigsten Elemente lassen sich übersichtlich nach *top-down*- und *bottom-up*-Verfahren sortieren (Tabelle 2.A-B).

Die Elemente aus diesem methodologischen Werkzeugkasten können fast beliebig miteinander kombiniert werden. Ergänzt werden sie durch die verschiedensten quantitativen Messverfahren und durch nicht-quantitative, deskriptive Verfahren, die dort benötigt werden, wo keine Messverfahren zur Verfügung stehen. Sie dienen dazu, die Phänomene irgendeines Stadiums irgendeines naturwissenschaftlichen Erkenntnisprozesses qualitativ zu beschreiben – sei es vor dreihundert

Tab. 2.A-B   *Top-down-* und *bottom-up* -Verfahren der Naturwissenschaften

(A) *Top-down*-Verfahren (analytisch / resolutiv):

(A1) Zerlegung in Komponenten (mereologische Analyse):
  (i)   anatomische Sezierverfahren
  (ii) Beobachtung mikroskopischer Strukturen mit Instrumenten
  (iii) experimentelle Analyse
  (iv) Verallgemeinerung messbarer Größen auf andere Größenskalen
  (v)   chemische und molekularbiologische Analysemethoden

(A2) kausale Analyse:
  (i)   Untersuchung von notwendigen und hinreichenden Bedingungen
  (ii) kausale Sparsamkeit (keine „verborgenen" Qualitäten)
  (iii) Schluss von gleichen Wirkungen auf gleiche Ursachen
  (iv) Festhalten an empirisch bewährten Hypothesen

(B) *Bottom-up*-Verfahren (synthetisch / kompositiv):

(B1) Zusammensetzung aus Komponenten:
  (i)   Zusammenbau von Einzelteilen (Maschinen)
  (ii) experimentelle Überlagerung physikalischer Effekte
  (iii) chemische und molekularbiologische Syntheseverfahren

(B2) kausale Erklärung:
  (i)   mathematische Ableitung aus einem Naturgesetz
  (ii) physikalische Beschreibung dynamisch gebundener Systeme
  (iii) Computer-Simulation der gesuchten Strukturen
  (iv) Angabe notwendiger und hinreichender Bedingungen

Jahren in Newtons Optik, in der Chemie des 19. Jahrhunderts, in der neueren experimentellen Psychologie oder in der Primatenforschung.

Dass die Geschichtsschreiber der Physik, Chemie und Biologie zur Auffassung gelangen, es gebe nicht „die" Methode der neuzeitlichen Naturwissenschaften, ist angesichts des Reichtums dieses methodologischen Rüstzeugs kein Wunder. Doch so uneinheitlich die Methoden auch sind, die obige Aufschlüsselung der typischen *top-down-* und *bottom-up*-Verfahren liefert eine ganz gute Systematik für sie.

Das Ziel ist jedenfalls in allen Naturwissenschaften dasselbe: beim *top-down*-Ansatz geht es um den Schluss auf die beste Erklärung der Phänomene, beim *bottom-up*-Ansatz um den Nachweis der Tragfähigkeit dieser Erklärung.

Aufschlussreich ist nun der Vergleich, über welche Methoden aus diesem Arsenal die Physik verfügt – und über welche die Neurobiologie. Er fällt trotz aller Fortschritte der letzten Jahrzehnte noch kläglich für die Neurobiologie aus. (Das ist kein Wunder! Die anorganische Materie ist trotz Quantenphysik und trotz nicht-linearer komplexer Systeme viel simpler strukturiert als das Gehirn – vom Geist ganz zu schweigen.)

Den Physikern stehen *alle* analytischen und synthetischen Methoden zur Verfügung. Die Atom-, Kern- oder Teilchenphysiker verwenden natürlich in der Regel keine Analyse- und Syntheseverfahren der Chemie und der Molekularbiologie. Doch auch diese haben ihre physikalischen Grundlagen, die grundsätzlich bekannt sind; und sie finden in der physikalischen Chemie und der Biophysik genauso Verwendung wie in bestimmten Verfahren der Astrophysik, extraterrestrischen Physik, Festkörper- und Nanophysik. Die analytisch-synthetischen Methoden oder *top-down-* und *bottom-up-*Verfahren der Physik sind universell. Sie vermessen und erklären das Universum, so weit und so gut sie es irgend können, von den subatomaren Teilchen und ihren sonderbaren Quantenphänomenen über die Atome, Moleküle, Riesenmoleküle wie die DNS, Zellkerne und Zellen, Mikroben, Organismen, die Erde samt Biosphäre und Klima, die kosmische Strahlung, das Sonnensystem, die Milchstraße, den lokalen Galaxiencluster bis hin zur Großraumstruktur des Universums und seiner, unserer, Vergangenheit – der biologischen Evolution, der Erdgeschichte, der Geschichte des Sonnensystems und der Entwicklung des Universums seit dem *big bang*.

Wie sieht es nun im Vergleich dazu für die Neurobiologie aus? Auf der „analytischen" Seite der *top-down-*Ansätze steht sie ganz gut da. In dieser Richtung stehen ihr fast alle Methoden (A.1) und (A.2) zur Verfügung. Die anatomischen Sezierverfahren erforschen die Struktur des toten Gehirns, das aber keinen Geist mehr hervorbringt, auf allen oben genannten Ebenen. Die neurobiologischen Experimente arbeiten mit Tieren und kranken oder gesunden Versuchspersonen, deren Verhalten beobachtet wird und denen Aufgaben bzw. Fragen gestellt werden. Beim Menschen kommt die sprachliche Auskunft der Versuchsperson über ihr Erleben hinzu. Das arbeitende Gehirn, also die Gehirnstruktur *in vivo*, kann heute mit Elektroden und bildgebenden

Verfahren bis auf Strukturen von Millimetergröße beobachtet werden. Diese Beobachtungsinstrumente sind für die Hirnforscher das, was Elektronenmikroskope und Teilchenbeschleuniger für die Physiker sind, oder Teleskope für die Astronomen.

Schwierig wird es allerdings mit den messbaren Größen, für die Newton gefordert hatte, sie von den experimentell untersuchbaren Körpern bis hinab zu den Atomen zu verallgemeinern. Die Physiker sind hier äußerst erfolgreich, was die Masse, die Ladung und andere dynamische Eigenschaften der Materie betrifft. Sie haben viele Regeln dafür, wie sich das Ganze auf verschiedenen Ebenen der Zusammensetzung der Materie als die Summe seiner Teile berechnen lässt. Diese Rechenregeln sind Summenregeln, die für die Komposition oder Synthesis eines Ganzen aus seinen Teilen gelten. Sie reichen von der Ladungs- und Energiebilanz bei chemischen Reaktionen über das Periodensystem der chemischen Elemente und die Nukleid-Tafeln der Kernphysiker bis hinab zum Proton und Neutron und den Quarks, aus denen das Proton und das Neutron nach heutigem Wissen der Teilchenphysiker besteht. In umgekehrter Richtung reichen sie bis hinauf zur Masse von Galaxien und bis zur Energiedichte-Bilanz für das gesamte Universum, die angesichts der „dunklen Materie" und der „dunklen Energie" dann aber doch *sehr* lückenhaft bleibt.

Für die Phänomene oder Befunde der Hirnforschung auf den verschiedenen „Skalen" vom bewussten Erleben über die Gehirnareale bis hinab zu den Neuronen gibt es *keine* solchen Summenregeln. Die Phänomene der verschiedenen „Skalen" sind hier qualitativ so verschieden, dass es noch nicht einmal eine gemeinsame Sprache für sie gibt – von Messgrößen, quantitativen Aussagen oder einer einheitlichen Skala ganz zu schweigen. Für unsere „Qualia", die elektrochemischen Potentiale der Gehirnaktivität bei ihrem Erleben und die physikalischen Größenskalen, in denen sich die Phänomene vermessen lassen, gibt es kein einheitliches Maß. Allenfalls gibt es Übersetzungsregeln für die ungefähre Zuordnung von Empfindungsintensitäten zu physikalischen Größenwerten, etwa der Empfindung von laut und leise zu Dezibel-Werten oder der Farbempfindung zu bestimmten Wellenlängen des Lichts.

In der umgekehrten Richtung – also *bottom-up* von den Neuronen, den elektrischen Signalen, die sie mittels ionisierter Atome und biochemischer Botenstoffe weiterleiten und austauschen, über größere Neuroncluster, Zellschichten und die Hirnareale bis hin zum bewussten Erleben – sieht die Bilanz der neurobiologischen Erklärung noch düsterer aus. Hier wird es ziemlich kompliziert. Einerseits können die Ansätze der Neuroinformatik große Erfolge für sich verbuchen, was die Computer-Simulation von Mustererkennung, Wahrnehmungsverarbeitung und mentalen Repräsentations-„Mechanismen" betrifft. Andererseits ist die Neurobiologie himmelweit davon entfernt, die neuronale Ebene über „mittlere" Zellcluster mit den Gehirnarealen oder gar mit unserem Erleben zu verknüpfen.[27] Dazu kommt, dass der „atomistische" Ansatz der analytisch-synthetischen Methode (und der Physik Newtons) hier gründlich versagt; wie Sie im 4. Kapitel sehen werden, führt er zu mereologischen (atomistischen) sowie kausalen Fehlschlüssen. Nach heutigem Wissen sind die Bewusstseinsphänomene *nicht lokal* im Gehirn verankert; und sie bestehen wohl auch nicht aus mentalen „Atomen" (elementaren Sinneserlebnissen oder einfachen *Qualia*).

In *bottom-up*-Richtung ist die Erfolgsstory der Physik zwar ebenfalls nicht ungetrübt, wie die Erklärungslücke beim quantenmechanischen Messprozess zeigt. Dennoch sind die unterschiedlichen Skalen physikalischer Systeme durch Messgrößen wie die Masse gut verkittet – während den Skalen der neurobiologischen Systeme jeder entsprechende Kitt bisher *fehlt*.

Wir werden uns diese Befunde in den folgenden Kapiteln genauer ansehen, doch lässt sich vorab schon ein wichtiger Punkt festhalten. Was die *Verbindung* der mentalen und der physischen Ebene betrifft, bleibt die *top-down*-Analyse auf die qualitative Untersuchung der physischen Bedingungen angewiesen, die offenbar *notwendig* für bestimmte kognitive Leistungen sind, sich aber bisher leider nie als *hinreichend* für das Zustandekommen von Bewusstsein erwiesen haben. Mehr als die ungefähre Koordination bestimmter mentaler und physischer Phänomene schafft die die *top-down*-Analyse bisher *nicht*. Von einer kausalen Erklärung im Sinne der kausalen Wirksamkeit (W_k) aus dem 1. Kapitel können die Neurobiologen höchstens träumen. Die Neurobiologie ist weit entfernt davon, ihren Part des Galileischen „Buchs der Natur" – sprich: die Kartographie des Gehirns – „in mathematischen Lettern" zu entziffern; vom Geist ganz zu schweigen.

Die *top-down*-Ansätze schaffen also *nicht* den Sprung von den mentalen zu den physischen Phänomenen, und die *bottom-up*-Ansätze schaffen erst recht nicht den umgekehrten Sprung. Niemand hat je gemeinsame Eigenschaften beider Arten von Phänomenen gefunden, die es erlauben würden, sie in einer einheitlichen Sprache zu beschreiben und sie *gleicherweise* nach der experimentellen Methode und den Messverfahren der Naturwissenschaften zu standardisieren. Die Erklärung des mentalen Geschehens durch neuronale Mechanismen stößt hier auf hartnäckige Grenzen, wie Sie im 5.-7. Kapitel sehen werden.

Weder die Zerlegung des Gehirns in Areale, Schichten, Neurone, Synapsen und biochemische Botenstoffe noch die Zerlegung der Bewusstseinsinhalte in Erlebnisse und Erinnerungen, Empfindungsqualitäten, einfache *Qualia* („Sinnesatome", falls es so etwas gibt) und logische Verknüpfungen hilft im Hinblick auf die *top-down*- und *bottom-up*-Ansätze weiter. Denn was heißt hier eigentlich „*top*", was „*down*"? Schon dies ist Metaphorik, die der Sprache der physikalischen Konstituentenmodelle und Größenskalen entlehnt ist. Doch das Gehirn zu sezieren und zu vermessen ist kein Weg zum Geist, und umgekehrt. Descartes war deshalb der Auffassung, die geistige Substanz sei im Unterschied zur körperlichen nicht räumlich ausgedehnt. Wenn diese Sicht auch angreifbar ist,[28] so hat er damit doch einen wichtigen Punkt erfasst: Das Gehirn setzt sich nicht aus Gedanken zusammen und der Geist nicht aus physischen Bausteinen oder Teilchen. Diesen Punkt greift auch das schon erwähnte Argument von Leibniz auf, nach dem Sie nur physische Bauteile sehen würden, wenn es eine große Denkmaschine gäbe, die Sie betreten könnten, oder wenn Sie selbst so klein wären, dass Sie im Gehirn spazieren gehen könnten.

All dies spricht natürlich für die These (**V**) der radikalen Verschiedenheit mentaler und physischer Phänomene, die im 1. Kapitel diskutiert wurde. Es spricht jedoch möglicherweise für eine *stärkere* Variante als die „entschärften" Versionen der Eigenschafts-Verschiedenheit (**V$_E$**)

oder der reduziblen Verschiedenheit (**V$_R$**) des Mentalen und des Physischen, die dort in Abgrenzung gegen den Substanzen-Dualismus eingeführt wurden. Es ist untersuchungsbedürftig, ob es weitere Optionen gibt – und was dies für die Thesen (**W**) der mentalen Wirksamkeit und (**K**) der kausalen Geschlossenheit der Welt sowie deren Varianten bedeutet. (Im 7. Kapitel argumentiere ich für eine Inkommensurabilitätsthese (**V$_{IN}$**), soviel sei hier verraten.)

Bisher haben die Naturwissenschaften nur *eine* Chance, die materiellen Grundlagen des Geistes zu erforschen – oder: den Geist zu naturalisieren –, und das ist mittels der *kausalen Analyse*. Von ihr waren die Anatomen der Renaissance weit entfernt. Im 18. Jahrhundert finden sich dann beim französischen Aufklärer La Mettrie erste Überlegungen dazu, wie unsere Bewusstseinsvorgänge durch das Körpergeschehen zustande kommen, also mentale durch physische Phänomene verursacht sein könnten. Doch erst im 19. Jahrhundert fingen die Hirnforscher an, mentale und physische Vorgänge auf der Grundlage empirischer Befunde kausal zu koordinieren.

Dabei gelten die mentalen Phänomene als *Explanandum* naturwissenschaftlicher Erklärungen, d. h. als Spitze des *top-down*-Ansatzes und Endpunkt der zu leistenden *bottom-up*-Erklärung. Doch *bottom-up* stehen einzig und allein die Ergebnisse der kausalen Erklärung zur Verfügung – also die Angabe der physischen Bedingungen, die im besten Fall notwendig und hinreichend für bestimmte geistige Funktionen sind. Das Gehirn ist jedoch erstaunlich plastisch, was die Regeneration der Fähigkeiten ausgefallener Gehirnareale betrifft. Und so gelingt es den Hirnforschern noch nicht einmal eindeutig und ausnahmslos, bestimmten Hirnrealen spezifische mentale Fähigkeiten zuzuordnen – mehr dazu am Ende des nächsten Kapitels.

3

BEFUNDE DER HIRNFORSCHUNG

OBJEKTIVIERUNG IST DIE DEVISE

Im Folgenden geht es um Gehirn und Geist als naturwissenschaftliche Phänomene; oder: um physische und mentale Phänomene und ihre Beziehungen zueinander, soweit die Hirnforschung sie untersucht. Was sind diese Phänomene?

Führen wir uns zunächst noch einmal die Ergebnisse des letzten Kapitels vor Augen. Naturwissenschaftliche Phänomene liegen meistens nicht auf der Hand. Anders als die Empiristen von Aristoteles über Galileis Gegner bis hin zu Ernst Mach und seinen Nachfolgern glaubten, sind sie nichts unmittelbar Gegebenes. Sie werden erst durch Beobachtungsinstrumente, Messgeräte und experimentelle Tricks zu Tage gebracht, oder: der Natur durch Werkzeuge vom Seziermesser bis zum Teilchenbeschleuniger abgerungen. Deshalb konnten wir uns im letzten Kapitel erst dann näher mit den Phänomenen der Physik befassen, als wir schon einiges darüber erfahren hatten, wie die Phänomene zerlegt, experimentell erforscht und kausal analysiert werden.

Wenn die Phänomene der Physik und ihrer Schwesterdisziplinen nicht *gegeben* sind – sind sie dann *gemacht*? Werden sie als etwas, das es von Natur aus gibt, *entdeckt* oder erst im Experimentierlabor *erzeugt*? Ich wies darauf hin, dass die Wahrheit hier auf vertrackte Weise in der Mitte liegt. Naturwissenschaftliche Phänomene sind keine *beliebigen*

Konstrukte der Labortätigkeit. Wer dies annimmt, kann es sich mit der Hirnforschung einfach machen. Aus konstruktivistischer Sicht gelten die Ergebnisse der Neurowissenschaften als „kultürlich" statt natürlich, mit dem Ergebnis, dass uns die Hirnforschung *wenig* über uns lehrt – außer, dass sie uns zu Versuchskaninchen im Forschungslabor macht.[1] Sie hat danach bloß *instrumentelle* oder *technische* Folgen für unser Menschenbild: sie schafft Manipulationsmöglichkeiten im guten wie im schlechten Sinne, von der medizinischen Behandlung bis zur Fremdsteuerung.

Die Dinge sind aber nicht so einfach. Naturwissenschaftliche Phänomene sind in der Regel weder *nur* entdeckt noch *nur* erzeugt. Sie sind ausgefeilte, streng überprüfbare Kombinationen von beidem. Diese Kombination zielt darauf, die Phänomene von allen subjektiven Elementen zu befreien, oder: zu *objektivieren*. Objektivierung ist *die* Devise der neuzeitlichen Naturwissenschaften, von der Physik bis zur Hirnforschung.

Nur *stabile, konstante* Phänomene, die sich unter gut bekannten, reproduzierbaren Bedingungen *wiederholt* beobachten lassen und der Überprüfung durch Dritte standhalten, sind *gute* Phänomene. Nur sie zählen zur physikalischen Wirklichkeit, d.h. zur Natur, soweit sie den Gesetzen der Physik gehorcht. Dazu sei noch einmal Max Planck zitiert:[2]

> *„Dieses Konstante, von jeder menschlichen, überhaupt von jeder intellektuellen Individualität Unabhängige ist nun eben das, was wir das Reale nennen."*

Die Physik objektiviert ihre Phänomene durch Beobachtungsgeräte wie das Fernrohr, Experimentiervorrichtungen wie Galileis schiefe Ebene und Messverfahren zur präzisen Bestimmung von Länge, Zeitspanne, Masse bzw. Gewicht, Temperatur und anderer Größen. Ein Beobachtungsinstrument objektiviert das Beobachtete, wenn die Gesetze bekannt sind, nach denen es funktioniert. Galilei wusste, dass das Fernrohr, mit dem er die Venusphasen und Jupitermonde sichtbar machte, den Gesetzen der geometrischen Optik gehorcht. Ein Experiment objektiviert durch die Kontrolle der Versuchsbedingungen und die Messung der relevanten Größen. Die schiefe Ebene diente Galilei dazu, den Fallprozess durch den Neigungswinkel zu kontrollieren. Dabei maß er die Fallzeit in Abhängigkeit vom Neigungswinkel. Nur unter derartig kontrollierten Bedingungen sind die Phänomene konstant, hängen nicht von den subjektiven Absichten des Beobachters oder Experimentators ab und lassen sich mathematisch vermessen. Nur reproduzierbare Phänomene lassen sich gut in mathematische Klassen packen; nur ihre gesetzmäßigen Änderungen unter gut bekannten, perfekt beherrschten Versuchsbedingungen lassen sich sinnvoll durch mathematische Funktionen beschreiben.

Die Phänomene der Physik sind also im folgenden Sinn *objektiv*: Sie sind konstant, treten gesetzmäßig auf, sind intersubjektiv nachvollziehbar und hängen von keinerlei individuellen Umständen ab. Mit anderen Worten: Sie sind *nicht subjektiv*. Und sie lassen sich messen, sie sind mathematisierbar.

Hier tut sich sofort der Abgrund zu den *mentalen* Phänomenen der Hirnforschung auf. Physikalische Phänomene gelten als *paradigmatisch* für physische Phänomene. Paradigmatisch an ihnen ist vor allem, dass sie *objektiv* sind und dass sie sich *mathematisieren* lassen. Mentale Phänomene jedoch sind *subjektiv*, und schon Kant hob hervor, dass sie sich nicht mathematisieren lassen; er dachte, die Psychologie sei keine Wissenschaft, denn es gebe keine Wissenschaft des „inneren Sinnes", d. h. von unseren Bewusstseinsinhalten. Wie können sie *dennoch* zum Gegenstand der Hirnforschung werden? Das ist die zentrale Frage dieses Kapitels.

Um sie zu behandeln, müssen wir uns noch genauer damit befassen, wie die Physik ihre Phänomene objektiviert und was dies für ihr Wirklichkeitsverständnis besagt. Planck schilderte im oben zitierten Vortrag am Beispiel des Kraftbegriffs, wie die Objektivierung in der Physik mühsam Schritt für Schritt gelang. Am Anfang stand der subjektive, qualitative Eindruck der Kraft, die wir Menschen bei schwerer Arbeit aufwenden. Am Ende standen präzise, messbare physikalische Begriffe der Kraft und der Energie, die in der Mechanik unterschieden werden; und darüber hinaus der Satz von der Erhaltung der Energie.

Ohne diese physikalischen Begriffe gäbe es keine moderne Technik und auch keine Energiewirtschaft. Doch der Preis ihrer Objektivierung oder Ent-Subjektivierung ist, dass sie unanschaulich und abstrakt sind. Die physikalischen Begriffe von Kraft und Energie, Arbeit und Leistung haben fast nichts mehr mit unserem subjektiven Gefühl des Kraftaufwands bei der Arbeit zu tun. Der Objektivierungsprozess, der zu ihnen führte, benötigte Jahrtausende für den Weg von der Erfindung des Flaschenzugs bis zu den modernen Begriffen der Kraft und Energie. Wie man Seil und Rolle zum Gewichtheben gebraucht, ist schon auf Reliefs der Assyrer bildlich dargestellt. Den Satz von der Erhaltung der Energie hat Hermann von Helmholtz (1821–1894) im Jahr 1847 begründet. Die assyrischen Reliefs versteht jeder, die Helmholtzsche Arbeit nur, wer der theoretischen Physik und ihrer mathematischen Methoden kundig ist.

Planck bezeichnete den langwierigen Prozess, der zu den präzisen Begriffen der Physik führte, als Entsinnlichung oder Ent-Anthropomorphisierung. Auf dem Weg vom Kraftaufwand, den wir bei der Arbeit fühlen, zum mathematischen Wegintegral über die physikalische Kraft geht das Gefühl der physischen Anstrengung verloren. Die Kraft wird nun durch einen Zahlenwert in einer Skala von *Joule* gemessen, wobei die Größeneinheit *Joule* die Dimension von $[Masse][Weg]^2[Zeit]^{-2}$ hat (im SI-System der physikalischen Größeneinheiten: $1\,J = 1\,kg{\cdot}m^2/s^2$). Wenn *das* nicht abstrakt ist!

Plancks Vortrag schildert diese Entsinnlichung für die physikalischen *Begriffe* der Kraft und der Energie. Doch dasselbe lässt sich über die *Phänomene* der Physik sagen. Da nur stabile oder konstante Phänomene *gute* Phänomene sind, werden die Phänomene der Physik auf das Maß physikalischer Größen gebracht, d.h. in den Einheiten physikalischer Messgrößen ausgedrückt. Das fing schon in der antiken Astronomie an. Die beobachteten Orte der Fixsterne und Planeten werden in Winkeln gemessen, die nur in einem vorher bestimmten Koordinatensystem Sinn machen. Den Zeitpunkt der Beobachtung auszudrücken ist noch schwieriger, denn dies setzt Zeitrechnung voraus; die Festlegung des Kalenders hat die Astronomen seit den Anfängen der menschlichen Kultur für Jahrtausende beschäftigt.

Nicht anders ist es mit den elektrischen Phänomenen, die eine große Rolle in der Hirnforschung spielen; viele neurowissenschaftliche Phänomene beruhen ja auf der Messung von Hirnströmen durch Elektroden. Elektrostatische Phänomene sind seit der Antike bekannt, etwa das Knistern und Funkeln, das es gibt, wenn man Bernstein oder Wolle reibt. Auch Gewitter sind Entladungen elektrischer Energie. Heute sind die Spannung und Stromstärke von Blitzen messbar und im Hochspannungslabor lassen sich künstlich Blitze erzeugen. Vor der Erforschung der Elektrizität galt ein Blitzschlag jedoch nicht als gesetzmäßiges Phänomen, sondern als Ausdruck blinder Naturgewalt. Noch früher projizierten die Menschen Götter oder böse Geister in das Naturschauspiel. Ent-Anthropomorphisierung bedeutet auch die Entzauberung der Welt: Der Mensch deutet die Naturgewalten nicht mehr anthropomorph als Ausdruck eines Willens, wie er ihn selbst hat, sondern er erforscht sie wissenschaftlich, um sie der Sache nach zu verstehen.

Der Gang der Physik zielt darauf, die untersuchten Phänomene im Labor unter gut kontrollierten Bedingungen verstehen zu lernen, um von den Phänomenen im Labor auf die Naturerscheinungen außerhalb des Labors zu schließen und diese ebenfalls zu vermessen und zu erklären. Dafür haben die Physiker die Begriffe der Mechanik und der Elektrodynamik entwickelt, anhand deren sie die Phänomene objektivieren. Die physikalische Begriffsbildung ging damit einher, die Phänomene durch Maßstäbe und Größeneinheiten, Elektrometer und Skalen zu vermessen. Am Ende standen die Begriffe der elektrischen Energie und der Leistung, die wir im Haushalt konsumieren, wenn wir Haushaltsgeräte an das Stromnetz anschließen und betreiben.

Schon der Weg zu physikalischen Begriffen und zur Objektivierung physikalischer Phänomene war dornenreich. Doch inwieweit lassen sich die Phänomene der Hirnforschung in neurowissenschaftlichen Begriffen objektivieren? Das Merkmal des Mentalen ist im Gegensatz zum Physischen ja seine Subjektivität. Im ersten Kapitel hatten wir diesen Gegensatz am Unterschied von Innen und Außen, von Ich-Perspektive und Blick auf die Welt festgemacht. Genau dieser Unterschied ist der Ursprung der philosophischen Begriffe von Subjekt und Objekt. Das

Subjekt erlebt sich und die Welt aus der Ersten-Person-Perspektive. Jeder von uns erlebt sich selbst von innen und alles andere in der Welt von außen. Das *Objekt* ist ein Ding in der Außenwelt, dem wir dann und nur dann Subjektivität zuschreiben, wenn es sich um eine Person handelt. Gegenstand der Hirnforschung ist der Zusammenhang zwischen Ich-Erleben und Gehirnfunktionen. Indes wird sich das Ich-Erleben *nie* in dem *starken* Sinn objektivieren lassen, dass die Außenperspektive vollständig die Innenperspektive *ersetzen* kann. Die Hirnforschung zielt „nur" darauf, die Facetten des Mentalen als Wirkungen gut verstandener physischer Korrelate zu erklären.

Dabei ist Objektivierung in einem *schwächeren* Sinne die Devise. Das Ziel ist, die physischen Korrelate mentaler Phänomene zu finden und sie zu vermessen, so gut dies eben geht. Das Vorbild sind die physikalischen Phänomene, und physikalische Messverfahren spielen für diese Objektivierung denn auch eine große Rolle, wie wir sehen werden. Unser Erleben lässt sich jedoch immer nur *indirekt* und *ansatzweise* objektivieren. Wir haben keine Skalen und Maße für Lust und Schmerz, Liebe und Leid, Pläne und die Erfahrung, wie sie sich zerschlagen, Hoffnung und Verzweiflung – sondern höchstens für die physiologischen Begleiterscheinungen dieser mentalen Phänomene. In der Sinnesphysiologie steht es besser um die Vermessung des Mentalen. Optische und akustische Sinneseindrücke lassen sich in physikalischen Größen ausdrücken: Farben in Lichtwellenlängen von einigen hundert Nanometern, Tonhöhen in Frequenzen von 10–20 000 Hertz, Lautstärken in Dezibel.

Die Frage ist also, wie es die Hirnforschung schafft, mentale Phänomene auf dem Umweg über ihre physischen Korrelate zu objektivieren, und wie weit sie es dabei bringt. Kann sie die mentalen Phänomene zu genauso „ordentlichen" Objekten naturwissenschaftlicher Forschung machen wie die physischen Phänomene? Inwieweit gelingt es ihr, mentale Phänomene als stabile und konstante Gebilde zu objektivieren? Wie weit bleiben die mentalen Phänomene radikal verschieden von den physischen, wie weit ist die Verschiedenheit beider Arten von Phänomenen reduzierbar? Und: Was ist denn gewonnen, wenn unsere Bewusstseinsinhalte, die das Individuellste sind, das wir uns nur denken können, naturwissenschaftlich objektiviert und klassifiziert werden – also entsinnlicht, entsubjektiviert und ent-individualisiert? Hier sei erneut an Plancks Sicht des Galileischen Buchs der Natur erinnert, das in mathematischen Lettern geschrieben ist:[3]

> „ ... *die Signatur der ganzen bisherigen Entwicklung der theoretischen Physik ist eine Vereinheitlichung ihres Systems, welche erzielt ist durch eine gewisse Emanzipierung von den anthropomorphen Elementen, speziell den spezifischen Sinnesempfindungen. ... Das konstante einheitliche Weltbild ist ... das feste Ziel, dem sich die wirkliche Naturwissenschaft in allen ihren Wandlungen fortwährend annähert [...] [...] Dieses Konstante, von jeder menschlichen, überhaupt von jeder intellektuellen Individualität Unabhängige ist nun eben das, was wir das Reale nennen.*"

Hätte Planck noch die Ergebnisse neurowissenschaftlicher Forschung in ähnlichen Worten als die *eigentliche* Wirklichkeit „hinter" dem subjektiven Erleben betrachtet? Die großen Physiker der Neuzeit hatten sich den Materialismus und die Auffassung, das Gehirn sei eine Rechenmaschine, gerade *nicht* auf ihre Fahnen geschrieben. Die Ent-Anthropomorphisierung der Natur, oder: die „Entzauberung" der Welt durch naturwissenschaftliche Erklärungen, hatte aus ihrer Sicht *irgendwo* ihre Grenzen.

Die Hirnforschung hat wie jede Naturwissenschaft ihre Phänomene, die sie erklären will. Sie nimmt jedoch eine Sonderstellung unter den Naturwissenschaften ein, denn zu ihren Phänomenen gehören auch mentale Gegebenheiten: subjektive Erlebnisse und Einstellungen – also genau das, was die neuzeitliche Physik höchst erfolgreich aus ihren Theorien und Experimenten eliminiert hat. Auf das Objektivierungsproblem, das dies mit sich bringt, komme ich später wieder zurück. Hier soll nur festgehalten werden, dass die Objektivierung der mentalen Phänomene zunächst einmal keine Tatsache ist, sondern ein *Programm* – ein methodologisches Ziel der Hirnforschung, das an allererster Stelle *heuristischen* Wert hat, ähnlich wie das Kausalprinzip.

FÄLLE, PHÄNOMENE, EVIDENZEN

Die Hirnforschung erforscht die mentalen Gegebenheiten also naturwissenschaftlich. Dabei sind die empirischen Belege zum Erleben von
Versuchspersonen oder zum Verhalten von Versuchstieren eng verzahnt mit den physischen Phänomenen, die sich am Gehirngeschehen
durch Beobachtung und Messung objektivieren lassen. Die Neurowissenschaftler springen in ihren Lehrbüchern und populären Berichten
gern zwischen physischen und mentalen Phänomenen hin und her. Um
ihre Ansätze zur Objektivierung des Mentalen besser zu verstehen, will
ich im Folgenden etwas auseinander sortieren, auf welche Arten von
Belegen sie sich dabei stützen.

An dieser Stelle empfiehlt es sich, einen Schritt hinter den Sprachgebrauch der Philosophie des Geistes zurückzutreten, in dem von
„mentalen Phänomenen" die Rede ist. Bei unseren subjektiven Erlebnis-
inhalten handelt es sich ja gerade *nicht* um Phänomene im naturwissenschaftlichen Sinn, d. h. um stabile Naturerscheinungen, die sich unter
denselben Bedingungen auf konstante Weise reproduzieren lassen. Es
sind eher Phänomene im *philosophischen* Sinn, sprich: Sinneserscheinungen. Der Phänomenbegriff wird dabei ungefähr so gebraucht, wie
ihn Kant in der *Kritik der reinen Vernunft* verwendete. Dort unterschied
er die Erscheinungen des „inneren Sinns", unsere empirisch erlebten Bewusstseinsinhalte, von den Erscheinungen des „äußeren Sinns",
unseren Sinneseindrücken der Außenwelt. Kants Sprachgebrauch war
äußerst einflussreich, und so darf uns nicht wundern, dass er bis heute
in der Philosophie des Geistes weit verbreitet ist.

Doch um Begriffsverwirrung zu vermeiden, will ich vorerst *nicht*
mehr unhinterfragt von den „mentalen Phänomenen" sprechen – bis
klarer wird, inwiefern es die Hirnforschung mit geistigen *Phänomenen*
im *naturwissenschaftlichen* Sinn des Phänomenbegriffs zu tun hat; und
bis wir wissen, wie sie sich zu den „mentalen Phänomenen" der Philosophen verhalten. Treten wir also einen Schritt zurück – und sprechen
wir im Moment von *Befunden* der Hirnforschung.

Befunde sind das, was man an empirischen Sachverhalten *findet*.
In der Medizin sind die Befunde die Krankheitssymptome, die einer

Diagnose zugrunde liegen. In der Hirnforschung sind es die mentalen und physischen Gegebenheiten oder Daten, die vom Gehirn auf den Geist schließen lassen oder umgekehrt. Die Befunde der Hirnforschung sind sozusagen Symptome der Verankerung des Geistes im Gehirn.

Dass sich die medizinische Terminologie derartig auf die Hirnforschung übertragen lässt, ist nicht zufällig und auch keine bloße Metaphorik. Krankheitsfälle, bei denen körperliche Schäden mit rätselhaften geistigen Symptomen einhergehen, haben große Bedeutung für die neurowissenschaftliche Forschung. Kopfverletzungen, Schlaganfälle und andere Hirnschädigungen können mentale Ausfälle bewirken, die sich an sonderbarem Sozialverhalten oder in beeinträchtigten kognitiven Fähigkeiten zeigen. Der gestörte Geist gilt heute als medizinisches Symptom für ein geschädigtes Gehirn. (Früher galt der gestörte Geist als verhext. Die Entzauberung der Welt durch die Naturwissenschaften hat eben auch hier ihre guten, aufklärerischen Seiten.)

Dies ist aber nur *eine* Sorte von Befunden der Hirnforschung, es gibt viele andere. Sie gehören teils dem körperlichen, teils dem geistigen Bereich an. Die Befunde der Hirnforschung bilden ein bunt schillerndes Sammelsurium. Sie reichen von der Gehirnanatomie über die Fallstudien neurologischer Krankheitssymptome bis zur Landkarte der Gehirnareale; von den Aktionspotentialen, die mit Elektroden am offenen Gehirn gemessen werden, bis zum bunten Geflacker im Gehirn, das die modernen bildgebenden Verfahren sichtbar machen; von den Neuronen, Dendriten, Axonen und Synapsen über den Nachweis biochemischer Botenstoffe bis zur Wirkung von Drogen und Psychopharmaka; vom beobachtbaren tierischen und menschlichen Verhalten bis zu dem, was Versuchspersonen berichten.

Besonders interessant wird es überall dort, wo die Befunde Brücken zwischen Gehirn und Geist schlagen. Auch wenn die Anatomie des Gehirns noch so gut bekannt ist: für sich genommen besagt sie *nichts*. Denken Sie an Leibniz' Argument gegen die Naturalisierung des Geistes aus dem zweiten Kapitel. Selbst wenn Sie so klein wären, dass Sie zwischen den Neuronen herumspazieren könnten, würden Sie keine Gedanken sehen. Zu „sprechen" beginnt die Architektur des Gehirns erst durch die kognitiven Leistungen und geistigen Funktionen, die sich mit den Gehirnarealen verbinden. Eine zentrale Rolle spielen dabei die Berichte von Versuchspersonen. Was diese erleben und den Hirnforschern erzählen, lässt sich nur ansatzweise durch Messverfahren prüfen – wenn überhaupt. Hier stößt die Objektivierung des Mentalen an prinzipielle Grenzen. Jeder Hirnforscher ist darauf angewiesen, nicht von seinen Versuchspersonen angelogen zu werden.

Ähnlich bunt schillernd ist die Hirnforschung selbst – ein hochgradig interdisziplinäres Unternehmen. Sie reicht von der Medizin über die Neurophysiologie und -pathologie zur Psychiatrie, von der Zellbiologie zur Neurobiologie oder Neurologie, von der Mikrobiologie zur Biochemie, von der Verhaltensbiologie und -psychologie über die Kognitionsforschung zur Neuroinformatik.[4] Die Neurophysiologie ging aus der Sinnesphysiologie hervor; diese untersucht, wie die Nerven Sinnesreize aufnehmen und weiterleiten, jene dehnt dies auf die Verarbeitung der Nervensignale im Gehirn aus. Die Neurobiologie ist die Biologie der Gehirnzellen, der Neurone. Die oben erwähnten Krankheitsfälle zählen zur Neuropathologie, einem Teilgebiet der Medizin. In etlichen Gebieten der Neurowissenschaft(en), vor allem in der Neurophysiologie und -biologie, gibt es *reproduzierbare* experimentelle Phänomene, mit denen wir uns noch befassen werden. Die Grenzen zwischen all diesen Neurodisziplinen sind unscharf. Die Hirnforschung zielt ja darauf, das Mentale von der neuronalen Basis her zu erforschen und zu erklären. Auf der Seite der physischen Befunde bedient sie sich dabei vieler physikalischer Messmethoden, sei es zur Messung elektrischer Aktionspotentiale, sei es bei den modernen bildgebenden Verfahren.

Die Disparatheit der Teildisziplinen zeigt sich schon daran, wie die Befunde benannt werden. Viele davon sind *keine* naturwissenschaftlichen Phänomene im engeren Sinn, also stabile, reproduzierbare Erscheinungen, die mit physikalischen Methoden erfassbar sind. Die Spanne der Befunde umfasst *Fälle*, *Phänomene* und *Evidenzen*.

Mit den „Fällen" sind die *medizinischen* Fälle gemeint, die zur Neuropathologie zählen. Dabei handelt es sich um individuelle Krankheitsgeschichten, wie sie etwa in den Bestsellern von Oliver Sacks erzählt werden. Geschichten wie die vom *Mann, der seine Frau mit einem Hut verwechselte*[5] berichten Merkwürdiges von Personen mit rätselhaften Symptomen. Die Personen haben bestimmte mentale Ausfälle, die sich an sonderbarem Sozialverhalten oder in beeinträchtigten kognitiven Fähigkeiten zeigen, wobei oft eine Kopfverletzung oder ein Schlaganfall vorausging. Solche Fälle können teils als typisch, teils als atypisch betrachtet werden. *Typische* Fälle sind Fälle *von etwas*, Fälle eines gut bekannten Krankheitsbildes mit bestimmten mentalen und physischen Symptomen, die auf bekannte Ursachen schließen lassen. *Atypisch* sind individuelle Einzelfälle, die in kein Schema passen. Sie tun es solange nicht, wie die Ursache der jeweiligen Symptome nicht geklärt ist. Atypische Fälle führen oft zum Fortschritt. Die Verbindung von Geist und Gehirn wurde ja im 19. Jahrhundert zuerst an Fällen wie dem traurigen Schicksal des Phineas Gage untersucht.[6] Dieser Fall war schon darin atypisch, dass Gage seinen grässlichen Unfall überhaupt überlebte.

Die Rede von typischen oder atypischen Fällen zeigt, worum es hier, ähnlich wie in den anderen Naturwissenschaften, geht: um wissenschaftliche Erklärung. Auf der Grundlage der Fälle werden Krankheitsbilder erstellt. Die Krankheitsbilder dienen der Klassifikation neuer Fälle. Dann beginnt die Suche nach den Ursachen – und sie geschieht auch in der Medizin ganz im Geiste von Newtons Regeln der Suche nach den „wahren Ursachen", mit der die neuzeitliche Physik begann. Die atypischen oder typischen Krankheitsfälle sind jedoch *individuell*. Jeder Fall ist anders, auch wenn die Einordnung nach Krankheitsbildern, die Suche nach Ursachen, die Aufstellung und Überprüfung kausaler Hypothesen immer wieder erfolgreich sind.

Die experimentellen Phänomene der Neurophysiologie und -biologie beginnen bei Galvanis Tierversuchen mit zuckenden Froschschenkeln; diese Experimente waren für die Erforschung der Elektrizität so instruktiv wie für die Sinnesphysiologie. Heute reichen die neurowissenschaftlichen Phänomene bis zu den Ergebnissen qualitativer und quantitativer Experimente, die das Verhalten und Erleben von Versuchspersonen unter kontrollierten Bedingungen untersuchen. Die Experimente von Benjamin Libet und seinen Nachfolgern sind quantitativ. Es sind Reiz-Reaktions-Experimente, bei denen gemessen wird, wann ein elektrisches Aktionspotential im Gehirn auftritt und wann die mit der Reaktion verknüpfte Entscheidung bewusst wird. Daneben gibt es eindrucksvolle qualitative Phänomene, die ebenfalls reproduzierbar sind – etwa erstaunliche Sinnestäuschungen. Diese Experimente, die gezielt die Schnittstelle von Gehirn und Geist erforschen, sind Thema des nächsten Kapitels. Zunächst stelle ich Ihnen die empirischen Grundlagen vor, auf denen die Hirnforscher dorthin gelangen.

Im Zusammenhang mit ihren Fällen und Phänomenen sprechen die Hirnforscher oft auch von „Evidenzen". Damit meinen sie empirische Beweise oder Belege, die ihre theoretischen Hypothesen unterstützen. Ihr Sprachgebrauch ist in diesem Punkt der Terminologie anderer Naturwissenschaften sehr ähnlich. So sprechen heute auch die Physiker gern von Evidenzen, wenn sie einen physikalischen Effekt, den sie schon lange theoretisch vorhergesagt haben, durch signifikante experimentelle Befunde erhärten können.[7] Effekte sind physikalische Phänomene, die sich unter spezifischen experimentellen Bedingungen einstellen und oft theoretisch vorhergesagt wurden. Evidenzen sind klare experimentelle Belege für bestimmte Effekte. In der Physik ist eine Evidenz soviel wie ein signifikantes, gut erhärtetes Signal in den Daten. Um als signifikant zu gelten, muss es statistisch gut abgesichert und vom „Untergrund" der Unmenge *anderer* Daten so gut getrennt sein, dass mögliche konkurrierende Effekte oder Wirkungen mit einer Wahrscheinlichkeit von weit über 90% ausgeschaltet sind.

Die Rede von „Fällen" kommt eher aus der Medizin, die Rede von „Phänomenen" und „Evidenzen" eher aus der Physik. In den heutigen Naturwissenschaften ist von Phänomenen vorwiegend die Rede, wenn es um die *qualitativen* Aspekte von Naturerscheinungen und experimentellen Befunden geht. Sobald die Messverfahren greifen und präzise *quantitative* Aussagen zur Routine werden, werden eher *Effekte* und *Evidenzen* konstatiert. Dies hängt wohl auch damit zusammen, dass heute Englisch die *lingua franca* ist, in der die Naturwissenschaftler ihre Artikel schreiben. Die Ausdrücke „evidence" (Anzeichen, Beleg, Beweismaterial) und „effect" (Ergebnis, Folge, Wirkung) sind im Englischen weit verbreitet; der Begriff „phenomenon" (Erscheinung,

Naturerscheinung, Phänomen) wird eher in naturwissenschaftlichen und technischen Kontexten gebraucht, aber oft auch bei medizinischen Symptomen.

Dabei sind die Phänomene tendenziell das, wofür die Naturwissenschaftler noch *keine* Theorie haben, sondern erst *suchen*. Sie sind das, was sich schon als stabile, gesetzmäßige Naturerscheinung herausgestellt hat, was aber noch der Erklärung harrt. Wissenschaftstheoretisch heißt das: Phänomene sind die *explananda* von Theorien.[8] Dies entspricht recht gut dem Phänomenbegriff von Newton, der im zweiten Kapitel besprochen wurde. Umgekehrt sind Evidenzen die signifikanten Signale oder experimentellen Resultate, an denen sich eine Theorie bestätigt. Aus wissenschaftstheoretischer Sicht sind das die Bewährungsinstanzen für Theorien. Die Rede von Phänomenen, Effekten und Evidenzen lässt sich gut in die *top-down*-und *bottum-up*-Ansätze einordnen, die am Schluss des zweiten Kapitels besprochen wurden. Phänomene sind *explananda*, die der wissenschaftlichen Erklärung in *top-down*-Richtung harren. Effckte werden *bottom-up* als Wirkungen einer bestimmten Ursache vorhergesagt. Evidenzen wiederum bestätigen eine Theorie in *top-down*-Richtung, von den beobachteten Phänomenen „hinab" zu deren Ursachen.

Den naturwissenschaftlichen Phänomenbegriff hat Newton geprägt. Er liegt den Phänomenen zugrunde, von denen die Hirnforscher sprechen, und ist strikt vom philosophischen Begriff der „mentalen Phänomene" zu unterscheiden. Zwar zielte die Sinnesphysiologie von Anfang an darauf, unser subjektives Erleben zu vermessen und zu erklären – schon die „Psychophysiker" des 19. Jahrhunderts führten Reiz-Reaktions-Experimente durch (vgl. nächstes Kapitel). Doch dem ehrgeizigen Projekt fehlten damals die Voraussetzungen. Die Hirnforschung musste eine Vielzahl von anatomischen Befunden, physikalischen und chemischen Phänomenen aus Tierversuchen sowie neuropathologischen Fällen sammeln und zusammenbringen, bevor sie sich ernstlich an die „Schnittstelle" von Geist und Gehirn wagen konnte.

SCHICHTENSTRUKTUR DES GEHIRNS

Die rein naturwissenschaftlichen Befunde der Hirnforschung beginnen bei der Anatomie. Die anatomischen Befunde reichen von der Einteilung in Hirnareale bis zu den Neuronen und ihren Schnittstellen, den Synapsen. Wir sprechen gern von unseren „kleinen grauen Zellen"; doch dies ist irreführend, wie Sie sehen werden.

Nähere Einzelheiten zum anatomischen Aufbau des Gehirns finden Sie in fast jedem Buch über die Hirnforschung. Ich greife hier nur ein paar grundlegende Sachverhalte heraus. Das Gehirn des Menschen wiegt etwa 1,2–1,4 Kilogramm, es macht nur 2% der Körpermasse aus, aber verbraucht ungefähr ein Viertel der Nährstoffe, die der Organismus verbrennt (20% des Sauerstoffs und gut 25% des Zuckers). Es ist unser hungrigstes Organ! Dieser Energiefresser im Kopf setzt sich aus Hirnstamm, Zwischenhirn, Kleinhirn, Mittelhirn und Großhirn zusammen. Das Großhirn ist in zwei Hälften oder Hemisphären geteilt, die durch den Balken (das *Corpus callosum*) getrennt sind. Der größte Teil des Gehirns, auch der Balken, besteht aus weißen Nervenfasern. Sie verbinden die Gehirnhälften miteinander (hierzu dient der Balken) sowie mit dem Rückenmark und dem Nervensystem. Die Anatomen bezeichnen die Masse der Nervenfasern im Gehirn als weiße Substanz (*Substantia alba*). Die Fasern laufen vom Gehirn über den Thalamus, der weitgehend das Zwischenhirn ausmacht, in das Rückenmark weiter, d. h. sie verbinden das Großhirn mit dem Körper.

Das Großhirn ist ein faltiges Gebilde (Abb. 3.1a). Jede Gehirnhälfte unterteilt sich in vier windungsreiche Lappen (*Lobi*), die danach benannt sind, wo sie sich unter der Schädeldecke befinden: Stirnlappen (Frontal-Lappen), Scheitellappen (Parietal-Lappen), Schläfenlappen (Temporal-Lappen) und Hinterhauptlappen (Okzipital-Lappen). Anhand der Krankheitsfälle, die später zur Sprache kommen, ordnet man diesen Lappen bestimmte kognitive, sensorische und motorische Funktionen zu, d. h. sie tragen zum Denken, zur Wahrnehmung oder zur Bewegung bei. Unter dem Schläfenlappen sitzt der Hippocampus, der die Erinnerung steuert (Abb. 3.1b).

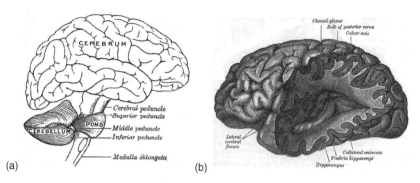

Abb. 3.1 Schematische Darstellungen des Gehirns (Gray 1918). (**a**) Teile des Gehirns. (**b**) Linke seitliche Hirnkammer mit dem Hippocampus

Der im Volumen geringste, aber wichtigste Teil ist seine Oberfläche: die Gehirnrinde, der *Kortex* ; „Kortex" heißt „Rinde". Evolutionsbiologisch betrachtet diente die Faltung dazu, seine Oberfläche zu vergrößern. Vergleichende anatomische Studien zum Gehirn verschiedener Tierarten zeigen: Je höher eine Tierart entwickelt ist, desto größer ist die Großhirnrinde. Bei den höher entwickelten Säugetieren ist sie am größten. Beim Menschen hat der Kortex eine Oberfläche von etwa 2200 Quadratzentimeter, das ist knapp ein viertel Quadratmeter.

Der Kortex besteht aus Nervenzellen und heißt deshalb graue Substanz (*Substantia grisea*). Grau ist aber nur der Kortex des *toten* Gehirns. Im *lebendigen* Gehirn sind die Nervenzellen der Gehirnrinde rosa, wie bei Operationen am offenen Gehirn sichtbar ist. Die anatomische Terminologie spiegelt also die Zergliederung des *toten* Gehirns wider. Diese prägt noch unsere Alltagssprache, wenn wir von den „kleinen grauen Zellen" sprechen und damit unser *lebendiges* Gehirn meinen. Grau sind Nervenzellen nur, wenn sie dem Organismus entnommen und mit Formaldehyd präpariert worden sind.

Der Kortex ist nur 2–5 Millimeter dick, also dünner als die Leuchtfläche des LCD-Bildschirms Ihres PC oder Ihres Fernsehers. Doch diese 2–5 Millimeter haben es gewaltig in sich! Aus der Sicht der Hirnforschung ist die „graue Substanz" des Kortex, die *in vivo* rosa ist, die *eigentliche* „denkende Substanz". In ihr sind sämtliche sensorischen und kognitiven Funktionen des Gehirns angesiedelt, wie das *gesamte* Ensemble an Befunden der Hirnforschung anzeigt. Sie ist ein sehr besonderer Stoff – der Stoff, in dem das Denken wohnt.

Soweit erschließt sich der Aufbau des Gehirns dem bloßen Auge durch ein schlichtes Seziermesser, und er ist im Prinzip seit den anatomischen Studien der Renaissance bekannt. Um den inneren Aufbau und die Funktionsweise des Nervensystems und des Kortex zu erforschen, reicht die anatomische Zergliederung aber nicht aus. Hier kommen in der Physiologie, Biologie und Medizin Erkenntnismethoden zum Zuge, wie sie für die Physik typisch sind: Beobachtungsinstrumente wie das Fernrohr; Experimente wie Galileis Versuche mit der schiefen Ebene. Die Experimente der Neurowissenschaften sind ein Kapitel für sich, sie werden im nächsten Abschnitt behandelt. Nur soviel sei darüber vorweggenommen: Seit Ende des 18. Jahrhunderts untersuchten sie die elektrischen Signale, die Nerven auf Muskeln übertragen; mit Beginn des 20. Jahrhunderts rückten dann die chemischen Prozesse ins Zentrum, auf denen diese elektrische Signalübertragung beruht.

Doch bleiben wir zunächst bei den Beobachtungsinstrumenten. Das „Fernrohr" der Biologen ist das Mikroskop. Seit dem 17. Jahrhundert untersuchen die Naturforscher damit die Mikrostruktur von Organismen. Seine Auflösung – die Größe der kleinsten Strukturen, die es sichtbar machen kann – ist durch die Wellenlänge des Lichts, das die beobachteten Strukturen abbildet, begrenzt. Für kurzwelliges Licht liegt diese Grenze bei 200 Nanometer (= 10^{-9} Meter), das ist ungefähr 1/500 der Dicke eines menschlichen Haars. Im 20. Jahrhundert kam das Elektronenmikroskop dazu, mit dem die Feinstruktur von Zellen heute bis hinab zu 0,1 Nanometer beobachtbar ist.[9] Um die anatomische Feinstruktur des Gehirns zu untersuchen, bugsieren die Hirnforscher Gewebeschnitte auf Glasplatten unter das Mikroskop oder Elektronenmikroskop.

Dafür verwenden sie Präparierverfahren der Biologie und der Medizin. Diese Verfahren benutzen chemische Methoden, um organisches Gewebe haltbar zu machen und es so zu präparieren, dass es der mikroskopischen Beobachtung zugänglich wird. Wie die Experimente der Physik zielen sie darauf, stabile, reproduzierbare, vom Rest der Welt gut isolierbare Phänomene zu erzeugen. Die Forscher legen Gewebe-proben in Formaldehyd ein, färben sie und fixieren sie auf Glasträgern. Das Formaldehyd dient der Konservierung und der Glasträger der Sta-bilisierung des Gewebes; die Färbung zielt darauf, einzelne Strukturen hervorzuheben, um sie isoliert sichtbar zu machen. So wird die Gewe-bestruktur von Organismen zum Laborphänomen, das mit dem Mikro-skop beobachtbar ist. Dabei werden bestimmte Gewebestrukturen heu-te oft mit Leuchtstoffen markiert und mit einem Fluoreszenzmikroskop beobachtet.

Beides zusammen, die experimentelle Präparation von Gewebe-schnitten und ihre Untersuchung mit dem Mikroskop, macht die histo-logischen Methoden der Biologie und der Medizin aus. Die Histologie ist die Lehre vom Gewebe. Wenn ein Histologe die Mikrostruktur von Gewebeproben untersucht, so tut er dies in der Krebsdiagnostik von heute nicht grundsätzlich anders als es die Pioniere der Neurologie, der Lehre von den Nervenzellen, im 19. Jahrhundert bei der Erforschung des Nervensystems taten. Zuerst wurde das periphere Nervensystem erforscht, später auch das Gehirn.

In den 1830er Jahren gelang es dank neuer Färbemethoden, die ersten Nervenzellen unter dem Mikroskop zu beobachten und in Zeich-nungen darzustellen. Nun begann die Untersuchung des Aufbaus und der verästelten Feinstruktur der Nervenzellen, deren Zellkörper sich in die Nervenfasern fortsetzen. Heinrich Waldeyer (1836–1921) prägte 1881 den Begriff *Neuron* für die Nervenzelle. Camillo Golgi (1843–1926) entwickelte eine spezielle Silbernitrat-Färbetechnik, mit der es gelang, einzelne Neurone anzufärben. Dadurch ließ sich das Gewirr der Nervenzellen unter dem Mikroskop schrittweise entflechten.

Den Aufbau der Nervenzellen entdeckte Santiago Ramón y Cajal (1852–1934). Er untersuchte mit der Golgi-Färbung den Aufbau der Neurone aus einem Zellkörper (Soma), etlichen fein verästelten Fort-sätzen (Dendriten) und der Nervenfaser (Axon). Die Feinstruktur der Verästelungen stellte er in akribischen Zeichnungen dar (Abb. 3.2). Aus seinen Beobachtungen schloss er, dass die Nervenzellen getrennt von-einander sind und dass die Signale in den Nervenzellen nur in einer

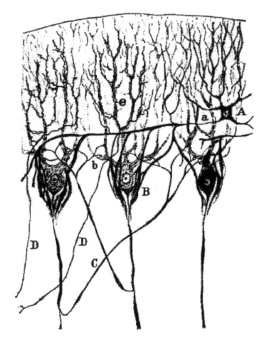

Abb. 3.2 Purkinje-Zellen in der Kleinhirnrinde (Ramón y Cajal 1906)

Richtung verlaufen, nämlich von den Axonen zu den Dendriten benachbarter Neurone. Er postulierte, dass die Nervenzellen nur über
die Schnittstellen miteinander kommunizieren, die Charles Scott
Sherrington (1857–1957) beobachtet hatte und für die er 1897 den
Begriff *Synapse* prägte.

Die Synapsen sind die Schnittstellen zwischen den Axonen einer
Nervenzelle und den Dendriten benachbarter Neurone. Die Axonen
sind von einer weißen Membran umhüllt, die eine segmentierte Struktur hat und *Myelin* genannt wird. Rudolf Virchow (1821–1902) hatte
das Myelin schon 1854 entdeckt, als er mit dem Mikroskop die Nervenfasern in Gewebeschnitten untersuchte. Die „graue Substanz" im
Gehirn, die eigentlich rosa ist, besteht vorwiegend aus den Zellkörpern
von Nervenzellen; die „weiße Substanz" dagegen besteht aus den in

Myelin gehüllten Nervenfasern, den Axonen, die das Gehirn mit dem restlichen Körper verbinden.

Das menschliche Gehirn enthält bis zu etwa 1 Billion Nervenzellen. Sie haben sehr unterschiedliche Gestalten und sind nach den morphologischen Befunden benannt. Im Kortex gibt es Pyramidenzellen mit pyramidenförmigem Zellkörper, Dendriten und einem langen Axon; gedornte Sternzellen mit einem runderen Zellkörper und vielen Dendriten; und viele andere Typen. Sie sind vielfältig durch spezielle Nervenzellen vernetzt, deren Axone den Kortex nicht verlassen (Interneurone). Die histologischen Befunde zeigen, dass der Kortex eine Schichtenstruktur hat (Abb. 3.3): Von außen nach innen lassen sich sechs horizontale Schichten grob unterscheiden. Ihre feineren Unterstrukturen unterscheiden sich morphologisch durch die Zelltypen, die darin vorkommen. Auch vertikal ist der Kortex geschichtet. Er weist eine Säulenstruktur auf; d. h. benachbarte Neurone sind zu Strängen verzahnt, innerhalb deren die Neurone besonders stark vernetzt sind.

Der Kortex ist 2–5 Millimeter dick, seine horizontalen Schichten sind also knapp 1 Millimeter dünn. Die Neuronen-Säulen, die sie vertikal durchziehen, haben einen Durchmesser derselben Größenordnung. Sie sind etwa zehnmal so groß wie der Zellkörper eines Neurons, der ca. 0,1 Millimeter misst. Die Synapsen sind nochmal hundertmal kleiner, ihre typische Größe ist 0,001 Millimeter (1 μm = ein Mikrometer oder tausendstel Millimeter). Sie sind gerade noch mit dem Mikroskop beobachtbar (sonst hätte Sherrington sie nicht entdeckt), ihre Feinstruktur macht aber erst das Elektronenmikroskop sichtbar (Abb. 3.4). Dagegen können Nervenfasern bis zu 1 Meter lang sein.

Soweit klingt die Schichten- und Säulenstruktur der Neurone, die durch die Axone mit dem Körper verbunden sind, schön übersichtlich. Doch dies ist ein extrem vereinfachtes Schema. Die Nervenfasern waren seit der Antike bekannt, und mit ihnen der Unterschied zwischen *sensorischen* Nerven, die Empfindungen von den Sinnesorganen zum Gehirn leiten, und *motorischen* Nerven, die Bewegungsreize vom Gehirn zu den Muskeln leiten. Doch der Weg bis zur Entdeckung der Neurone und ihres Aufbaus war lang. Die Neurone sind im Organismus so dicht gepackt, die Zellkörper, Dendriten und Synapsen so

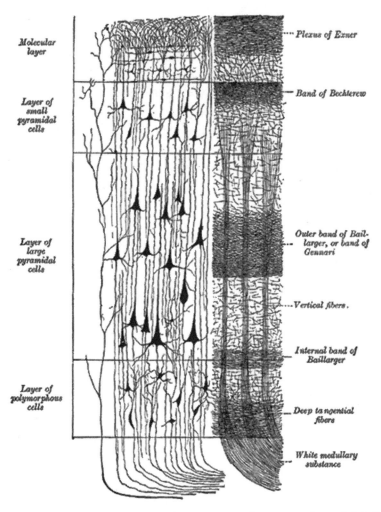

Abb. 3.3 Schichten des Kortex mit der Faser eines Sinnesnervs (ganz links), Zellgruppen (links) und Fasersystem (rechts) (Gray 1918)

klein und vielgestaltig, dass es erst Golgis Färbetechnik erlaubte, einige prototypische Exemplare in den Gewebeschnitten zu isolieren und ihren Aufbau näher zu studieren. Als Ramón y Cajal mit dieser Methode seine Theorie des Neurons entwickelte, forderte er seitens seiner Fachkollegen zunächst typisch konstruktivistische Einwände heraus:[10]

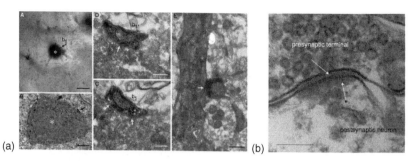

Abb. 3.4 Synapsen in unterschiedlicher Vergrößerung: (**a**) Synapsen im Ratten-Kortex. Korrelierte Aufnahmen einer Synapse mit dem Mikroskop (A) und dem Elektronenmikroskop (B-D); (E) zeigt eine weitere Synapse (Staiger et al. 2009). Skalenstriche: (A) 10 μm, (B) 5 μm, (C-E) 0,5 μm. (**b**) Synapse im Ratten-Rückenmark (Dresbach et al. 2008). Skalenstrich: 0,1 μm

War seine Hypothese, dass die Nervenzellen getrennt sind, nicht ein Artefakt seiner Präpariermethode, die das Gewebe ja zerschnitt? Golgi und andere Forscher vertraten die entgegengesetzte Hypothese, dass das Nervengewebe eine untrennbare Einheit bilde und die Annahme einer Synapse als Schnittstelle zwischen den Axonen und Dendriten willkürlich sei. Um sie zu widerlegen, nahm Ramón y Cajal vielfältige morphologische Studien vor; er untersuchte auch Ausnahmen von der oben skizzierten simplen Neuronstruktur, um seine Theorie zu begründen. Dass die Synapsen die kleinsten Strukturen sind, die im Mikroskop noch sichtbar sind, machte die Angelegenheit nicht einfacher. Erst als die Hirnforscher die Synapsen ein halbes Jahrhundert später mit dem Elektronenmikroskop beobachten konnten, stellten sie fest, dass die Axonen und Dendriten meistens durch eine Synapse klar getrennt sind – allerdings nicht immer. Für manche neuronale Strukturen behielt also letztlich auch Golgi recht.

Ein gutes aktuelles Lehrbuch der kognitiven Neurowissenschaft, das sich durch sein Methodenbewusstsein und etliche wissenschaftstheoretische Randbemerkungen auszeichnet, unterscheidet deshalb im Kapitel über Neurone und ihre Verbindungen zwischen „idealisierten" und „realen" Neuronen. Die Verfasser warnen davor, die bekannten Abbildungen von Neuronen mit einem runden oder länglichen Zellkörper,

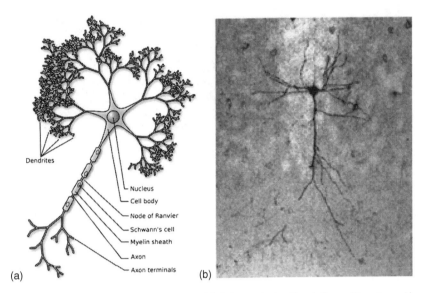

Abb. 3.5 Typisches, „ideales" Neuron. (**a**) Schematische Darstellung (Rougier o.J.). (**b**) Neuron im visuellen Ratten-Kortex (Chistiakova und Volgushev 2009)

ein paar Dendriten und einer langen Nervenfaser (Abb. 3.5) für die ganze Wahrheit des Gehirns zu halten:[11]

> „Das Gehirn ist eine Art Amazonas-Regenwald mit vielen un-entdeckten Spezies von Bäumen, Pflanzen und Tieren. Zu Beginn werden wir uns nur auf einen prototypischen Baum konzentrieren, doch das ist nur eine bequeme Fiktion."

Diesem „prototypischen Baum" entsprechen die obigen Neurone, die durch viele feine Dendriten und ein langes Axon mit anderen Neuronen verbunden sind. Sie stellen ideale morphologische Fälle dar, von denen es so viele Ausnahmen gibt, dass eher die Ausnahme die Regel ist. Eine wichtige Abweichung vom prototypischen Idealfall besteht darin, dass die Neurone auch an sich selbst rückkoppeln können. Manche Axonen sind über eine „axosomatische" Synapse mit dem Zellkörper (*Soma*) oder über eine „axodentritische" Synapse an ein Dendrit *desselben* Neurons gekoppelt.[12]

Noch komplizierter wird es, wenn das dynamische Gehirngeschehen mit in den Blick genommen wird – die bislang ausgeklammerte Signalübertragung zwischen den Neuronen. Bevor ich auf sie eingehe, sei ein aktueller anatomischer Befund hervorgehoben. Er wurde dank verfeinerter Beobachtungsmittel gewonnen, die vom Elektronenmikroskop bis zu den bildgebenden Verfahren und zu zellbiologischen Nachweismethoden reichen. Durch ihn wird das Vorurteil der früheren Hirnforschung widerlegt, dass ein Organismus im Lauf seines Lebens zwar neue Vernetzungen zwischen den Neuronen ausbildet, aber keine neuen Neurone mehr produziert:[13]

> *„Für weitere Überraschungen ist gesorgt. Zum Beispiel hat man mehr als ein Jahrhundert lang geglaubt, dass nach der Geburt im Unterschied zu anderen Körperzellen keine Neurone mehr erzeugt werden. Doch nun ist bekannt, dass in einigen Teilen des erwachsenen Gehirns Stammzellen gebildet werden – neue, undifferenzierte Vorläufer-Zellen von Neuronen."*

Das Gehirn ist also nach Auffassung der Hirnforscher noch für viele Überraschungen gut. Sie beruhen auf seiner Komplexität und auf seinem dynamischen Charakter, der bislang höchstens ansatzweise erforscht ist – so oberflächlich wie der Artenreichtum im Amazonas-Regenwald, von dem ebenfalls nur ein Bruchteil bekannt ist.

NEURONALES GESCHEHEN

Experimente untersuchen die Kräfte, die im Naturgeschehen am Werk sind, unter künstlichen Bedingungen. In der Biologie zielen sie schon seit dem 18. Jahrhundert darauf, die Signalübertragung in den Nerven zu untersuchen. Damals stand die alte aristotelische Annahme von Lebensgeistern gegen die mechanistische Deutung der Nervenleitung als Korpuskelstrom, die von Descartes stammte. Die Experimente von

Galvani und seinen Nachfolgern zeigten, dass beide Theorien falsch waren. Wie die Neurowissenschaftler des 19. und 20. Jahrhunderts herausfanden, ist das neuronale Geschehen elektrischer und chemischer Natur.

Die Experimente, die zu diesem Wissen führten, waren Tierversuche. Sie beruhten auf der analytischen *top-down*-Methode, wie wir sie im 2. Kapitel am Uhrenbeispiel besprachen: Dinge in die Einzelteile zerlegen und nachsehen, was drinnen ist und wie sie funktionieren – auch um den Preis, sie dadurch kaputt zu machen. Im Fall des Nervensystems bedeutete dies für lange Zeit: Vivisektion, Verstümmelung und die Stimulation mit elektrischem Strom oder chemischen Stoffen, um zu untersuchen, wie die Nerven und Muskeln von Fröschen, Kaninchen oder Katzen auf bestimmte Reize reagieren. Erst seit der Mitte des 20. Jahrhunderts lässt sich das neuronale Geschehen mit Elektroden und bildgebenden Verfahren *in vivo* untersuchen, ohne die untersuchten Tiere oder Menschen dadurch schwerstens zu schädigen.

Die elektrischen und chemischen Versuche führten zu komplexen und verwirrenden Befunden. Die Pfade der Hirnforschung waren nicht nur mit unzähligen Tierkadavern gepflastert, sondern auch so verschlungen, dass jede geradlinige Geschichte der „großen" Naturforscher und ihrer Nobelpreise einen verzerrten Eindruck vermittelt.[14] Dennoch möchte ich hier ein paar typische Befunde herausgreifen, die entscheidend für das heutige Verständnis der neuronalen Mechanismen sind.

Das Wort „Mechanismus" wähle ich an dieser Stelle mit Bedacht. Dieser beliebte Ausdruck der Neurowissenschaftler selbst[15] stellt den Bezug zum Thema dieses Buchs her – zur Vorstellung, das neuronale Geschehen verlaufe deterministisch. Ein Mechanismus ist ein Vorgang, der nach Naturgesetzen abläuft und mehr oder weniger unausweichlich verläuft. Die Mechanismen der Neurowissenschaft sind allerdings gerade *keine* mechanistischen Abläufe, wie sie Descartes, der die Tiere als Automaten betrachtete, mit seiner Korpuskeltheorie der Nervenleitung im Sinn hatte. Es sind auch keine Mechanismen im Sinn der Mechanik Newtons oder des deterministischen Weltbilds von Laplace.

Die neuronalen „Mechanismen" gehorchen Gesetzen der Thermodynamik, Elektrodynamik und Biochemie. Inwieweit sie strikt determiniert verlaufen und inwieweit wir Grund zur Annahme haben, dass dies auf unser mentales Geschehen durchschlägt, diskutiere ich im nächsten Kapitel.

Nach heutigem Wissen beruht die Signalübertragung im Nervensystem auf der Diffusion ionisierter Atome und Moleküle. Dabei spielen bestimmte chemische Verbindungen – die Neurotransmitter – eine tragende Rolle; sie werden an den Synapsen als Botenstoffe freigesetzt und übertragen die elektrischen Signale von Neuron zu Neuron. Die elektrochemischen Diffusionsprozesse in den Neuronen und an den Synapsen sind komplex. Dennoch waren einige der Experimente, anhand deren man sie nachwies, verblüffend einfach. Ich beschränke mich auf folgende experimentelle Methoden und die Befunde, zu denen sie führten; wobei alle diese Befunde echte, vielfach untersuchte naturwissenschaftliche Phänomene sind:[16]

(1) Die elektrische Erregung von Nerven und Muskeln;
(2) die Messung des Aktionspotentials;
(3) Studien zu erregenden und hemmenden Reflexen;
(4) Reaktionen auf Nebennieren-Extrakte und chemische Substanzen;
(5) die Präzisionsmessung des Aktionspotentials durch Elektroden.

(1) Die Untersuchung der *elektrischen Erregung von Nerven und Muskeln* wird auch als *Elektrophysiologie* bezeichnet. Die ersten elektrophysiologischen Experimente waren Galvanis berühmt-berüchtigte Versuche zur elektrischen Leitfähigkeit von Froschschenkeln.[17] Galvani zerteilte die armen Frösche, spannte ihre Nervenfasern und Muskeln in elektrische Experimentierapparaturen ein, setzte sie unter Strom und beobachtete, was dann geschah. Seine Experimente bewiesen nach einigem Hin und Her,[18] dass weder ephemere Lebensgeister noch mechanische Korpuskeln von den Nerven in die Muskeln übertragen werden, sondern elektrischer Strom. Das Geschehen konnte nicht mechanischer Natur sein, denn die Froschschenkel zuckten dann und nur dann, wenn elektrischer Strom an die Nervenenden angelegt wurde. Lebensgeister

konnten aber auch nicht verantwortlich sein, da der Frosch ja schon tot war. Die Neurophysiologen des 19. Jahrhunderts setzten die Experimente fort.[19] Carlo Mateucci (1811–1865) benutzte um 1840 ein Galvanometer als Messgerät, um den elektrischen Strom nachzuweisen, der isolierte Systeme präparierter Nerven und Muskeln durchläuft. Er zeigte, dass zuckende Muskeln genügend Strom erzeugen, um andere Muskeln, deren Nervenenden über sie gelegt werden, auch zum Zucken zu bringen.

(2) Emil du Bois-Reymond (1818–1896) entwickelte wenig später das Konzept des *Aktionspotentials*, das bis heute zentral für die Theorie des neuronalen Geschehens ist. Das Aktionspotential ist eine vorübergehende elektrische Spannungsdifferenz, die zwischen dem Inneren und dem Äußeren einer Nervenzelle entsteht. Es durchläuft die Nervenfaser als elektrisches Signal und wird über die Synapse an die nächste Zelle übermittelt. Hermann von Helmholtz zeigte 1849, dass das Aktionspotential die Nervenfaser nicht instantan, sondern mit endlicher Geschwindigkeit durchläuft – mit einer Geschwindigkeit von etwa 30 Metern pro Sekunde. Er gelangte zu diesem Wert für die Geschwindigkeit der Impulsübertragung durch ein genuin physikalisches Experiment: Er maß die Zeitspanne, die von der elektrischen Stimulation eines Nervs bis zum Zucken des damit verbundenen Muskels verging, und variierte die Distanz zwischen Stimulationspunkt und Muskel. Julius Bernstein (1839–1917) ermittelte den Signalverlauf des Aktionspotentials und versuchte, es physikalisch zu erklären. Dafür beschäftigte er sich mit der Osmose, der Diffusion von Molekülen durch eine halbdurchlässige Membran, die der Physiker Walther Nernst (1864–1941) erforscht hatte. Diese Erklärung ging über die blanken Befunde hinaus und war höchst umstritten.

Bernstein betrachtete die Zellwand als osmotische Membran, an deren Innen- und Außenseite sich unterschiedlich ionisierte Moleküle ansammeln. Er nahm an, dass an der Zellwand *immer* eine Polarisation besteht, auch wenn der Nerv kein Signal weiterleitet. Er deutete das Aktionspotential als kurzzeitige Abschwächung dieser Polarisation, die sonst zwischen dem Inneren und dem Äußeren der Nervenzelle besteht und die heute als Ruhepotential bezeichnet wird. Der elektrische

Impuls, der den Nerv entlang wandert, besteht nach Bernstein im kurzzeitigen Spannungsabfall an der Zellmembran. Seine Erklärung des Aktionspotentials von 1902 hatte es schwerer als Ramón y Cajals Theorie des Neurons von 1995, die sich auf gut nachvollziehbare morphologische Befunde stützte. Die letztere wurde bald akzeptiert; Ramón y Cajal bekam dafür 1906 den Nobelpreis. Bernsteins Theorie der Osmose setzte sich erst Mitte des 20. Jahrhunderts durch: lange nach Bernsteins Tod, zu spät für den Nobelpreis. Doch so kompliziert seine thermochemische Erklärung des Aktionspotentials war und ist, so einfach lässt sich das Potential messen. Das Signal aus einer Nervenzelle wird auf ein Galvanometer übertragen, das beim kurzzeitigen Spannungsabfall oder -anstieg ausschlägt und so den Stromimpuls misst.

(3) Doch wie überträgt die Synapse diesen Stromimpuls? Als Sherrington 1897 die Schnittstellen zwischen den Neuronen so einprägsam benannte, hatte er schon seit Jahren die *erregenden und hemmenden Reflexe* in den Nervenbahnen untersucht.[20] Neben anatomischen Studien führte er zwei Typen von Tier-Experimenten durch, um das vegetative oder „autonome" Nervensystem anhand der Reflexe unbeweglicher Glieder zu erforschen: (i) Er durchtrennte das Rückenmark unterhalb des Gehirns, dadurch wurden die Glieder schlaff. (ii) Er operierte das Gehirn heraus, dies machte die Glieder steif. Dann setzte er jeweils die Nerven unter Strom und beobachtete die Reflexe, zu denen dies führte. Die Experimente zeigten: Die Kontraktion bestimmter Muskeln durch erregende (exhibitorische) Reize ist verbunden mit der Erschlaffung von „antagonistischen" Muskeln durch hemmende (inhibitorische) Reize andernorts im Körper; und: Reflexe breiten sich von einer Körperhälfte auf die andere aus. Wenn er einer hirnlosen Katze das linke Ohr stimulierte, zuckte das rechte Hinterbein.[21] Er bemerkte, dass die Reflexe später auftraten als die elektrische Signalübertragung entlang der Nerven erwarten ließ, und führte umfangreiche Messungen hierzu durch. Die Befunde führten ihn zu drei wegweisenden Hypothesen darüber, wie die Nerven funktionieren: Die *Einheit* des Organismus liegt im *vegetativen Nervensystem*. Die Übertragung an den Synapsen ist *nicht elektrisch*, sondern vermutlich chemisch. Diese Übertragung kann *exhibitorisch* (erregend) oder *inhibitorisch* (hemmend) sein.

(4) Um die chemischen Vorgänge im Nervensystem zu untersuchen, experimentierte John N. Langley (1852–1925) mit der *Wirkung von Nebennieren-Extrakten* auf das vegetative Nervensystem.[22] Von einem dieser Stoffe war um 1895 bekannt, dass man damit Hunde, Kaninchen und Meerschweinchen umbringen kann und dass er, in nicht-tödlichen Dosen verabreicht, den Blutdruck erhöht. Die Chemiker isolierten und analysierten diesen Stoff, den sie nach dem englischen Wort *adrenal* (Nebenniere) *Adrenalin* nannten. 1901 kannten sie seine Zusammensetzung, 1905 die chemische Struktur; im selben Jahr gelang es, Adenalin synthetisch herzustellen. Langley fand heraus, dass die Stimulation des sympathischen bzw. des parasympathischen Nervensystems mit Adrenalin entgegengesetzte Reaktionen hervorrief; die Pupillen von Katzen und Kaninchen erweiterten bzw. verengten sich, während das Herz langsamer bzw. schneller schlug. Andere Forscher setzten die Experimente mit Adrenalin, weiteren Nebennieren-Extrakten, Nikotin und etlichen Giftsorten fort. Henry Dale (1875–1968) sammelte um 1910 Befunde, die dafür sprachen, dass die erregenden und hemmenden Signale an den Synapsen durch chemische Stoffe wie das Adrenalin übertragen wurden. Das Forschungsprogramm umfasste auch zu untersuchen, wie Froschherzen, die noch schlugen, auf diese Stoffe reagierten.

Einen klaren Beweis dafür, dass die Nervenleitung dank chemischer Substanzen funktioniert, lieferte 1921 ein bestechend einfaches Experiment von Otto Loewi (1873–1961). Loewi stimulierte den Vagusnerv eines schlagenden Froschherzens, das in einer Salzlösung lag. Nach ein paar Minuten übertrug er die Salzlösung auf ein anderes Froschherz, dessen Nerven entfernt waren und das in einem zweiten Gefäß lag. Der Befund war, dass die Zugabe der Salzlösung den Herzschlag verlangsamte. Eine Substanz, die das erste Herz freigesetzt hatte und die Loewi den „Vagusstoff" nannte, musste den Herzschlag des zweiten Herzens verändert haben – ohne jede elektrische Signalübertragung.[23] Experimente mit anderen Froscharten erbrachten weniger eindeutige Ergebnisse, und so mussten weitere Evidenzen hinzukommen, bis Loewis Befund als Nachweis einer chemischen Substanz akzeptiert wurde, die elektrische Signale von Nerv zu Nerv überträgt. Dale, der

Loewis „Vagusstoff" als Acetylcholin identifiziert hatte, und Loewi bekamen für die Entdeckung dieses ersten Neurotransmitters erst 1936 den Nobelpreis.

Die chemische Natur der Signalübertragung im peripheren Nervensystem galt um 1936 als geklärt. Doch das neuronale Geschehen im Zentralnervensystem und im Gehirn lag noch weitgehend im Dunkeln. Etliche Forscher vertraten die Hypothese, dass die Signalübertragung von Nerv zu Nerv im Gehirn rein elektrisch ist.

(5) Parallel zur „chemischen" Neuroforschung wurde deshalb auch das „elektrische" Forschungsprogramm in der Tradition von Galvani, du Bois-Reymond, Helmholtz und Bernstein weiter verfolgt. Die Forscher legten *Elektroden* von außen an die Nerven an, um den Verlauf des Aktionspotentials in Nerven und Muskeln entlang des Axons, vor der Synapse und hinter der Synapse auf Millisekunden genau zu vermessen.[24]

Alan L. Hodgkin (1914–1998) und Andrew F. Huxley (geb. 1917) entwickelten um 1945 ein Schaltkreis-Modell der elektrischen Nervenleitung (Abb. 3.6). Das Modell beschreibt den Zusammenhang von Strom und Spannung im Axon als elektrischen Schaltkreis; es enthält biologische Entsprechungen für Kondensatoren, Widerstände und Batterien in der Zellwand. Die Hodgkin-Huxley-Gleichung, die aus dem Modell folgt, beschrieb den Verlauf des Aktionspotentials ziemlich genau (Abb. 3.7).

Der Erfolg dieses Modells war einer der Anstöße dafür, das neuronale Geschehen durch Netzwerk-Modelle zu erfassen und die Theorie neuronaler Netze zu entwickeln. Auch ein anderer wichtiger Grundstein für diese Theorie beruht auf dem Wissen, das man mit Elektroden über das Aktionspotential gewann. Donald O. Hebb (1904–1985) stellte 1949 die nach ihm benannte *fire-and-wire*-Regel auf: Neurone, die zur selben Zeit feuern, vernetzen sich. Die Hebbsche Regel ist bis heute grundlegend für die Theorie des neuronalen Lernens. Die Theorie der neuronalen Netze wiederum dient als Grundlage für gegenwärtige Computer-Modelle des menschlichen Geistes.

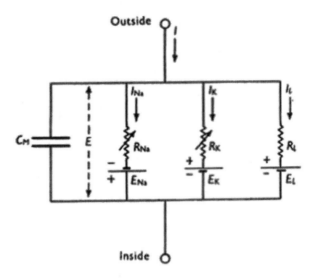

Abb. 3.6 Schaltkreis-Modell der Nervenleitung (Hodgkin und Huxley 1952)

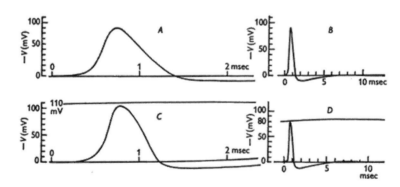

Abb. 3.7 Berechnetes und gemessenes Aktionspotential (Hodgkin und Huxley 1952)

Am „elektrischen" Forschungsprogramm beteiligte sich seit Ende der 1920er Jahre maßgeblich auch John Eccles (1903–1997). Der Durchbruch des „chemischen" Programms ab Mitte der 1930er Jahre überzeugte ihn in Bezug auf das periphere Nervensystem, aber nicht in

Bezug auf das neuronale Geschehen im Gehirn. Ab 1949 waren *Mikro-elektroden* verfügbar, die zwei Mitarbeiter von Ralph W. Gerard (1900–1974) entwickelt hatten. Eccles benutzte sie, um in einem entscheidenen Experiment den Verlauf des Aktionspotentials über die Synapsen hinweg zu messen. Er wollte zwischen den Modellrivalen entscheiden. Genauer: Er wollte beweisen, dass die Signalübertragung an den Synapsen im Zentralnervensystem anders als im peripheren Nervensystem nicht chemisch, sondern elektrisch ist. Das „elektrische" Modell sagte kontinuierliche Signalübertragung voraus. Doch was Eccles fand, war genau das Gegenteil: Das Potential lief an der Synapse auf, anstatt sich darüber hinaus fortzupflanzen – es wechselte das Vorzeichen, nahm den 20fachen Wert an und verlief langsamer; und es gab keinerlei Anzeichen dafür, dass es Strom in die Zelle hinter der Synapse übertrug. Das „chemische" Forschungsprogramm hatte damit auf ganzer Linie gesiegt.

Bis heute wurde mehr als ein Dutzend Neurotransmitter gefunden; die bekanntesten dürften Adrenalin und Dopamin sein. In vielen biochemischen und physikalischen Details wurde geklärt, wie die elektrochemische Signalübertragung an den Synapsen im Gehirn genau funktioniert, welche Rolle die Neurotransmitter dabei spielen, wie sie an den Synapsen freigesetzt werden und wie sie Gehirn und Geist beeinflussen. Sie werden heute zur medizinischen Behandlung von Parkinson, Depressionen, ADSH bei hyperaktiven Kindern oder Schizophrenie genauso eingesetzt wie zum Neuro-Enhancement – zur Verbesserung von Gehirnleistungen, sprich: zum Gehirn-Doping. Die Befunde, die hinter diesen auch ambivalenten Entwicklungen stehen, können hier nicht besprochen werden.

Fest steht: Das neuronale Geschehen gehorcht den Gesetzen der Thermodynamik, Elektro- und Biochemie. Es besteht in elektrischen Signalen, die an den Synapsen von Neuron zu Neuron übermittelt werden. Die Signalübermittlung erfolgt dadurch, dass ein chemischer Neurotransmitter freigesetzt wird, der ein elektrisches Signal im Nachbarneuron entweder auslöst oder verhindert. Wenn ein Neuron feuert, leitet es den elektrischen Impuls als momentanes Spannungsgefälle (Aktionspotential) weiter, dessen Verlauf durch Elektroden auf Millisekunden genau gemessen werden kann.

Die besprochenen Befunde zum neuronalen Geschehen beruhen auf „invasiven" Verfahren, die der experimentellen Methode der Naturwissenschaften entsprechen und in unterschiedlich brutalen Graden daherkommen. Entweder werden Nerven, Muskeln, Gehirn und andere Organe *in vivo*, sprich: durch Vivisektion, aus Tieren heraus präpariert und der neurologischen, physikalischen und chemischen Analyse unterzogen. Oder die Tiere werden durch die Schädeldecke hindurch mit Elektroden oder Mikroelektroden bestückt, elektronisch überwacht und bestimmten Verhaltens- oder Lerntests unterzogen. Oder beide Verfahren werden kombiniert, indem man bestimmte Organe der Tiere lädiert und untersucht, wie das Gehirn und andere Organe der Tiere darauf reagieren. Dies alles im Dienste der Wissenschaft – gerechtfertigt durch die menschliche Erkenntnis und den medizinischen Fortschritt.

Die Erfindung der Elektroden und anderer elektrodynamischer Verfahren machte es seit Ende des 19. Jahrhunderts grundsätzlich möglich, die Hirnströme auch *nicht*-invasiv *in vivo* zu messen. Zunächst wurde dies an Tieren erprobt, und es ließ sich unbedenklich auf den Menschen übertragen. Heute können die Hirnforscher bis in die tiefsten Schichten des Gehirns hinein ihre anatomischen, physiologischen und elektrochemischen Befunde erheben – und zugleich das Verhalten und die Auskünfte ihrer Patienten oder Versuchspersonen protokollieren. Auf diese Weise verknüpfen sie das neuronale Geschehen naturwissenschaftlich mit dem mentalen Geschehen.

KARTOGRAPHIE DES GEISTES

Begeben wir uns nun also wieder an die Schnittstelle von Geist und Gehirn. Um zu klären, *wie* unsere geistigen Funktionen im Gehirn verankert sind, wandte sich die Hirnforschung zunächst der Frage zu, *wo* sie denn sitzen. Dabei gab und gibt es zwei gegensätzliche Positionen: Ist das Gehirn eine untrennbare Einheit, ein holistisches Gebilde, das nur als Ganzes seine kognitiven Funktionen ausübt? Oder sind die verschiedenen geistigen Leistungen in bestimmten Gehirnkomponenten angesiedelt?

Die zweite Option entspricht dem analytisch-synthetischen Denken und Vorgehen. Das Gehirn besteht danach aus Modulen, die auf bestimmte Leistungen spezialisiert sind. Weil viele Befunde dafür sprachen, hat die „modulare" Sicht die Hirnforschung lange beherrscht; es wurden ausgefeilte Landkarten der Gehirnareale und ihrer geistigen Funktionen entwickelt. Doch die Gehirnareale sind vernetzt sowie auch veränderlich (plastisch). Mit der Kartographie des Geistes ist es ähnlich wie mit der Theorie der Nervenzellen. Holismus stand gegen „Atomismus"; wobei zunächst der letztere siegte; doch die atomistische Sicht hat bei dem überaus komplexen Gebilde Gehirn ihre Grenzen, die sich heute zeigen.[25]

Die Auffassung, die geistigen Fähigkeiten und Wesenszüge eines Menschen seien in bestimmten Teilen seines Gehirns lokalisiert, geht auf den Arzt und Anatomen Franz Joseph Gall (1758–1828) zurück. Zu der Zeit, als Galvani und dessen Nachfolger den Elektromagnetismus und die Sinnesphysiologie begründeten, entwickelte er die Phrenologie. Nach φρην (*phren* = Seele, Geist, Gemüt) benannt, war dies die Lehre, dass sich Geistesgaben an der Schädelform abzeichnen.[26] Gall nahm an, dass sich die Triebe, Begabungen und Persönlichkeitsmerkmale eines Menschen in den Wölbungen entsprechender Gehirnmodule ausdrücken; diese sollten sich durch die Schädeldecke hindurch abdrücken und an der Schädelgestalt ablesbar sein. Die Phrenologie brachte es im 19. Jahrhundert zu immenser Popularität. Sie begründete ein neues, pseudowissenschaftliches Menschenbild. Apparate zur Vermessung des Schädels und zum Aufzeichnen detaillierter Charakterkarten wurden entwickelt.

Der zweifelhafte Ruhm der Phrenologie begann zu verblassen, als die Hirnforscher andersartige, besser belastbare Indizien dafür fanden, wo die geistigen Fähigkeiten im Gehirn verankert sind. Die Befunde stammen teils von Krankheitsfällen, bei denen geistige Funktionen verloren gehen, teils von den modernen bildgebenden Verfahren. Nun wurde nicht mehr der Schädel kartographiert, sondern das empfindliche Gebilde darunter: der Kortex.

GESCHICHTEN VOM DEFEKTEN GEHIRN

Damit sind wir bei den neuropathologischen *Fällen* angelangt – bei den individuellen Krankheitsgeschichten, von denen die Bestseller der Hirnforschung berichten.[27] Sie lehren, dass bestimmte Hirnverletzungen oder -schädigungen spezifische kognitive, sensorische oder auch motorische Ausfälle nach sich ziehen. Von diesen Befunden schließen die Forscher dann auf Funktionen im *nicht*-geschädigten Gehirn zurück.

Heute zählt zum Allgemeinwissen, dass Sehstörungen, Lähmungen, Sprachverlust oder ein Verlust anderer sensorischer, motorischer oder kognitiver Fähigkeiten, so geringfügig sie auch sein mögen, deutliche Alarmsignale für einen Schlaganfall sein können. Nach heutigem Wissen besteht ein Schlaganfall darin, dass plötzlich lokal viel Blut oder zu wenig Sauerstoff im Gehirn auftritt. Beides, eine Hirnblutung oder eine Minderversorgung mit Sauerstoff, zerstört neuronales Gewebe. Je nach der betroffenen Hirnregion zieht dies eine Schädigung der Sinneswahrnehmung, der Bewegungsfähigkeit oder der mentalen Leistungen nach sich. Es ist auch bekannt, dass geduldige, langwierige Rehabilitationsbemühungen solche Schädigungen oft erstaunlich weit abbauen können – oft allerdings leider auch nicht. Mit den modernen bildgebenden Verfahren, die ich im nächsten Abschnitt bespreche, lässt sich heute auch meistens ziemlich genau lokalisieren, welche Hirnregion betroffen ist.

Neben Schlaganfällen liefern Kopfverletzungen, Gehirntumore oder angeborene Missbildungen des Gehirns die Gründe dafür, bestimmten Gehirnarealen spezifische geistige Funktionen zuzuordnen. Dabei ist die Rede von „geistigen Funktionen" sehr weit gefasst. Das Erleben von Sinneswahrnehmungen gehört genauso dazu wie die Steuerung von Bewegungsimpulsen, die Empfindung von Emotionen wie Zuneigung, Abneigung oder Empathie (Mitgefühl) oder das Sprachvermögen; auch abstraktere Fähigkeiten wie räumliche Vorstellung, logisches Denken, Rechnen, Musikalität – was wir Menschen eben so spezifisch können, und Tiere vielleicht ansatzweise.

Die Fälle der Hirnforschung, aufgrund deren diese geistigen Funktionen bestimmten Hirnarealen zugeordnet werden, bestehen in *Ausfällen*. Die Argumentationsfigur ist bei allen diesen Aus-Fällen gleich. Die Schädigung eines bestimmten Gehirnareals zieht den *Verlust* spezifischer geistiger Funktionen nach sich. Also ist dieses Areal *notwendig* für die Ausübung dieser Funktion. Im *gesunden*, nicht-geschädigten Gehirn muss diese Funktion also im entsprechenden Areal lokalisiert sein. Genauer gesagt: Beim untersuchten Patienten muss sie dort vor ihrem Verlust lokalisiert *gewesen* sein. Sofern der als Patient prototypisch gelten darf, kann der Befund verallgemeinert werden.

In der Frühzeit der Hirnforschung ließen sich die Hirnverletzungen, die zum Ausfall geistiger Funktionen führen, nur grob im Gehirn lokalisieren. Es gab klare Fälle wie den des Eisenbahnarbeiters Phineas Gage, den Antonio Damasio ausführlich beschrieben hat.[28] Bei einem schweren Arbeitsunfall im Jahr 1848, den Gage wie durch ein Wunder überlebte, durchbohrte ihm eine dicke Eisenstange den Schädel, vom Auge zur Stirn. Wie eine Computer-Rekonstruktion von Hanna Damasio aus dem Jahr 1994 zeigt, schlug die Stange mitten durch den Stirnlappen seines Gehirns. In der Folge veränderte sich seine Persönlichkeit gravierend. Ihm war das abhanden gekommen, was man sein moralisches Bewusstsein nennen könnte – Gage, ein freundlicher, besonnener, ausgeglichener, sehr verantwortungsbewusster Mensch, war vor dem Unfall ein beliebter und zuverlässiger Vorarbeiter; danach verwandelte er sich in einen impulsiven, unstetigen, unzuverlässigen Zeitgenossen. Er konnte keine geregelte Arbeit mehr ausüben, zuletzt fristete er sein Dasein auf Jahrmärkten.

Bevor bildgebende Verfahren verfügbar waren, mussten sich die Neuropathologen zur medizinischen Klärung ähnlicher Fälle auf anatomische Befunde beschränken, die erst erhoben werden konnten, wenn sie das Gehirn eines Patienten nach dessen Tod untersuchten.[29] Pierre Paul Broca (1824–1880) berichtete 1861 von einem Patienten, der das Sprechvermögen weitgehend verloren hatte; er konnte nur noch die Silbe „tan" artikulieren, verstand aber offenbar alles. Die Autopsie zeigte ein Loch in der linken Gehirnhälfte, an der dritten Windung des Stirnlappens, neben dem Schläfenlappen. Ein zweiter Patient litt an einem ähnlichen Symptom; sein Gehirn wies nach dem Tod denselben Befund auf. Spätere gleichartige Fälle erhärteten die Diagnose, dass diese Hirnregion, die heute Broca-Areal heißt, notwendig für das aktive, motorische Sprachvermögen ist. Carl Wernicke (1848–1905) untersuchte das komplementäre Symptom, den Verlust des Sprachverstehens, der heute Wernicke-Aphasie heißt. Anhand der anatomischen Befunde ordnete er es 1874 Verletzungen in der ersten Windung des Schläfenlappens zu; er schloss, dass diese Gehirnregion, das Wernicke-Areal, für das passive, sensorische Sprachvermögen verantwortlich ist. Bei seinen anatomischen Studien entdeckte er auch einen Strang von Nervenfasern, der das Broca- und das Wernicke-Areal verbindet. Er sagte eine Sprachstörung vorher, die sich einstellt, wenn dieser Strang durchtrennt ist; er erwartete, dass ein solcher Patient Sprechen und Sprachverstehen nicht richtig koordinieren kann. Fälle dieser Verbindungs-Aphasie sind heute ebenfalls bekannt. Wernickes und Brocas Befunde fanden schon um 1900 Eingang in einen detaillierten *Atlas des Gehirns*.[30]

Seither wurden viele solcher Fälle untersucht. Hirnschädigungen durch Unfälle, Schlaganfälle, Hirntumore oder gut gemeinte Epilepsie-Operationen mit unguten Folgen können erhebliche, zum Teil bizarre mentale Ausfälle, Fehlleistungen oder auch überraschende mentale Leistungen nach sich ziehen. Die kognitiven Ausfälle können mit den verschiedensten sensorischen oder motorischen Defekten gekoppelt sein; und diese physischen Defekte können viel größer oder geringer sein als es die betroffenen Patienten selbst wahrnehmen oder bewusst erkennen. Es gibt Blinde, die zielstrebig nach Gegenständen greifen können, die sie gar nicht sehen (Phänomen der Blindsicht oder *blindsight*); Gelähmte, die behaupten, ihr Arm oder Bein gehöre nicht zu ihnen; Lebende, die sich für tot halten; Söhne, die am Telefon die Stimme ihrer Mutter erkennen und die Mutter für eine Hochstaplerin halten, sobald sie ihr gegenüberstehen; Menschen, die ihre Angehörigen nicht mehr von leblosen Dingen unterscheiden können; und vieles mehr.[31] Diese Fallstudien haben zu einer Fülle von Einsichten über den Zusammenhang von Geist und Gehirn geführt, die hier noch nicht einmal ansatzweise verdeutlicht werden kann. Am wichtigsten sind in unserem Kontext vielleicht die folgenden Punkte:

(1) Die Neurologen bleiben möglichst nicht bei den Einzelfällen stehen. Es geht ihnen um die *Klassifikation* von Krankheitsbildern anhand der Symptome. Wenn *ein* Patient kein Wort mehr versteht, aber noch sprechen kann, dann handelt es sich um einen Einzelfall; ebenso, wenn *eine* Patientin zielstrebig nach Dingen greift, obwohl sie blind ist. Wenn dasselbe Symptom jeweils gleichartig bei *vielen* Patienten auftritt, so handelt es sich um ein *Phänomen*, wie die Wernicke-Aphasie oder das „Blindsehen". Die Klassifikation trägt entscheidend dazu bei, das Geschehen zu *objektivieren*. Die Innenperspektive, das subjektive Erleben der Patienten, zählt dabei nicht *als solche*. Sie gehört zu den „Daten", die erhoben werden – aus der Perspektive des Forschers, der die Verhaltensweisen und Selbstbeschreibungen der Patienten protokolliert.

(2) Dabei suchen die Neurologen nach *kausalen Erklärungen* für diese Phänomene, und sie tun dies im Sinne von Newtons guten alten „Regeln des Philosophierens", die ich Ihnen im zweiten Kapitel vorgestellt habe. Sie nehmen keine überflüssigen Ursachen an, sondern sie suchen die Ursachen spezifischer geistiger Funktionen in Hirnregionen, die bei bestimmten Symptomen verletzt sind. Sie führen gleichartige Wirkungen bzw. Symptome auf dieselbe Ursache, nämlich auf die Verletzung einer spezifischen Hirnregion, zurück. Und sie halten an ihren Hypothesen bzw. Diagnosen fest, solange die anatomischen Befunde ihre kausale Erklärung stützen und sie nicht durch neue, andersartige Befunde eines Besseren belehrt werden.

(3) Fähigkeiten, die wir im Normalfall als einheitlich erleben, beruhen oft darauf, dass *mehrere* Gehirnareale zusammenwirken. Wenn wir sprechen oder mit Gegenständen umgehen, so bilden Sinneswahrnehmungen und Handlungen in der Regel eine Einheit. Durch Hirnverletzungen kann ihr Zusammenspiel miteinander und mit dem Bewusstsein völlig aus den Fugen geraten. Die Befunde deuten ja darauf hin, dass unsere sensorischen und motorischen Fähigkeiten in verschiedenen Gehirnarealen angesiedelt sind; so das Sprachverstehen im Wernicke-Areal, das Artikulieren von Sprache im Broca-Areal. Eine Hirnläsion kann ein sensorisches Vermögen zerstören, während die motorische Fähigkeit erhalten bleibt, oder umgekehrt; wie bei den

Sprachstörungen, die Boca und Wernicke untersuchten. Das Blindsehen kann ähnlich erklärt werden, wobei den Betroffenen hier das Bewusstsein dessen, was sie sehen, abhanden geht. Es kann aber auch der Zusammenhang der sensorischen und der motorischen Fähigkeit verloren gehen, wie bei der Verbindungs-Aphasie, die Wernicke vorhersagte und die man später auch fand. Eine lokale Schädigung des Gehirns kann also unsere kognitiven Vermögen dissoziieren oder „atomisieren"; sie können in Bestandteile zersplittern, von denen wir normalerweise nichts ahnen.

Die neuropathologischen Befunde begründen auf diese Weise objektives Wissen darüber, wie der Geist im Gehirn verankert ist – Wissen, das den Standards der naturwissenschaftlichen Erkenntnis genügt und den Erwartungen der analytisch-synthetischen Methode entspricht. Dabei sieht es zunächst einmal so aus, dass unser Gehirn einen modularen Aufbau hat; einzelne mentale Leistungen sind in spezifischen Gehirnregionen verankert. Hirnverletzungen können dazu führen, dass menschliche Fähigkeiten, die wir üblicherweise als Einheit erleben, in Bestandteile zerfallen, deren wir uns sonst nicht bewusst sind. Beim Sprechen können die sensorischen und motorischen Fähigkeiten teils ausfallen, teils weiter funktionieren, teils zusammenhanglos werden. Beim Sehen kann der zielstrebige Umgang mit Dingen erhalten bleiben, während das Gesehene nicht mehr ins Bewusstsein dringt. Die Fähigkeit, Dinge und Personen zu erkennen, kann partiell abhanden kommen oder komplett durcheinander geraten. Dabei kann auch das Zusammenspiel der Sinne auseinanderbrechen; wie beim Patienten, der seine Mutter noch erkennt, wenn er ihre Stimme hört, aber nicht mehr, wenn er sie sieht.

Allerdings ist die atomistische Sicht des Gehirns und seiner mentalen Funktionen nur eine „erste Annäherung" an das Verständnis von Geist und Gehirn. Sie erklärt den Ausfall spezifischer geistiger Funktionen höchst erfolgreich durch Geschichten vom defekten Gehirn. Doch dabei lehrt sie, dass unsere kognitiven Fähigkeiten auf der Zusammenarbeit *mehrerer* Gehirnareale beruhen. Ihre Grenzen zeigen sich, wenn man dem Gehirn gesunder Versuchspersonen *in vivo* bei der Arbeit zusehen will.

DEM GEHIRN BEI DER ARBEIT ZUSEHEN

Die heutigen bildgebenden Verfahren ermöglichen es grundsätzlich, die neuronale Aktivität, die sich mit unserem Empfinden, Handeln und Denken verbindet, direkt zu beobachten. Sie bilden das elektrochemische Geschehen im Gehirn ab. Dabei kommt nicht nur heraus, dass die Gehirnkarten irreführend sind – mehr dazu im nächsten Abschnitt. Auch die schöne, eingängige Metapher, nach der es diese Verfahren erlauben, dem Gehirn beim Denken zuzusehen, hat ihre Grenzen.

Die bildgebenden Verfahren beruhen auf physikalischen Messverfahren, die den elektrochemischen „Materialfluss" in den Neuronen messen. Damit machen sie es möglich, dem menschlichen Gehirn bei der Arbeit „zuzusehen". Sie erfassen die physischen Prozesse im Gehirn, während die untersuchte Person durch ihr Verhalten und ihre Auskünfte zugleich das mentale Geschehen dokumentieren kann. Damit machen sie es möglich, die Schnittstelle zwischen Geist und Gehirn von beiden Seiten zu untersuchen – in Experimenten, die gezielt erforschen, wie das neuronale Geschehen mit Bewusstseinsinhalten koordiniert ist. Die wichtigsten Experimente werden im nächsten Kapitel behandelt; hier geht es zunächst um die empirischen Befunde, die ihnen zugrunde liegen, und die Frage, wie sie zustande kommen.

„Bildgebend" heißen diese Verfahren, weil sie die Hirnströme bildlich darstellen. Sie messen deren Stärke und setzen die Messwerte in grafische Darstellungen und Foto-ähnliche Farbbilder um. Auf diese Weise gewinnen die Hirnforscher ein Bild vom neuronalen Geschehen, das in verschiedenen Gehirnarealen abläuft, während die Versuchsperson etwas tut, empfindet oder denkt. Allerdings sind diese Verfahren ziemlich kompliziert, und sie liefern dieses Bild eigentlich erst *zusammen genommen*. Deshalb muss ich im folgenden noch einmal etwas „technisch" werden, um Ihnen die einzelnen bildgebenden Verfahren mit ihrer Funktionsweise sowie ihren Vor- und Nachteilen zu erläutern. Dabei kommt es vor allem auf die räumliche und die zeitliche Auflösung der Verfahren an. Verfahren mit guter räumlicher Auflösung machen die lokale Struktur des Hirngeschehens sichtbar, Verfahren mit guter zeitlicher Auflösung den genauen Verlauf der Hirnströme.

Um dem Gehirn im Wortsinn bei der Arbeit zuzusehen, d. h. um lokale neuronale Prozesse „in Echtzeit" sichtbar zu machen, müssen die räumliche *und* die zeitliche Auflösung gut sein; doch beides zusammen ist schwer zu haben. Die Entwicklung von bildgebenden Verfahren, die dies ermöglichen, steckt trotz aller Fortschritte noch in den Kinderschuhen; in den nächsten Jahren sind hier drastische Verbesserungen zu erwarten. Auch deshalb berichte ich nun relativ ausführlich über diese Verfahren – damit Sie sich ein Bild davon machen können, was sie leisten und was nicht.

Die bildgebenden Verfahren, die es heute gibt, unterscheiden sich erheblich in den Messverfahren, im Typ des Gehirngeschehens, das sie messen, im Ausmaß des Eingriffs und in der Genauigkeit. Eine Messung ist die physikalische Wechselwirkung eines Messgeräts mit einem System, wobei das System so auf das Messgerät wirkt, dass ein Messwert ermittelt werden kann. Die Verfahren unterscheiden sich erheblich darin, wie stark oder wie wenig sie die Versuchspersonen belasten. Ein bildgebendes Verfahren heißt „nicht-invasiv", wenn es praktisch nicht in den Organismus eingreift, insbesondere wenn es keinen medizinischen Eingriff in den Körper erfordert. Zum Teil beschönigt die Rede von „nicht-invasiven" Verfahren allerdings die Rückwirkung auf die Versuchsperson. *Alle* bildgebenden Verfahren wirken mit technischen Geräten, elektromagnetischen Feldern oder Strahlung unter Laborbedingungen auf die Versuchspersonen ein. Damit es keine verwackelten Aufnahmen gibt, müssen entweder Sie im Gerät fixiert werden – oder die Geräte an Ihnen. Manche Personen bekommen im Tomographen Platzangst und müssen die Messung abbrechen. Sich mit Elektroden am (oder gar im) Kopf zu Forschungszwecken frei und unverkrampft zu verhalten, ist auch nicht jedermanns Sache. Die Verfahren selektieren robuste Versuchspersonen, sie schließen Sensible aus oder beeinflussen deren Daten, und sie beschränken sich oft auf das akademische Mlieu.[32]

Nach diesen Vorbemerkungen nun zu den Verfahren selbst. Es gibt „direkte" und „indirekte" Verfahren zur Messung der neuronalen Aktivität. Die „direkten" Verfahren messen entweder die Hirnströme durch Elektroden oder die Magnetfelder, von denen sie begleitet sind. Die „indirekten" Verfahren messen die Stoffwechselvorgänge im

Umfeld aktiver Neurone, etwa den lokalen Sauerstoffverbrauch. Bei den „direkten" Verfahren ist die zeitliche Auflösung sehr gut und die räumliche Auflösung schlecht, bei den „indirekten" Verfahren ist es genau umgekehrt. Entsprechend versuchen die Hirnforscher heute, die Beobachtungsmöglichkeiten zu optimieren, indem sie beide Arten von Verfahren kombinieren. Folgende Verfahren sind am wichtigsten, davon sind die ersten drei „direkt" und die beiden letzten „indirekt":[33]

(1) die Elektroenzephalographie (EEG),
(2) die Messung der Hirnströme mit Elektroden am Kortex oder im Gehirn,
(3) die Magnetoenzephalographie (MEG),
(4) die Positronen-Emissions- Tomographie (PET),
(5) die Magnet-Resononanz-Tomographie (MRT) oder Kernspin-Tomografie.

(1) Die Elektroenzephalographie ist die Aufnahme eines Elektroenzephalogramms. Beides – das Verfahren und sein Ergebnis – wird mit EEG abgekürzt. Der Arzt Hans Berger (1873–1941) entwickelte das erste EEG-Aufnahmegerät und nahm 1924 das erste EEG eines Menschen auf, zuerst bei einem Patienten mit Schädelöffnung, später mit einem verbesserten Verfahren durch die geschlossene Schädeldecke hindurch. Er publizierte seine Messergebnisse erst 1929, weil sie zunächst auf wenig Interesse stießen. Heute gehört die Aufnahme eines EEG zum Standardrepertoire der Medizin und zu den wichtigsten Beobachtungsmethoden der Hirnforschung.

Das Verfahren ist nicht-invasiv. Elektroden auf der Kopfhaut mögen lästig sein, aber sie greifen nicht in den Organismus ein, sondern leiten Ströme daraus ab, die sich messen lassen. Das EEG ist zeitlich sehr genau; die zeitliche Auflösung liegt, wie bei den Messungen des neuronalen Aktionspotentials, im Millisekunden-Bereich. Durch Fourier-Analyse können die Signale mathematisch in Komponenten unterschiedlicher Frequenzen „zerlegt" werden. Die Messungen zeigen, dass das menschliche Gehirn im Wachen wie im Schlafen in verschiedenen Frequenzbereichen charakteristische Wellen ausstrahlt, von den

Alpha- bis zu den Thetawellen, die für mentale Zustände wie Schlafen oder Wachen, Konzentration oder Entspannung unterschiedlich sind. In ihnen sind die Signale aus sehr vielen Neuronen aufsummiert und ihre Herkunft lässt sich nur bis auf ein paar Zentimeter lokalisieren. Die räumliche Auflösung des EEG lässt also zu wünschen übrig.

(2) Eine bessere Ortsauflösung bis unter 1 Zentimeter wird bei neurochirurgischen Eingriffen erzielt, wenn am offenen Schädel „intrakraniale" Elektroden direkt auf die Hirnrinde gesetzt werden. Mit Mikroelektroden lässt sich die Gehirnaktivität noch viel genauer beobachten, tief im Gehirn, bis in einzelne Nervenzellen hinein. Die Mikroelektroden, die 1949 für Tierversuche entwickelt wurden, können das Aktionspotential einzelner Neurone messen. Die Elektroden funktionieren in beide Richtungen. Sie dienen dazu, die Stromimpulse in bestimmten Hirnregionen zu messen; umgekehrt können sie Hirnregionen gezielt stimulieren, was sensorische und motorische Reize auslöst, von Sinneseindrücken über traumartige Halluzinationen und Erinnerungen bis zu unwillkürlichen Bewegungen. Der Neurochirurg Wilder Penfield (1891–1976) führte mit dieser Methode seit den 1940er Jahren viele Epilepsie-Operationen durch und erforschte dabei die Gehirnregionen, in denen diese Reize hervorgerufen werden. Er hat die damals aus der Neuropathologie schon bekannte Kartographie des Gehirns im wesentlichen bestätigt – und um den berühmten „Homunkulus" erweitert, die Abbildung unserer Körperregionen durch die sensorischen und motorischen Areale der Hirnrinde entlang der Zentralfurche, die quer zum Balken über die Hirnhälften läuft und den Stirnlappen vom Scheitellappen trennt.

Die Vermessung des Gehirns mit intrakranialen Elektroden oder Mikroelektroden ist stark invasiv. Am Menschen kommt sie nur bei Gehirnoperationen in Frage, die medizinisch erforderlich sind. Wenn ein Hirnforscher dieses Verfahren anwenden will, muss der Patient schriftlich erklären, dass er dies freiwillig zulässt – ob er und der Forscher nun an den freien Willen glauben oder nicht. Da Schimpansen oder Makaken *keine* solche Erklärung unterschreiben können, sind die Tierversuche, bei denen die Hirnforscher unseren Artverwandten Elektroden oder Mikroelektroden einpflanzen, immer wieder stark umstritten – auch wenn dies schmerzfrei ist und die Tiere kaum beeinträchtigt, im Unterschied zu den martialischen Tierexperimenten von Galvani und seinen Nachfolgern.

(3) Das dritte „direkte" Verfahren, die Magnetoenzephalographie (MEG), ist wieder nicht-invasiv. Die MEG ist der EEG verwandt, hat aber eine viel bessere räumliche Auflösung (etwa 3–6 Millimeter). Gemessen werden die Magnetfelder, die mit den Hirnströmen verbunden sind. Sie sind extrem schwach, das Magnetfeld der Erde ist ungefähr hundert Millionen mal stärker. Deshalb muss der Kopf der untersuchten Person gegen alle äußeren Einflüsse abgeschirmt werden. Die MEG erfordert sehr empfindliche Messgeräte. Die Messung erfolgt durch supraleitende Detektoren, die mit Quanteninterferenzen arbeiten (SQUIDs = superconducting quantum interference devices). Messbar sind damit nur die Hirnströme an der Kortex-Oberfläche, nicht aber die aus den tieferen Regionen in den Falten zwischen den Hirnlappen.

Das Verfahren wurde Ende der 1960er Jahre entwickelt. Sein Vorteil ist, dass es sehr schonend ist und eine exzellente zeitliche Auflösung hat (weniger als 1 Millisekunde). Doch um den Ursprung der Signale im Gehirn zu lokalisieren, müssen die Daten zugleich auf die Gehirnstruktur bezogen werden. Dafür muss ein Modell des Gehirns zugrunde gelegt werden, das aus *anderen* Verfahren wie PET oder MRT gewonnen wird. Die MEG ist also modellabhängig, oder: sie ist nur so verlässlich wie die Gehirnstruktur, die aus anderen Verfahren mit besserer Ortsauflösung ermittelt wird. Im allgemeinen stammt dieses Gehirnmodell aus einer statistischen Auswertung der Daten *vieler* Versuchspersonen, es beruht also auf Mittelwerten.

Ähnlich wie Mikroelektroden lässt sich auch die MEG in umgekehrter Richtung verwenden, zur Stimulation bestimmter Gehirnareale. Gezielte magnetische Impulse lösen elektrische Stromimpulse in den Neuronen bestimmter Hirnregionen aus. Die Versuchspersonen zeigen dabei ähnliche Reaktionen wie die Patienten bei Penfields Operationen, je nach der stimulierten Hirnregion. Anders als Penfields Elektroden im Hirn ist die magnetische Stimulation jedoch nicht-invasiv. Das Verfahren heißt TMS (transkraniale magnetische Stimulation).

(4) Die Positronen-Emissions-Tomographie (PET) ist ein „indirektes" Messverfahren. Sie ist invasiv, aber in weitaus geringerem Maße als intrakraniale Elektroden oder Mikroelektroden. Die PET benutzt ein Radionuklid, das intravenös verabreicht wird, als Marker. Dadurch wird der Organismus der untersuchten Person mit radioaktiver Strahlung belastet; die Strahlenbelastung einer PET ist etwa so stark wie bei einer Computertomographie. Beim radioaktiven Zerfall setzt das Radionuklid Positronen frei, die sich mit den Elektronen im Organismus unter Aussendung einer spezifischen Röntgenstrahlung vernichten: in entgegengesetzter Richtung werden zwei Photonen hoher Energie ausgesandt. Diese Photonenpaare werden von der PET-Apparatur aus allen Richtungen gemessen. Dabei entstehen sehr genaue Bilder. Wenn sich die Versuchsperson absolut nicht bewegt, ist eine Ortsauflösung von 3–6 Millimeter erreichbar.

Der radioaktive Marker wirkt wie das Kontrastmittel bei einer Röntgenaufnahme. Das Radionuklid gelangt über das Blut in das Gehirn. Da sich seine Atome chemisch nicht von den entsprechenden nicht-radioaktiven Atomen unterscheiden, reichern sich je nach Radionukleid andere Teile des neuronalen Gewebes besonders stark damit an. Meistens werden als Marker radioaktive Sauerstoff-Atome benutzt, mit denen die Blutversorgung der Nervenzellen sichtbar gemacht wird. Da aktive Nervenzellen besonders viel Sauerstoff verbrauchen, wird so die lokale Gehirnaktivität mit großer Genauigkeit abgebildet. Andere Marker können sogar chemische Neurotransmitter sichtbar machen, in die sie der Stoffwechsel im Gehirn einbaut. Da auf diese Weise keine Hirnströme aufgenommen werden, sondern neuronale Stoffwechselprozesse, ist die zeitliche Auflösung erheblich schlechter als bei Messungen mit Elektroden oder bei der MEG; sie liegt in der Größenordnung von Sekunden bis zu Minuten.

(5) Die Magnetresonanztomographie (MRT) oder Kernspintomographie (englisch: MRI = *Magnetic Resonance Imaging*) liefert ähnliche Ergebnisse wie die PET, ist aber weniger invasiv. Hier wird kein radioaktiver Marker verwendet, sondern ein starkes Magnetfeld, das mit dem Spin (dem quantenmechanischen Eigendrehimpuls) der Atomkerne im

Organismus wechselwirkt. Das Magnetfeld ist so stark, dass die untersuchten Personen alles eisenhaltige Metall ablegen müssen – selbst eine Büroklammer in der Tasche –, weil es so heftig von der Apparatur angezogen würde. Für medizinische Zwecke werden Magnetfelder mit einer Feldstärke ab 1 Tesla verwendet, das ist gut zwanzigtausend mal so stark wie das Magnetfeld der Erde. Ab 3 Tesla muss die untersuchte Person in Zeitlupe in das Gerät geschoben werden. Sonst erzeugt ihre Bewegung gegen das Magnetfeld zu starke Wirbelströme im Gehirn, und ihr wird schwindlig. (Soviel zur Deklaration des Verfahrens als „nicht-invasiv".) In den Forschungszentren der Medizin und der Hirnforschung sind derzeit Geräte mit einer Stärke von 7–9 Tesla im Einsatz.

Eine Kernspintomographie misst die Zeit, mit der sich die Kernspins von Wasserstoff-Atomen auf ein Magnetfeld ausrichten; diese Zeit ist für verschiedene Gewebearten unterschiedlich. Für die Hirnforschung ist vor allem eine Variante davon wichtig, die „funktionelle" Magnetresonanz-Tomographie (fMRT). Sie macht wie die PET sichtbar, wie stark das Gehirn lokal mit Sauerstoff versorgt wird; die Sauerstoffversorgung wird hier anhand der Wechselwirkung der Sauerstoff-Atome mit dem Magnetfeld verfolgt. Dabei misst man die Sauerstoff-Konzentration im Hämoglobin, dem Protein, das den Sauerstoff im Blut transportiert. Das Verfahren ist also wie die PET indirekt. Es misst nicht die neuronale Aktivität selbst, sondern den Sauerstoff, den sie verbraucht, und bildet so die Gehirnfunktionen ab (daher das „funktionell" im Namen der fMRT). Da die Signale schwach sind und das Hintergrundrauschen im Gehirn groß ist, wenden die Hirnforscher einen altbewährten Trick aus der Physik an, der bei verrauschten Messungen oft weiterhilft: Sie subtrahieren die Daten von Aufnahmen ohne Signal von den Daten der Aufnahmen mit Signal, übrig bleibt das Signal. Dabei heißt „mit" und „ohne" Signal zum Beispiel: eine Versuchsperson, die ein Foto anblickt, im Vergleich dazu, wenn sie nichts ansieht; oder aber: ein Patient mit Hirnverletzung im Vergleich zu den Durchschnittsdaten von gesunden Patienten. So entstehen die bekannten Bilder, die Gehirnschnitte mit farbigen Aktivitätsmustern zeigen.[34]

Die räumliche Auflösung der MRT und der fMRT ist besser als bei der PET, aber erheblich schlechter als bei den Mikroelektroden. Je stärker das Magnetfeld ist, desto weniger verrauscht ist das Signal und desto besser ist die Ortsauflösung. Für die klinischen Standardgeräte liegt sie bei einem Millimeter, bei den Geräten in den Forschungslabors ist sie viel besser. Die zeitliche Auflösung ist schlechter als beim EEG. Die gute räumliche Auflösung kommt nämlich dadurch zustande, dass viele Aufnahmen von unterschiedlichen Schnittebenen nachträglich ausgewertet werden. Schon eine Kernspintomographie des Herzens ist extrem schwierig, der Herzschlag „verwackelt" alle Bilder. Kompensiert man dies in einem „Echtzeitverfahren", um die Herztätigkeit zu messen, so geht dies wieder auf Kosten der räumlichen Auflösung.

Inwieweit erlauben es diese Verfahren nun, dem Gehirn bei der Arbeit zuzusehen? Jedes der Verfahren (1)-(5) liefert andere partielle Einblicke in das Gehirngeschehen, aber keines schafft dies umfassend und genau. Die Hirnforscher müssen sich also entscheiden, *was* sie möglichst genau „sehen" bzw. abbilden wollen: Millisekunden-genaue Hirnströme oder Millimeter-genaue Gehirnstrukturen und -funktionen?

Dem Gehirn ein Stück weit bei der Arbeit zuzusehen und dies mit den Auskünften und Verhaltensweisen der Versuchspersonen zu koordinieren – dies gestatten alle Verfahren. Die Arbeit des Gehirns ist *physisch*. Sie ist mit Energieumsatz verbunden, insbesondere mit elektrischer Aktivität und Sauerstoffverbrauch. Die bildgebenden Verfahren machen diesen Energieumsatz sichtbar. Dabei liefert jedes Verfahren andere Einblicke ins Gehirngeschehen. Die EEG liefert „integrale" Informationen über die Hirnströme im Schlafen oder Wachen, bei Konzentration oder Entspannung; sie erlaubt es aber auch, Aktionspotentiale zu messen. Mikroelektroden messen die Hirnströme „punktgenau" und „in Echtzeit". Die MEG schafft beides noch mit ganz ordentlicher Auflösung, ist aber komplizierter und stärker modellabhängig. Die PET und die fMRT zeigen aktive Gehirnregionen, den Sauerstoff-Umsatz oder die Konzentration bestimmter Neurotransmitter, sind aber viel langsamer. Sie bilden auch ab, welche Gehirnareale dabei jeweils über eine gewisse Zeitspanne hinweg zusammenarbeiten – das können die „punktgenauen" Mikroelektroden nicht.

Die Hirnforscher versuchen heute, die verfügbaren Verfahren zu kombinieren und weiterzuentwickeln, um das neuronale Geschehen möglichst präzise sichtbar zu machen – d. h. mit einer möglichst guten räumlichen und zeitlichen Auflösung. Wie Susan A. Greenfield hervorhebt, stehen hier noch bedeutende Fortschritte an:

> *„Techniken wie PET, fMR-Tomographie und MEG eröffnen uns bereits heute Fenster zum arbeitenden Gehirn, obwohl ihr wahres Potential noch in der Zukunft liegt, wenn die räumliche und zeitliche Auflösung den Dimensionen der Hirnzellen näherkommen.“*[35]

Doch dem Gehirn *beim Denken* zusehen, das kann *keines* dieser Verfahren, und auch alle zusammen genommen können es nicht. Die bildgebenden Verfahren machen keine *mentalen* Prozesse sichtbar, und sie werden es niemals tun. Sie bilden keine Bedeutungen, Empfindungen, Gefühle und Erlebnisse ab, sondern Hirnströme und Sauerstoffkonzentrationen. Denken Sie bitte wieder an Leibniz: Auch wenn Sie mit dem denkbar besten bildgebenden Verfahren im Gehirn herum zappen, sehen Sie keine Gedanken, sondern nur neuronale Aktivitäten, die irgendwie mit dem Denken korreliert sind.

Auch in einem schwächeren Sinne verstanden ist die schöne Metapher irreführend. Sie suggeriert, die abgebildeten Aktivitätsmuster ließen sich *eindeutig bestimmten* mentalen Prozessen zuordnen. Doch eine solche 1:1-Abbildung funktioniert sicher nicht. Das Gehirn arbeitet hochgradig vernetzt; die Gedanken, die uns im Kopf herum huschen, sind viel zu komplex; und überdies ist unser Bewusstsein nur die Spitze eines Eisbergs, was unsere kognitiven Fähigkeiten betrifft. Ich zitiere noch einmal Greenfield:

> *„Mit Hilfe dieser Techniken zeigt sich immer deutlicher, daß bei einer bestimmten Aufgabe mehrere Gehirnareale gleichzeitig aktiv sind. ... Die wichtigste Lehre, die sie uns bisher vermittelt haben, ist, daß es irreführend ist anzunehmen, eine bestimmte Gehirnregion habe – wie im Modell der Phrenologen – eine spezifische, autonome Funktion. Statt dessen kooperieren verschiedene Gehirnregionen auf irgendeine Weise miteinander, um parallel arbeitend verschiedene Funktionen zu erfüllen.“*[36]

Dabei erfüllen die Gehirnregionen offenbar immer mehrere Aufgaben gleichzeitig – sonst wäre das neuronale „Rauschen", das man wie oben erklärt bei der fMRT subtrahieren muss, nicht allgegenwärtig. Kein bildgebendes Verfahren wird je in der Lage sein, die parallel ablaufenden Funktionen, die sich überlagern, komplett aus den neuronalen Aktivitätsmustern zu ermitteln. Genauer: Die Aufgabe, die im Gehirn gemessenen Aktivitätsmuster zu „entfalten", würde angesichts einer Billion Neurone und ihrer Vernetzungen bei weitem die Sisyphos-Aufgabe übersteigen, die schon der Laplacesche Dämon in einer deterministischen Welt hätte, die aus mechanischen Teilchen besteht. Neurone sind keine mechanischen Teilchen, sondern lebendiges Gewebe. Das neuronale Gewebe im Gehirn vernetzt sich überraschend schnell immer wieder neu, sprich: es organisiert sich auf nicht-berechenbare Weise um.

NEUROPLASTIZITÄT

Das neuronale Gewebe ist hochgradig plastisch, d. h. es vernetzt sich immer neu. Diese Eigenschaft heißt *Neuroplastizität*. Ihr möchte ich mich noch zuwenden, bevor ich im nächsten Abschnitt zusammenfasse, was die Befunde der Hirnforschung, die ich Ihnen bisher vorgestellt habe, über die Beziehung von Geist und Gehirn lehren.

Das Bild des neuronalen Geschehens, das in populären Schriften verbreitet wird und der philosophischen Diskussion zugrunde liegt, beruht auf starken Vereinfachungen. Die üblichen Darstellungen der Nervenzellen, der neuronalen Schaltmechanismen und Gehirnkarten sind prototypische Idealisierungen, die mit Vorsicht zu genießen sind. Das Gehirn baut sich permanent um. Dabei bildet es nicht nur immerfort neue Vernetzungen, sondern – wie neuerdings bekannt ist – auch Stammzellen, die sich zu neuen Neuronen ausdifferenzieren können. Die schon betonte Vielgestaltigkeit der Neurone ist in keiner Weise statisch. Die Pyramidenzellen, gedornten Sternzellen und anderen Typen von Neuronen im Kortex sind keine unveränderlichen Atome oder Elementarteilchen immer gleicher Gestalt:[37]

„Es ist bekannt, dass sich während des Erwachsenenlebens Synapsen entwickeln, und kleine dendritische Stacheln können im Lauf von Minuten wachsen, um neue Synapsen zu unterstützen. Somit ist das Standardneuron nur ein Teil des gesamten Bilds."

Die Neuroplastizität ist einer der wichtigsten, überraschenden Einsichten der Hirnforschung und ein spannendes aktuelles Forschungsgebiet. Sie lässt sich auf allen Stufen im Gehirn beobachten, von den Neuronen bis zur Gehirnarchitektur.

Für die neuronale Ebene hatte schon Hebb 1949 postuliert, dass sich die Neurone vernetzen, wenn ihre Synapsen gemeinsam feuern. Dies nennt man *synaptische Plastizität*. Auf diesem Konzept beruht die durch Hebb begründete Theorie des neuronalen Lernens.[38] Heute zählen folgende Einsichten der Neuropsychologie des Lernens fast schon zum Allgemeingut: Lernprozesse bei Kindern bestimmen, wie sich das Gehirn vernetzt. Dieser Vorgang hält beim Menschen lebenslang an; darum ist das Gehirn eines Musikers anders gebaut als das Gehirn eines Taxifahrers.

Das alte Sprichwort *Was Hänschen nicht lernt, lernt Hans nimmer mehr*, gilt als überholt. Es ist schon länger bekannt, dass sich im menschlichen Gehirn, genauer: im Hippocampus, der entscheidend für das Erinnerungsvermögen ist, bis ins hohe Alter neue Nervenzellen bilden können. An Mäusen wurde jetzt mit zellbiologischen Methoden näher untersucht, wie dies geschieht.[39]

Die neuronale Wandlungsfähigkeit wirkt sich auch makroskopisch beobachtbar auf die Anatomie des Gehirns aus. Dies nennt man *kortikale Plastizität*. Je nach der Tätigkeit eines Menschen sieht der sensorische und motorische „Homunkulus" auf der kortikalen Landkarte anders aus – bei einem Parfümeur anders als bei einer Klavierspielerin, und bei dieser wiederum anders als bei einem Flamenco-Tänzer. Auch nach Verletzungen können sich die Gehirnareale auf erstaunliche Weise umorganisieren. Vilayanur S. Ramachandran berichtet von Fällen, in denen Patienten die Empfindungsfähigkeit amputierter Glieder nicht vollständig verloren hatten, sondern sie in anderen Körperregionen „wiederfanden", die zu benachbarten Gebieten des sensorischen

Homunkulus im Gehirn gehören.[40] Durch eine Untersuchung mit bild-gebenden Verfahren (genauer: durch MEG) wies er nach, dass sich der sensorische Kortex umorganisiert hatte. Die Neurone, die laut der üb-lichen Gehirnkarte auf Wahrnehmungen mit der Hand ansprechen, waren durch die Amputation nicht „stillgelegt", sondern sie fühlten sich nun wie die Neurone des benachbarten Kortexbereichs für das Gesicht zuständig. Die Gehirnkarten in den Lehrbüchern sind also ebenfalls nur prototypische Idealisierungen.

Die Fähigkeit des Gehirns, sich umzuorganisieren, zeigt sich im-mer, wenn jemand nach einem Schlaganfall die verlorenen physischen und kognitiven Fähigkeiten teilweise oder ganz zurückgewinnt – im Verlauf einer Rehabilitation, die manchmal erstaunlich schnell geht und manchmal sehr langwierig ist. Es gibt eben nicht nur verstören-de Geschichten vom defekten Gehirn, sondern auch beeindruckende Geschichten vom Gehirn, das sich wieder heilt.[41] Die bildgebenden Verfahren zeigen dann immer, dass zwar die Hirnverletzung noch da ist, aber das neuronale Gewebe in benachbarten Kortexregionen bei den wiedergewonnenen Fähigkeiten aktiv ist, also offenbar die entsprechen-den Funktionen übernommen hat.

Noch erstaunlichere Fälle von Neuroplastizität sind bei angebo-renen Fehlbildungen des Gehirns aufgetreten. So wird von einem Mädchen berichtet, dem die rechte Gehirnhälfte komplett fehlt, das also nur die linke Hemisphäre hat, welche sonst nur die rechte Hälf-te des Gesichtsfelds repräsentiert. Dies wurde bei einer medizinischen Untersuchung entdeckt, als dieses Mädchen zwei Jahre alt war. Den-noch verfügt es fast über das gesamte Gesichtsfeld und auch sonst über ganz normale Fähigkeiten – entgegen der Lehrbuchauffassung, dass die rechte Gehirnhälfte sensorisch und motorisch für die linke Kör-perhälfte zuständig ist und umgekehrt, und auch für den betreffenden Teil des Gesichtsfelds. Die fMRT-Untersuchung ergab, dass die linke Gehirnhälfte die visuelle Funktion der fehlenden rechten Hemisphäre mit übernahm; auch die visuellen Reize vom linken Auge wurden dort verarbeitet.[42]

Es gibt Berichte von weiteren, ähnlich gelagerten Fällen.[43] Sie lehren, wie groß die neuronale Plastizität ist. Sie ist nicht grenzenlos; die Entfernung einer Hirnhälfte in späterem Alter, etwa aufgrund schwerer Epilepsie, zieht im allgemeinen schwerste Behinderungen und den Ausfall des halben Gesichtsfelds nach sich. Dennoch zeigen diese Fälle gravierende Grenzen unseres Wissens von Geist und Gehirn auf. Und sie warnen davor, die Gehirnkarten in den Lehrbüchern für allgemeingültig zu halten. Das Gehirn jedes Menschen ist anders gebaut. Im Kortex eines Menschen drückt sich immer dessen einzigartige Lebensgeschichte aus – wie in seinem Gesicht, und wie in seinen Erinnerungen.

Damit kehre ich zur Ausgangsfrage zurück. Wie schafft es die Hirnforschung, unser subjektives Erleben (also die mentalen Phänomene, von denen die Philosophen sprechen) in einer einheitlichen Wissenschaft von Gehirn und Geist zu objektivieren?

WIE LÄSST SICH DER GEIST OBJEKTIVIEREN?

Rekapitulieren wir diese Ausgangsfrage und ihren Hintergrund noch einmal. Ich hatte im ersten Kapitel erläutert, was aus philosophischer Sicht mentale bzw. physische Phänomene sind. Zu Beginn des zweiten Kapitels hatte ich dann hervorgehoben, wie sie sich von den Phänomenen der Naturwissenschaftler unterscheiden:

Mentale Phänomene sind *subjektiv*. Sie werden in Ich-Perspektive erlebt, sind individuell und lassen sich nie vollständig mitteilen. Die Philosophen unterscheiden davon die *physischen* Phänomene, die wir nicht in der Innen-, sondern in der Außenperspektive erleben – in der Dritten-Person-Perspektive, als andere Personen oder körperliche Dinge, im Unterschied zur Ersten-Person-Perspektive unseres Ich-Erlebens. Dieser Unterschied ist *phänomenologisch*; er wird in der philosophischen Phänomenologie behandelt, von Denkern wie Edmund Husserl (1859–1938), Martin Heidegger (1889–1976) oder Maurice Merleau-Ponty (1908–1961). Sie betonen, dass die Ich-Perspektive *irreduzibel* ist.

Im Unterschied dazu sind *naturwissenschaftliche* Phänomene *objektiv*. Sie sind konstant, treten gesetzmäßig auf, sind intersubjektiv nachvollziehbar und hängen von keinerlei individuellen Umständen ab, wie vor allem der Physiker Planck betont hat. Mit anderen Worten: Sie sind *nicht subjektiv*. Darüber hinaus lassen sie sich *messen*.

Aus diesem Gegensatz schien sofort zu folgen: Die physischen Phänomene der Philosophen können vielleicht zu naturwissenschaftlichen Phänomenen werden – aber die mentalen nie und nimmer. Dies hieße: Die Neurowissenschaftler und die philosophischen Phänomenologen sprechen über „inkommensurable" Dinge, sie leben in unterschiedlichen „Welten" oder „Kulturen" und können sich über den menschlichen Geist grundsätzlich nicht verständigen.

Sie haben hoffentlich im Verlauf dieses Kapitels gesehen, dass die Sachlage viel komplexer ist. Um Begriffsverwirrung zu vermeiden, schlug ich vor, zunächst gar nicht mehr von „Phänomenen" zu sprechen, sondern von den „Befunden" der Hirnforschung – und diese Befunde genau unter die Lupe zu nehmen. Erst *danach* wollte ich mich wieder der Frage zuwenden, wie sich diese Befunde denn nun zu den subjektiven mentalen Phänomenen der Philosophen hier und zur Objektivierung physischer Phänomene durch naturwissenschaftliche Methoden dort verhalten. An diesem Punkt sind wir nun. Lassen wir deshalb die Befunde der Hirnforschung noch einmal Revue passieren – in ihrer ganzen Spannbreite, von der Neuroanatomie über die Neurophysiologie und Neuropharmakologie bis zu den neuropathologischen Fällen und den bildgebenden Verfahren. Wie weit geht bei all den besprochenen Fällen, Phänomenen und Evidenzen jeweils die Objektivierungsleistung?

Das Seziermesser, die Präparations- und Färbetechniken sowie das Mikroskop der Neuroanatomen fördern „harte" naturwissenschaftliche Phänomene zutage. Die Beobachtungsergebnisse lassen sich stabil reproduzieren und erkennen; sie liefern anatomische Fakten: Die Faltung des Kortex; die „weiße" Substanz der Nervenfasern unter der „grauen" Substanz des Kortex, die eigentlich rosa ist; der Aufbau des Kortex aus mehreren Schichten von Neuronen, die zu Säulen gebündelt sind; der Aufbau der Neurone aus Zellkörpern mit verästelten Dendriten und langen Axonen. Die Synapsen, die sie trennen, sind allerdings erst mit dem Elektronenmikroskop *genau* sichtbar.

Was in den Neuronen und an den Synapsen geschieht, wurde in Tierexperimenten erforscht. Diese Tierexperimente liefern physikalische und chemische Fakten über das periphere Nervensystem und die Neurone im Gehirn. Die Tierversuche waren (und sind) grausam. Sie objektivieren strikt und buchstäblich: Sie machen ein lebendiges Tier zu einer Sache, die wie ein System von Batterien, Kupferdrähten, Kondensatoren, Widerständen oder wie eine Chemiefabrik funktioniert und messbare elektrische Signale und chemische Reaktionen zeigt. Die Neurophysiologen wiesen nach, dass die Nerven elektrische Signale auf die Muskeln übertragen, und maßen das Aktionspotential auf Millisekunden genau. Die Chemiker analysierten Stoffe wie das Adrenalin, die im Organismus freigesetzt werden. Die Neuropharmakologen untersuchten, wie die Organe von Tieren auf diese Stoffe oder andere chemische Substanzen reagieren. Sie konnten zeigen, dass die Neurone an den Synapsen keine elektrischen Impulse übertragen, sondern chemische Botenstoffe freisetzen, die Neurotransmitter. Die Neurophysiologen vermaßen das Aktionspotential mit Mikroelektroden und fanden heraus, dass dies auch im Gehirn der Versuchstiere so sein muss. Diese Befunde legten insgesamt das Schaltkreis-Modell des neuronalen Geschehens nahe, welches die Theorie neuronaler Netze und die neuronale Theorie des Lernens begründete.

All diese Befunde sind rein physische Phänomene, und zwar naturwissenschaftliche Phänomene der Physik oder der Chemie. Die Neuroanatomen, -physiologen und -pharmakologen benutzen physikalische Instrumente und Messverfahren sowie chemische Analyseverfahren, um herauszufinden, wie das Gehirn aufgebaut ist und wie die Nervenzellen physikalisch und chemisch funktionieren. Was die Tiere bei den Versuchen, die man mit ihnen anstellt, fühlen, erleben und zu erdulden haben, gehört nicht mit zum Untersuchungsgegenstand. Es bleibt ausgeblendet – und dies ruft bis heute die Tierschützer auf den Plan.

(Ich möchte hier gar nichts bewerten, sondern nur den Interessenkonflikt zwischen Erkenntnisinteresse und Wissenschaftsethik deutlich machen, der die Hirnforschung von Anfang an begleitet hat. Descartes hätte keine Probleme mit Tierversuchen gehabt; er hielt die Tiere für Maschinen. Heute weiß man es besser. Bewertungen sind aber nur anhand der genauen Diskussion *spezifischer* Experimente und ihrer Umstände möglich. Ich selbst habe es schon im Biologieunterricht in der Schule gehasst, eingelegte Maikäfer zerpflücken zu müssen; deshalb habe ich lieber Physik studiert. Die unbelebte Natur muss für die Analyseverfahren der Physik und Chemie nicht gequält oder getötet werden, damit sie ihre faszinierenden Seiten enthüllt. Hier ist auch das *umgekehrte* Verfahren, die Synthese eines Ganzen aus den Teilen, keine Idee aus Frankensteins Labor – anders als in den Biowissenschaften. – Das Naturalisierungs- und Reduktionsprogramm der Hirnforschung lässt sich *auch* als die Kehrseite ihrer Objektivierungsleistungen betrachten; mehr hierzu im letzten Kapitel.)

Die Schnittstelle von Geist und Gehirn kam erst bei den weiteren Befunden der Hirnforschung wieder ins Spiel, die ich Ihnen vorgestellt habe. Die Kartographie des Gehirns entstand aus der eher unrühmlichen Phrenologie, der Vermessung des Schädels nach Ausstülpungen, die angeblich durch Leidenschaften des Gemüts in den Gehirnwindungen hervorgerufen seien. Immerhin war hier die Idee schon vorhanden, dass sich die Hirnregionen in ihren Funktionen unterscheiden – doch die Befunde aus der Vermessung des Schädels lieferten keine Evidenzen; sie stützten nicht die Theorie. Eine solidere Grundlage bekam die Kartierung der Gehirnareale nach Funktionen erst durch die neuropathologischen Fälle von Patienten mit kognitiven Ausfallerscheinungen, die auf Hirnverletzungen zurückgehen. Die Befunde bestehen dabei in neurologischen Symptomen, sprich: Kognitions- und Bewegungsstörungen, und beschädigten Gehirnarealen, die damit korreliert sind. Objektiviert werden diese Fälle anhand ihrer Vorgeschichte (der Anamnese), der Klassifikation nach den Symptomen und der Untersuchung des Gehirns *post mortem* durch Autopsie oder *in vivo* durch bildgebende Verfahren.

Anhand dieser Fälle werden den Gehirnarealen bestimmte sensorische, motorische und kognitive Funktionen zugeordnet. Der Zuordnung liegt das folgende Argument zugrunde: Wenn die Schädigung einer Hirnregion *regelmäßig* zur Folge hat, dass eine bestimmte sensorische, motorische oder kognitive Funktion ausfällt, so ist die Intaktheit dieser Hirnregion offenbar eine *notwendige Bedingung* für die betreffende Funktion. Dies ist ein *kausales Argument*, das Bestandteil einer *wissenschaftlichen Erklärung* ist und im übernächsten Kapitel noch genauer analysiert wird.

An dieser Stelle möchte ich Sie schon darauf aufmerksam machen, dass hier das Wörtchen „regelmäßig" wichtig ist. Ein isolierter Befund, der bei einem einzigen Krankheitsfall entdeckt wird, ist noch kein naturwissenschaftliches Phänomen; und die Korrelation eines solchen isolierten Befunds mit einer Hirnverletzung begründet noch keine naturwissenschaftliche Erklärung. Die Verknüpfung von Ursache und Wirkung muss *regelmäßig* auftreten, d. h. bei *vielen* Krankheitsfällen, damit sie genügend Stoff für eine wissenschaftliche Erklärung liefert.

Den Gehirnkarten liegen deshalb immer die Daten *vieler* neuropathologischer Fälle mit ähnlichen Befunden zugrunde. Die bildgebenden Verfahren liefern solche Daten auch für gesunde Versuchspersonen. Die Personen reagieren auf bestimmte Reize; und die Hirnforscher stellen fest, welche Hirnregionen dabei aufflackern. So finden sie neuronale Korrelate für bestimmte Wahrnehmungen, Bewegungen und kognitive Tätigkeiten. Die Hirnstimulation durch Mikroelektroden oder TMS (transkraniale magnetische Stimulation) vervollständigt das kausale Bild, anhand dessen die Kartographie des Geistes erstellt wird. All diese Verfahren rechnen aber nur mit dem Durchschnittsgehirn; da das Gehirn plastisch ist, gelten die Hirnkarten nur begrenzt.

Die Objektivierungsleistungen der Hirnforschung sind also, wie eingangs betont, *schwächer* als die der paradigmatischen Naturwissenschaft Physik. Wir sehen jetzt, dass dies in mehrfacher Hinsicht gilt. Die Neurowissenschaft kann den Geist nicht in dem starken Sinn objektivieren, dass ihre Außenperspektive auf das Gehirn als Untersuchungsobjekt mit sensorischen, motorischen und kognitiven Funktionen die Innenperspektive unseres Ich-Erlebens *ersetzen* könnte. Sie untersucht, welche mentalen Leistungen mit der Aktivität welcher Gehirnareale korreliert sind, und sucht nach kausalen Erklärungen für diese Korrelationen. Doch auch diese Korrelationen sind nicht in einem sehr starken Sinne objektivierbar. Die neuronale Plastizität sorgt dafür, dass die Gehirnkarten nur begrenzte Gültigkeit haben. Dabei gibt es extreme Abweichungen von der Regel. Dies zeigt der Fall des Mädchens mit nur einer Gehirnhälfte ebenso wie der Sachverhalt, dass manche Patienten nach einem schweren Schlaganfall alle Fähigkeiten zurück gewinnen. Die Gehirnarchitektur ist keinen Gesetzen unterworfen, die allgemein gelten, sondern letztlich individuell.

Auch die Vereinheitlichungsleistungen der Neurowissenschaft sind erheblich schwächer als die der Physik. Die Physik vereinheitlicht ihre Phänomene durch mathematische Naturgesetze, die unter wohldefinierten Bedingungen allgemeingültig sind. Beispiele dafür sind Newtons Gravitationsgesetz, das Galileis Fallgesetz und Keplers Planetenbahnen vereinheitlicht (beide sind jeweils unter spezifischen Bedingungen daraus ableitbar), oder Maxwells Theorie des Elektromagnetismus.

Die Einheit der Neurowissenschaft sieht völlig anders aus. Die Hirnforschung wird hochgradig interdisziplinär betrieben. Ihre Methoden stammen aus allen möglichen Disziplinen von der Physik und Chemie bis zur kognitiven Psychologie. Ihre Inhalte bilden ein Mosaik unterschiedlichster Einsichten.[44] Die Befunde der Hirnforschung stammen aus anatomischen, zellbiologischen und histologischen Studien, elektrischen und chemischen Experimenten mit tierischen Organismen, neuropathologischen Fällen sowie aus der Vermessung des Gehirns *in vivo* mit Elektroden und neueren bildgebenden Verfahren. Ihre Einheit wird nicht durch umfassende mathematische Gesetze konstituiert, wie in der Physik. Sie besteht vor allem darin, dass die unterschiedlichen Disziplinen, die zur Hirnforschung beitragen, einen gemeinsamen Untersuchungsgegenstand haben – das Gehirn und seine geistigen Funktionen, bis hin zum Bewusstsein. Nur über diesen Gegenstand sind die Neuroanatomie, -physiologie, -pharmakologie und -pathologie miteinander und darüber hinaus mit den Kognitionswissenschaften zu einer neuen, mosaikartigen Disziplin zusammengewachsen, die sich *kognitive Neurowissenschaft* nennt.

4

Das Bewusstsein im Versuchslabor

Experimente mit mentalen Phänomenen

Im letzten Kapitel haben wir die grundlegenden Befunde der Hirn-forschung gesichtet. Neben rein naturwissenschaftlichen Phänomenen der Gehirnanatomie und der Elektrochemie der Nervenzellen waren zwei Arten von Befunden dabei, die an die Schnittstelle von Geist und Gehirn führen – die neuropathologischen Fallgeschichten und die Gehirnbeobachtung mit bildgebenden Verfahren. Kognitive Ausfälle im weitesten Sinn, sei es beim Sprechen, Verstehen, Sehen, Identifizieren von Dingen, Erkennen von Personen oder Handeln, treten als Folge von Hirnschädigungen auf. Die Suche nach den Ursachen dieser Ausfälle führt dazu, unsere sensorischen, motorischen und kognitiven Fähigkeiten im Gehirn zu verorten und sie als Funktion der entsprechenden Gehirnareale zu betrachten. Die bildgebenden Verfahren, d. h. die Aufnahme der Hirnströme mit Elektroden und die tomographischen Hirnscans, messen die neuronalen Aktivitäten direkt. Diese Techniken erlauben es buchstäblich, dem Gehirn bei der Arbeit zuzusehen, während die untersuchte Person bestimmte Aufgaben ausführt und über ihr Erleben Auskunft gibt.

Auf diese Weise wurde ein neuer Schritt in der Objektivierung des Geistes möglich: naturwissenschaftliche Experimente mit dem Bewusst-sein und seinen Inhalten, den mentalen Phänomenen. Sie untersuchen

B. Falkenburg, *Mythos Determinismus*, DOI 10.1007/978-3-642-25098-9_4,
© Springer-Verlag Berlin Heidelberg 2012

gezielt das Zusammenspiel von Gehirn und Geist, den Zusammenhang der Gehirnaktivität mit dem Erleben und Verhalten von Versuchspersonen.

Diese Experimente beruhen auf der experimentellen Methode Galileis, die ich im 2. Kapitel beschrieben habe. Sie verwenden analytisch-synthetische Verfahren, um die Phänomene in Komponenten zu zergliedern, deren Zusammenwirken erforscht wird. Die „Phänomene" sind hier die Befunde der Hirnforschung. Sie sind heterogen. Teils bestehen sie in mentalen Phänomenen im philosophischen Sinn, d. h. im Erleben, das die Versuchspersonen dem Versuchsleiter mitteilen, und teils in physischen, naturwissenschaftlichen Phänomenen, d. h. in Beobachtungs- und Messergebnissen, die mit bildgebenden Verfahren oder anderen Messtechniken gewonnen werden. Und die Experimente zielen auf den kausalen Brückenschlag zwischen diesen beiden Arten von Phänomenen, die wir als radikal verschieden erleben.

Es gibt sehr unterschiedliche Experimente, mit denen die Hirnforscher untersuchen, wie das bewusste Erleben ihrer Versuchspersonen mit dem Gehirngeschehen zusammenhängt. Hier wird es spannend, den beliebten Vergleich der Hirnforscher mit dem Stand der Physik zu Galileis Zeit aufzugreifen – so sieht etwa Vilayanur S. Ramachandran die Hirnforschung heute in diesem Stadium, was natürlich viel für ihre Zukunft verspricht.[1] Wie verhalten sich die Experimente der Hirnforschung denn nun *genau* zu Galileis Versuchen mit der schiefen Ebene oder dem Pendel? Galilei erforschte den freien Fall, die Hirnforscher untersuchen das Zusammenspiel von Geist und Gehirn. Galilei fand durch seine Versuche ein mathematisches Gesetz, das Fallgesetz. Auch wenn sich die Philosophen in ihrer Realismus-Debatte bis heute über diesen Punkt streiten: Aus naturwissenschaftlicher Sicht verbürgt die Mathematisierung präzise, verlässliche und objektive Erkenntnis. Nehmen wir die Hirnforscher also beim Wort. Können auch sie auf der Grundlage ihrer Experimente und Messergebnisse ähnliche mathematische Gesetze für das Zusammenspiel von Geist und Gehirn finden? Und wenn ja, was lehrt uns dies über unseren Geist?

Sehen wir uns also genauer an, was die Hirnforscher im Versuchslabor mit dem Bewusstsein ihrer Versuchspersonen anstellen.

Die Experimente beginnen mit der „Psychophysik" des 19. Jahrhunderts, der es immerhin gelang, die Sinnesqualitäten durch Messungen zu objektivieren. Ihnen folgten viele Experimente nach dem Reiz-Reaktions-Schema mit Elektroden und neueren bildgebenden Verfahren. Da sie herausragende Bedeutung haben, gehe ich ihre Grundlagen nach den Kriterien der experimentellen Methode durch. Danach bespreche ich zwei berühmte Experimente dieses Typs näher – Benjamin Libets Messungen zur Zeit, die das Bewusstwerden im Vergleich zur neuronalen Aktivität braucht, und John Dylan Haynes Experimente zum „Gedankenlesen". Ein anderer Typ von Experimenten setzt Sinnestäuschungen ein und erzielt damit überraschende Wirkungen. Das geht von Spiegel-Experimenten, mit denen Vilayanur S. Ramachandran Patienten kuriert, die nach einer Amputation unter Phantomschmerzen leiden, bis zu den „Bewusstseinsreisen", die Thomas Metzinger bei Versuchspersonen bewirkt, wenn er sie optisch über ihren Körper täuscht.

Was aus all den Experimenten über das Verhältnis von mentalen und physischen Phänomenen und über unser Bewusstsein folgt, ist weniger klar. Bei der Deutung der experimentellen Befunde ist äußerste Sorgfalt geboten. Auch hier dienen uns wieder die Kriterien der experimentellen Methode als Maßstab. Wird die Leistungsfähigkeit der Experimente überschätzt, so hat dies gravierende Fehlschlüsse zur Folge, wie Sie insbesondere beim berühmten Libet-Experiment sehen werden.

PRÜFSTEIN EXPERIMENTELLE METHODE

Wie Sie sehen werden, ist der Vergleich mit Galileis Methode ein wirkungsvolles Instrument dafür, neurowissenschaftliche Experimente wie den berühmten Libet-Versuch auf ihre Aussagekraft hin abzuklopfen. Führen wir uns also noch einmal die Merkmale der experimentellen Methode vor Augen und prüfen wir, inwieweit sie sich in der Hirnforschung wiederfinden. Die wichtigsten methodologischen Vorgaben von physikalischen Experimenten waren (vgl. 2. Kapitel):

(1) *Abstraktion:* Dabei sieht man von qualitativen Eigenschaften eines Phänomens ab, vor allem von denen, die nicht metrisierbar und quantifizierbar sind, weil es für sie keine Messverfahren gibt – wie in der antiken Astronomie die scheinbare Helligkeit und Farbe der Sterne, mit denen erst die heutige Astrophysik etwas anfangen kann.

Von den qualitativen Eigenschaften abzusehen hieße bei *mentalen Phänomenen* natürlich, von diesen Phänomenen selbst abzusehen. Die Anstrengungen der Neurowissenschaftler zielen deshalb umgekehrt darauf, Messverfahren für mentale Phänomene zu finden. Kant hatte behauptet, dies sei prinzipiell unmöglich; doch die Psychophysiker des 19. Jahrhunderts zeigten, dass die Sinnesqualitäten – die ja Musterbeispiele für *Qualia* sind – sehr wohl annäherungsweise messbar sind.

(2) *Idealisierung:* Die Unregelmäßigkeiten, die ein Phänomen gegenüber seiner mathematischen Beschreibung aufweist, werden „übersehen"; dies hängt eng mit der Vernachlässigung der komplexen Eigenschaften von Systemen zusammen.

Galileis Fallversuche vernachlässigen den Luftwiderstand; Newtons Mechanik beschreibt alle Körper, angefangen mit den Himmelskörpern, als Massenpunkte. Die Physik kommt mit solchen Idealisierungen sehr weit. Auch die Hirnforschung nimmt Idealisierungen vor; erinnern Sie sich an das „ideale Neuron" aus den Lehrbüchern, das aus einem Zellkörper, einem Axon und wenigen Dendriten besteht, während die *wirklichen* Neurone verwirrend komplex sind. Anders als in der Physik gelten die Idealisierungen hier aber nicht als Beschränkung auf das Wesentliche, sondern als idealtypische Fälle,[2] die nur eine erste, grobe Annäherung an das Verständnis der faktischen, extrem komplexen Phänomene von Gehirn und Geist ermöglichen. Die Experimente der Hirnforschung kalkulieren deshalb individuelle Besonderheiten ihrer Versuchspersonen mit ein, soweit nur irgend möglich. Bildgebende Verfahren tun dies durch „lernende" Computerprogramme, die dazu dienen, eine standardisierte Gehirnkarte, die auf statistischen Daten beruht, „in Echtzeit" beim Hirnscan an die individuelle Gehirnanatomie der Versuchsperson anzupassen (siehe weiter unten).

(3) *Analyse und Synthese der Wirkungen* wie in Galileis Experimenten zum freien Fall oder Newtons Prisma-Experimenten zur Zusammensetzung von weißem aus farbigem Licht.

Newton schloss aus seinen Prisma-Experimenten, dass das weiße Licht aus farbigen Lichtteilchen besteht – beweisen konnte er dies 300 Jahre vor der Quantenphysik nicht. Die Hirnforscher schließen auf ähnliche Weise von ihren neuropathologischen Befunden auf die neuronalen Grundlagen unserer kognitiven Fähigkeiten. Dies hat nicht nur zu Gehirnkarten mit begrenzter Geltung geführt, sondern auch zu einer Art „atomistischen" Theorie des Bewusstseins. Am Ende des Kapitels zeige ich Ihnen, dass hier prominente Hirnforscher die analytisch-synthetische Methode auf ähnliche Weise überstrapazieren wie es Descartes im Beweis für die Unsterblichkeit der Seele tat. Dabei ist ein kruder Fehlschluss am Werk, der verwandt mit dem *mereologischen Trugschluss* ist, den Maxwell Bennett und Peter Hacker[3] seit Jahren kritisieren.

(4) *Isolation der untersuchten Systems*: Galilei konnte den Luftwiderstand nur gedanklich ausschalten, d. h. durch Idealisierung. In heutigen Experimenten ist dies anders, etwa bei den Versuchen zum freien Fall in der evakuierten Röhre des Bremer Fallturms.

Auch die Versuchspersonen lassen sich isolieren. Die Hirnforscher schieben sie in den Tomographen, schirmen ihnen den Kopf gegen elektromagnetische Störfelder ab oder versetzen sie in reizarme Umgebungen. Nur wenn der Kopf der Versuchsperson fixiert wird, lassen sich die Gehirnstrukturen beim Hirnscan räumlich scharf trennen. Die neuronalen Aktivitäten im Gehirn können dann räumlich lokalisiert und zeitlich gemessen werden, soweit die Auflösung des verwendeten

bildgebenden Verfahrens reicht. Die Gehirnfunktionen und Bewusstseinskomponenten der Versuchspersonen lassen sich aber *nicht* isolieren. Hier sind die Experimente der Hirnforschung auf kausale Analysen
angewiesen, die sehr unterschiedlichen Charakter haben können.

(5) *Reproduzierbarkeit der Versuchsergebnisse*: Die Phänomene der
    Physik sind immer schon regelmäßige, standardisierte, idealtypi-
    sche Naturerscheinungen.[4] Um unbekannte systematische Fehler
    so weit wie möglich auszuschalten, wiederholen die Physiker ihre
    Experimente meist mit mehreren unabhängigen Messmethoden.

Wie alle Naturwissenschaftler achten die Hirnforscher darauf, dass sich
ihre Ergebnisse reproduzieren lassen, also nicht *rein* individuell, sondern zumindest *idealtypisch* sind. Dies beginnt in der Neuropathologie,
in der *ein* auffälliger Krankheitsbefund bei einem einzelnen Patienten
noch keinen Krankheits*fall* mit einem klaren Krankheits*bild* ausmacht;
und dies endet längst nicht bei der Forderung, dass Experimente, die zu
so spektakulären Schlussfolgerungen führen wie die Libet-Experimente
zur Willensfreiheit, mit einem unabhängigen Versuchsdesign *wiederholt* werden müssen.

(6) *Variation der Versuchsbedingungen*: Sie untersucht, wie sich die
    Phänomene in Abhängigkeit von den äußeren Umständen ver-
    ändern. Die Beziehungen zwischen den Messgrößen, die man so
    gewinnt, werden durch mathematische Funktionen beschrieben
    und als Naturgesetze betrachtet.

In der Physik zielt die Variation der Versuchsbedingungen darauf, aus
den Messreihen ein Gesetz zu gewinnen, das durch eine mathematische
Funktion ausdrückt, wie die Messgrößen voneinander abhängen. In der
Hirnforschung hat die Variation der Umstände oft andere Resultate,
sie zielt auf kausale Analyse. Durch Änderung der Versuchsbedingungen wollen die Hirnforscher herausfinden, welche *physischen* Faktoren
kausal relevant für das Auftreten *mentaler* Phänomene sind. Dies führt

höchstens auf dem Umweg über kausale Zuordnungen zur Formulierung mathematischer Gesetze für mentale Phänomene. Bei vielen Experimenten kommt dabei nicht mehr heraus, als ein paar *physische Bedingungen* zu bestimmen, unter denen bestimmte *mentale Phänomene* auftreten.

VERMESSUNG DER SINNE

Die Vermessung der mentalen Phänomene begann mit der Psychophysik, einem Zweig der Sinnesphysiologie des 19. Jahrhunderts. Der Name „Psychophysik" war Programm. Es ging um die Physik der Psyche, oder: der mentalen Phänomene. Die Psychophysik untersuchte das subjektive Erleben in Reiz-Reaktions-Experimenten.

Dieses Vorhaben konnte auf eine lange Tradition aufbauen. Die ersten Ansätze zur Vermessung der Sinne stammen schon aus der Antike; wie die frühesten Anfänge der Sinnesphysiologie und der Hirnforschung gehen sie auf die „vorsokratischen" Naturphilosophen lange vor Aristoteles zurück. Aristoteles dachte, das Herz sei Sitz der Seele und der geistigen Fähigkeiten – und das Gehirn sorge nur für kühles Blut. Doch vor ihm hatte der Arzt Hippokrates (460-379 v. Chr.) bereits das Gehirn zu dem Organ erklärt, in dem unsere Empfindungen und geistigen Fähigkeiten angesiedelt sind. Wiederum lange davor wusste Alkmaion von Kroton (um 600 v.Chr.) schon, dass die Sehnerven Sinnesreize von den Augen zum Gehirn leiten.

Die älteste *mathematische* Theorie unserer Empfindungen stammt auch schon aus dieser Zeit. Es handelt sich um die musikalische Harmonielehre, nach der Legende stammt sie von Pythagoras (um 570-510 v.Chr.). Sie bezieht die Töne, die wir hören, auf die Saitenlänge von Musikinstrumenten; und sie gibt die Proportionen der Längen von Saiten an, deren Anschlag wohlklingende Akkorde hervorbringen – Akkorde, die wir gerne hören. Das erste *physikalische* Maß für Sinneseindrücke schlug wiederum der Astronom Ptolemäus in der Spätantike vor: die scheinbare Helligkeit von Sternen, anhand deren er die Sterngröße messen wollte.

Ich hole hier noch einmal so weit aus, um Ihnen klar zu machen, dass die Messung unserer Empfindungen kein so abwegiges naturphilosophisches Programm ist, wie Dualisten, Kulturalisten oder andere eingefleischte Anti-Naturalisten vielleicht denken mögen. Die Naturalisierung – sprich: naturwissenschaftliche Erklärung – unserer Sinne zielt nicht gleich darauf, unseren gesamten Geist zu naturalisieren, sondern nur darauf, die physischen Grundlagen unserer Sinneswahrnehmung zu verstehen, also unserer Fähigkeit, etwas von unserer physischen Umwelt wahrzunehmen. Dass das Nervensystem die Wahrnehmung aufnimmt und weiterleitet und dass unser Gehör nach mathematischen Proportionen arbeitet, wussten schon die antiken Naturphilosophen der pythagoräischen Tradition. Auf die Wiederentdeckung dieses Wissens in der Renaissance gingen ja auch die Anfänge und die Methodenideale der neuzeitlichen Naturwissenschaft zurück, die ich im zweiten Kapitel skizziert habe.

Im Mittelalter wurde das antike Wissen über den arabischen Kulturraum tradiert und erweitert. Im Hochmittelalter erklärte Alhazen (um 965–1040) die Funktionsweise des Auges als *camera obscura*, d. h. nach Abbildungsprinzipien der Optik, wie wir sie vom Fotoapparat kennen. Auch sein Zeitgenosse Avicenna (980–1037) beschrieb das Auge und die Prinzipien des Sehens. Die Ärzte und Naturforscher der Renaissance griffen diese Einsichten auf. Daran knüpften die Philosophen und Physiker der Neuzeit an. Ihr Leitgedanke war: Die Prinzipien, nach denen unsere Sinne arbeiten, gehören mit zum Buch der Natur, das in mathematischen Lettern geschrieben ist.

Dies eröffnete den Weg zur Physik der Sinne. Descartes entwickelte eine detaillierte Theorie des Sehens. Sie umfasste die Einsicht, dass die Netzhaut die Bilder dessen, was das Auge sieht, auf dem Kopf stehend reproduziert.[5] Seine Theorie ging davon aus, dass unsere Augen das, was wir sehen, nach den Gesetzen der geometrischen Optik mittels der Linse auf die Netzhaut projiziert und die Sehnerven die Signale von dort ins Gehirn leiten (Abb. 4.1). Im 19. Jahrhundert setzte sich die Sinnesphysiologie das Ziel, den Sehvorgang und die Funktionsweise der anderen Sinne möglichst vollständig zu erforschen, bis in das neuronale Geschehen hinein und möglichst bis zum subjektiven Erleben. In

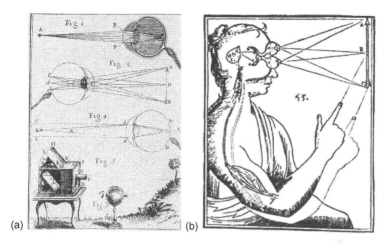

(a)   (b)

Abb. 4.1 Descartes' Theorie des Sehens (Descartes 1637). (a) Das Auge als *Camera obscura*. (b) Strahlengang vom Gegenstand ins Gehirn

ihrem Rahmen kam die „Psychophysik" auf, eine Physik des Psychischen, die darauf zielt, unsere subjektiven Empfindungen durch objektive physikalische Reize zu messen und letztlich physikalisch zu erklären. Ihre Begründer waren Ernst Heinrich Weber (1795–1878) und Gustav Theodor Fechner (1801–1887). Fechner unterschied im Rahmen seiner Physik der Sinne die „innere" von der „äußeren" Psychophysik.

Die „innere" Psychophysik sollte erklären, wie das Gehirn die Nervensignale verarbeitet. Diese Aufgabe nimmt erst die heutige kognitive Neurowissenschaft in Angriff; Fechner konnte sie zu seiner Zeit nicht einmal ansatzweise bewältigen. Stattdessen widmete er sich der „äußeren" Psychophysik, einer Messtheorie der Sinne. Sie knüpfte an Webers Arbeiten an und zielte darauf, die Intensität unseres Erlebens in Abhängigkeit von der Stärke der Sinnesreize zu messen, die es auslöste.[6] Fechners Versuchspersonen mussten angeben, wie stark sie optische oder akustische Reize im Vergleich zueinander empfanden, wobei die physikalische Intensität der Signale auf wohldefinierte Weise variierte. Die Messergebnisse der Psychophysik ordnen eine Sorte von mentalen Phänomenen, die Sinneserlebnisse oder „Qualia", in Skalen ein. Dies ermöglichte es, phänomenologische Gesetze über den quantitativen Zusammenhang von Reiz- und Empfindungsstärke aufzustellen.

Diese Skalierung der Empfindungen ist jedoch nicht unproblematisch. Wie stark ein Reiz empfunden wird, ist situationsabhängig. Versuchen Sie nur einmal, Ihre eigene Körpertemperatur durch Handauflegen auf die Stirn zu messen, wenn Sie kein Fieberthermometer zur Hand haben! Ein stabiles, innerhalb enger Fehlergrenzen reproduzierbares naturwissenschaftliches Phänomen ist die „gefühlte" Temperatur sicher *nicht*. Dazu kommt: Selbst wenn sich unsere Empfindungen der Stärke nach anordnen und auf physikalische Signalstärken abbilden lassen, so ergibt dies noch keine brauchbare Skala von Messwerten. Die gefühlten Grade von Empfindungen lassen sich nicht in Werten von intersubjektiv überprüfbaren Einheiten ausdrücken.

Schon die Messung von physikalischen Größen ist ein kompliziertes Geschäft, das nicht theoriefrei gelingt. Die Zeitmessung anhand der Himmelskörper schwankt mit dem Jahreslauf der Erde um die Sonne. Im Lauf der menschlichen Kulturgeschichte war es deshalb immer wieder erforderlich, den Kalender zu reformieren. Die Längenmessung benötigt ein stabileres Maß als die mittelalterlichen Einheiten „Fuß" oder „Elle". Doch selbst das Urmeter in Paris, das aus einer abenteuerlichen Entdeckungsgeschichte zu Zeiten der französischen Revolution herrührt,[7] ist nur für einen gegebenen Stoff bei einer bestimmten Temperatur maßgeblich. Nicht besser steht es mit dem Gewicht, das ein Maß für die Masse von Körpern ist. Es hängt von der Schwerkraft ab, und diese schwankt mit dem Abstand eines Körpers vom Erdmittelpunkt, also mit Breitengrad und Höhe. Noch komplizierter war es, geeignete Messgeräte und eine Skala für die Temperatur aufzustellen.[8]

Dennoch gelang es der Physik, ein universell gültiges Maßsystem für Länge und Zeit, Masse und Temperatur aufzustellen. Am präzisesten wird dieses Maßsystem heute durch atomare Einheiten und durch die „absolute" Temperaturskala ausgedrückt, nach der Wasser bei 273,15 K (Grad Kelvin) gefriert (d. h. 0 °C = 273,15 K). Dieses Maßsystem ist natürlich schwer theorielastig. Aber es ist bestens durch vielfältige Tests abgesichert. Sie richten sich jedes Mal danach, wenn Sie Ihren ICE pünktlich erreichen wollen oder die Kalorien Ihrer Mahlzeiten und Snacks zählen.

Für das Ausmaß Ihrer Enttäuschung, als Spanien im Fußball-WM-Halbfinale 2010 Deutschland besiegt hat, den Grad der Freude der spanischen Fußballer über den schwer erkämpften WM-Titel oder die Intensität Ihres letzten Liebeskummers gibt es solche Maße nicht. Doch der Lärm, den Sie in der Nachbarschaft einer Diskothek oder in der Einflugschneise eines Flughafens erdulden müssen, wird in Dezibel ausgedrückt.

Trotz aller metrischen Probleme[9] lassen sich Sinnesqualitäten besser vermessen als andere mentale Phänomene. Traditionell gelten sie als „sekundäre" Qualitäten, die durch korrespondierende „primäre" Qualitäten verursacht sind, d. h. durch die physikalischen Eigenschaften der Dinge oder Prozesse, die auf unser Nervensystem einwirken. (Auch die Unterscheidung von „primären" und „sekundären" Qualitäten ist uralt, sie geht auf den antiken Atomismus zurück.) Die sekundären Qualitäten haben also *per definitionem* physische Korrelate, zu denen sie in einer kausalen Beziehung stehen. Die Sinnesphysiologie erforscht die Reize, die sie auf die Sinnesorgane ausüben, und ihre Verarbeitung im Nervensystem. Die Psychophysik geht nur einen Schritt weiter; sie misst die Reize und bildet die subjektive Stärke der von ihnen ausgelösten Empfindungen auf die physikalische Skala der Primärreize ab.

Auf diese Weise lassen sich die sekundären Qualitäten wenigstens *ungefähr* anhand der physikalischen Werte der Primärreize skalieren. Diese Skalierung ist *indirekt* – die Einheit, an der die Stärke einer Empfindung bemessen wird, ist *keine* genormte „Standardempfindung" (so etwas gibt es nicht – in diesem Punkt hat Kant bis heute recht). Sie liegt nicht auf der Seite der Empfindungen, sondern auf der Seite der physikalisch messbaren physischen Sinnesreize. Der Lärm, der Sie stört, lässt sich durch physikalische Messinstrumente messen und in Dezibel ausdrücken. Nur so können die mentalen Korrelate des Lärms – also: wie stark Sie und andere Personen darunter leiden – objektiviert werden.

Trotz dieses indirekten Zugangs zur Messung der Stärke von Empfindungen führten die Untersuchungen von Weber und Fechner zu respektablen psychophysischen Gesetzen. Die Psychophysik zeigt, dass es eben *doch* ein Stück weit gelingen kann, mentale Phänomene zu objektivieren. Weber und Fechner schafften es, den Grad von

Empfindungen in Abhängigkeit von der Reizstärke zu messen. Sie stellten zwei quantitative Gesetze auf. Das *Webersche* Gesetz besagt, wie die Empfindung von Reizunterschieden von der Reizstärke abhängt; der Unterschied zwischen zwei Reizen muss proportional zur Reizstärke wachsen, um bemerkt zu werden. Das *Weber-Fechnersche* Gesetz besagt, wie sich die Empfindungs- zur Reizstärke verhält; die Empfindungsstärke wächst logarithmisch mit der Reizstärke. Diese phänomenologischen Gesetze werden noch heute benutzt, auch wenn Stanley S. Stevens (1906–1973) in den 1950er Jahren die Skalen, Messverfahren und Gesetze der Psychophysik entscheidend verbesserte.

Heute zählt die Kernaussage des Weber-Fechnerschen Gesetzes zum Allgemeingut: unsere Sinne arbeiten *logarithmisch*. Auf dem Weber-Fechnerschen Gesetz beruht die Maßeinheit *Dezibel* für die Lautstärke von Musik, Straßenlärm, Flugzeugen usw.

Die Psychophysik schafft es also wirklich, unser subjektives Erleben – die mentalen Phänomene der Philosophen – nach dem Vorbild der physikalischen Phänomene zu vermessen. Diese Messung ist indirekt, und sie ist nicht sehr präzise, sondern eher komparativ. Sie beruht darauf, dass Reizstärken und Empfindungsstärken korreliert werden, so gut es eben geht. Nur die Primärreize sind als physische Signale präzise physikalisch messbar. Sie liefern die Skala für die Einordnung und Abschätzung der Empfindungen, die diese Reize auslösen. Der Grad mentaler Phänomene lässt sich dabei über die Stärke der physischen Stimuli aber nur *ungefähr* abschätzen. Eine präzise Messung unter genau kontrollierten Bedingungen, die ein stabil reproduzierbares Phänomen liefern würde, ist das *nicht*. Quantitativ kann die Psychophysik mentale Phänomene grundsätzlich nur sehr unscharf objektivieren.

Außerdem ist die Psychophysik *kein Reduktionsprogramm*. Sie versucht nicht, das psychische Erleben auf physische Reize zurückzuführen, es durch die Reize zu erklären oder gar zu behaupten, unser Erleben *sei* nichts anderes als die physischen Reize. Dies wäre schon deshalb absurd, weil die Vermessung der Sinne ja zur „äußeren" Psychophysik gehörte. Das *wirklich* ehrgeizige Reduktionsprogramm verband sich mit den Hoffnungen einer „inneren" Psychophysik. Sie entsprachen in

etwa dem Forschungsprogramm der heutigen kognitiven Neurowissenschaft, der es aber auch nicht gelingt, die mental erlebten Sinnesqualitäten durch die neuronalen Prozesse in einem bestimmten Gehirnareal
zu erklären.

REIZE UND REAKTIONEN

Schon Weber und Fechner untersuchten vieles, was bis heute grundlegend für die Reiz-Reaktions-Experimente der empirischen Psychologie
und der Hirnforschung ist: Wahrnehmungsschwellen; die Empfindung
von Reizunterschieden; das Registrieren und Erkennen von Reizen; und
schließlich die Stärke, mit der eine Person einen Reiz empfindet. Ihre
Experimente halten dem Vergleich mit physikalischen Experimenten
ziemlich gut stand. Sie setzten wichtige methodologische Maßstäbe für
die späteren Reiz-Reaktions-Experimente der Hirnforschung, die mit
Elektroden und anderen bildgebenden Verfahren arbeiten. Diese Experimente, die zum Teil Meilensteine für die Hirnforschung setzten,
führen das Projekt der Psychophysik konsequent fort.

Reiz-Reaktions-Experimente folgen einem *kausalen* Schema. Dass
ein Reiz eine Reaktion *auslöst*, heißt ja nichts anderes, als dass er sie verursacht oder bewirkt. Reiz und Reaktion, oder: *Stimulus* und *Response*,
verhalten sich zueinander wie Ursache und Wirkung.

Die Leistungsfähigkeit von Reiz-Reaktions-Experimenten lässt sich
gut anhand der Merkmale von Galileis experimenteller Methode beurteilen. Die Psychophysik war die Antwort der Neurowissenschaft
darauf, dass das *erste* Merkmal dieser Methode, nämlich die *Abstraktion*
von allem Qualitativen, bei der Erforschung der mentalen Phänomene nicht funktioniert. Die Abstraktion würde hier das Kind mit dem
Bade ausschütten; es bliebe nur ein behavioristischer Ansatz übrig,
der ausschließlich die rein *physischen* Stimulus-Response-Beziehungen
erforscht.

Stattdessen benutzt die Psychophysik das kausale Schema von Reiz
und Reaktion, um aus der Not, dass die *Qualia* nicht quantitativ sind,
eine Tugend zu machen. Sie betrachtet die Qualia *par excellence* –

die Sinnesqualitäten, die wir wahrnehmen – als *mentale* Wirkungen *physischer* Ursachen, deren Stärke physikalisch messbar ist – als Wirkungen von Sinnesreizen wie Licht, Geräuschen usw. Auf dem kausalen Umweg über die Messung der Sinnesreize maßen die Begründer der Psychophysik die subjektive Empfindungsstärke. Und dies gelang ihnen so effizient, dass Straßen- oder Flugzeuglärm heute ab einer gewissen, präzise definierten Dezibel-Stärke als Belästigung und akustische Umweltverschmutzung gilt.

Das kausale Schema von Reiz und Reaktion wird also unterschiedlich eingesetzt. Die Stimulus-Response-Experimente der behavioristischen Psychologie wenden es nur auf *physische* Ursachen und Wirkungen an. Dagegen benutzt die Psychophysik es zum Brückenschlag zwischen physischen und mentalen Phänomenen. So kann sie sogar mathematische Gesetze für die Beziehung zwischen physischen Reizen und mentalen Reaktionen aufstellen. In Gebieten der Hirnforschung, wo dies nicht gelingt, dienen die Reiz-Reaktions-Experimente dazu, kausale Beziehungen zwischen physischen und mentalen Phänomenen zu erforschen. Das kausale Schema von Reiz und Reaktion ist bei all den Experimenten simpel, doch es hat seine Tücken. Grundlegend sind drei einfache, intuitive Annahmen:

(i) Ein Reiz *bewirkt* eine Reaktion, d. h. er ist die *Ursache* der Reaktion.

(ii) Eine Ursache ist *notwendig* und *hinreichend* für das Zustandekommen der Wirkung.

(iii) Die Ursache geht der Wirkung zeitlich voraus.

Dabei muss immer bedacht werden, dass die Ursachen gegebener Wirkungen sehr *komplex* sein können – zumal in der Hirnforschung. Nur *unter gleichen sonstigen Umständen* bewirkt ein Reiz eine bestimmte Reaktion. In der Wissenschaftstheorie nennt man diese Einschränkung die *ceteris paribus*-Klausel. Deshalb ist es entscheidend – und tückisch – die *notwendigen* und die *hinreichenden* Bedingungen für das Eintreten einer Reaktion zu unterscheiden. Schon John Stuart Mill (1806–1873), der den Liberalismus, die utilitaristische Ethik und die Assoziations-psychologie beflügelt hat, hob in seiner Wissenschaftstheorie einen entscheidenden Grundsatz der kausalen Analyse hervor: Eine Ursache ist ein Ensemble von *notwendigen* Bedingungen, die *zusammen* genommen *hinreichend* dafür sind, dass die Wirkung eintritt.[10] Diese Bedingungen können sehr weit in die Vergangenheit zurück reichen und die unterschiedlichsten Umweltbedingungen umfassen.

Bei physikalischen Experimenten werden die untersuchten Systeme deshalb so weit wie nur irgend möglich gegen alle unerwünschten Störfaktoren abgeschirmt, die kausale Relevanz haben könnten. Dies entspricht der *Isolation* der untersuchten Phänomene, die nach der *vierten* Bedingung der experimentellen Methode gefordert ist. Diese Isolation ist bei den Experimenten der Hirnforschung jedoch nur teilweise möglich. Bei einem Reiz-Reaktions-Experiment, das die kausalen Zusammenhänge zwischen neuronaler und mentaler Aktivität erforscht, kann der Versuchsleiter seine Versuchsperson zusammen mit der Messapparatur von allen Umwelteinflüssen abschirmen. Doch die mentalen Phänomene, die er untersuchen will, kann er nicht isolieren, und die Versuchsperson hat ihre Bewusstseinsinhalte in der Regel auch nicht voll unter Kontrolle.

Personen kann man einsperren, doch die Gedanken sind frei – auch im Labor der Hirnforscher. Die Vorstellungsinhalte einer Versuchs-personen bleiben bei noch so großer Kooperationsbereitschaft und Konzentration auf die Versuchsaufgaben untrennbar verwoben mit einem nicht-analysierbaren Komplex von Empfindungen, Erinnerungen und Intentionen. Kausale Schlüsse, die sich nur auf den engen Zeitrahmen der Durchführung eines Experiments beschränken, sind also im Feld der Bewusstseinsforschung trügerisch. Dieser Punkt dürfte wohl auch der Haken beim Libet-Experiment zur Willensfreiheit sein (siehe übernächster Abschnitt).

Gehen wir nun die Merkmale der experimenteller Methode noch einmal durch:

(1) Die *Abstraktion* wird wie erläutert auf dem kausalen Umweg über die physischen Sinnesreize erreicht, die als messbare physikalische

Größen eines bestimmten Typs in die Experimente eingehen. Als Reize dienen die Lautstärke akustischer Signale; Helligkeit, Farbe (bzw. Lichtwellenlänge), Größe und Gestalt optischer Reize; oder die Feldstärke elektrischer oder magnetischer Stimuli; aber in der Regel nur *eine* oder höchstens *zwei* Sorten davon – sonst wird das Experiment schnell zu komplex.

Anders als in der Physik können Reiz-Reaktions-Experimente jedoch die Abstraktion selbst untersuchen – etwa die Geschwindigkeit der Reaktion auf komplexe Reize, die das Abstraktionsvermögen strapazieren. Wenn eine Versuchsperson mit komplexen oder widersprüchlichen Reizen konfrontiert wird, braucht sie länger dafür, ihre Knöpfe zu drücken. Kaum eine Einführung in die kognitive Neurowissenschaft versäumt es, dies dem Leser anhand einer Tafel mit Farbausdrücken vor das Auge zu führen, in der das Wort in *anderer* Farbe gedruckt ist als die Wortbedeutung besagt.

(2) Die *Idealisierung* geht über die *ceteris paribus*-Klausel bezüglich vernachlässigter kausaler Faktoren in die Experimente ein. Dies hat den erwähnten Schönheitsfehler, dass in einem neurowissenschaftlichen Experiment in der Regel nicht alle kausal relevanten Faktoren kontrollierbar sind. Wer sagt, dass Sie in einem Reiz-Reaktions-Experiment dasselbe erleben und die Knöpfe auf dieselbe Weise drücken, wenn Sie gerade aus dem Urlaub kommen, Ärger mit Ihrem Chef haben oder unausgeschlafen sind und zwei Tassen Kaffee mehr getrunken haben als sonst?

Zum Teil behelfen sich die Experimentatoren hier mit statistischen Methoden – in der Hoffnung, dass die Mittelung über *viele* Versuchspersonen und Messreihen die Fehler „ausbügelt". Auch technische Raffinessen wie „lernende" Software korrigieren wie erwähnt schon beim Hirnscan die Fehler einer idealisierten Gehirnkarte durch Anpassung an die Wirklichkeit[11] – allerdings immer nur auf der *physischen* Seite.

(3) Wie ist es um die *Analyse und Synthese der Wirkungen* in den Experimenten der Hirnforschung bestellt? Der „analytische" Part, also die Zergliederung eines Ganzen in seine Komponenten,

funktioniert in der Neuroanatomie, -physiologie, -pathologie und -pharmakologie prächtig, wie Sie gesehen haben. Jenseits der Tierversuche und neuropathologischen Krankheitsfälle führen die Reiz-Reaktions-Experimente mit gezielter Hirnstimulation weiter. Wilder Penfield führte sie mit Mikroelektroden im Gehirn seiner Epilepsie-Patienten durch;[12] heute sind sie auch nicht-invasiv möglich, mit transkranieller Magnetstimulation. Die Experimente analysieren, in welchen Arealen der Kortex auf elektrische oder magnetische Stimulation so anspricht, dass dies bestimmte mentale oder physische Phänomene in der Versuchsperson auslöst – von reflexartigen Bewegungen und Krämpfen über Empfindungen und Gefühle bis hin zu Halluzinationen. Penfield erstellte auf diese Weise detaillierte Karten des sensorischen und motorischen Kortex. Sein berühmter „Homunkulus" bildet ab, in welchen Gehirnarealen jeweils die Sensorik und Motorik der unterschiedlichen Körperregionen angesiedelt ist – wobei z. B. die Hände und Mund überproportional große Areale im sensorischen und motorischen Kortex beanspruchen (Abb. 4.2).

Reiz-Reaktions-Experimente dieses Typs analysieren den Kortex räumlich auf die sensomotorischen Funktionen, die in ihm angesiedelt sind. Der „synthetische" Part, also das Zusammenwirken dieser Funktionen, lässt sich auf diese Weise *nicht* so gut

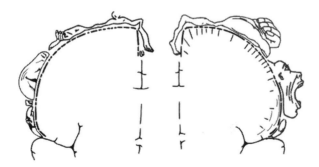

Abb. 4.2 Penfields „Homunkulus" – die Karte des sensorischen Kortex (links) und des motorischen Kortex (rechts), veranschaulicht durch die Organgröße (Maquesta 2007)

untersuchen. Hiermit hängt das sogenannte „Bindungsproblem" der Hirnforschung eng zusammen – die Frage, wie es das Gehirn schafft, etwa Seh- und Höreindrücke eines Objekts so „zusammenzubinden", dass wir sie als ein und demselben Objekt zugehörig wahrnehmen.[13] Im Hinblick auf mentale Phänomene führt die analytisch-synthetische Betrachtungsweise gar in die Irre – etwa zur Komponenten-Theorie des Bewusstseins, die ich später noch bespreche. Die Hirnforscher dürften sich hier nicht weniger gewaltig irren, als es Newton in Bezug auf die Natur der Licht-Atome tat.

(4) Bei der *Isolation* ist der Vergleich der Hirnforschung mit dem Stand der Physik zu Galileis Zeit nun wirklich angebracht – wobei sich Galilei jedoch viele Gedanken über die Rolle des Luftwiderstands beim freien Fall machte, den er nicht *wirklich*, sondern nur im Gedankenexperiment ausschalten konnte. Mentale Prozesse sind gar nicht auf kontrollierte Weise abschirmbar, neuronale Aktivitäten auch nur begrenzt. In der Hirnforschung wird dieses Problem, das folgenreich für die Deutung der Experimente ist, vermutlich noch nicht hinreichend reflektiert.

(5) Weitaus besser steht es mit der *Reproduzierbarkeit der Versuchsergebnisse*. Die Begründer der Psychophysik legten schon im 19. Jahrhundert großen Wert auf diese Forderung, von der viel für die Haltbarkeit wissenschaftlicher Resultate abhängt. Da sie die Versuchspersonen subjektiv abschätzen ließen, wie stark diese einen Reiz im Vergleich zu stärkeren und schwächeren Reizen empfinden, wollten sie ihre Ergebnisse objektivieren. Dies taten sie zur Messung der Empfindungsstärke anhand *vieler* Einzelmessungen und Versuchspersonen. Die Daten waren statistisch. Erst auf der Grundlage vieler Messreihen ordneten die Psychophysiker den empfundenen Reizstärken ungefähre Messwerte in einer Skala zu.

(6) Kommen wir zuletzt zur *Variation der Versuchsbedingungen*. Auch in diesem Punkt steht die Psychophysik der Physik nicht nach: Die Reizstärke wurde variiert und die subjektive Empfindungsstärke in Abhängigkeit davon gemessen, und das Ergebnis waren quantitative Gesetze wie das Weber-Fechnersche Gesetz. In späteren

Reiz-Reaktions-Experimenten hat die Variation der Versuchsbedingungen sehr unterschiedliche Resultate. Manchmal können – wie in der Psychophysik – phänomenologische Gesetzen aufgestellt werden. Manchmal bleibt es bei der kausalen Analyse, wie bei den Gehirnkarten von Wilder Penfield. Diese Gehirnkarten sind kausal, insofern sie verzeichnen, in welchem Kortex-Areal ein elektrischer Impuls welche sensorische oder motorische Wirkung hervorruft.

Bei den Reiz-Reaktions-Experimenten lassen sich die Versuchsbedingungen auf zwei Weisen verändern: durch *Ändern der Reize* und durch *andersartige Erfassung von Reaktionen*. Beides kann auf sehr verschiedene Weisen und in unterschiedlichen sonstigen experimentellen Setups geschehen. Stärke und Typ der Reize können geändert werden, die Reize können durch die Reizung der Sinnesorgane oder durch Kortex-Stimulation erfolgen, unterschiedliche Reize können kombiniert werden. Aber es können auch sehr unterschiedliche *Reaktionen* erfasst werden; und dies reicht von der Auskunft der Versuchsperson bis zur Messung neuronaler Aktivitäten. Deshalb sind die Reiz-Reaktions-Experimente ein so vielgestaltiges, beliebtes und wichtiges Instrumentarium der kognitiven Neurowissenschaft.

Besonders interessant sind Versuche zur *Maskierung* von Reizen. Sie untersuchen, inwiefern ein Reiz durch einen nachfolgenden zweiten Reiz überdeckt, gehemmt oder „maskiert" werden kann, so dass nur noch der zweite Reiz ins Bewusstsein gelangt. Von Interesse ist dabei, ob und wie die „maskierten" Reize trotzdem mental wirksam werden – etwa im Fall unterschwelliger Botschaften, die unsichtbar kurz in einen Film eingeblendet werden. Solche Versuche kommen dem Galileischen Ideal (3) der Analyse und Synthese der Wirkungen schon ziemlich nahe.

Bevor wir uns den Reiz-Reaktions-Experimenten von Benjamin Libet zuwenden, sei ein vorsichtiges Fazit zur generellen Leistungsfähigkeit solcher Experimente gewagt. Gemessen an den Merkmalen der experimentellen Methode sind sie fantastisch gut dafür geeignet, eine naturwissenschaftliche Brücke von den physischen zu den mentalen Phänomenen zu schlagen. Das Diktum von Kant, es könne keine wissenschaftliche Psychologie als *mathematische* Wissenschaft der Psyche

oder des „inneren Sinns" geben, wird durch die Erfolge der Psychophysik widerlegt – vor allem durch die lange Erfolgsgeschichte des
Weber-Fechnerschen Gesetzes. Das Problem mit der Abstraktion von
allem Qualitativen (1) wird auf dem kausalen Umweg über physikalisch
messbare Sinnesreize ausgetrickst. Auch um die analytischen Resultate
(3), die Reproduzierbarkeit der Messergebnisse (5) und die Variation der Versuchsbedingungen (6) steht es bestens. In diesen Punkten
muss kein sorgfältig durchgeführtes Experiment der Hirnforschung den
Vergleich mit der Physik scheuen.

Doch es gibt auch Schwachstellen. Sie liegen bei den Idealisierungen (2), dem „synthetischen" Part bei der Analyse und Synthese der
Wirkungen (3) und der Isolation der untersuchten Systeme (4). In der
Neurowissenschaft führen die Idealisierungen (2) nicht wie in der Physik zur klaren Scheidung von Wesentlichem und Vernachlässigbarem,
sondern nur zu idealtypischen Modellen.

Der Grund dafür ist, dass die Scheidung von Wesentlichem und
Vernachlässigbarem in einer exakten Wissenschaft *quantitativ* ist. Die
Physiker fragen: Wie groß ist der Fehler, wenn ich den-und-den-
Effekt vernachlässige? Bei jedem Experiment führen sie Fehlerstudi-
en durch und sie geben ihre Messfehler präzise an, in statistischen
Signifikanz-Werten (in Form von Vielfachen der statistischen Stan-
dardabweichung). In der behavioristischen Psychologie kann man das
auch, aber die Reiz-Reaktions-Experimente der Hirnforschung sind *anders*. In vielen neurowissenschaftlichen Experimenten ist kaum bis gar
nicht kontrollierbar, ob vernachlässigte Faktoren kausal relevant für die
Deutung der Messergebnisse sind. Denn die mentalen Ingredienzen
solcher Experimente – die Bewusstseinsinhalte der Versuchspersonen
– sind nicht isolierbar (4). Sie lassen sich nicht über den Kamm der
experimentellen Methode scheren. Die Gedanken sind auch in diesen
Experimenten frei. Bei aller Disziplin können die Versuchspersonen
ihre Bewusstseinsinhalte nicht so verlässlich standardisieren, isolieren und zurecht frisieren, wie es das Experiment erfordern würde.
Ähnliches gilt für den „synthetischen" Part der Analyse und Synthese
der Wirkungen (3). Wie sich die physischen Reize überlagern und in

ihren mentalen Wirkungen maskieren, lässt sich messen. Doch was im Einzelnen in die mentalen Reaktionen eingeht, lässt sich *nicht* messen.

BEWUSSTSEINS-ZEIT

Die Libet-Versuche haben großes Aufsehen erregt und sie werden seit Jahren hitzig diskutiert. In der breiteren Öffentlichkeit sind vor allem die Experimente bekannt, in denen Benjamin Libet (1916–2007) die zeitliche Beziehung zwischen bewussten Handlungsimpulsen und den damit verbundenen Hirnströmen untersuchte. Etliche prominente Hirnforscher betrachten sie als Widerlegung der Willensfreiheit – dies bespreche ich im nächsten Abschnitt. Zunächst stelle ich Ihnen die Reiz-Reaktions-Experimente vor, mit denen Libet anfing, den Zusammenhang von Hirnströmen und Bewusstseinsinhalten zu erforschen – zu einer Zeit, als der Behaviorismus noch in der Psychologie vorherrschend war und introspektive Berichte bei experimentellen Untersuchungen weitgehend verpönt waren.[14]

Seit 1957 machte Libet Experimente, in denen er maß, wie lange ein Reiz auf das Nervensystem einwirken muss, damit er im Bewusstsein „ankommt". Dabei arbeitete er mit einem Neurochirurgen zusammen. Bei Gehirnoperationen wurden (mit dem Einverständnis der Patienten) Kontaktelektroden am Kortex angebracht, die Impulse direkt in das Gehirn übertrugen – in den somatosensorischen, „berührungssensiblen" Kortex, der die Berührungssignale verarbeitet, die das sensorische Nervensystem von der Haut in das Gehirn weiterleitet. Diese Reize lösten in den Patienten als Reaktion ein Kribbeln der entsprechenden Hautstelle aus. Libet variierte bei diesen Experimenten die Länge, Stärke und Frequenz der Reize, und die Patienten gaben Auskunft darüber, was sie empfanden.[15]

Libet fand etwas Erstaunliches heraus. Das Bewusstsein reagiert träge. Obwohl der Reiz direkt ins Gehirn übertragen wurde, gab es nur dann eine Bewusstseinsreaktion – sprich: ein bewusst empfundenes Hautkribbeln – wenn eine bestimmte zeitliche Reizschwelle – sprich: Mindestdauer – überschritten wurde.[16] Die Reize bestanden aus kurzen

Stromstößen von nicht einmal einer Millisekunde Dauer (0,1–0,5 ms), die zwanzig- bis sechzigmal pro Sekunde verabreicht wurden. Bei einer Reizfolge, die kürzer dauerte als eine halbe Sekunde (500 ms), spürten die Patienten gar nichts. Wenn die Reize schneller verabreicht wurden, genügte eine geringere Stromstärke, um die bewusste Reaktion auszulösen, aber auch wieder erst nach mindestens einer halben Sekunde. Nur erheblich stärkere Reize konnten die zeitliche Reizschwelle unter die halbe Sekunde drücken, was Libet damit erklärt, dass sie vermutlich mehr Nervenzellen anregen.

Darüber hinaus untersuchte Libet, was passiert, wenn eine Mikroelektrode einen einzelnen starken Reiz in die aufsteigende sensorische Leitung unterhalb des Kortex sandte. Dies war völlig unwirksam; eine Empfindung wurde wiederum erst bei einer Reizfolge von mehr als einer halben Sekunde Dauer ausgelöst, wobei die Impulse viel schwächer sein konnten. Andere Experimentatoren wiederholten die Versuche und bestätigten, dass eine Reizfolge von mindestens einer halben Sekunde Dauer notwendig ist, um eine Empfindung auszulösen. Die Schlussfolgerung war: Bis ein Reiz ins Bewusstsein dringt, muss der somatsensorische Kortex mindestens eine halbe Sekunde lang stimuliert werden.

Als nächstes fragte sich Libet: Wie verträgt sich diese träge Bewusstseinsreaktion damit, dass wir Berührungen über die Haut nicht erst nach einer halben Sekunde, sondern *instantan* erleben? Eine halbe Sekunde ist eine lange Zeit, so stark hinkt unser bewusstes Erleben doch nie und nimmer den Sinnesreizen hinterher, die unser Nervensystem aufnimmt! Um dies zu klären, änderte er das Versuchsdesign so, dass er die Wirkung von Hautreizen mit der Wirkung der Kortexstimulation vergleichen konnte. Seine neuen Experimente kombinierten mehrere Arten von Messungen:[17]

(i) Er maß die Hirnströme bzw. „evozierten Potentiale", die Hautreize auslösen, durch Elektroden im Gehirn. Sein Ausgangspunkt war der Befund, dass ein einzelner Stromimpuls auf der Haut spürbar ist, auch wenn er nur wenige Millisekunden dauert. Er fragte sich: *Muss der Hautimpuls im Gehirn zu einer neuronalen Aktivität von einer halben Sekunde Dauer führen, damit die Empfindung bewusst werden kann?* Bei seinen Messungen stellte er fest, dass ein so kurzer Hautreiz ein *kurzes* primäres Potential in den Neuronen des sensorischen Kortex auslöst, dem tatsächlich dann und nur dann ein *längeres* Potential von einer halben Sekunde Dauer folgte, wenn die Versuchsperson eine bewusste Empfindung hatte. Insbesondere beobachtete er: Bei Patienten, die unter Narkose operiert wurden, trat nach einem Hautreiz nur das kurze primäre Potential auf, nicht aber das längere nachfolgende Potential. Wenn er dagegen bei bewussten Versuchspersonen die Reizstärke so weit senkte, dass sie den Hautimpuls nicht mehr empfanden, trat auch nur das kurze primäre Potential auf.

(ii) Er sandte durch Kontaktelektroden *zusätzlich* Stromimpulse in das entsprechende Kortexareal, und zwar kurz *nach* dem Hautimpuls. Wenn der Kortex innerhalb von einer halben Sekunde nach dem Hautimpuls stimuliert wurde, „maskierte" dieser zweite Reiz den Hautimpuls, d. h. er brachte die Empfindung zum Verschwinden – nicht aber, wenn der Kortex erst später stimuliert wurde. Erfolgte die nachträgliche Stimulation innerhalb der kritischen halben Sekunde durch eine sehr viel kleinere Elektrode, so hatte dies dagegen einen Verstärkungseffekt; die Versuchspersonen empfanden den ursprünglichen Hautreiz dann stärker als ohne die Kortexstimulation. Dass es solche „konditionierenden" Reize gibt, die die Wahrnehmung eines ersten Reizes hemmen oder verstärken können, und dass sie sich additiv und subtraktiv kombinieren lassen, war schon aus anderen Experimenten bekannt.[18] Ein zweiter Maskierungsreiz, der bis zu einer halben Sekunde nach dem ersten erfolgt, kann diesen wieder maskieren, also die erste Maskierung rückgängig machen: nach *zwei* maskierenden Reizen empfinden die Versuchspersonen den ursprünglichen Reiz wieder! Libet schloss aus diesen Ergebnissen, dass die Maskierung von Reizen nicht darin besteht, die Erinnerung an den ursprünglichen Reiz zu löschen.

(iii) Dazu kamen überraschende Ergebnisse eines unabhängigen Experiments zur Messung von Reaktionszeiten. Die Versuchspersonen sollten auf ein bestimmtes Signal hin einen Knopf drücken, was Reaktionszeiten von 200–300 Millisekunden, aber leider keine stabilen Durchschnittswerte ergab. Nun wollte der Versuchsleiter testen, ob absichtliche Verzögerungen im Spiel waren. Deshalb wiederholte er de Messung mit der zusätzlichen Aufgabe, den Knopf erst nach einer Zehntelsekunde zu drücken. Dies gelang keiner einzigen Versuchspersonen. Nun lagen die Werte stark über den ursprünglichen Reaktionszeiten, nämlich bei 600–800 Millisekunden! Mit Libets Ergebnis, dass Sinnesreize eine halbe Sekunde benötigen, um bewusst zu werden, ließ sich dieses merkwürdige Ergebnis verstehen. Die Aufgabe, den Knopf mit einer absichtlichen Verzögerung zu drücken, erfordert, dass das Signal bewusst wahrgenommen wird, und dies braucht nun einmal eine halbe Sekunde.[19]

All diese Ergebnisse bestätigten den Befund, dass Sinnesreize *tatsächlich* eine halbe Sekunde benötigen, um in unser Bewusstsein zu dringen. Dies ist eine bestürzende naturwissenschaftliche Erkenntnis. Der gesunde Menschenverstand sagt: *Eine halbe Sekunde ist eine lange Zeit, so stark hinkt unser bewusstes Erleben doch nie und nimmer den Sinnesreizen hinterher, die unser Nervensystem aufnimmt!* Doch Libets Experimente zeigen: Der Augenschein trügt. Die mentalen Phänomene hecheln den physischen Phänomenen um eine halbe Sekunde hinterher. Zählen Sie in normalem Tempo: *Ein-und-Zwanzig.* Während Ihr Sehsinn beim Lesen die Buchstaben der *Zwanzig* aufnimmt, ist in Ihrem Bewusstsein erst die *Ein-und-* angekommen. Dies beweisen die Experimente – und Libet war ein hervorragender, versierter, aber auch vorsichtiger Experimentator. Er variierte in seinen Reiz-Reaktions-Experimente alle relevanten Parameter, und er ließ keine Deutung seiner Ergebnisse als gesichert durchgehen, solange sie nicht weiteren empirischen Tests standhielt.

An den Kriterien der experimentellen Methode bemessen, sind Libets Experimente vorbildlich. Seine bisher besprochenen Versuche sind Reiz-Reaktions-Experimente, bei denen die Reize physisch und die Reaktionen teils physisch, teils mental sind. Gemessen, also quantitativ erfasst, werden die *physischen* Reize: Die Stromstärke der Hautimpulse und der Kortexstimulation; die Amplitude und der zeitliche Verlauf der im Kortex gemessenen Hirnströme. Die evozierten sensorischen Potentiale sind Gegenstücke zu den motorischen Aktionspotentialen, die Helmholtz und seine Nachfolger erforscht haben, und sie werden mit ähnlichen Methoden gemessen.

Libet hat *nicht* den Ehrgeiz, auch noch die *mentalen Reaktionen* präzise zu messen. In dieser Hinsicht steht er *nicht* in der Tradition der Psychophysik. Im Gegenteil: Er berücksichtigt explizit die Unwägbarkeiten mentaler Ereignisse, angesichts deren er nur messen will, ob ein physischer Reiz *überhaupt* eine mentale Reaktion auslöst. Genauer: Er erforscht die Reizschwelle für mentale Reaktionen. Dabei hat er es *nicht* mit unanalysierbar komplexen Bewusstseinsinhalten zu tun, sondern nur mit der Frage, ob und unter welchen Bedingungen ein Reiz überhaupt ins Bewusstsein dringt. Die Experimente zur Reiz-Maskierung erfassen die mentalen Reaktionen darüber hinaus komparativ. Die Versuchspersonen geben Auskunft über die relative Stärke der Reize, die sie empfinden. In diesem Punkt stehen Libets Experimente in der Tradition der Psychophysik – jedoch *ohne* den Anspruch, phänomenologische Gesetze über das Verhältnis von Reiz und Reaktion aufzustellen.

Auf der physischen Seite der Hautimpulse, Kortexstimulationen und sensorischen neuronalen Potentiale erfüllen Libets Experimente alle Kriterien der experimentellen Methode perfekt. Doch wie sieht es beim Brückenschlag von den physischen zu den mentalen Phänomenen aus? Libet objektiviert diesen Brückenschlag, indem er die notwendigen physischen Bedingungen dafür angibt, dass ein Reiz überhaupt eine bewusste Reaktion auslöst, oder: ein physisches Phänomen ein mentales Phänomen bewirkt. Er erforscht ein *Schwellenphänomen*, d. h. die *minimale Stärke* physischer Ursachen, die eine mentale Wirkung auslösen können. Probleme der *Abstraktion*, *Idealisierung* und *Isolation* mentaler Phänomene werden dabei elegant umgangen. Doch Libets Brückenschlag von den physischen Reizen zu den mentalen Reaktionen erfüllt alle anderen Bedingungen perfekt. Die *Analyse und Synthese* der Reize durch Maskierung, Verstärkung oder Maskierung der Maskierung wirkt sich in abgeblockten oder verstärkten Empfindungen aus. Im Hinblick auf die *Reproduzierbarkeit* legte Libet großen Wert darauf, dass seine Versuche die Ergebnisse anderer Experimente bestätigten. Im Hinblick auf die *Variation der Versuchsbedingungen* zeigte er große Kreativität im Hinblick auf den Test kausaler Hypothesen. Dabei erforschte er, welche Reize sich maskieren oder verstärken, und welche Rolle dabei die Erinnerung spielt.

Libets Ergebnisse werfen natürlich die Frage auf, warum wir es nicht *erleben*, wie stark unser Bewusstsein der Wirklichkeit hinterher hinkt. Libets verblüffende und provozierende Antwort lautet: Unser Bewusstsein *täuscht* uns. Es datiert unser Erleben permanent um eine halbe Sekunde zurück, damit wir die Wirklichkeit kohärent erleben. Alles, was schnellere Reaktionen als die kritische halbe Sekunde erfordert, kann nicht im Bewusstsein gemanagt werden. Dafür sind unbewusste Reaktionen nötig, die sind einfach schneller.[20] Unsere Alltagserfahrung widerspricht dieser neurowissenschaftlichen Einsicht auch nicht unbedingt. Sie kennen ja auch Situationen wie diese: Sie fahren Auto, ein Ball rollt auf die Straße, und Sie bremsen scharf, bevor Ihnen bewusst wird, dass da ein Kind hinterher gesprungen kommen könnte. Sie werden etwas gefragt, hören kaum zu und antworten wie aus der Pistole geschossen. Und dann fragen Sie sich: *Was* habe ich da gerade gesagt? Oder: Sie lernen ein Musikinstrument, schnelle Tanzschritte, Tennis oder Fußball. Mühsam machen Sie sich jede technische Einzelheit klar, Sie repetieren jede klitzekleine Bewegung im Schneckentempo. Sie sehen voll Neid auf die Fortgeschritteneren, und Sie denken: Das lerne ich *nie*. Doch irgendwann *läuft* es auf einmal. Sie bewegen sich wie im Schlaf. Ihre Finger sausen über die Tasten oder Saiten, Ihre Füße tanzen wie von selbst, Ihre Hände oder Füße parieren auf den Ball und Sie gucken nur noch zu. Doch dann sind Sie plötzlich verunsichert. Sie fragen sich: Mache ich auch alles richtig? Sie fangen an nachzudenken. Das heißt: Sie machen sich Ihre Bewegungen bewusst. Und plötzlich geht *nichts* mehr, Sie verheddern sich bei jeder Kleinigkeit.

Libet hat seine Deutung des zeitlich verzögerten Bewusstseins gegen viele Einwände verteidigt, die ich hier nicht im einzelnen diskutieren kann. Ich komme später, im nächsten Kapitel, noch einmal ausführlich auf das Zeitbewusstsein zurück. Hier ist nur folgender Hinweis angebracht: Libets Rückdatierungs-Hypothese wird auch im Zusammenhang mit einer bekannten optischen Täuschung, der *flash lag illusion*, diskutiert und hat offenbar bessere Karten als *andere* Deutungen. Ein Lichtimpuls, der in einem bewegten Objekt aufblitzt, hinkt der Bewegung des Objekts *scheinbar* hinterher.[21] Außerdem sind auch *räumliche* Sinnestäuschungen bekannt, einige besonders eindrucksvolle diskutiert Thomas Metzinger im Buch *Der Ego-Tunnel*.[22]

Bei solchen experimentellen Befunden sollten wir allerdings immer extrem vorsichtig sein, was Schein und Wirklichkeit betrifft. Vom naturwissenschaftlichen Standpunkt aus gelten die *mentalen* Phänomene als *Schein* und die *physischen* Befunde als *Wirklichkeit*. Doch *wissen* wir immer genau, wo der Schein liegt, wo die Wirklichkeit? Wer mentale Phänomene objektivieren will, sollte auf Fallstricke gefasst sein.

WILLENSFREIHEIT AM PRÜFSTAND?

In einem solchen Fallstrick hat sich Benjamin Libet meiner Auffassung nach beim umstrittenen Experiment zur Willensfreiheit verfangen. Die früheren Experimente hatten ihm gezeigt, dass unser Bewusstsein der Wirklichkeit eine halbe Sekunde hinterherhinkt und dies mit einer Sinnestäuschung kaschiert. Er kannte eine Messung aus dem Jahr 1965, die mit Elektroden an der Kopfhaut nachwies, dass am Kopf fast eine Sekunde vor dem Beginn einer Handlung ein Hirnstrom messbar ist, das *Bereitschaftspotential*.[23] Nun fragte er sich, ob diese neuronale Aktivität auch schon der Handlungs*absicht* vorausgeht – was hieße, dass das Gehirn bei einer Handlung *vor* dem Geist tätig wird.[24] Experimentatoren sind neugierig; sie fordern empirische Resultate; Libet wollte wissen, was Sache ist. Er ersann also ein Experiment, um die Zeitpunkte von Handlungsabsicht und Bereitschaftspotential zu messen.

Das Hauptproblem sah er darin, wie er den Zeitpunkt verlässlich messen konnte, zu dem eine Handlungsabsicht gefasst wird; bei der Messung kam es ja auf Bruchteile von Sekunden an. Dieses Problem löste er mittels einer schnellen Uhr, bei der ein Lichtzeiger ein Zifferblatt am Oszilloskop in knapp 3 Sekunden einmal umrundete. Die Versuchspersonen mussten sich nur merken, wo sich der Zeiger am Zifferblatt befand, wenn sie sich zur Handlung entschlossen. Er überprüfte die Messgenauigkeit mit einer Vergleichsmessung, bei der die Probanden anhand der Lichtuhr angaben, wann sie einen Hautreiz empfanden, der zu einem bestimmten Zeitpunkt verabreicht wurde. Die Zeitablesung mit der „Bewusstseinsuhr" war auf 50 Millisekunden genau. Beim

Versuch selbst hatten die Probanden dann die Aufgabe, ihre Hand zu einem frei gewählten Zeitpunkt zu bewegen und sich anhand der Uhr zu merken, wann sie sich dazu entschlossen. Zugleich maß Libet mit einer Elektrode auf der Kopfhaut der Probanden das Bereitschaftspotential. Aufgrund der restlichen Gehirnaktivität ist es stark verrauscht, so dass bei jedem Probanden *viele* Versuchsdurchgänge nötig waren, um ein statistisch signifikantes Signal zu messen. Doch dies ist ein bewährtes und verlässliches statistisches Verfahren, eine naturwissenschaftliche Routine.

So weit, so gut. Libet erwies sich wieder als fantastisch guter Experimentator. Doch das *eigentliche* Problem übersah er. Die zeitliche Messung der Handlungsabsicht im Vergleich zum Bereitschaftspotential *kehrte die Beziehung von Reiz und Reaktion um.* Zuvor hatte er die *mentale Reaktion* auf *physische Reize* gemessen. Jetzt maß er, wann ein *mentaler Impuls* im Verhältnis zu einem *physischen Signal* auftrat. Was er übersah, war jedoch: *Mentale Ereignisse lassen sich experimentell nicht isolieren.*

Den Zeitpunkt der Handlungsabsicht im Vergleich zum Bereitschaftspotential zu messen, stellt das experimentelle Verhältnis von Reiz und Reaktion auf den Kopf. Ein *mentaler Reiz* – die Absicht, die Hand zu bewegen, die im Bewusstsein auftaucht – wird mit der Messung einer *physischen Reaktion* – dem Bereitschaftspotential – verknüpft. Da sich der mentale „Reiz" nicht experimentell überprüfbar im Bewusstsein der Versuchsperson isolieren lässt, ist ein wichtiges Kriterium dafür verletzt, das experimentelle Ergebnis verlässlich zu deuten.

Dies steht nicht im Widerspruch dazu, dass Libet ein exzellenter Experimentator war. Die „Bewusstseinsuhr" war clever ausgetüftelt, und die Vergleichsmessung mit dem Hautreiz zeigte, dass sie erstaunlich präzise abgelesen wurde. Die *Messergebnisse* sind statistisch gut abgesichert und damit *quantitativ verlässlich.* Sie erwiesen, dass die physische Reaktion, also das Bereitschaftspotential, gut eine halbe Sekunde *vor* dem mentalen Handlungsimpuls auftrat – genau die berühmte halbe Sekunde, die das Bewusstsein der Wirklichkeit hinterher hinkt. Nach Libets früheren Ergebnissen bedeutet dies, dass die Handbewegung *unbewusst* eingeleitet wird, während die Absicht, sie auszuführen, erst *nachträglich* im Bewusstsein auftaucht. Auch an dieser Schlussfolgerung ist nichts auszusetzen.

Libet fragte sich: Aber wo bleibt dann der freie Wille? Kommt das Bewusstsein *immer* zu spät, um eine Handlung zu kontrollieren? Er machte weitere Messungen. Er maß den Zeitpunkt der Handbewegung und fand, dass sie anderthalb Zehntelsekunden nach dem mentalen Handlungsimpuls auftaucht. In weiteren trickreichen Messungen wies er nach, dass die Versuchsperson in dieser Zeitspanne die Handlung noch unterdrücken kann. Erst eine halbe Zehntelsekunde vor der Handlung ist es zu spät – was zum Beispiel ein Klavierspieler bemerkt, wenn er sich vergreift, aber den falschen Anschlag nicht stoppen kann. Dies beweist nach Libet, dass der „freie Wille" bei unbewusst eingeleiteten Handlungen ein „bewusstes Veto" ausüben kann. Dafür bleibt ihm eine knappe Zehntelsekunde Zeit.

Doch was dies alles *für die Willensfreiheit* bedeutet, ist eine völlig andere Frage. Das Veto, das Sie in der Zehntelsekunde zwischen einem bewussten Handlungsimpuls und einem nicht mehr zu stoppenden Handlungsablauf einlegen können, ist sicher nur eine Karikatur dessen, was Sie unter Willensfreiheit verstehen. Doch das ist nicht alles. Libets Vorstellung von einem Handlungswillen, der sich als isoliertes mentales Ereignis vom Rest des Bewusstseins abhebt, ist eine *Idealisierung*. Dabei kann er *überhaupt nicht kontrollieren, welche kausal relevanten Faktoren er vernachlässigt*. Nach den Kriterien der experimentellen Methode, die ich ausführlich diskutiert habe, ist schlicht und einfach völlig unklar, *was* Libet eigentlich *genau* gemessen hat.

Am Ende des letzten Abschnitts hatte ich hervorgehoben: Wer mentale Phänomene objektivieren will, muss auf Fallstricke gefasst sein. Libet war mit seinem Experiment zur Willensfreiheit *nicht* genug auf der Hut. Der Fallstrick, in dem er sich verfangen hat, war eine unzulässige Anwendung der experimentellen Methode auf mentale Ereignisse. Der Plan, den er mittels seiner „Bewusstseinsuhr" verfolgt, nämlich: den Zeitpunkt einer Handlungsabsicht zu messen, verwechselt eine bloße Idealisierung mit der Wirklichkeit mentaler Zustände. Einen spontanen Bewusstseinsimpuls kann man *empfinden*, man kann auch davon *sprechen*. Doch niemand kann ihn gegen *andere* mentale

Zustände *abschirmen*, um ihn *per se* in einem psychophysischen Reiz-Reaktions-Experiment zu untersuchen – oder seinen Zeitpunkt zu messen.

Etliche Neurowissenschaftler und Philosophen warnen davor, voreilige Schlüsse aus dem Libet-Experiment zu ziehen. Die Warnungen sind unpopulär. Doch aus der Sicht der experimentellen Methode, die ich hier geltend mache, sind sie völlig berechtigt. Lassen Sie mich drei Einwände anführen, die auf der Linie der hier vorgebrachten „immanenten" Kritik liegen:

(1) Libets Annahme, dass Ereignisse zu einem bestimmten Zeitpunkt bewusst werden, ist nach Daniel Dennett und anderen Kritikern fragwürdig. Kein mentaler Zustand ist gegen andere mentale Prozesse abgrenzbar. Dabei ist auch die Grenze zwischen bewussten und unbewussten Zuständen vage.[25]

(2) Nach Henrik Walter und anderen Kritikern war die entscheidende Absicht beim Libet-Experiment *nicht*, die Hand zu bewegen, sondern vielmehr die Absicht, den Instruktionen des Experimentators gerecht zu werden. Libets Anweisung an die Versuchsperson war,[26]

> „nicht im Voraus zu planen, wann sie handeln würde; sie sollte vielmehr die Handlung »von sich aus« erscheinen zu lassen".

Diese Instruktion veranlasste sie dazu, sich selbst zu überwachen. Was sie dann spürten, war aber nicht ihre Handlungsabsicht, sondern eher eine Art körperinterner Trigger, etwa eine periphere Muskelspannung, die sie dazu brachte, anweisungsgemäß einen Bewegungsdrang zu verspüren:[27]

> „Wenn dies stimmt, dann zeigt sich, dass eine bewußte Absicht *unmittelbar vor der Bewegung selbst keine Rolle mehr spielt*, allenfalls die bewußte Empfindung *des Überschreitens einer Schwelle*. Die Personen warteten auf ein Startsignal, mit der schon längst gefaßten Absicht, einen Finger zu bewegen."

(3) Maxwell Bennett und Peter Hacker beschränken ihre neurophilosophische Gemeinschaftsarbeit auf beißende Kritik an der neurowissenschaftlichen Sprachpraxis.[28] Gegen das Libet-Experiment wenden sie kurz gefasst ein, dass Libets Instruktion an die Versuchsperson auf den berühmten paradoxen Imperativ „*Sei spontan!*" hinausläuft.[29] Sie kritisieren diese Instruktion als eine unsinnige Anweisung: Die Versuchspersonen sollen das Gefühl der Absicht zu einer Handbewegung bei sich konstatieren, wobei diese Bewegung *zugleich ungeplant, freiwillig* und durch das Absichtsgefühl ausgelöst oder *verursacht* sein soll. Als das interessanteste Versuchsergebnis betrachten sie es, dass es die Probanden überhaupt schafften, dieser paradoxen Anweisung zu folgen. Zur Deutung des Experiments akzeptieren sie nur das blanke empirische Resultat: Neuronale Prozesse leiten die (freiwillige? oder von Libet gewollte? oder durch eine Empfindung verursachte?) Handbewegung ein, *bevor* die Versuchsperson konstatiert, dass sie einen Bewegungsimpuls spürt. Darüber hinaus heben sie hervor, dass absichtliche Handlungen oft auf einer längeren Zeitskala geplant werden – auf Tage, Wochen, Monate oder Jahre im voraus.

Der *erste* Einwand entspricht direkt der oben geäußerten Kritik, dass sich mentale Ereignisse nicht isolieren lassen. Der *zweite* Einwand betont, dass die Instruktionen des Versuchsleiters *vor* dem Beginn der Messungen kausal relevante Faktoren sind, die *bei* jeder Messung wirksam waren und die experimentell nicht-kontrollierbare physische und mentale Zustände hervorriefen, mit denen die Handlungsabsicht verwoben war. Nach beiden Einwänden ist Libets Idealisierung *unrealistisch* in dem Sinne, in dem Naturwissenschaftler von einer unrealistischen Idealisierung sprechen, die kausal relevante Faktoren vernachlässigt – also *wirklichkeitsfremd* ist. Nach dem *dritten* Einwand geht diese Idealisierung nicht nur an der (phänomenologischen) Wirklichkeit mentaler Prozesse vorbei, sondern ist darüber hinaus *widersprüchlich*. Sie führt zu unsinnigen Handlungsanweisungen für den kurzen Versuchszeitraum und wird der *längerfristigen* Zeitstruktur menschlicher Handlungen nicht gerecht.

Nach dieser durchschlagenden Kritik erübrigt sich fast die Frage, ob Libets Ergebnisse reproduzierbar sind. Soviel sei gesagt: Die Nachfolge-Versuche testeten auch *Handlungsalternativen*, die mit Signalen aus der rechten bzw. der linken Gehirnhemisphäre verbunden waren. Sie konnten Libets Messwerte allerdings *nicht* signifikant bestätigen.[30] Anders sieht es bei neueren Messungen mit bildgebenden Verfahren aus. Aufsehen hat vor allem ein Nachfolgeexperiment von John-Dylan Haynes und Mitarbeitern erregt, das die Hirnaktivität mit Magnetenzephalographie misst und Entscheidungen bereits etwa sieben Sekunden misst, bevor die Versuchsperson selbst sie registriert. Da der Apparat drei Sekunden Zeit zur Auswertung benötigt, zeigt das Experiment also, dass die neuronale Aktivität bis zu zehn Sekunden vor dem bewussten Handlungsimpuls auftritt![31] Haynes selbst ist allerdings *nicht* der Auffassung, dies widerspreche der Willensfreiheit – und seine Argumente sind ganz im Sinne der oben besprochenen Einwände.

„GEDANKENLESEN"

Die Wiederholung des Libet-Experiments durch Haynes setzt bildgebende Verfahren mit hoher räumlicher und zeitlicher Auflösung ein. Die Forschungsgruppe arbeitet seither daran, die neuronale Aktivität, die mit bestimmten Vorstellungsinhalten verbunden ist, noch besser sichtbar zu machen. Populäre Darstellungen sprechen hier gern vom „Gedankenlesen", doch dabei ist Vorsicht geboten: Das ist nur eine Metapher dafür, dass die Forscher die statistischen Korrelationen zwischen den gemessenen neuronalen Aktivitäten und den Vorstellungen von Versuchspersonen auswerten. Haynes und seine Mitarbeiter bitten die Probanden, sich konkrete Dinge wie ein Haus oder einen Apfel vorzustellen, dann wird gemessen. Ein Leseprogramm wertet die Informationen aus, um die Korrelationen zu lernen, und die Ergebnisse dieses „neuronalen Lernens" (. . . im künstlichen neuronalen Netz des Computers) fließen wieder in die Messungen ein. Irgendwann beginnt der Versuchsleiter dann anhand der Messergebnisse umgekehrt vorherzusagen, ob sich die Versuchsperson das Haus oder den Apfel vorgestellt hat. Dabei liegt die Trefferquote signifikant über der Rate von Zufallstreffern – im besten Fall bei 80–90%.

Auch wenn dies beunruhigend wirkt, so handelt es sich doch eher um statistische Aussagen als um die eindeutige Identifikation bestimmter Gedanken aus den Aktivitätsmustern. Zwar verkauft ein Unternehmen schon einen entsprechenden Lügendetektor. Doch Gerichtsprozesse lassen sich mittels der Messung von Hirnströmen nicht führen. Die Ergebnisse sind viel zu unsicher, um Angeklagte eindeutig der Tat zu überführen oder als unschuldig zu entlasten. Der Hirnforscher und Wissenschaftsjournalist Stephan Schleim behandelt in einem empfehlenswerten Buch gründlich die Möglichkeiten, Grenzen und Gefahren der heutigen Verfahren zum „Gedankenlesen". Er hebt zum „Gedankenlesen" hervor,[32]

„dass diese Darstellungen zahlreichen Verarbeitungsschritten und Abstraktionen unterliegen. Die Forschungsergebnisse ... sind meistens nur auf Gruppenebene und mit einer bestimmen Wahrscheinlichkeit gültig. Gerade im Rechtssystem geht es aber darum, in einem Einzelfall ein eindeutiges Urteil zu fällen."

PHANTOMHEILUNGEN UND BEWUSSTSEINSREISEN

Andere Experimente sind kurios, aber medizinisch effektiv, oder gar beunruhigend. Vilayanur S. Ramachandran kann die Phantomschmerzen, die Amputierte in nicht mehr vorhandenen Gliedern empfinden, durch Spiegel kurieren. Andere Hirnforscher sind in der Lage, unter Laborbedingungen außerkörperliche Erfahrungen hervorzurufen.

Ramachandrans Versuche[33] lassen sich nur bedingt mit den Reiz-Reaktions-Experimenten vergleichen, um die es bisher ging. Eine Vorstufe ist die sogenannte Gummihand-Illusion: Eine Versuchsperson erlebt eine künstliche Gummihand als ihre eigene Hand, wenn die letztere verdeckt ist, aber mit einem Stäbchen stimuliert wird, während der Versuchsleiter die Gummihand an der gleichen Stelle mit einem anderen Stäbchen berührt.[34] Dieses mentale Phänomen wird durch zwei physische Reize ausgelöst, einen taktilen Reiz (Berührung der unsichtbaren eigenen Hand durch ein Stäbchen) und einen optischen Reiz (Berührung der Gummihand durch ein anderes Stäbchen). Die Versuchsperson koordiniert beide Reize – oder: schreibt sie in der Wahrnehmung derselben Ursache zu – und nimmt die künstliche Gummihand als ihr eigenes Organ wahr. Diese Wahrnehmung lässt sich mit der Tastempfindung vergleichen, die Blinde in der Spitze ihres Stocks empfinden,[35] oder (vermutlich) mit dem Schmerz, der eine Geigerin durchzuckt, wenn ihr historisches Instrument einen Kratzer bekommt; und sie wirft Licht auf unsere Fähigkeiten des Werkzeuggebrauchs sowie ihre biologische Evolution: Technik ist Organverlängerung und Organersatz.[36]

Ramachandran nutzt in seinen Experimenten diesen Effekt für die Heilung von Phatomschmerzen aus. Anhand einer Spiegel-Konstruktion gaukelt er einer kranken Versuchsperson, die unter Phantomschmerzen in einem amputierten Arm leidet, das gesunde Organ der anderen Körperhälfte anstelle des Amputierten vor. An die Stelle einer künstlichen Gummihand, der die Versuchsperson ihre Empfindungen der gesunden, unsichtbaren Hand zuordnet, rückt hier das Spiegelbild des gesunden, schmerzfreien Arms. Hier geht es aber nicht nur um die Wahrnehmung von taktilen Empfindungen, sondern es geht um die Empfindung von Schmerz. Doch auch dies funktioniert; und es funktioniert mit spektakulären medizinischen Erfolgen: bewirkt wird die *Heilung von real empfundenen Schmerzen*, die aus *physisch gar nicht mehr vorhandenen Phantomgliedern* stammen.

In beiden Fällen, bei der Gummihand-Illusion wie auch bei der Befreiung von den Phantomschmerzen durch ein simples Spiegelbild des unbeschädigten, nicht-amputierten Glieds, lösen physische Reize mentale Wirkungen aus. Im Fall von nachhaltig kurierten Phantomschmerzen ist dies sogar begleitet von der physischen Folge, dass die Schmerz vermittelnden Neurone nie mehr verrückt spielen.

Die Experimente zu außerkörperlichen Erfahrungen wiederum, von denen Thomas Metzinger berichtet, sind nicht nur verblüffend, sondern geradezu verstörend. Jeder kennt harmlose optische Täuschungen, wie sie u.a. die Gestaltpsychologie lehrt. Doch jeder an Grenzerfahrungen Interessierte hat auch schon einmal etwas über Nahtod-Erfahrungen gelesen und fragt sich, was davon zu halten ist; das ist weniger harmlos. Und fast jeder Angehörige meiner Generation mit solchen Interessen kennt die (sicher u.a. psychedelisch inspirierten) Bewusstseinsreisen des *Don Juan Matus*, die Carlos Castañeda (1925–1998) in einer höchst erfolgreichen Serie von Büchern fataler wissenschaftlicher Reputation beschrieb.

Metzinger und die Forscher, mit denen er zusammenarbeitet, zeigen, dass solche Phänomene weder kompletter Unsinn noch bloße Fiktion sind, sondern sich auch unter wohldefinierbaren Laborbedingungen regelmäßig einstellen. Sie untersuchen, unter welchen experimentellen Bedingungen dies geschieht. Und das heißt: Sie bringen ihre Versuchspersonen unter kontrollierten Labor-Bedingungen dazu, das psychische Selbst andernorts wahrzunehmen als den eigenen Körper. Dies gelingt ihnen einerseits durch die Stimulation bestimmter Gehirnareale mit Mikroelektroden, und andererseits durch eine trickreiche Spiegel-Konstruktion, die eine Ganzkörper-Variante der Gummihand-Illusion erzeugt.[37] Andererseits gelang es Metzinger laut eigener Auskunft nie, echte *out of body-Wahrnehmungen* empirisch kontrolliert zu verifizieren.

Ich kann und will diese spannenden Experimente hier nicht weiter bewerten. Künftige Entwicklungen bleiben abzuwarten. An dieser Stelle sei nur zweierlei gesagt: Die Experimente, über die Ramachandran und Metzinger berichten, sind unter bekannten Bedingungen reproduzierbar. Und sie fügen sich gut in das oben diskutierte Reiz-Reaktions-Schema ein. Sie untersuchen allerdings nicht nur mentale Reaktionen auf physische Reize, also die Wirkungen des „Seins" auf das „Bewusstsein". Im Fall der spektakulären Heilungserfolge von Ramachandran zeigen sie umgekehrt, wie die bewusste Wahrnehmung auf das Ausbleiben von Schmerzempfindungen und ihrer physischen Korrelate zurückwirken kann – also Rückwirkungen des „Bewusstseins" auf das „Sein" im Sinne der Wirksamkeitsthese (**W**) aus dem 1. Kapitel.

SEZIERTES BEWUSSTSEIN

Kehren wir nun noch einmal zu den Krankheitsgeschichten des letzten Kapitels zurück. Sie unterstützen die „modulare" Sicht des Gehirns, nach der bestimmte geistige Funktionen in festen Gehirnarealen verankert sind. Dagegen machen die Experimente mit den bildgebenden Verfahren die neuronale Plastizität sichtbar: Jedes Gehirn ist anders strukturiert und die Gehirnarchitektur ist veränderlich. So baut sich das Gehirn um, wenn ein Patient nach einem Schlaganfall die verlorenen Fähigkeiten zurückgewinnt. Die Verfahren bilden allerdings nur ab, *wo* die geistigen Funktionen im Gehirn verankert sind, und nicht, *wie* sie es sind. Die Hirnforscher wissen wenig bis gar nichts darüber, wie es das neuronale Gewebe schafft, sich in den Gehirnarealen auf verschiedene kognitive Funktionen zu spezialisieren, von der Sinneswahrnehmung bis zur bewussten Planung und Ausführung von Handlungen.

Zusammen genommen lehren die Befunde: Unsere kognitiven Fähigkeiten beruhen darauf, dass mehrere Gehirnareale zusammen arbeiten. Die Fallgeschichten der Neuropathologen zeigen, welche verschiedenen, zum Teil bizarren Störungen dieser Fähigkeiten mit Hirnverletzungen einher gehen. Daraus folgern viele Hirnforscher: Nicht nur das *Gehirn* ist in seinen kognitiven *Funktionen* „modularisiert", sondern auch der *Geist* in seinen kognitiven *Fähigkeiten* – egal, in welchen Gehirnarealen diese Fähigkeiten nun im individuellen Fall *genau* verankert sind.

Diese Schlussfolgerung ist entscheidend für die Frage, wie die Hirnforscher *mentale* Phänomene zu *naturwissenschaftlichen* Phänomenen machen können. Wir haben schon bei der Deutung des Libet-Experiments zur Willensfreiheit gesehen, dass sie sich dabei manchmal vergaloppieren. Um dies deutlich zu machen, möchte ich Ihnen die Befunde, die Sie schon kennen, noch aus einem anderen Blickwinkel vor Augen führen. Die Hirnforscher heben folgende Punkte hervor:[38]

- Die neuropathologischen Fälle und die bildgebenden Verfahren ermöglichen es, Gehirnkarten zu erstellen.
- Aufgrund der Neuroplastizität sind die Gehirnkarten nur begrenzt verlässlich.

– Schon seit langem steht die „modulare", atomistische Sicht des Gehirns gegen die „holistische" Sichtweise, nach der das Gehirn nur als Ganzes funktioniert.
– Doch die Wahrheit scheint in der Mitte zu liegen; an den kognitiven Funktionen sind immer mehrere Gehirnareale beteiligt, und die Zuordnung ist nicht starr.

Und dann übertragen sie die „modulare" Sichtweise vom Gehirn auf den Geist. Ich zitiere Gerhard Roth:[39]

> „*Bewusstsein umfasst viele unterschiedliche Zustände, die lediglich darin übereinstimmen, dass sie von jemandem erlebt und im Prinzip berichtet werden können.*"

> „*Aufgrund von Selbstbeobachtung, Experimenten mit Versuchspersonen und des Studiums der Folgen von Verletzungen und Erkrankungen des Gehirns kommen wir zu der Erkenntnis, dass es das Bewusstsein überhaupt nicht gibt. Bewusstsein ist vielmehr ein Bündel inhaltlich sehr verschiedener Zustände, die gemeinsam haben, dass sie erstens* bewusst erlebt *werden, dass zweitens dieses Erleben* unmittelbar *ist, d. h. ohne irgendeine Instanz dazwischen, und dass sie drittens sprachlich berichtet werden können.*"

> „*Dies führt zu der Vorstellung, dass es sich bei diesen Bewusstseinsformen um mehr oder weniger eigenständige Funktionseinheiten oder »Module« handelt.*"

Diese Übertragung hat gute Gründe. Die neuropathologischen Befunde zeigen ja: Geistige Fähigkeiten wie unser Sprachvermögen, das wir im Normalfall als Einheit erleben, können sich in Komponenten aufspalten, von denen einige intakt bleiben, während andere gestört sind oder ganz ausfallen. Wenn das Broca-Areal geschädigt ist, setzt die Fähigkeit aus, Worte zu artikulieren. Wenn das Wernicke-Areal verletzt ist, geht die Fähigkeit verloren, Worte zu verstehen. Wenn die Verbindung zwischen beiden Arealen geschädigt ist, passen das Sprachverstehen und der sprachliche Ausdruck nicht mehr stimmig zusammen. Beim Phänomen der Blindsicht wiederum sind die Sehnerven noch intakt, ihre Nervenreize gelangen noch in das Gehirn und können Greifimpulse auslösen. Doch die Sinnesdaten gelangen nicht mehr ins Bewusstsein, so dass die Betroffenen selbst den Eindruck haben, „ins Leere" zu greifen. Ähnlich ist es beim Patienten, der am Telefon normal mit seiner Mutter spricht, sie aber für eine Hochstaplerin hält, wenn er sie sieht. Oder beim Patienten, der sein gelähmtes Bein nicht mehr als zu seinem eigenen Körper gehörig empfindet und behauptet, es gehöre einer fremden Person. Roth führt weitere Fälle an, die seine „Annahme der *Modularität* von Bewusstseinszuständen" stützen:[40]

> *„So gibt es Patienten, deren Identitätsbewusstsein gestört ist und die glauben, mehr als eine Person zu sein, oder die nicht wissen, wer sie sind. Andere glauben, an mehreren Orten gleichzeitig zu sein, und finden nichts Merkwürdiges dabei. Wieder andere haben das Gefühl, dass sie nicht im »richtigen« Körper stecken, und noch andere glauben, dass ihre Gedanken und Handlungen von fremden Mächten gelenkt werden."*

In all diesen Fällen sind die *geistigen* Fähigkeiten *zerstückelt*. Sie funktionieren bei den betroffenen Patienten nur noch partiell. Was dabei in Stücke gegangen ist, oder sich als „modularisiert" erweist, sind kognitive Fähigkeiten wie das Sprachvermögen, oder gar das Ich-Bewusstsein – sprich: der Geist. Manche kognitiven „Module" sind erhalten, andere zerstört. Die Hirnforscher schließen daraus: Geistige Fähigkeiten, die wir normalerweise als Einheit erleben, setzen sich aus Komponenten zusammen, die aufgrund einer Hirnschädigung teilweise ausfallen können. So gelangen sie dazu, das Bewusstsein in Komponenten zu zergliedern. Die Bewusstseins-Kompenenten, die ausfallen können, und das in seiner Ganzheit erlebte Bewusstsein werden dabei im Sinne einer Teile-Ganzes-Beziehung verstanden.

Wenn sich also die Hirnforscher heute dem Bewusstsein zuwenden, das lange Zeit als unerforschliches Rätsel der Wissenschaft galt, so tun sie es – gestützt durch die Befunde – mit dem „Seziermesser" der analytisch-synthetischen Methode. Nicht ohne Stolz betonen sie, dass sie sich dabei auf ein Terrain begeben, das früher als ureigenstes Gebiet der Philosophen galt. Ihr Anspruch ist dabei, die philosophische Spekulation, die dieses Terrain jahrtausendelang beherrschte, durch präzise, gut begründete naturwissenschaftliche Erkenntnisse zu ersetzen. Wie Galileis und Newtons Physik die aristotelische Naturphilosophie abgelöst hat, so soll nun die Hirnforschung die Bewusstseinsphilosophie ablösen und eine Philosophie des Geistes, die sich nicht auf die Neurowissenschaft beruft, überflüssig machen.

Diese Aneignung des Geistes durch die Naturwissenschaft ist erstaunlicherweise nicht als ‚feindliche Übernahme' gemeint, sondern als ein aufklärerisches Projekt. Es soll endgültig aufgeräumt werden auf dem Kampfplatz der Metaphysik; nur eine naturwissenschaftliche Erklärung des Bewusstseins soll übrig bleiben. Und sollte dabei herauskommen, dass nicht unser Wille, sondern das neuronale Geschehen in unserem Kopf unser Handeln steuert, so müssen wir eben das Alltagsbewusstsein korrigieren, das uns narrt.

Im ersten Kapitel habe ich schon im Zusammenhang mit dem Kausalprinzip auf den Denkfehler hingewiesen, der in diesem aufklärerischen Projekt steckt. Das Streitfeld der Metaphysiker wird offenbar *so* aufgeräumt, dass eine *neue*, naturalistische oder szientistische Metaphysik alle anderen philosophischen Auffassungen verdrängt. Die Absicht, unser Bewusstsein naturwissenschaftlich von den Hirnfunktionen her zu erklären, ist zunächst nur ein heuristisches Prinzip der Forschung. Sie darf nicht mit der Tatsache verwechselt werden, der Geist sei ein Teil der Natur wie jeder andere.

An dieser Stelle sollten wir innehalten, um die Bewusstseinsbegriffe der Hirnforscher und der Philosophen zu vergleichen. Die Philosophen unterscheiden seit jeher die mentalen Phänomene, unsere konkreten Bewusstseins- oder Vorstellungsinhalte, vom Selbst oder Ich – der Instanz, die diese Bewusstseinsinhalte und die Welt aus der Ersten-Person-Perspektive wahrnimmt. Analog unterscheiden Roth und andere Hirnforscher zwei Bewusstseinsformen: ein konstantes Hintergrundbewusstsein und ein schnell wechselndes das

Aktualbewusstsein; zusammengenommen bilden sie das, was wir in der Ersten-Person-Perspektive als unseren Bewusstseinsstrom erleben.[41] Das Hintergrundbewusstsein ist unser Ich-Bewusstsein oder Selbstgefühl – das Selbstbewusstsein. Das Aktualbewusstsein besteht in den konkreten Inhalten unseres subjektiven Erlebens – den mentalen Phänomenen: Sinneswahrnehmungen, Vorstellungsinhalte, Empfindungen und Gefühle, Wünsche, Absichten, Willensakte. Soweit sind sich alle Philosophen und alle Hirnforscher untereinander einig – doch dann beginnen die Differenzen.

Wenden wir uns zunächst den konkreten Bewusstseinsinhalten zu – den *mentalen Phänomenen* bzw. dem *Aktualbewusstsein*. Zu ihnen gehören die Sinnesqualitäten oder *Qualia*, d. h. die Art und Weise, wie wir Wahrnehmungsinhalte erleben, etwa die Farben, die wir sehen. Die *Qualia* werden in der Philosophie seit jeher als *sekundäre Qualitäten* betrachtet, d. h. als Eigenschaften, die nicht den Dingen selbst zukommen, sondern nur unseren Sinneseindrücken. Die Philosophen sind sich einig darüber, dass die sekundären Qualitäten grundsätzlich von den Eigenschaften der Dinge an sich selbst, den *primären Qualitäten*, unterschieden werden müssen; wenn sie sich auch seit jeher über das genaue Verhältnis beider streiten.

Diese Unterscheidung entspricht in etwa dem Unterschied der mentalen und der physischen Phänomene, den ich im ersten Kapitel besprochen habe. Wir landen an dieser Stelle bei der dort diskutierten Verschiedenheitsthese. Völlig unstrittig ist nämlich: Niemand weiß, wie die *Qualia* zustande kommen. In diesem Punkt stimmen die Hirnforscher den Philosophen zu. Das Hauptproblem bei der Beziehung von Geist und Gehirn sind die Sinnesqualitäten oder *Qualia*.[42] Niemand kann erklären, warum sich Farben, Töne, Gerüche usw. für uns so *verschiedenartig* anfühlen, wie sie es tun. Die Beschaffenheit der physischen Phänomene, die ihnen zugrunde liegen, gibt hierzu jedenfalls keinen Anlass.

Nehmen wir Farben und Töne. Ihre physische Beschaffenheit wird durch Lichtwellen und Schallwellen physikalisch erklärt. Lichtwellen sind die Schwingungen freier elektromagnetischer Felder, wobei die

Feldstärke quer zur Ausbreitung schwingt; Schallwellen sind Dichte-schwankungen der Luft, die längs der Ausbreitung schwingen. Beide Male handelt es sich um Wellen einer bestimmten Frequenz, die Ener-gie auf das Auge oder Ohr übertragen und sensorische Impulse in den Nerven auslösen. Doch im Bewusstsein erzeugen diese sensorischen Impulse vollkommen verschiedenartige Wahrnehmungen. Schallwellen steigender Frequenz hören wir als immer höhere Töne. Die Farben neh-men wir jedoch ganz anders wahr. Die Frequenz der Lichtwellen nimmt im optischen Bereich von rot über gelb, grün und blau bis violett zu, darunter liegt der Infrarot-Bereich, darüber der UV-Bereich. Doch wir sehen reine Farben und Mischfarben, die sich zu einem Farbkreis an-ordnen lassen. Für unseren Sehsinn geht blau über violett in rot über, und niemand weiß, warum.

Die diversen Sorten von *Qualia* sind also nicht nur von den *phy-sischen* Phänomenen radikal verschieden, sondern auch *voneinander*; und beides bleibt unerklärt. Über das Qualia-Problem sind sich sogar Philosophen und Hirnforscher weitgehend einig, weil die neurowissen-schaftlichen Befunde bisher nichts zu seiner Lösung beitragen.[43]

Anders ist es beim Problem des Selbst. Viele Hirnforscher und Neurophilosophen betrachten die traditionelle Sicht eines einheitlichen Selbst als Trugbild, Illusion oder Konstrukt – weil sich das Bewusstsein nach den neuropathologischen Befunden so schön in Komponenten zergliedern lässt. Doch die Argumentation, die das Selbst als Trugbild entlarvt, enthält gravierende Denkfehler.

TRUGBILD SELBST?

So hebt Ramachandran hervor, dass sich das Selbst und die *Qualia* wie zwei Seiten derselben Medaille zueinander verhalten – die letzteren sind nicht ohne das erstere zu haben und umgekehrt, da es weder ein inhalts-leeres Selbst noch freischwebende Qualia gibt.[44] Dieselbe Auffassung drückt sich auch in Roths Unterscheidung des konstanten Hintergrund-bewusstseins und des veränderlichen Aktualbewusstseins aus: Das eine ist nicht ohne das andere zu haben.

Dies stimmt natürlich – doch liegt dies nicht an der Beschaffenheit des Bewusstseins und seiner Aspekte, sondern an der verwendeten Begrifflichkeit. Die *Qualia* und das Selbst, oder: das Hintergrund- und des Aktualbewusstsein, werden hier nach dem altbekannten Muster von Eigenschaften und ihrem Träger, oder: von Substanz und Akzidenz, gedacht. Auf dieser Grundlage setzen die Hirnforscher ihre Komponenten-Theorie des Bewusstseins ein, um die philosophische Theorie zu kritisieren, nach der das Selbst eine eigenständige, Substanzartige Entität in uns ausmacht – das Bewusstsein sei vielmehr nur ein Bündel disparater Bewusstseinszustände.[45]

Diese Schlussfolgerung ist ungefähr so überzeugend wie der Schluss, es gebe Ihren Körper nicht, sondern nur Ihre Arme, Beine, den Rumpf, den Kopf und die Haare; oder es gebe Ihr Haus nicht, sondern nur die Steine, aus denen es gebaut ist, die Fenster, Türen und das Dach. Was Ramachandran und Roth kritisieren, ist nur die *traditionelle Theorie der Substanz*, von der sich die Philosophie des Geistes endlich verabschieden sollte. Descartes und Leibniz hielten das Selbst für eine Substanz, die als Träger der mentalen Phänomene fungiert. Descartes unterschied die denkende Substanz von der ausgedehnten Substanz (dies ist der Kern seines Dualismus); und Leibniz betrachtete die Monaden als immaterielle Substanzen, die Träger von Vorstellungen sind. Die empiristischen Philosophen machten sich über die „Kleiderständer-Theorie" der Substanzen lustig, die hier am Werk ist, wenn das Selbst zum Träger unserer Vorstellungen erklärt wird. David Hume (1711–1776) vertrat stattdessen eine Bündel-Theorie des Selbst. Danach ist unser Ich nichts anderes als das Bündel unserer Vorstellungen und es gibt gar kein eigenständiges Selbst. Doch was dieses Bündel *zusammenhält*, erklärt der Empirismus nicht.

Kant hat eine Alternative zum rationalistischen Substanzbegriff *und* zur Bündel-Theorie der Empiristen vorgeschlagen. Er bindet den Substanzbegriff *generell* (also auch für Ihren Körper und Ihr Haus) an unsere kognitiven Leistungen. Nach ihm ist das Selbst nicht als *Substanz* zu verstehen, sondern als *Tätigkeit* – als das „Ich denke", das „alle meine Vorstellungen begleiten können muss".[46] Kants „Ich denke" geht auf das Cartesische *Cogito* zurück, gibt ihm aber eine erkenntnistheoretische Wendung.

Soviel zu einem ersten Denkfehler, der in der Schlussfolgerung steckt, es gebe nicht das Selbst, sondern nur ein Bündel disparater Bewusstseinszustände. Ein zweiter Denkfehler besteht darin, der analytischen Methode mehr zuzutrauen, als sie leisten kann. Diesen Denkfehler hat schon Descartes begangen, und er ist bis heute beliebt – auch in der Hirnforschung, wenngleich mit anderen Resultaten als bei Descartes.

Nach Descartes ist das *Cogito*, das „Ich denke", das *einzige* Phänomen in der Welt, das über jeden Zweifel erhaben ist. Im *Cogito* vergewissert sich das Bewusstsein seiner selbst – seiner eigenen Ersten-Person-Perspektive des subjektiven Erlebens, über die jeder von uns privilegiert verfügt und zu der sonst niemand Zugang hat. Descartes hielt das Selbstbewusstsein, das sich im *Cogito* konstatiert, für eine so unerschütterliche Basis der menschlichen Erkenntnis, dass er daraus einen Beweis für die Unsterblichkeit der Seele ableitete. Der Beweis beruhte auf der analytischen Methode. Descartes ging von der radikalen Verschiedenheit von Körper und Geist aus, die ich im ersten Kapitel diskutiert habe. Er sah den Körper als ausgedehnt und teilbar an, den Geist bzw. die Seele jedoch als eine nicht-ausgedehnte, unteilbare Einheit, in der unsere Vorstellungen zusammenkommen. Da er den Tod – völlig korrekt – mit der Zersetzung des Körpers in seine Einzelteile gleichsetzte und die Seele als unteilbar betrachtete, schloss er messerscharf, beim Tod trenne sich die Seele nur vom Körper, um ohne ihn weiter zu existieren; doch sterben könne sie nicht, denn sie sei ja unteilbar.

Dieser „Beweis" traut der analytischen Methode offenkundig *sehr* viel zu. Spätere Philosophen hielten ihn nicht mehr für schlüssig. Doch sie übernahmen – soweit sie keine Materialisten oder Empiristen waren – von Descartes zwei Annahmen: Das Selbstbewusstsein hat eine privilegierte Stellung in der Welt. Und es stellt eine ausdehnungslose, unteilbare Einheit dar – den Ursprung des „Ich denke", den Brennpunkt der Ersten-Person-Perspektive und aller Aufmerksamkeit des Ich für sich selbst und die Welt. Diese Annahmen finden sich bei Leibniz, bei Kant und in der philosophischen Phänomenologie. Für sie spricht, dass sie mit unserem subjektiven Erleben übereinstimmen.

Für die Hirnforschung ist die *erste* Annahme – die privilegierte Stellung der Ersten-Person-Perspektive – ein elementarer empirischer Befund. Doch die *zweite* Annahme – die Einheit des Selbstbewusstseins – gilt als falsifiziert. Aus der Sicht vieler Hirnforscher stellt das Selbstbewusstsein *keineswegs* eine unteilbare Einheit dar. Unser Selbst *erscheint* uns zwar als Einheit; doch der Augenschein trügt. Wie alle kognitiven Fähigkeiten kann es sich durch Hirnschädigungen dissoziieren – d. h. in Komponenten zerfallen, von denen manche intakt bleiben und andere nicht.

Ramachandran unterscheidet fünf charakteristische Merkmale des „Selbst", die unabhängig voneinander durch Hirnverletzungen „selektiv gestört" sein können:[47]

1. „Kontinuität – das Empfinden eines fortlaufenden Fadens, der sich durch das gesamte Gewebe unserer Erfahrung hindurchzieht" und auch *zeitlich* ist;
2. „Einheit oder Kohärenz des Selbst",
3. „Gefühl der Verkörperung oder des Besitzes – wir empfinden uns in unserem Körper verankert";
4. „Urheberschaft ..., das, was wir den freien Willen nennen, das Empfinden, dass wir für unser Handeln und unser Geschick selbst verantwortlich sind";
5. „Fähigkeit zur Reflexion – zur Bewusstheit seiner selbst".

Diese Komponenten des Selbst erschließt er *als unabhängige Komponenten* wieder aus neuropathologischen Befunden. (1.) Der fortlaufende Empfindungsfaden, der Faden der Erinnerung, kann auf vielerlei Weisen abreißen. Bei der Altersdemenz versagt das Kurzzeitgedächtnis, während das Langzeitgedächtnis oft weniger tangiert ist. Andere Hirnschädigungen können schon in jungen Jahren jede Lernfähigkeit zerstören und den Patienten in einer Art ewiger Gegenwart einfrieren.[48] (2.) Beim Krankheitsbild der multiplen Persönlichkeit ist die Einheit des Selbst massiv gestört – allerdings *nicht* so weit, dass sich die

betreffenden Patienten *zur gleichen Zeit* als mehrere Personen empfinden würden. Die multiplen Persönlichkeiten lösen einander nur zeitlich
ab. (3.) Die Stimulation einer bestimmten Stelle im rechten Parietallap-
pen mit einer Elektrode führt dazu, dass sich das Selbst als vom Körper
losgelöst empfindet, oder: zum „Gefühl, dass Sie unter der Decke
schweben und Ihren eigenen Körper von oben betrachten. Mit anderen
Worten: Sie haben eine außerkörperliche Erfahrung."[49] (4.) Auch unser Empfinden, dass wir einen freien Willen haben, kann neurologisch
gestört sein – wie im vorigen Abschnitt erwähnt bei schizophrenen
Patienten, die sich ferngesteuert fühlen. (5.) Bei Phineas Gage war offenbar nach dem Unfall, der den Frontallappen drastisch verletzte, unter
anderem die Fähigkeit zur Selbstreflexion massiv gestört.

Auch Ramachandran vertritt eine Bündel-Theorie des Selbst – die
Befunde bringen ihn zu der Überzeugung,[50]

> *„dass das Selbst nicht nur ein Phänomen, sondern viele umfasst.*
> *Wie im Falle von »Liebe« oder »Glück« verwenden wir ein Wort –*
> *»Selbst« –, um viele verschiedene Dinge zusammenzuschnüren."*

Aus *wissenschaftstheoretischer* Sicht ist jedoch festzuhalten: Die Erfahrung eines einheitlichen Ich, Selbst oder Selbstbewusstseins ist ein
vorwissenschaftliches Phänomen, das sich in der Hirnforschung bisher *nicht* durch eine wissenschaftliche Erklärung reproduzieren lässt.
Stattdessen splittet es sich durch die neurologische Analyse in *viele*
Komponenten auf, von denen nachgewiesen ist, dass sie bei neurologischen Erkrankungen *unabhängig* voneinander operieren können.
Diese Komponenten lassen darauf schließen, dass sich unterschiedliche
Aspekte des Bewusstseins getrennt geltend machen können. Doch folgt
daraus schon, dass das Selbst nicht mehr ist als ein loses Bündel aus dis-
paraten Bewusstseinszuständen oder Komponenten? Ein Trugbild, eine
Illusion?[51]

Diese Schlussfolgerung beruht auf einem Denkfehler. Die Bündel-
Theorie des Selbst ist atomistisch, nach ihr setzt sich das Bewusstsein
aus unabhängigen Komponenten zusammen. Mit ihr trauen die Bewusstseinsforscher der analytischen Methode mehr zu, als sie leisten

kann – wenn auch nicht so viel wie Descartes mit seinem Beweis für die Unsterblichkeit der Seele. Ihnen ist bisher nur der *analytische* Teilschritt gelungen, d. h. der Nachweis, welche Komponenten sich *top-down* im Bewusstsein ausfindig machen lassen. Doch vom *synthetischen* Teilschritt, der *bottom-up*-Erklärung eines Ganzen aus seinen Teilen, sind sie himmelweit entfernt. Sie können uns ja nicht erklären, wie unser Ich-Erleben zustande kommt. Genauer gesagt: Sie haben keine empirisch überprüfbare, gut bewährte neurowissenschaftliche Theorie, die dies erklären würde. Deshalb haben sie auch kein belastbares Argument für ihre Behauptung, das Selbst sei ein Trugbild, eine Illusion.

Der hier kritisierte Denkfehler ist ein atomistischer oder mereologischer Fehlschluss.[52] Die Mereologie ist die Lehre vom Ganzen und seinen Teilen, und der Fehlschluss besteht darin, die Vorstellung eines körperlichen Ganzen, das sich aus separierbaren Teilen zusammensetzt, auf mentale Phänomene anzuwenden. Diese Vorstellung ist schon in der Atom- und Teilchenphysik ziemlich irreführend, wie die Quantentheorie lehrt.[53] In der Hirnforschung führt sie erst recht aufs Glatteis. Der atomistische Fehlschluss von den neuropathologischen Befunden auf die Bündel-Theorie des Bewusstseins ist dem mereologischen Fehlschluss verwandt, den Max Bennett und Peter Hacker kritisieren. Nach Bennett und Hacker besteht der mereologische Fehlschluss darin, ein Vokabular, das nur auf Personen als Ganze zutrifft, etwa Ausdrücke wie Denken, Erkennen, Wollen, etc., auf Körperteile wie das Gehirn anzuwenden. Diese sprachphilosophische Kritik an der Neurowissenschaft moniert ebenfalls einen fehlerhaften Gebrauch der Teile-Ganzes-Beziehung.[54] Sie hat jedoch eine andere Stoßrichtung: sie bezieht sich nur auf den Sprachgebrauch, während meine Kritik methodologisch ist.[55]

Aus der Sicht der philosophischen Phänomenologie ist das Selbstbewusstsein nicht mehr und nicht weniger als unser subjektives Erleben der Ich-Perspektive. Dies beruht darauf, wie wir uns selbst erleben, und hat mit einer Bündel-Theorie des Selbst wenig zu tun. Es gibt viele Theorien darüber, wie das Gehirn diese Ich-Perspektive hervorbringt. Manche Hirnforscher nennen es ein „Selbst-Konstrukt". Wolf Singer betrachtet die Ich-Perspektive als eine Art Selbstbespiegelung des

Gehirns; andere Hirnforscher haben diese Theorie übernommen. Singer hat hierfür den Terminus *Metarepräsentation* geprägt. Anders als die Vorstellung von Dingen oder Personen im Aktualbewusstsein handelt es sich dabei nach Singer um eine Repräsentation höherer Stufe, die Vorstellung einer Vorstellung, mit der sich das Gehirn sozusagen selbst bei der Arbeit zusieht.[56] Doch dieser Ansatz erklärt natürlich nicht, wie sich unser Erleben von innen heraus *anfühlt*. Eine *Vorstellung, die ich habe*, ist ja etwas anderes als eine *Repräsentation meines neuronalen Geschehens*. Hier klafft eine gewaltige Erklärungslücke. Empirisch testbar ist die Theorie auch nicht.

Die Bündel-Theorie der Bewusstseinskomponenten ist empirisch besser gestützt; jedoch bleibt unklar, *was* sie eigentlich erklären soll. Warum ich mein Selbst als eine *integrative* Instanz empfinde, in deren Perspektive sich meine Bewusstseinsinhalte bündeln, erklärt sie jedenfalls *nicht*. Schon im Zusammenhang mit Hume hatte ich hervorgehoben: Was dieses Bündel *zusammenhält*, erklärt der Empirismus nicht. *Wer* bindet die mentalen Phänomene denn zusammen – wenn nicht das Selbst? Und wenn *niemand* es zusammenschnürt: warum fällt es dann nicht auseinander? Oder anders herum gefragt: Warum ist denn unser Bewusstsein nicht *immer* dissoziiert, warum fehlt ihm die Einheit nur bei bestimmten neurologischen Erkrankungen?

Das Seziermesser fördert immer nur Teile zutage, aber nie das Ganze. Wenn die Bewusstseinsforscher das Bewusstsein nach bestimmten kognitiven Funktionen tranchieren, folgen sie dem Vorbild der Neuroanatomen. Doch das Bewusstsein addiert sich sowenig aus kognitiven Komponenten auf wie das Gehirngeschehen aus einzelnen neuronalen Aktivitäten. Es *könnte* auch sein, dass sich die Ergebnisse solcher Analysen immer nur bruchstückhaft auf unser Wirklichkeitsverständnis zurück beziehen lassen – weil naturwissenschaftliche Methoden *grundsätzlich* nur dazu taugen, Fragmente der Wirklichkeit zu finden, die wir nicht fugenlos zusammen setzen können. Wir hätten dann am Ende viel gelernt und nichts begriffen.

5

DAS RÄTSEL ZEIT

UMKEHRUNG DES BLICKS

Keine Naturwissenschaft gibt sich damit zufrieden die Phänomene zu zergliedern, die Hirnforschung so wenig wie die Physik. Naturwissenschaftliche Analysen zielen auf lückenlose Erklärungen. Mit den Wirklichkeitsfragmenten, die diese Analysen zutage fördern, spielen die Naturforscher Puzzle. Sie wollen die Einzelerkenntnisse zum kohärenten Ganzen fügen – zur Erklärung der Phänomene, die sie untersuchen. Eine gute wissenschaftliche Erklärung ist objektiv, präzise und empirisch gut gestützt. Und sie umfasst möglichst viele Phänomene, ist also gerade nicht fragmentarisch angelegt. Im Fall der Hirnforschung sind dies physische *und* mentale Phänomene. Um zu verstehen, wie sie verbunden sind, hat die kognitive Neurowissenschaft ihren integrativen Ansatz entwickelt, der darauf zielt, das Mentale vom Physischen her zu erklären. Doch welche Integrationsleistungen bringt dieser Ansatz zustande? Um dies zu sehen, müssen wir die Blickrichtung umkehren. Die letzten beiden Kapitel haben Ihnen die *top-down*-Verfahren und empirischen Befunde der Hirnforschung skizziert, bis hin zu einigen typischen Fehlschlüssen, die manche Hirnforscher *bottom-up* daraus ziehen. Nun wenden wir uns der *bottom-up*-Erklärung mentaler Phänomene aus dem neuronalen Geschehen näher zu. Zunächst zeige ich

B. Falkenburg, *Mythos Determinismus*, DOI 10.1007/978-3-642-25098-9_5,
© Springer-Verlag Berlin Heidelberg 2012

am Fall des Zeitbewusstseins, wie die *bottom-up*-Erklärung mit den empirischen *top-down*-Verfahren verflochten ist, wie weit sie reicht und welche Grenzen sie hat.

Das Zeitbewusstsein spielt eine zentrale Rolle für die Erklärungsansprüche der kognitiven Neurowissenschaft. Unser Bewusstsein steht wesentlich unter zeitlichen Bedingungen. Worauf wir jeweils unsere Aufmerksamkeit richten, ist gegenwärtig; was unser Erinnerungsvermögen speichert, ist vergangen; worauf sich unsere Hoffnungen, Wünsche, Pläne und Absichten richten, ist zukünftig. Diese Zeitstruktur ist fundamental für unser subjektives Erleben und sie liegt unseren Handlungen zugrunde. Wer das subjektive Erleben „naturalisieren" und den Willen auf das neuronale Geschehen reduzieren will, muss naturwissenschaftlich erklären können, wie unser Zeitbewusstsein strukturiert ist; und dies beginnt bei den zeitlichen Bedingungen, unter denen die Sinneswahrnehmung steht. Eine naturalistische Sicht des Bewusstseins verlangt, dass sich das subjektive Zeiterleben auf die objektive Zeit der Physik reduzieren lässt. Aber inwieweit gelingt es, die erlebte Zeitstruktur *bottom-up* zu erklären, wenn der physikalische Zeitpfeil bis heute rätselhaft bleibt?

WAS IST „DIE" ZEIT?

Wenn wir von „der" Zeit sprechen, unterstellen wir einen einheitlichen Zeitfluss, in den alles Geschehen eingebettet ist. Doch unser alltägliches Verständnis der Zeit ist *nicht* einheitlich. Wir erleben zeitliche Vorgänge, und wir sind es gewohnt, ihre Dauer mit Uhren zu messen. Wir erleben die Zeit aber völlig anders als wir sie messen. Die erlebte Zeit ist subjektive Zeit, ist Bewusstsein von Gegenwärtigem, Vergangenem, Zukünftigem. Dabei wissen wir, dass nur der Augenblick real ist, die Vergangenheit ist schon vorbei und die Zukunft noch nicht eingetreten. Die gemessene Zeit hat eine intersubjektive Funktion; wir halten uns im Tageslauf an die Uhr und im Jahreslauf an den Kalender, um uns im Alltag aufeinander abzustimmen. Dabei wissen wir alle, wie weit die erlebte und die gemessene Zeit auseinander klaffen können. Darüber hinaus erleben wir es als höchst real, wie sich unsere Umwelt, unser Körper und unsere kognitiven Fähigkeiten im Lauf der Zeit verändern. An all diesen Veränderungen bemerken wir den „Zahn der Zeit" – den Zeitlauf, die objektive Zeit.

Aus unserer subjektiven Perspektive ist nur die Gegenwart wirklich. Vergangenheit und Zukunft, Erinnerungen und Hoffnungen existieren nur in unserer Vorstellung. Dagegen betrachten wir den objektiven Zeitlauf als unabhängig vom subjektiven Erleben – jedenfalls soweit wir keine Solipsisten sind und an die Existenz einer realen Außenwelt glauben. Die Grenze zwischen Innen und Außen erleben wir räumlich, nicht zeitlich. Aus der Innenperspektive erleben wir uns als räumliche Körper in einer räumlichen Umgebung, aber nicht als Jetzt-Bewusstsein in einer zeitlichen Umgebung. Vergangenheit und Zukunft sind *nicht da*, obwohl wir den Zeitlauf als wirklich erleben und durch die Zeitmessung objektivieren können.

Schon Augustinus (354–430) fand die Zeit deshalb rätselhaft. In den *Confessiones* betont er, dass wir die Zeit im Alltag als etwas völlig Selbstverständliches erleben; während die philosophische Nachfrage enthüllt, wie paradox ihre Seinsweise ist:

> „*Was also ist die Zeit? Solange mich niemand fragt, weiß ich es; wenn ich es einem auf seine Frage hin erklären will, weiß ich es nicht. Dennoch sage ich zuversichtlich: Ich weiß, wenn nichts verginge, gäbe es keine vergangene Zeit, wenn nichts hinzukäme, gäbe es keine zukünftige Zeit, und wenn nichts wäre, gäbe es keine gegenwärtige Zeit. Wie ist es nun mit diesen beiden Zeiten bestellt, mit der Vergangenheit und der Zukunft, wenn einerseits die Vergangenheit schon nicht mehr ist, andererseits die Zukunft noch nicht ist? Wenn hingegen die Gegenwart immer gegenwärtig wäre und nicht in Vergangenheit überginge, wäre sie bereits keine Zeit mehr, sondern Ewigkeit. Wenn daher die Gegenwart, um ,Zeit' zu sein, sich in die Vergangenheit verlieren muß, wie können wir dann behaupten, daß sie ,ist'; wo der einzige Grund ihres Seins . . . ist . . . , daß . . . sie nach dem Nichtsein strebt?*"[1]

In neuerer Zeit hat der britische Idealist John M. E. McTaggart (1866–1925) diese paradoxen Züge der Zeit analysiert. In seinem berühmten Aufsatz *The Unreality of Time* von 1908 gelangte er zu dem Schluss, dass die Zeit gar nicht existiert, sondern eine Illusion ist.[2] Der Aufsatz unterscheidet zwei Zeitreihen:

A. Die A-Reihe ist die Zeitfolge, die von der Vergangenheit über die Gegenwart in die Zukunft läuft.
B. Die B-Reihe ist die Zeitfolge, die von früheren zu späteren Ereignissen läuft.

In der A-Reihe erkennen wir unschwer die subjektiv erlebte Zeitstruktur, und in der B-Reihe die objektive Zeitordnung, die sich mit Uhren messen lässt. McTaggart arbeitet heraus, dass die B-Reihe die A-Reihe voraussetzt, und argumentiert darüber hinaus, die A-Reihe sei widersprüchlich, weil *jeder* Zeitpunkt *irgendwann* Vergangenheit, Gegenwart und Zukunft war, ist oder sein wird; deshalb sei die Zeit nur eine Illusion. Sein Aufsatz beeinflusst die Philosophie der Zeit bis heute, etwa im Hinblick auf die Deutung der Zeit in der Speziellen Relativitätstheorie und im Hinblick auf die Theorie des „zeitlosen" Block-Universums, auf die ich später noch zurückkomme.[3]

Lassen wir die These, die Zeit könne aufgrund ihrer paradoxen Züge nur eine Illusion sein, zunächst einmal beiseite. Die Philosophen und Naturwissenschaftler erklären uns sonst mit vereinten Kräften am Ende noch *alles* zur Illusion: Ihren Eindruck, dass Sie einen freien Willen haben; die Zeit, die uns allen doch immer zu knapp bemessen scheint; und die reale Außenwelt, zu der das Buch gehört, in dem Sie gerade lesen.

SUBJEKTIVE UND OBJEKTIVE ZEIT

Auch für wissenschaftliche Realisten, die sie *nicht* für eine Illusion halten, ist die Zeit eine harte Nuss. Wer von „der" Zeit spricht, hat schon vor aller Naturwissenschaft ein nicht geringes philosophisches Problem: Er muss klären, wie die subjektive, erlebte und die objektive, gemessene

Zeit miteinander zusammenhängen. Die Philosophen sind mit diesem Problem recht unterschiedlich umgegangen, soweit sie die Zeit als wirklich betrachteten. Man kann grob drei Strategien unterscheiden:

(i) Die objektive, gemessene Zeit (McTaggarts B-Reihe) gilt als fundamental.
(ii) Die subjektive, erlebte Zeit (McTaggarts A-Reihe) gilt als fundamental.
(iii) Subjektive und objektive Zeit gelten als irreduzibel und komplementär.

Die *erste* Strategie entspricht dem Objektivierungsprogramm der neuzeitlichen Naturwissenschaften. Naturphilosophen und Naturwissenschaftler setzen schon immer auf diese Strategie, von Platon und Aristoteles über Newton und Leibniz bis heute. Sie gehen davon aus, dass „die" Zeit der objektive Zeitlauf ist, der durch den Kalender und durch Uhren gemessen wird. Für die Zeitmessung ist der subjektiv erlebte Unterschied von Vergangenheit, Gegenwart und Zukunft völlig irrelevant. Die gemessene Zeit beruht auf objektiven periodischen Vorgängen wie dem Wechsel von Tag und Nacht, dem Jahreslauf, der Schwingung von Uhrpendeln, der Drehung von Uhrzeigern. All diese Vorgänge sind mehr oder weniger regelmäßig. Sie unterliegen den Gesetzen der Physik; so gut es geht, werden sie auf das Ideal einer absolut gleichförmigen Bewegung geeicht. Wie die früheren Kalenderreformen und die heute üblichen Schalttage zeigen, bewegt sich die Erde allerdings ziemlich ungleichmäßig. Das beste Zeitmaß liefern heutzutage Atomuhren.

Dabei streiten sich die Naturphilosophen seit langem, ob der Gang von Uhren etwas anderes ist als „die" Zeit. Aristoteles hatte betont, die Zeit sei nicht die Veränderung selbst, sondern das Zahlmoment an periodischen Bewegungen – d. h. insbesondere die Zeitrechnung auf der Grundlage eines Kalenders, dem der Tages- und Jahreslauf der Erde zugrunde liegt. Doch wie ist dies *genau* zu verstehen, wenn es vielleicht gar keine gleichmäßige periodische Bewegung in der Natur gibt, die das ideale Zeitmaß realisiert? Newton, der das Problem der Kalenderreformen kannte, dachte, es gebe eine „absolute" Zeit – sozusagen das Zeitmaß Gottes – „hinter" der ungleichförmigen Bewegung der Erde um die Sonne. Leibniz nahm das Gegenteil an, er hielt die Zeit für die bloße Ordnung der Ereignisse in der Welt. Die moderne Physik tendiert seit Einstein eher zur Leibnizschen Position; doch die Natur des physikalischen Zeitpfeils, dem die Vorgänge in der Welt unterliegen, ist alles andere als klar (mehr dazu später).

Neuronale Deterministen müssten die erste Position vertreten und der Auffassung sein, dass sich die subjektiv erlebte Zeitstruktur auf die objektive, gemessene Zeit der Physik reduzieren lässt. Wie weit sie damit kommen, wird im folgenden genau zu untersuchen sein. Doch sehen wir uns vorher die *zweite* Strategie an, soweit sie nicht in die idealistische Auffassung abkippt, nach der die Zeit eine bloße Illusion ist.

Augustinus folgte offenbar dieser zweiten Strategie. Er nahm die Zeitstruktur, die wir subjektiv erleben, zum Ausgangspunkt seiner Überlegungen und kümmerte sich nicht groß darum, wie sie sich zur objektiven, gemessenen Zeit verhält. Doch er hielt die Zeit ganz und gar nicht für eine Illusion, sondern für etwas, das Gott mit der Welt geschaffen hat – für etwas Weltliches, genauer: für gerade denjenigen Aspekt der Welt, der unser vergängliches irdisches Dasein als vergänglich charakterisiert.

Im 20. Jahrhundert entwickelten die Vertreter der philosophischen Phänomenologie verschiedene säkularisierte Versionen einer Philosophie der Vergänglichkeit. Neben Edmund Husserl (1859–1938) und Martin Heidegger (1889–1976) ist hier Maurice Merleau-Ponty (1908–1961) zu nennen, der dem Existentialismus nahe stand, sich aber auch mit der Physik befasste. Als Phänomenologe stellte er die subjektiv erlebte Zeit ins Zentrum; als Naturphilosoph war er sich zugleich der Eigenständigkeit der objektiven Zeit bewusst. Sein phänomenologischer Ansatz geht davon aus, dass unser Bewusstsein in unserer Leiblichkeit verankert ist und sich Zeit und Welt von unserem Körper aus perspektivisch erschließen.[4] Dementsprechend gibt es für ihn ohne subjektives Zeiterleben keine objektive Zeit und kein zeitliches Geschehen.

Merleau-Ponty betrachtet das Zeitbewusstsein als spezifisch menschliche kognitive Leistung, die darin besteht, unser Erleben in die Vergangenheit, Gegenwart und Zukunft zu entfalten. Tiere sind auf die Gegenwart fixiert; nur der Mensch kann Vergangenes rekonstruieren und Künftiges antizipieren.[5] Vergangenheit und Zukunft von der Gegenwart zu unterscheiden impliziert auch, sich des Unterschieds von Vergangenheit und Zukunft bewusst zu sein: zu wissen, dass Vergangenheit und Zukunft *nicht* im selben Sinne existieren wie die Gegenwart; dass das Gegenwärtige vergänglich ist; und dass wir unsere Zukunft gestalten können. So bestimmt die subjektiv erlebte Zeit unser Verhältnis zu uns selbst und zu unserer Umwelt; sie ist eine wesentliche Dimension unserer menschlichen Existenz, unseres Seins.

Sein und Zeitlichkeit spielen sich aber in der Lebenswelt ab, ohne Welt gibt es nach Merleau-Ponty keine Zeit. Die objektive Zeitordnung der aufeinander folgenden Ereignisse ist verankert in der räumlichen Ordnung der gleichzeitig existierenden Dinge, deren Veränderung das zeitliche Geschehen ausmacht. Darum ist die Welt, also all das, was *jetzt* existiert und sich verändert, für ihn der „Kern" der Zeit.

Jedoch bleibt die subjektiv erlebte Perspektive zentral für den Phänomenologen. Die Dinge haben ihren Sinn nur *für uns*, nicht an sich selbst; dies gilt auch für die Zeit. Damit betrachtet Merleau-Ponty die Zeitlichkeit – ähnlich wie Heidegger – als den Sinnhorizont unseres Lebens. Entscheidend ist für ihn die Perspektivität der Zeit; wir verstehen zeitliches Vokabular nur, insofern wir in der Welt und in der Zeit situiert sind, d. h. aus der Ersten-Person-Perspektive. Aus dieser Perspektive eignen wir uns nach Merleau-Ponty die Richtung an, in die sich das Weltgeschehen entwickelt, und nennen sie den Zeitpfeil; sie definiert den Sinn, den wir unserem Leben geben.

Merleau-Pontys Sicht der Zeit geht also von der obigen *zweiten* Position aus, landet aber im Hinblick auf die intersubjektiven bzw. objektiven Aspekte der Lebenswelt schließlich bei der *dritten* Position. Dies folgt letztendlich Kants „transzendentalem Idealismus", der sich auf raffinierte Weise mit einem empirischen Realismus verband.

Zu Beginn der *Kritik der reinen Vernunft* erklärte Kant die subjektiv erlebte Zeit zum „inneren Sinn" – zu einer Form der Anschauung, in die wir alles, was wir erleben, in seiner Reihenfolge einordnen. Ihm war aber klar, wie leicht diese subjektivistische Sichtweise der Zeit in Idealismus-Verdacht gerät. In den beiden Auflagen der *Kritik* finden sich darum unterschiedliche Varianten einer „Widerlegung des Idealismus"; beide haben etwas damit zu tun, dass sich der objektive Zeitlauf der Ereignisse in der Außenwelt eben *nicht* auf unser subjektives Zeiterleben reduzieren lässt.[6] Der subjektive Charakter unseres Zeiterlebens verträgt sich nach Kant damit, dass wir die objektive Zeitordnung des Geschehens in der empirischen Außenwelt erkennen. Die entscheidende Rolle spielt dabei für ihn das Kausalprinzip: Wir wissen *a priori*, dass die Ursache früher geschieht als die Wirkung; deshalb versetzt uns das Kausalprinzip in die Lage, die Vorgänge, die wir wahrnehmen und erfahren, zeitlich auf die Reihe zu bringen.[7]

Ich kann und will hier auf Kants Erkenntnistheorie nicht näher eingehen, doch einer ihrer Aspekte ist für uns wichtig. Sie stellt einen engen Zusammenhang zwischen der *objektiven Zeitordnung*, sprich: dem physikalischen Zeitpfeil, und dem *Kausalprinzip* her. Kant fiel auf, dass kausale Prozesse zeitlich gerichtet sind oder unumkehrbar verlaufen; die Wirkung folgt auf die Ursache und niemals umgekehrt. Diese Nicht-Umkehrbarkeit ist der „archimedische" Punkt seiner Unterscheidung von subjektiver und objektiver Zeit. Genau diese Nicht-Umkehrbarkeit oder Irreversibilität kausaler Vorgänge verbietet es jedoch, Kausalität und Determinismus so bruchlos miteinander zu identifizieren, wie es vor dem Hintergrund der klassischen Physik üblich wurde. (Mehr dazu im nächsten Kapitel.) Wie ich im 1. Kapitel betonte, verstand Kant das Kausalprinzip nicht als Tatsachenbehauptung, sondern als Verfahrensregel; und er war *kein Determinist*. Über den methodologischen Charakter seines Kausalprinzips hinaus sehen wir nun einen weiteren Grund dafür, dass Kants Kausalprinzip nicht zum Determinismus zwingt. Sonst wäre es nämlich gar nicht tauglich dafür, die Existenz einer objektiven Zeitordnung gegen den Idealismus-Verdacht zu retten. Strikt deterministische Naturvorgänge sind nämlich reversibel, sie könnten ebenso gut auch umgekehrt in der Zeit ablaufen. Für die Abfolge von Ursache und Wirkung gilt dies *nicht*, und eben dies garantiert nach Kant Erkenntnis der objektiven Zeitordnung.

Kant vertrat also eine komplexe Auffassung der Zeit, die insgesamt eher der *dritten* als der zweiten Position zuzurechnen ist – wenn man denn seine „Widerlegung des Idealismus" ernst nimmt und seinen empirischen Realismus bezüglich der Außenwelt beachtet. Die subjektiv erlebte Zeitstruktur, unser „innerer Sinn", kennzeichnet nach Kant unser Anschauungsvermögen; die objektive Zeitordnung dagegen kennzeichnet die empirische Außenwelt. Dass wir die objektive Zeitordnung erkennen können, beruht dabei auf dem Kausalprinzip, das Kant als fundamentale kognitive Leistung unseres Verstandes betrachtete. Subjektives Zeiterleben und objektive Zeitordnung sind demnach komplementär; sie verhalten sich zueinander wie die Zeitstruktur unserer Innenwelt und die kausale Struktur der Außenwelt.

An Kant wie an Merleau-Ponty wird deutlich: Der Vorteil der dritten Position ist, dass sie empirisch bzw. phänomenologisch gut gestützt ist. Doch der Preis dafür ist, dass sich „die" Zeit in zwei Zeitauffassungen aufspaltet, die man „komplementär" nennen mag, von denen aber letztlich völlig unklar ist, wie sie sich zueinander verhalten. Die unbefriedigende Aufspaltung „der" Zeit in das subjektive Zeiterleben und die objektive Zeitordnung spiegelt dabei aber gar nichts anderes als den Unterschied der mentalen und der physischen Phänomene wider, der uns schon seit dem 1. Kapitel beschäftigt. Deshalb befassen wir uns im Folgenden mit der Frage: Ist der Verschiedenheit des Mentalen und des Physischen im Fall der zeitlichen Phänomene zu entkommen; und wenn ja, *wie*?

Wir haben schon gesehen: Versuche, die objektive Zeit ernstlich auf die subjektive Zeit zu reduzieren, enden im Idealismus, in der Auffassung, die Zeit sei eine Illusion. Sehen wir uns nun umgekehrt die Versuche an, die subjektive Zeit auf die objektive zu reduzieren – im Sinne des Objektivierungsprogramms der Naturwissenschaften. Die Hirnforschung will das subjektive Zeiterleben auf die objektive, gemessene Zeit der Physik reduzieren. Und die Physik will den Zeitpfeil von den Naturgesetzen her als objektive Zeitstruktur der Welt erklären. Wie weit kommen sie jeweils dabei?

PSYCHOPHYSIK DER ZEIT

Beginnen wir mit dem Reduktionsprogramm der Hirnforscher. Die Erforschung der neurobiologischen Grundlagen unserer Wahrnehmung begann mit der Psychophysik des 19. Jahrhunderts; dies gilt auch für die Erforschung unseres Zeiterlebens. Der Hirnforscher Ernst Pöppel, Experte auf diesem Gebiet, skizziert in seinem Beitrag *Time Perception* zu einem Handbuch der Sinnesphysiologie auch die Anfänge.[8] Danach geht die heutige Idee einer kleinsten Einheit der Zeitwahrnehmung auf den Naturforscher Karl Ernst von Baer (1792–1876) zurück, der sie 1860 zuerst ausführte. Experimente zeigten schon um diese Zeit, dass das Zeiterleben beim Sehen oder Hören anderen Gesetzmäßigkeiten unterliegt als das Sehen oder Hören selbst. So wies Mach 1865 in sinnesphysiologischen Experimenten nach, dass das Webersche Gesetz der Sinneswahrnehmung, das Fechner fünf Jahre zuvor zum Weber-Fechnerschen Gesetz erweitert hatte, nicht für die Zeitwahrnehmung gilt; und dass unser Gehör zeitlich viel schärfer arbeitet als die anderen Sinne.

Nach Pöppel hätten schon diese frühen Experimente klarmachen müssen, dass es mit der subjektiven Zeit etwas Besonderes auf sich hat und dass die Art und Weise, in der wir Zeitspannen unterscheiden, nicht unserem Unterscheidungsvermögen für die Intensität von Sinneseindrücken gleicht.[9] Doch von diesen Anfängen bis zu einer ausgefeilten Psychophysik der Zeit dauerte es ein gutes Jahrhundert. Den Grund dafür sieht Pöppel in der lange hartnäckig aufrecht erhaltenen, irrigen Vorstellung, die Zeit sei eine Art Substanz, die sich wahrnehmen ließe wie andere Dinge. Solchen Vorstellungen liegt eine ‚absolutistische' Auffassung der objektiven Zeit zugrunde, nach der wir die Zeit als etwas für sich genommen Existierendes vom Charakter der Newtonschen absoluten Zeit erleben und wahrnehmen – obwohl die absolute Zeit ja auch nach Newton nicht erfahrbar ist, sondern ein Ideal der Zeitmessung darstellt.[10]

Pöppel betont dagegen, dass es keine solche Zeitwahrnehmung gibt, sondern dass die Zeit als Folge von Ereignissen wahrgenommen wird – also im Sinne von Leibniz' Zeitbegriff, nach dem die Zeit bloß die

Ordnung der aufeinanderfolgenden Ereignisse in der Welt ist. Er rückt deshalb die Ereigniswahrnehmung in das Zentrum seiner Ausführungen; seinem Handbuch-Artikel von 1978 stellt er ein Zitat von Herbert Woodrow (1883–1974) aus dessen Artikel *Time Perception* von 1951 voran:

> *„Die Zeit ist kein Ding, das wie ein Apfel wahrgenommen werden kann."* [11]

Die ,absolutistische' Vorstellung der Zeit führte nach Pöppel lange dazu, die üblichen Methoden der Psychophysik auch auf die Zeitwahrnehmung anzuwenden, d. h. die Sinneserlebnisse von Versuchspersonen im Vergleich zur physikalisch gemessenen Stärke von Sinnesreizen zu quantifizieren und zu skalieren (vgl. 4. Kapitel). Dabei verwechselten die Forscher die Zeit mit intensiven Größen wie der Helligkeit oder der Lautstärke und übersahen, dass wir gar keinen Zeitsinn besitzen, der dem Seh- oder Hörsinn gleichen würde. Das Zeiterleben verhält sich anders als die Sinneseindrücke – und die subjektive Zeit kommt in diskontinuierlichen „Zeitquanten" daher. [12]

Unsere Zeitwahrnehmung hat also keine beliebig große Genauigkeit. Sie ist nicht so kontinuierlich, wie wir die Zeit subjektiv erleben, sondern hat kleinste Intervalle. Die Sinneswahrnehmung von Ereignissen funktioniert so ähnlich wie ein physikalischer Messapparat mit begrenzter zeitlicher Auflösung. Unterhalb der Auflösung nehmen wir sukzessive Reize als gleichzeitig wahr.

Die empirischen Befunde ergeben allerdings ein komplizierteres Bild. Sie beruhen auf Reiz-Reaktions-Experimenten. Die Versuchspersonen geben Auskunft über ihr subjektives Zeiterleben; dies vergleicht der Versuchsleiter unter Berücksichtigung der Reaktionszeit mit dem objektiv gemessenen zeitlichen Abstand der Reize. Dieses Vorgehen läuft natürlich wieder auf übliche Methoden der Psychophysik hinaus. Die Experimente berücksichtigen aber, dass wir die Zeit „an sich" nicht wahrnehmen oder messen können; die einzige ,Schnittstelle' zwischen der subjektiven, mentalen und der objektiven, physikalischen Zeit besteht in einer Folge von Ereignissen, die sich subjektiv wahrnehmen

und objektiv messen lässt. Auf der Reiz-Seite messen Uhren den zeitlichen Abstand der Ereignisse, auf der Reaktions-Seite schätzen ihn die
Versuchspersonen ein.

Bei den Messungen kommt heraus, dass die Zeitwahrnehmung
verschiedene Aspekte hat, die sich in ihren Zeitskalen unterscheiden.
Pöppel erstellt auf der Basis der Befunde eine Taxonomie diverser Typen des Zeiterlebens. Er unterscheidet das Erleben der *Gleichzeitigkeit,*
der *Ungleichzeitigkeit* und der *Aufeinanderfolge* oder *Zeitordnung* von
Ereignissen; die Empfindungen der *Gegenwart,* der *zeitlichen Kontinui-*
tät und der *Dauer* von Zeitspannen; und schließlich die *Antizipation*
künftiger Ereignisse, die unserer Planung von Handlungen zugrunde liegt. Zusammengefasst spielt sich das Zeiterleben vor allem in
folgenden Zeitspannen oder Zeitfenstern ab:[13]

Als *gleichzeitig* erleben wir Ereignisse, die wir innerhalb von 2 Millisekunden hören oder innerhalb von 10 Millisekunden sehen. Der
Hörsinn arbeitet also schneller und präziser als der Sehsinn. Oberhalb
dieser Schwellen erleben wir Ereignisse als *ungleichzeitig.* Als *aufeinan-*
derfolgend, mit klarer Zeitordnung, erleben wir erst Reize mit einem
Abstand von mindestens 30 Millisekunden; dies ist für Hören, Sehen
und Tastsinn in etwa gleich. Insgesamt ergeben sich also unterschiedliche Zeitskalen im Bereich von Millisekunden für den Sehsinn und das
Gehör; für den maximalen bzw. minimalen Zeitabstand von Reizen, die
wir als gleichzeitig bzw. als getrennt erleben; und für die Zeitschwel-
le des zeitlichen Abstands von Reizen, die wir als nachfolgend erleben
bzw. in eine zeitliche Reihenfolge bringen können.

Diese Unterschiede sind allerdings minimal im Vergleich zu der
Zeitspanne, die wir als *Gegenwart* erleben. Als gegenwärtig empfinden
wir alles, was innerhalb von 2–4 Sekunden geschieht. Die Gegenwart
ist also kein Zeitpunkt, sondern ein endliches Zeitfenster, das im Mittel
3 Sekunden umfasst; und dieses Zeitfenster, das wir als Gegenwart erleben, kann bis zu 100 aufeinanderfolgende Ereignisse überstreichen.
Sonst könnten wir wohl vermutlich auch keine zusammenhängende
Zeitvorstellung entwickeln, sondern wir würden die Zeit als diskonti-
nuierliche Folge auseinander gehackter Ereignisse erleben.

Dieses Zeitfenster der Gegenwart stellt allerdings keinen in sich
gleichförmigen Zeitfluss dar; es ist in Etappen von 30–40 Millisekunden

eingeteilt. Die Gegenwart kommt für uns sozusagen schubweise daher. Dies zeigt sich in komplexeren Reiz-Reaktions-Experimenten, bei denen die Versuchspersonen verschiedenartige Reize wahrnehmen und dadurch bedingte Entscheidungen treffen müssen. Wenn sie etwa in Reaktion auf ein optisches Signal eine andere Taste drücken sollen als in Reaktion auf ein akustisches Signal, so weist ihre Reaktionsgeschwindigkeit ein periodisches Muster auf, bei dem Reaktionszeiten im Abstand von 30–40 Millisekunden gehäuft auftreten.[14] Die Versuchspersonen reagieren demnach schubweise schneller oder langsamer; ihre Reaktionszeiten sind nicht gleichverteilt, sondern ihre Häufigkeit oszilliert. Und die Frequenz dieser Oszillationen entspricht den 30 Millisekunden, die wir benötigen, um ungleichzeitige Ereignisse in eine klare Zeitordnung zu bringen. All diese Punkte greift Pöppels Ansatz zu einer *bottom-up*-Erklärung des Zeiterlebens auf, die ich im nächsten Abschnitt bespreche.

Wie lange wir die *Dauer* einer Zeitspanne subjektiv einschätzen, hängt wiederum von der Informationsmenge ab, die unser Wahrnehmungsvermögen zu verarbeiten hat. Das Phänomen kennt jeder: Wenn wir stark beschäftigt sind, vergeht die Zeit wie im Fluge; wenn uns langweilig ist, dehnt sie sich endlos dahin. In der Erinnerung ist es dann genau umgekehrt.[15] Beides liegt daran, dass wir keinen Zeitsinn haben, sondern die Zeit als gute Leibnizianer an der Menge des Erlebten bemessen.

INTEGRATIONSMECHANISMEN

Um aus seiner Taxonomie der Gleichzeitigkeit, Aufeinanderfolge, Gegenwart und Dauer ein einfaches hierarchisches Modell des Zeiterlebens zu gewinnen, fragt Pöppel nach der logischen Beziehung zwischen den unterschiedlichen Aspekten der Zeitwahrnehmung:[16]

> *„Eine Hierarchie ist dadurch gekennzeichnet, daß die jeweils höheren Stufen die unteren Stufen voraussetzen, dass aber auf den höheren Stufen etwas Neues hinzukommen muß. Die Hierarchie des menschlichen Zeiterlebens ist durch folgende elementaren*

Phänomene gekennzeichnet: Erlebnis der Gleichzeitigkeit *gegenüber der* Ungleichzeitigkeit, *Erlebnis der* Aufeinanderfolge *oder der zeitlichen* Ordnung, *Erlebnis der* Gegenwart *oder des* Jetzt *und das Erleben von* Dauer. *Jedes später genannte Zeiterlebnis setzt die zuvor genannten voraus. So setzt zum Beispiel das Erleben einer Folge von Ereignissen die Ungleichzeitigkeit dieser Ereignisse voraus.* "

Dieses Modell macht den Schritt von der Klassifikation der Befunde, die *top-down* gewonnen wurden, zur *bottom-up*-Erklärung, oder: von den Ergebnissen der Analyse zur Synthese, von den verschiedenen Phänomenen der Zeitwahrnehmung und ihren Zeitskalen zur ansatzweisen Erklärung für die Einheit der Zeit. Das Zauberwort dafür heißt *Integration*. Eine *bottom-up*-Erklärung der subjektiven Zeit sollte Auskunft darüber geben, wie sich die unterschiedlichen „Zeitquanten" der Zeitwahrnehmung zur einheitlichen und kontinuierlichen Zeit zusammenfügen, die wir subjektiv erleben.

Dafür geht Pöppel von dem gut belegten Befund aus, dass der Hörsinn schneller als der Sehsinn arbeitet. Als physikalisches Signal breitet sich der Schall jedoch viel langsamer aus als das Licht. Wir können deshalb Ereignisse in der Nähe schneller hören als sehen, während es für Ereignisse in der Ferne genau umgekehrt ist. Meistens klaffen unsere optischen und akustischen Sinneseindrücke demnach um ein paar Millisekunden auseinander. Beide Effekte kompensieren sich im Abstand von gut 10 Metern, wie Reiz-Reaktions-Experimente nachgewiesen haben. In dieser Entfernung besitzen wir nach Pöppel einen „Gleichzeitigkeitshorizont"; akustische und optische Signale von dort nehmen wir exakt gleichzeitig wahr. Objekte, die sich über diesen Horizont hinweg auf uns zu oder von uns fort bewegen, erwecken aber keineswegs in uns den Eindruck, ihre optischen und akustischen Botschaften würden ein Wettrennen veranstalten, bei dem die einen die anderen überholen, wenn das Objekt ungefähr 10 Meter von uns entfernt ist. Warum ist dies so?

Nach Pöppel muss es einen neuronalen Intergationsmechanismus geben, der dies verhindert und dafür sorgt, dass wir unterschiedliche

Sinneseindrücke desselben Objekts in unserer näheren Umgebung als gleichzeitig wahrnehmen.[17] Für Objekte in großer Entfernung gilt dies nicht. Sie kennen sicher den Effekt, dass wir ein Flugzeug woanders am Himmel sehen als an dem Ort, von dem sein Brummen kommt; der Schall hinkt ihnen drastisch hinterher. Der Integrationsmechanismus, den Pöppel annimmt, ist auf Objekte in unserer Umgebung abgestimmt und nicht auf Flugzeuge in großer Höhe. Und er integriert zeitliche Differenzen zwischen Sinneseindrücken, die gerade mal ein paar Millisekunden auseinanderklaffen.

In der Tat setzt schon unsere Fähigkeit, die Dauer von Zeitspannen einzuschätzen, einen Integrationsmechanismus voraus, der die Folge von Ereignissen, an denen sich unser Leibnizsches Zeiterleben entlang hangelt, zu einem Ganzen verbindet.[18] Dieser Integrationsmechanismus stellt einzelne Ereignisse in einen kontinuierlichen Zusammenhang und er generiert eine Metrik, an der die Dauer einer Zeitspanne bemessen wird. Er vollbringt tatsächlich genau die integrativen oder „synthetischen" Leistungen, die Kant der Zeit als unserem „inneren Sinn", oder: als reine Form der Anschauung, in der uns alle Sinneswahrnehmungen gegeben sind, zugeschrieben hatte. Anders als Pöppels oben erwähnte Kritik an bestimmten Ansätzen zu einer Psychophysik der Zeit vermuten lässt, muss es also doch einen Zeitsinn geben. Aber er gleicht nicht dem Sehsinn oder dem Gehör, sondern dem „inneren Sinn" von Kants Erkenntnistheorie. Er ist kein empirisches Wahrnehmungsvermögen, sondern eine integrative kognitive Leistung, die zeitliche Erfahrung erst ermöglicht. Er dient nicht der Sinneswahrnehmung selbst, sondern der zeitlichen Einordnung unserer Sinneseindrücke in einen zeitlichen Bezugsrahmen. Aus neurobiologischer Sicht ist dieser innere Zeitsinn natürlich keineswegs *a priori*, sondern er beruht teils auf dem äußeren Geschehen, das wir erleben, und teils auf einem inneren Bezugsrahmen, der wiederum teilweise durch biologische ‚Uhren' oder Biorhythmen in uns bedingt und teilweise auf der Grundlage eigener Lebenserfahrung ‚zurechtgezimmert' ist.

Pöppel hebt hervor, dass es einen solchen Intergrationsmechanismus geben muss – dass aber nichts über ihn bekannt ist.[19] Auf der Basis der Befunde nimmt er an, dass es sogar eine ganze Reihe von zeitlichen Integrationsmechanismen gibt. Bereits um die Sinneseindrücke ein-und-desselben Objekts aufeinander abzustimmen, benötigt das Gehirn mehr als nur einen einzigen Integrationsmechanismus; denn unsere Zeitwahrnehmung funktioniert nicht nur für akustische und optische Signale unterschiedlich schnell, sondern sie lässt sich auch durch die Signalstärke foppen. Je stärker ein Signal ist, desto rascher wird es wahrgenommen. Da wir hellere und dunklere Teile oder lautere und leisere Geräusche ein-und-desselben Objekts jedoch nicht zu verschiedenen Zeiten wahrnehmen, muss es auch hier einen Integrationsmechanismus geben, der für die zeitliche Abstimmung sorgt.[20] Darüber hinaus beeinflussen die Größe von visuellen Reizen und der Kontrast zwischen stärkeren und schwächeren Signalen die Reaktionsgeschwindigkeit ebenfalls.

Die diversen Integrationsmechanismen, die Pöppel hier am Werk sieht, ohne sie zu kennen, unterscheiden sich durch die Zeitskala, auf der sie operieren – entsprechend den oben skizzierten Phänomenen der Zeitwahrnehmung und ihren Zeitfenstern. Die größte Allgemeinheit spricht er dabei den Zeitfenstern von 30 Millisekunden und 3 Sekunden zu, die charakteristisch für die Zeitordnung von Ereignissen und für das Erleben der Gegenwart sind. Entsprechend geht er davon aus, dass es zwei vorrangige Integrationsmechanismen gibt. Der eine arbeitet mit hoher Frequenz, er erzeugt diskrete Zeitquanten von 30–40 Millisekunden Dauer; das ist die Zeitspanne, ab der wir die zeitliche Reihenfolge von Ereignissen wahrnehmen können und in deren Einheiten wir schubweise Entscheidungen treffen, um auf Reize zu reagieren. Der andere arbeitet mit den berühmten 3 Sekunden, in denen wir Ereignisse als gegenwärtig erleben.[21]

Bezüglich der Frage, in welchem Sinne es sich bei diesen Integrationsmechanismen um „Mechanismen" handelt, muss ich Sie auf das nächste Kapitel vertrösten. Soviel sei an dieser Stelle nur gesagt: Es handelt sich um neuronale Prozesse, die etwas bewirken – nämlich die zeitliche Integration der Sinneswahrnehmung. Erklärt ist damit aber noch gar nichts, solange die entsprechenden Wirkungszusammenhänge nicht bekannt sind. Die Rede von einem „Integrationsmechanismus" ist zunächst bloß ein Dummy für eine *fehlende* Erklärung.

Auch Pöppel selbst spricht hier von einer *Hypothese*. Er macht den Vorschlag, dass der Integrationsmechanismus in „atemporalen Systemzuständen" liegen könnte, die auf neuronalen Oszillationen beruhen, genauer: auf Relaxations-Oszillationen. (Was es heißt, dass diese Zustände „atemporal" sind, ist der geneigten Leserin nicht ganz klar.) Danach löst der erste Reiz von einem Objekt, das optische und akustische Signale aussendet, in einer Art Trigger-Effekt eine Relaxations-Oszillation aus, die alle weiteren Reize von diesem Objekt innerhalb des 30 Millisekunden-Fensters „zusammenbindet".[22] Gestützt wird die Hypothese durch Befunde von bildgebenden Verfahren, die ebenfalls Oszillationen der neuronalen Aktivität mit der Frequenz von 30–40 Millisekunden zeigen. In welcher Weise das Gehirn es allerdings schafft, diese Oszillationen von 30–40 Millisekunden in das Erleben einer Gegenwart zu integrieren, die etwa 3 Sekunden umfasst – dies weiß heute niemand. Nach Pöppel handelt es sich um einen zweiten, anderen Integrationsmechanismus, der sich in der Zeitskala um zwei Größenordnungen vom ersten unterscheiden muss. Ob er ebenfalls durch ein Relaxationsmodell erklärt werden könnte oder nicht, ist unbekannt.

Auch prominente Ansätze, das Bewusstsein zu erklären, berufen sich auf neuronale Oszillationen dieser Größenordnung. Nach Wolf Singer beruht das Bewusstsein auf dem synchronen Feuern der Neurone über verschiedene Gehirnareale mit einer Frequenz von etwa 40 Hertz, das ist ein 25-Millisekunden-Takt.[23] Pöppel wiederum hebt hervor, dass das Bewusstsein nichts anderes ist als das 3 Sekunden-Zeitfenster der Gegenwart: es besteht in den Bewusstseinsinhalten, die uns im *Jetzt* über etwa 3 Sekunden hinweg gegenwärtig sind, und ihrer Einheit, wobei[24]

> „*das Jetzt auf einem Integrationsmechanismus beruht, der aufeinanderfolgende Ereignisse zu Wahrnehmungsgestalten zusammenfasst.*"

Pöppel arbeitet an einer Fülle von empirischen Befunden aus der Gestaltpsychologie sowie auch aus Musik und Dichtung heraus, dass die zeitliche Obergrenze für diese Integrationsleistung bei etwa 3 Sekunden liegt.[25] Eine Hypothese zum betreffenden Integrationsmechanismus bietet er nicht an. Nach Singer sollte dieser Mechanismus einfach nur im synchronen Feuern der Neurone im 20–40-Millisekunden-Takt bestehen – aber ob *das* die ganze Wahrheit sein kann? Singers Hypothese erklärt uns jedenfalls *nicht*, wie es das Gehirn schafft, diesen Dreißigstel-Sekunden-Takt zu einer Gegenwart zusammenzufügen, die wir hundertmal länger erleben.

Unser Bewusstsein und das Erleben der Gegenwart hängen also eng zusammen, doch beide bleiben rätselhaft. Die Hirnforscher sind bislang nicht in der Lage, die Einheit unseres Ich-Bewusstseins und seine 3 Sekunden dauernde Gegenwart zu erklären – also das, was Kant als die „ursprüngliche Einheit der Apperzeption" bezeichnete, das „Ich denke", das „alle meine Vorstellungen begleiten können muss".[26] Ganz zu schweigen von einer Erklärung, wie das Gehirn es schafft dieses Erleben der Gegenwart in eine einheitliche Zeitvorstellung zu integrieren, die darüber hinaus Vergangenheit und Zukunft umfasst. Philosophen, die sich mit der subjektiven Zeit befassen, bemängeln diese Desiderate zu Recht.[27]

Unser subjektives Zeiterleben mit seiner Struktur von Gegenwart, Vergangenheit und Zukunft (McTaggarts A-Reihe) von den neuronalen Grundlagen her zu erklären, ist also Zukunftsmusik – wenn es denn überhaupt je gelingen kann. Die betreffenden Integrationsmechanismen bleiben bis auf Weiteres pure Spekulation. Und alle Reiz-Reaktions-Experimente zum Zeiterleben testen nur, wie gut wir es schaffen, unsere Sinneserlebnisse in eine Zeitordnung zu bringen, die der objektiven, gemessenen Ordnung früherer und späterer Ereignisse entsprechen (McTaggarts B-Reihe).

DIE UHR IM GEHIRN

Sehen wir uns noch einmal unser subjektives Erleben der Dauer an, das in Pöppels Hierarchie ganz oben steht, also alle anderen Facetten des Zeiterlebens voraussetzt. Um die Dauer einer Zeitspanne einzuschätzen, müssen wir aufeinanderfolgende Ereignisse erleben, die einen

Abstand von mindestens 30 Millisekunden haben und von denen eine ganze Reihe in unser „Gegenwartsfenster" von 3 Sekunden passen. Wir schätzen oder bemessen die Dauer einer Zeitspanne, die wir erleben, anhand dieser Zeitfenster. Eine *genaue* Messung ist dies selbstverständlich nicht. Es wurde schon betont, dass die Schätzung höchst subjektiv ausfällt; sie hängt stark davon ab, wie viel oder wie wenig wir erleben, bzw. wie viel oder wie wenig wir uns in der Erinnerung vergegenwärtigen können. Dabei weicht sie oft krass von der objektiven Zeit ab, wie die Phänomene der Langeweile und Kurzweiligkeit zeigen.[28] Außerdem reproduzieren Versuchspersonen in Reiz-Reaktions-Experimenten die Dauer eines Signals grundsätzlich zu lang, wenn das Signal kürzer dauert als 3 Sekunden, also das Gegenwartsfenster nicht ganz ausfüllt; längere Signale, die die berühmten 3 Sekunden überschreiten, reproduzieren sie zu kurz; während sie bei Signalen von 3 Sekunden Dauer keinen Zeitfehler machen.[29]

Dennoch kennen wir auch das Phänomen, dass wir aufwachen, kurz bevor der Wecker läutet, weil die „innere Uhr" uns schon geweckt hat. Unser Organismus hat interne „Taktgeber", die uns helfen, uns in unserem Tageslauf an der objektiven Zeit zu orientieren. Es gibt nicht nur physikalische, sondern auch biologische Uhren – Biorhythmen im Organismus, die sich am Wechsel von Tag und Nacht, an den Jahreszeiten usw. orientieren. Sie sind viel präziser als die Uhr im Gehirn, die unser Zeiterleben in kleinere Einheiten von 30–40 Millisekunden und größere Einheiten von ungefähr 3 Sekunden taktet. Doch auch wenn unsere Schätzung von Zeitspannen oft ungenau ist, können wir diese mentale Uhr trainieren, wie jeder Musiker weiß. Gleichtakt lässt sich lernen. Der Taktschlag von Musikern hat hohe Präzision. Wenn das Metronom auf ein Presto eingestellt ist (etwa 180 Schläge pro Minute), so dauert 1/32 Note gut 40 Millisekunden; auch das ist wieder die Größenordnung unseres Dreißigstel-Sekunden-Takts. Das musikalische Taktgefühl half sogar Galilei, der noch keine präzise Uhr hatte, aber ein geübter Lautenspieler war, seine Versuche mit der schiefen Ebene durchzuführen.[30]

Die neuronalen Uhren im Gehirn, die unsere Sinneseindrücke und unsere Motorik koordinieren, sind noch viel genauer. Solche neuronalen Zeitmesser lassen sich auch bei Tieren nachweisen; uns ermöglichen sie, Schallquellen zu verorten, die Geschwindigkeit eines Autos zu schätzen oder Tennis zu spielen. Für die Erklärung unseres bewussten Zeiterlebens sind sie nicht relevant. Unsere Zeitwahrnehmung wird primär von der mentalen Uhr getaktet, die in den Größenordnungen von 30–40 Millisekunden und 3 Sekunden tickt, also sozusagen einen Dreißigstel-Sekunden-Zeiger und ein Drei-Sekunden-Zifferblatt hat. Ihre Funktionsweise dürfte eng mit den Integrationsmechanismen des Zeitbewusstseins zusammenhängen.

An dieser mentalen Uhr wird auch deutlich, wie viel oder wie wenig die Hirnforscher von den neuronalen Mechanismen verstehen, die unser Bewusstsein hervorbringen. Das Dreißigstel-Sekunden-Taktmaß unserer Zeitwahrnehmungs-Uhr lässt sich durch Reiz-Reaktions-Experimente und Gehirnscans nachweisen. Bildgebende Verfahren mit hoher zeitlicher Auflösung machen ein synchrones Feuern der Neurone sichtbar, das den vorhin erwähnten Oszillationen der häufigsten Reaktionszeiten entspricht. Schwieriger ist es, die mentale Uhr im Gehirn zu verorten, ihr Drei-Sekunden-Zifferblatt, unser Gegenwartszeitfenster, zu verstehen und ihr Dreißigstel-Sekunden-Uhrwerk durch einen Gehirnmechanismus zu erklären, der ein dynamisches Modell ihres Taktmaßes liefert. Manche Befunde sprechen dafür, dass unser mentales Taktmaß lokal im Gehirn verankert ist, andere sprechen dagegen.

Die synchronen Dreißigstel-Sekunden-Oszillationen, mit denen Wolf Singer das Bewusstsein erklären möchte, schwingen dezentral. Andererseits gehen manche Gehirnverletzungen mit Ausfällen der Zeitwahrnehmung oder mit der Verlangsamung von kognitiven Funktionen wie dem Sprachverstehen einher; dies deutet darauf hin, dass manche Aspekte des Zeitbewusstseins in bestimmten Gehirnarealen verankert sind. Diese lokale Verankerung mit bildgebenden Verfahren zu untersuchen ist jedoch schwierig. Erinnern Sie sich an die diversen Möglichkeiten der Hirnforscher, dem Gehirn bei der Arbeit zuzusehen (3. Kapitel): Die gute zeitliche Auflösung des EEG ist mit schlechter räumlicher Auflösung erkauft. Intrakraniale Mikroelektroden können am Menschen nur bei notwendigen Gehirnoperationen verwendet werden. Die Magnetoenzephalographie (MEG) ist nicht-invasiv und hat eine exzellente zeitliche Auflösung, doch ihre passable räumliche Auflösung beruht auf statistischen Daten aus anderen Verfahren, die über viele Versuchspersonen gemittelt sind. Die funktionelle Magnetresonanz-Tomographie (fMRT) schließlich hat eine gute räumliche, doch eine miserable zeitliche Auflösung. Bezüglich der *top-down*-Frage, wo unsere mentale Uhr physisch im Gehirn verankert ist, tappen die Hirnforscher insgesamt noch ziemlich im Dunkeln.

Was den möglichen Mechanismus des Uhrwerks betrifft, ist man auf der *bottom-up*-Seite der Hypothesenbildung ein Stück weiter. Es gibt vielversprechende Modelle, die den Gang des Dreißigstel-Sekunden-Zeigers ein Stück weit erklären und die auch empirisch testbar sind; etwa ein Oszillator-Modell, ein Impulsgeber-Modell, eine Mischform von beiden, die besser zu den Daten aus komplexen Reiz-Reaktions-Experimenten zu passen scheint, und mehr.[31] Jedoch kann keines der Modelle das Drei-Sekunden-Zifferblatt unserer Gehirn-Uhr erklären, das dem Gegenwartsfenster entspricht; und keines integriert die Umläufe des Dreißigstel-Sekunden-Zeigers in ein neurobiologisches Modell des Zusammenhangs von Vergangenheit, Gegenwart und Zukunft, den wir erleben – keines erklärt den Zeitfluss (McTaggarts A-Reihe).

Aber wer dies erwartet, verlangt ja vielleicht zu viel. Die neuronalen Modelle unserer mentalen Uhr erklären immerhin die *formale Struktur*, wenn auch nicht die *Qualität* unseres Zeiterlebens. Letzteres ist ja vielleicht in einer wissenschaftlichen Erklärung grundsätzlich nicht zu haben (mehr dazu im nächsten Kapitel). Wer die Wärme erklären will, gibt die Hauptsätze der Thermodynamik und ihre Beziehung zur Kinetischen Theorie an, ohne daraus abzuleiten, wie sich Wärme *anfühlt*. Um die Atomspektren zu erklären, muss man die Quantenchemie des Periodensystems beherrschen und die Gesetze der spontanen Emission von Lichtquanten kennen, aber nicht zeigen, wie *wir* die Spektralfarben chemischer Elemente empfinden. Analog sollten wir vielleicht von den Hirnforschern auch gar keine Auskunft darüber erwarten, wie wir die Zeit subjektiv erleben; sondern nur, wie sich die Vergangenheit und die Zukunft strukturell vom *Jetzt* unterscheiden, das wir dank unserer mentalen Drei-Sekunden-Uhr erleben; und wie es das Gehirn schafft, Ereignisse, die das Drei-Sekunden-Zifferblatt unserer mentalen Uhr überschreiten, als Schnee von gestern oder als Zukunftsmusik einzustufen.

Um zu klären, inwieweit sich das subjektive Zeiterleben auf die objektive Zeit der Physik reduzieren lässt, vergleichen wir die Bewusstseins-Uhr im Gehirn nun mit einer physikalischen Uhr. Dass unsere mentale Uhr unscharf arbeitet, lassen wir hier außer acht. Wichtiger ist, ob uns das Uhren-Modell dabei hilft, unser subjektives Erleben von Vergangenheit, Gegenwart und Zukunft auf die objektive Zeitordnung zu reduzieren. Dabei kommt es uns nicht auf die Metrik an, also auf Präzision bei der Messung von Zeitspannen, sondern nur auf die topologische Folge der Ereignisse, die Ordnung des Früher und Später. Wie weit kommt die Hirnforschung dabei, den subjektiven Zeitfluss (McTaggarts A-Reihe) auf die objektive Zeitfolge der Ereignisse (McTaggarts B-Reihe) zu reduzieren? Das ist hier die entscheidende Frage.

Wenn wir (in Analogie zu den obigen physikalischen Erklärungen) darauf verzichten zu erklären, wie sich unser Erleben *anfühlt*, dürfen wir die Erklärungsansprüche noch weiter herunter schrauben. Da das Gegenwartsfenster schon unser subjektives Erleben *ist*, vernachlässigen wir auch noch den Unterschied der erlebten Gegenwart dessen, was ist oder *jetzt* existiert, zur Vergangenheit und Zukunft dessen, was war oder sein wird, also jetzt *nicht mehr* oder *noch nicht* existiert. Wir fragen nur noch danach, wie uns die neuronalen Grundlagen unserer mentalen Uhr die objektive Zeitordnung des Früher und Später erklären könnten, die wir subjektiv als den Unterschied von Vergangenheit und Zukunft erleben; als gravierende Differenz von Erinnerung, Gedächtnis, vergangenen Erlebnissen hier und Plänen, Wünschen, Hoffnungen, künftigen Ereignissen dort.

Damit sind wir bei der Frage, wie der neurobiologische Mechanismus unserer mentalen Uhr den *physikalischen Zeitpfeil* der Ereignisse in der Welt repräsentiert und inwieweit uns dies den Unterschied von Vergangenheit und Zukunft, den wir subjektiv erleben, als objektive

Ordnung von Früher und Später erklärt. Um uns unser Zeiterleben (McTaggarts A-Reihe) zu erklären, müssten uns die Hirnforscher also *zumindest* sagen, welcher Typ von neuronalen Mechanismen im Gehirn die Reihenfolge von Früher und Später „eingebaut" haben könnte, die wir erleben. Dies erfordert neuronale Prozesse, welche die Zeitordnung ihrer Zustände (McTaggarts B-Reihe) kodieren, etwa nach Art eines künstlichen neuronalen Netzes.[32] Solche neuronalen Prozesse müssen eine eindeutig bestimmte, unumkehrbare Reihenfolge ihrer Zustände durchlaufen. Denn wenn sie auch umgekehrt ablaufen könnten, so könnten die Neurone ihre vergangenen und künftigen Zustände intern nicht unterscheiden; d. h. das Gehirn würde Vergangenheit und Zukunft verwechseln.

Dies führt uns, wie man es auch drehen und wenden will, zum *Zweiten Hauptsatz der Thermodynamik*: Es gibt irreversible, unumkehrbare Vorgänge in der Natur. Die Entropie – anschaulich: der Grad der Unordnung – nimmt in einem geschlossenen System grundsätzlich zu und niemals ab. Pöppel behauptet in seinem Buch, der Zweite Hauptsatz der Thermodynamik sei für unser Zeiterleben bedeutungslos, da er nur in geschlossenen Systemen gelte.[33] Doch selbstverständlich lässt sich jedes offene System in ein (näherungsweise) geschlossenes System einbetten, für das dann der Zweite Hauptsatz gilt. Dies gilt für Ihren Organismus genauso wie für den Kühlschrank in Ihrer Küche. Beide Systeme verbrauchen Energie, um die innere Entropie niedrig zu halten, und sie erhöhen durch den Energieaustausch mit der Umgebung die Entropie außerhalb von sich. So wie Sie atmen und Nahrung zu sich nehmen, die Sie verdauen, so bezieht Ihr Kühlschrank Strom aus der Steckdose und sein Kühlaggregat erwärmt Ihre Küche.

Ohne den Zweiten Hauptsatz der Thermodynamik lässt sich weder der Stoffwechsel von Lebewesen, noch das Funktionieren technischer Geräte, noch das Feuern der Neurone, noch der Mechanismus der mentalen Uhr in unserem Gehirn verstehen. Tatsächlich bilden indirekte bildgebende Verfahren wie die Positronen-Emissions-Tomographie (PET) oder die funktionelle Magnetresonanz-Tomographie (fMRT) nicht die neuronale Aktivität ab, sondern den Energiestoffwechsel im Gehirn. Sie machen den Sauerstoffverbrauch sichtbar, der mit dem Feuern der Neurone verbunden ist.

Denken Sie jetzt bitte noch einmal daran, was für einen Energie-fresser Sie im Kopf haben (siehe 3. Kapitel): Ihr Gehirn macht nur 2% Ihrer Körpermasse aus, aber es verbraucht ungefähr ein Viertel der Nährstoffe, die Ihr Organismus verbrennt (20% des Sauerstoffs und gut 25% des Zuckers). Bei all diesen Verbrennungsprozessen soll der Zweite Hauptsatz keine Rolle spielen?

Pöppels sonst so kluges Buch ist nur eines von vielen Beispie-len dafür, dass die populären Schriften zur Hirnforschung auf Schritt und Tritt neuronale „Mechanismen" behandeln, während sie die Geset-ze der Thermodynamik sträflich vernachlässigen. Dadurch suggerieren sie, es müsse sich bei den „Mechanismen" um mechanische, ja, gar um deterministische Prozesse handeln. Doch dies ist ein Missverständnis, das fatale Folgen für die öffentliche Debatte um die Hirnforschung hat.

Die Ansichten von Descartes und Hobbes prägen die Debatte um Gehirn und Geist bis heute. Beiden „Vätern" des mechanistischen Zeit-alters fehlte allerdings eine entscheidende physikalische Einsicht: Auch mechanische Uhren sind keine simplen, deterministischen Mechanis-men, sondern *thermodynamische Maschinen*.

Der Gang eines Uhrwerks verbraucht Energie. Diese Energie muss irgendwie in die Uhr hineingesteckt werden, und sie reicht nicht ewig. Eine Uhr ist kein *Perpetuum mobile*. Ohne Batterie funktionieren we-der Ihre Armbanduhr noch Ihr Wecker. Von Zeit zu Zeit müssen Sie die Batterie erneuern. Altmodische, rein mechanische Uhren muss man von Zeit zu Zeit aufziehen. Die einzigen Uhren, die niemand aufzie-hen oder mit Strom versorgen muss, sind astronomisch: Sonnenuhren und der Lauf der Erde im Sonnensystem, von der Achsendrehung bis zur Ellipsenbahn der Erde um die Sonne. Doch selbst astronomische Uhren sind nicht für die Ewigkeit gebaut. Sonnenuhren funktionie-ren nur tagsüber, bei strahlendem Sonnenschein – das ist natürlich auch eine Form von Energie. Und selbst das Sonnensystem dauert nicht ewig. Nach den Erkenntnissen der Astrophysik ist es „nur" vier-einhalb Milliarden Jahre alt, und es ist über die kernphysikalischen Verbrennungs-Mechanismen der Sonne in den Energiekreislauf des Universums eingebunden.

Aus physikalischer Sicht ist also *jede* Uhr an den Energiekreislauf ihrer Umgebung gekoppelt. Dies gilt auch für den biologischen Mechanismus unserer mentalen Uhr. Er geht auf periodische Vorgänge im Gehirn zurück, deren Energiebilanz auf dem Stoffwechsel unseres Denkorgans beruht – auf dem Verbrauch von Sauerstoff und Zucker. Dabei unterliegt er dem Zweiten Hauptsatz der Thermodynamik. Um unser Zeitbewusstsein *zumindest* im Hinblick auf den Unterschied von Vergangenheit und Zukunft (McTaggarts A-Reihe) durch die objektive Zeitordnung (McTaggarts B-Reihe) zu erklären, müssten wir also erklären, wie und warum die biologische Uhr im Gehirn so tickt, dass sie den Unterschied von Früher und Später kodieren kann; wobei sie auf physikalische Energie aus ihrer Umgebung zurückgreifen kann und muss. Für diese Erklärung sind wir letztlich auf den thermodynamischen Zeitpfeil der Physik angewiesen. Anders als Pöppel behauptet, kommt die *bottom-up*-Erklärung unseres Zeitbewusstseins also *nicht* am physikalischen Zeitpfeil und seinen Tücken vorbei.

DETERMINISMUS UND ZEITPFEIL

Bevor ich auf den Zeitpfeil eingehe, blicken wir wieder einmal auf unser Titel-Thema „Determinismus". Es lässt sich vom Thema „Zeitpfeil" nicht trennen. An dieser Stelle möchte ich Ihnen klarmachen: Sie können höchstwahrscheinlich nicht *beides* haben – einen physikalischen Zeitpfeil *und* eine deterministische Welt. Nach der üblichen Auffassung von Naturgesetzen ist die Welt entweder zeitlich, dann kann der Weltlauf nicht strikt deterministisch sein; oder aber umgekehrt. Eine deterministische Welt ist eine „zeitlose" Welt, in der die Zukunft nicht offen, sondern vollständig durch die Naturgesetze festgelegt ist, und in der die Unterschiede von Vergangenheit und Zukunft keine Rolle spielen. Aus deterministischer Sicht ist der Unterschied von Vergangenheit, Gegenwart und Zukunft nichts als eine Illusion – jedenfalls solange Sie nicht zu metaphysischen Zusatzannahmen greifen, die Ihnen den Zeitpfeil retten (mehr dazu später).

Deterministische Naturgesetze beschreiben umkehrbare oder *reversible* Vorgänge. Nach ihnen könnte der Weltlauf genauso gut rückwärts in der Zeit ablaufen. Eine deterministische Theorie liefert also gerade das nicht, was wir hier erklären wollen: den objektiven Unterschied von Früher und Später, der festlegt, in welche Richtung sich ein System einwickelt. Deterministische Systeme entwickeln sich reversibel; ihre Entwicklung kann auch in umgekehrter zeitlicher Reihenfolge ablaufen. Die Kenntnis der Reihenfolge von früheren und späteren Systemzuständen stecken die Physiker nur in Form von Anfangsbedingungen in ihre Systembeschreibungen hinein. D. h. die Anwendung einer deterministischen Theorie auf eine zeitliche Welt kann die Zeitlichkeit dieser Welt nicht *erklären*, sondern sie *setzt den Zeitpfeil voraus*, indem sie zwischen Anfangsbedingungen und Endzustand eines Systems unterscheidet.

Der Prototyp einer deterministischen Theorie ist die klassische Mechanik. Schon Newton unterschied zwischen dem Gravitationsgesetz und den Anfangsbedingungen der Himmelskörper im Sonnensystem. Den Lauf der Planeten, Monde und Kometen aufgrund der Schwerkraft betrachtete er als gesetzmäßig und berechenbar, doch den Anfangszustand des Sonnensystems als gottgegeben und unerforschlich.[34]

Den Schritt, auch die Massen, Orte und Geschwindigkeiten der Sonne, Planeten und Monde im Sonnensystem durch das Gravitationsgesetz zu erklären, machte Kant in seiner *Allgemeinen Naturgeschichte und Theorie des Himmels* von 1755. Dort erläuterte er die Hypothese, dass das Sonnensystem aus einem anfänglichen chaotischen Materiewirbel entstand – die sogenannte *Kant-Laplace*sche Hypothese –, und baute sie zu einer Entwicklungsgeschichte des gesamten Universums aus, einer Art *big bang*-Theorie, die sich im Rahmen der Newtonschen Physik hielt und durch einen Gottesbeweis gekrönt war. (Dies war lange vor seiner Vernunftkritik von 1781.) Laplace buchstabierte diese Himmelsmechanik mathematisch aus und begründete mit ihr den Determinismus – inklusive seines berühmten Dämons, der den Weltlauf vollständig berechnen kann, wenn er nur die Anfangsdaten aller Teilchen kennt.[35]

Die Vorgänge der klassischen Mechanik sind deterministisch und reversibel, ihre Richtung spielt keine Rolle. Das Gravitationsgesetz erlaubt nicht nur die Entstehung des Sonnensystems aus einem anfänglichen Materiewirbel entsprechend der *Kant-Laplace*schen Hypothese, sondern auch den zeitlich umgekehrten Prozess, bei dem sich das heutige Sonnensystem in den chaotischen Materiewirbel zurückentwickeln würde, aus dem es einst entstand. Die Planeten müssten sich dafür nur exakt in der umgekehrten Richtung entlang der Ekliptik um die Sonne bewegen und die Erde sich umgekehrt um die Erdachse drehen, d. h. die Sonne würde im Westen aufgehen und im Osten untergehen.

Da das System der Himmelsmechanik reversibel ist, legt das Gravitationsgesetz seine Entwicklung nur *zusammen mit den Anfangsbedingungen* fest. Die klassische Mechanik beschreibt die Systementwicklung als hoch-dimensionale *Trajektorie* oder Kurve, welche die Bewegungen von N mechanischen Körpern als eine zeitabhängige Funktion aller 6N Orte und Geschwindigkeiten im 6N-dimensionalen „Phasenraum" ausdrückt. Diese Trajektorie stellt die eindeutige Lösung einer mathematischen Differentialgleichung dar, die sich aus dem Gravitationsgesetz herleiten lässt. Sie kann aus einem *künftigen* Systemzustand genauso gut berechnet werden wie aus einem *vergangenen*. Der Laplacesche Dämon kennt Vergangenheit *und* Zukunft. Es ist ihm egal, ob er seine deterministische Weltlinie von der Vergangenheit in die Zukunft vorhersagt oder aus einem künftigen Weltzustand in die Vergangenheit zurück berechnet. Nach Laplace könnte der Weltlauf ebenso gut umgekehrt ablaufen, alle Vorgänge seiner Welt und die Weise, wie sie ineinandergreifen, sind reversibel.

Die physikalische Erklärung von Phänomenen durch deterministische Naturgesetze vernachlässigt also die Zeitrichtung.[36] Dasselbe gilt für alle anderen deterministischen Theorien, insbesondere für Maxwells Elektrodynamik oder für Einsteins Spezielle und Allgemeine Relativitätstheorie. Einstein hielt die Zeit für eine Illusion,[37] weil er an den Determinismus glaubte. Die Vertreter des neuronalen Determinismus müssten dies konsequenterweise ebenfalls tun. Der Hirnforscher Pöppel weist sogar darauf hin, dass wir in einer deterministischen Welt gar kein Gedächtnis benötigen würden, da unser Verhalten vollständig programmiert wäre.[38]

Jedoch zeigt schon die elektromagnetische Strahlung, dass nicht alle physikalischen Vorgänge reversibel und nicht alle Theorien der Physik deterministisch sein können. Die Maxwell-Gleichungen der klassischen Elektrodynamik sind zeitsymmetrisch. Aufgrund dieser Zeitsymmetrie gibt es physikalische und „unphysikalische" Lösungen für das freie Maxwell-Feld. Die ersteren liefern „retardierte" Potentiale, denen ihre Wirkungen wie üblich hinterherhinken; etwa freie elektromagnetische Wellen, die sich mit Lichtgeschwindigkeit durch den Raum ausbreiten. Dagegen liefern die letzteren „avancierte" Potentiale, denen ihre Wirkungen vorauseilen; sie vertauschen also die übliche Reihenfolge von Ursache und Wirkung, sie verstoßen gegen den Zeitpfeil. Allgemein verständlicher ausgedrückt: Die physikalischen, retardierten Lösungen beschreiben Strahlungsprozesse, die in der Welt vorkommen – etwa Radiowellen, die von einer Antenne ausgestrahlt werden. Die „unphysikalischen", avancierten Lösungen beschreiben den zeitlich umgekehrten Prozess – dies wären Radiowellen, die von einer Antenne nicht ausgestrahlt, sondern eingesaugt werden. Da dies in der Welt faktisch nicht vorkommt, wirft man diese „unphysikalischen" Lösungen einfach weg. Strahlungsprozesse sind also *nicht* reversibel und deterministisch, obwohl es die Maxwell-Gleichungen sind. Hier reicht die Wahl geeigneter Anfangsbedingungen nicht aus, um den Prozess in der richtigen Zeitrichtung zu beschreiben. Stattdessen wählen die Physiker die adäquaten, physikalischen Lösungen aus dem Zustandsraum des Strahlungssystems aus und verwerfen die unphysikalischen Lösungen.

Dieser Sachverhalt ist außerhalb der Physik wenig bekannt. Er weist schon darauf hin, dass die klassischen, deterministischen Theorien nicht dafür ausreichen können, die physikalische Wirklichkeit zu beschreiben. Tatsächlich machte er Planck darauf aufmerksam, dass die Strahlungstheorie, an der Schnittstelle von Elektrodynamik und Thermodynamik, ohne den statistischen Entropiebegriff nicht auskam, den er zu dieser Zeit noch ablehnte.[39] Dies und nichts anderes war sein berühmter „Akt der Verzweiflung", der ihn letztlich zur Einführung seines berühmten Wirkungsquantums zwang! Plancks Quantisierung der Wechselwirkung von Strahlung und Materie war der erste Schritt zur Quantentheorie, die *keine* deterministische Theorie mehr ist und nicht ohne den Wahrscheinlichkeitsbegriff auskommt. Strahlung ist eben nicht nur ein elektromagnetisches, sondern auch ein thermodynamisches Phänomen; und beide Phänomene beruhen auf Quantenprozessen. Die Wärmestrahlung unterscheidet sich von Radiowellen, Licht, ultravioletter Strahlung und Röntgenstrahlen nur in der Wellenlänge.

Thermodynamische Prozesse – das sind alle Wärme- und Diffusionsprozesse sowie alle Strahlungsphänomene – sind *irreversibel*. Sie laufen *nie* in der umgekehrten Richtung ab. Kein Kaffeewasser beginnt von selbst zu kochen, indem es der Luft Wärme entzieht. Kein geöffneter Kühlschrank kühlt im Sommer Ihre Küche, anstatt sie durch sein stärker brummendes Kühlaggregat noch mehr aufzuheizen. Kein Milchkaffee entmischt sich von selbst in Kaffee und Milch und entzieht dabei der Luft Wärme. Und keine abgeschaltete Herdplatte saugt aus den Sonnenstrahlen, die in Ihre Küche fallen, soviel Energie auf, dass sie zu glühen beginnt – dies wäre ein Prozess, wie ihn die obigen unphysikalischen Lösungen der Maxwell-Gleichungen beschreiben.

Nach der statistischen Begründung der Thermodynamik und Strahlungstheorie, zu der Planck dann überging, sind Prozesse wie der eben beschriebene zwar nicht komplett ausgeschlossen, aber so extrem unwahrscheinlich, dass sie faktisch nicht vorkommen. Planck konnte noch nicht ahnen, dass er hiermit einen irreversiblen Schritt zu einer Theorie machte, die indeterministische Quantensprünge beschreibt und mit dem Determinismus der klassischen Physik nicht mehr (oder höchstens unter großen metaphysischen Verrenkungen[40]) vereinbar ist. Die statistische Begründung der Entropie, zu der er griff, um die „unphysikalischen" Lösungen der Maxwell-Gleichungen loszuwerden, beruhte ja auf der klassischen statistischen Mechanik – einer deterministischen Theorie, die reversible Prozesse beschreibt.

Der Entropiesatz, den Planck auf die Strahlung anwandte, fiel schon vor aller Statistik aus dem Rahmen der klassischen Physik. Irreversible thermodynamische Prozesse gehorchen dem Satz vom Wachstum der Entropie, dem Zweiten Hauptsatz der Thermodynamik. Er besagt, dass Wärme nicht vollständig in Arbeit umgewandelt werden kann, dass physikalische Systeme nach einem Wärmegleichgewicht streben und dass sich Temperaturdifferenzen in der Natur nicht „kostenlos" einstellen, d. h. nicht ohne Energieaufwand. Anders als die Gesetze der klassischen Mechanik oder Elektrodynamik ist der Entropiesatz keine deterministische Gleichung mit Lösungen, die reversible Vorgänge beschreiben. Er ist eine *Ungleichung*, die zeitlich gerichtete, *irreversible* Prozesse beschreibt. Er setzt dem thermodynamischen Geschehen in einem geschlossen System Grenzen, ohne es dabei strikt zu determinieren.

Seit Ende des 19. Jahrhunderts erklären die Physiker die Wärme von Stoffen durch die mikroskopische Bewegung der Moleküle und Atome von Gasen, Flüssigkeiten oder Festkörpern. James Clerk Maxwell (1831–1879) und Ludwig Boltzmann (1844–1906) begründeten die kinetische Theorie der Wärme, von der Planck zunächst nichts wissen wollte. Die Temperatur eines Gases entspricht danach der mittleren kinetischen Energie der Moleküle, die Entropie der Wahrscheinlichkeit der Verteilung der Molekülzustände.

Doch wie kann dabei die statistische Mechanik den thermodynamischen Zeitpfeil erklären? Wie lassen sich die *irreversiblen* Prozesse der Wärmeleitung und des Temperaturausgleichs auf eine *reversible* Systembeschreibung zurückführen? Die klassische Physik hat hier ein gewaltiges, zu wenig bekanntes Reduktionsproblem, das auch durch die Quantentheorie höchstens teilweise aufgelöst werden kann.

Boltzmann entwickelte eine statistische Gleichung für den Wärmetransport. Sie beschreibt ein System von Teilchen, die wild durcheinander fliegen und kollidieren. Seine Gleichung berechnet, wie sich das System durch eine große Anzahl von Teilchenstößen entwickelt (*Stoßzahlansatz*). Die Boltzmann-Gleichung erklärt das thermodynamische Verhalten eines Systems von der mikroskopischen Ebene her, also *bottom-up*, und statistisch, durch ein Wahrscheinlichkeitsgesetz. Sie beruht auf dem Impulserhaltungssatz der klassischen Mechanik, einem Gesetz, das nur für zwei Billardkugeln einfach berechenbare Wirkungen hat. Schon ab drei Körpern verhält sich ein mechanisches System chaotisch; ganz zu schweigen von den 10^{23} Teilchen einer makroskopischen Stoffmenge. Sein Verhalten fällt unter das bekannte Stichwort *deterministisches Chaos*.

Nach dem Stoßzahlansatz stellte Boltzmann eine Integro-Differentialgleichung auf, deren Lösung beschreibt, was bei den Kollisionen sehr vieler Teilchen herauskommt. Sein Ergebnis war die *H-Funktion*, eine Funktion, die je nach der Anfangsbedingung des Systems im statistischen Mittel entweder *steigt* oder *fällt*.[41] Inwieweit erklärt diese Lösung nun den Zweiten Hauptsatz?

Die Erklärung des Zweiten Hauptsatzes durch die Boltzmann-Gleichung steht und fällt damit, wie gut die H-Funktion das thermodynamische Verhalten, den Entropie-Anstieg, reproduziert – d. h. einen Wärmetransport beschreibt, der die Energie- oder Temperaturunterschiede innerhalb des Systems *nicht vergrößert*, sondern *nivelliert*. Die H-Funktion sagt dieses thermodynamische Verhalten allerdings nur unter drei Einschränkungen voraus:

1. *im Zeitmittel*: die (negative) H-Funktion zittert in kurzen Intervallen um die Entropie-Funktion, die nach dem 2.Hauptsatz der Thermodynamik stetig wächst. Kurzfristig kann die Entropie danach auch fallen, doch längerfristig steigt sie im Zeitmittel.
2. *in Abhängigkeit vom Anfangszustand*: Die H-Funktion hat dann und nur dann das richtige Vorzeichen, wenn die Teilchen *anfangs* als *unkorreliert* betrachtet werden (Anfangsbedingung des *molekularen Chaos*).
3. *für ein ideales Gas*: Der Ansatz hängt entscheidend von Maxwells Voraussetzung ab, dass die Temperatur der mittleren kinetischen Energie entspricht. Dies gilt im Modell des „idealen" Gases, doch nicht für *reale* Gase und andere *wirkliche* Systeme.[42]

Die *bottom-up*-Erklärung des Verhaltens eines makroskopischen Systems durch das Verhalten der mikroskopischen Teilchen, aus denen es besteht, knirscht an dieser Stelle schon in der klassischen Physik beträchtlich. Die erste Bedingung ist allgemein bekannt, die Tragweite der beiden anderen weniger. Die zweite Bedingung wurde schon von Boltzmann selbst betont:[43]

„Will man den zweiten Hauptsatz beweisen, so sucht man ihn immer aus der Natur des Wirkungsgesetzes der Kräfte ohne jede Hinzuziehung der Anfangsbedingungen der Anfangsbedingungen zu beweisen, über die man gar nichts weiß. . . .

Daß dieses Integral bei allen Vorgängen der Welt, in welcher wir leben, wie die Erfahrung lehrt, ≤0 ist, ist nicht in dem Wirkungsgesetze der in derselben vorhandenen Kräfte, sondern bloß in den Anfangsbedingungen begründet. Wäre zur Zeit Null der Zustand sämtlicher materieller Punkte des Universums gerade der entgegengesetzte von demjenigen, welcher sonst zu einer viel späteren Zeit t_1 eintritt, so würde der Verlauf sämtlicher Begebenheiten zwischen den Zeiten t_1 und Null gerade der verkehrte sein . . . .“

Die dritte Bedingung verbietet es eigentlich zu sagen, dass die Wärme eines Stoffes die mittlere kinetische Energie seiner Moleküle oder Atome „ist", wie es die Neurophilosophin Patricia Churchland tut, um das reduktionistische Programm der kognitiven Neurowissenschaft mittels eines zugkräftigen Beispiels zu legitimieren.[44] Dies überspielt das Reduktionsproblem, das die Physik hier seit über hundert Jahren hat. Meistens wird es aber kaum als nennenswertes Problem wahrgenommen, weil es ja stimmt, dass die Physik Wärme als die Bewegung von Molekülen betrachtet – und weil es mit der Quantentheorie noch viel schlimmer kam. Die Quantentheorie bringt Deutungs- und Reduktionsprobleme mit sich, die bis heute ungelöst sind; wobei sie immerhin einige thermodynamische Phänomene besser erklärt. Es ist höchst spannend (aber verteufelt schwierig), diese Reduktionsprobleme im Lichte *aller* hier beteiligten Theorien zu behandeln.[45]

Doch uns interessieren hier ja nicht alle Lücken dieser Mikro-Reduktion, sondern der physikalische Zeitpfeil. Und die zweite obige Bedingung zeigt uns: Im Hinblick auf die Erklärung der Zeitrichtung, um die es uns hier geht, drehen wir uns im Kreis. Die Erklärung des Zweiten Hauptsatzes der Thermodynamik durch die kinetische Theorie setzt den Unterschied von früher und später, also die Zeitrichtung, schon voraus. Sie verhilft uns nicht zur gesuchten Erklärung der objektiven Zeitordnung, sondern diese Zeitordnung geht umgekehrt in die Erklärung des Zweiten Hauptsatzes durch die kinetische Theorie ein. Und dies ist ein prinzipielles Problem. Keine deterministische Theorie, die reversible Vorgänge beschreibt, kann irreversible Vorgänge erklären, ohne deren Richtung *zumindest* durch geeignete Anfangsbedingungen festzulegen.

REDUKTIONSPROBLEME

Dies ist beileibe nicht das einzige Reduktionsproblem, auf das wir stoßen, wenn wir den Zeitpfeil begründen wollen. Der Zeitpfeil der Physik, die objektive Zeit, ist und bleibt rätselhaft – nicht viel weniger als „die" Zeit insgesamt, unter Einschluss der subjektiven Zeit. Erlauben Sie mir noch einige Abschweifungen zu diesem Thema.

Die gängige Erklärung der Zeitrichtung beruht auf dem thermodynamischen Zeitpfeil, auf dem erläuterten Zweiten Hauptsatz der Thermodynamik und seiner Begründung durch Boltzmanns H-Theorem mittels der klassischen statistischen Mechanik.[46] Dabei wird die korrekte Zeitrichtung, wie in der klassischen Mechanik üblich, durch die Wahl der richtigen Anfangsbedingungen ausgewählt.

Auch die Gesetze der Elektrodynamik sowie der Speziellen und der Allgemeinen Relativitätstheorie können den Zeitpfeil *nicht* begründen, denn sie sind ebenfalls reversibel und deterministisch. Wie wir gesehen haben, gilt dies insbesondere für die elektromagnetische Strahlung. Die Wahl der korrekten Anfangsbedingungen reicht hier nicht; bei der Strahlung müssen die korrekten Lösungen des deterministischen Naturgesetzes selektiert und die „unphysikalischen" Lösungen verworfen werden. In den üblichen Darstellungen des relativistischen Lichtkegels (Abb. 5.1) oder der Entwicklung des Universums (Abb. 5.4) wird der Zeitpfeil auch wieder vorausgesetzt.

Wie steht es nun mit den Gesetzen einer Quantentheorie? Sie gelten ja letztlich auch für die elektromagnetische Strahlung, deren Irreversibilität Planck entdeckte – was ihn zum erwähnten „Akt der Verzweiflung" und zum Wirkungsquantum brachte.

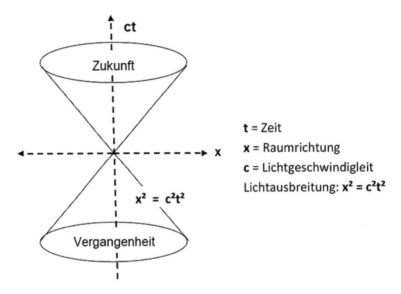

Abb. 5.1 Lichtkegel der Speziellen Relativitätstheorie

Quantentheoretische Gesetze beschreiben zwei grundverschiedene Arten der Zustandsentwicklung (Abb. 5.2). Die interne Zustandsentwicklung eines Quantensystems verläuft nach der Schrödinger-Gleichung strikt deterministisch und reversibel (a). Dagegen ändert der quantenmechanische Messprozess den Zustand des Systems indeterministisch und irreversibel (b). Auf der probabilistischen Ebene kommen beide Zustandsentwicklungen zusammen: Die quantenmechanische Wellenfunktion, die den Zustand eines Quantensystems beschreibt, legt die Wahrscheinlichkeitsverteilung der möglichen Ergebnisse von Übergängen zwischen verschiedenen Quantenzuständen fest (Abb. 5.3).

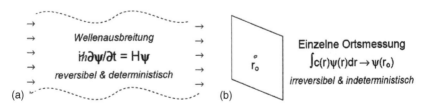

Abb. 5.2 Die zwei Arten der Zustandsveränderung eines Quantensystems

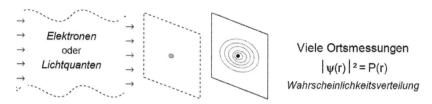

Abb. 5.3 Beugung eines Elektronen- oder Photonenstrahls an einem Kristall

Wollte man den Zeitpfeil einschließlich seiner Richtung erklären, so müssten all diese reversiblen und irreversiblen Gesetze durch eine einheitliche, umfassende Theorie erklärt werden. Eine solche Theorie könnte nicht deterministisch sein; sonst würde sie wieder nur reversible Zustandsgleichungen umfassen und keine Zeitrichtung auszeichnen. Die Hoffnung, die probabilistischen Züge der Quantentheorie letztlich auf deterministische Gesetze zurückzuführen und so den Determinismus zu retten, ist darum in Bezug auf den Zeitpfeil trügerisch. Deterministische Gesetze sind ja reversibel; deshalb können sie Ihnen die Zeitrichtung, in der irreversible Prozesse verlaufen, grundsätzlich nicht erklären. Den Zeitpfeil liefern sie Ihnen nie!

Die Irreversibilität quantenmechanischer Messungen erklärt den Zeitpfeil allerdings ebenfalls nicht. Ähnlich wie der Zweite Hauptsatz der Thermodynamik beschreibt sie ihn nur; sie konstatiert ebenfalls nur, in welcher Richtung er faktisch verläuft. Der quantenmechanische Zeitpfeil beschreibt, wie sich bei quantenmechanischen Messungen oder messungsähnlichen Dekohärenz-Vorgängen in der physikalischen Welt ständig Möglichkeiten in Wirklichkeit verwandeln. Der spontane Übergang eines Quantensystems aus einer Reihe von überlagerten Möglichkeiten in einen einzigen, faktischen Zustand ist dabei bis heute unverstanden, was das Ergebnis einer einzelnen Messung oder den Zeitpunkt eines einzelnen radioaktiven Zerfalls betrifft. Die Quantenmechanik für sich genommen liefert nur die Wahrscheinlichkeiten für Messergebnisse oder spontane subatomare Zerfälle. Sie erklärt aber weder, wann ein Atom ein Lichtquant abstrahlt oder ein subatomares Teilchen zerfällt, noch, warum es makroskopische Messgeräte in der physischen Welt gibt – geschweige denn, wie sie so funktionieren können, dass sie bei einem einzelnen Messprozess ein ganz bestimmtes, eindeutiges Messergebnis erzielen. Es handelt sich um eine probabilistische Theorie ohne deterministische Grundlagen; und dies gilt auch für den Ansatz, der bei der Analyse der Messung am weitesten kommt, nämlich die Dekohärenz.[47]

Der Versuch, den Zeitpfeil durch die Quantentheorie zu begründen, ist an die philosophische Position des *Präsentismus* gekoppelt. Diese Position zeichnet die Gegenwart gegenüber der Zukunft und der Vergangenheit dadurch aus, dass sie nur der Gegenwart, die wir subjektiv „Jetzt" erleben, physikalische Wirklichkeit zuspricht. Doch hier lauert ein weiteres Reduktionsproblem. Es ist schwer zu sehen, wie der Präsentismus mit Einsteins spezieller Relativitätstheorie kompatibel sein sollte. Nach der speziellen Relativitätstheorie gibt es keine „absolute", von allem physikalischen Geschehen unabhängige Zeit. Jedes bewegte System hat seine eigene Zeit; was als gleichzeitig betrachtet werden darf, ist nur durch die Möglichkeit der Synchronisation von Uhren durch Lichtsignale operational definiert, also durch ein Messverfahren relativ zu einem Bezugssystem festgelegt. Die Gleichzeitigkeit – und mit ihr der Übergang von Möglichkeit in Wirklichkeit in der Gegenwart – hängt damit vom Bewegungszustand eines physikalischen Systems ab; sie ist immer nur relativ zu einem bestimmten relativistischen Bezugssystem definiert und kann nicht für *alle* Beobachter *einheitlich* definiert werden.

Einige Physiker nehmen stattdessen die philosophische Position eines *Eternalismus* ein. Sie vertreten die Konzeption eines *Block-Universums*, dessen Vergangenheit, Gegenwart und Zukunft gleicherweise wirklich sind. Eternalismus und Block-Universum sind attraktiv, wenn es um die Vereinheitlichung von Quantentheorie und allgemeinrelativistischer Kosmologie geht.[48] Der Eternalismus steht allerdings zur intuitiven Zeitvorstellung im Widerspruch und er wirft das Problem auf, dass die subjektive, mentale Zeit dann überhaupt nicht mehr auf die objektive, physikalische Zeit reduziert werden kann, sondern zur Illusion erklärt werden muss. Das Block-Universum ist nur etwas für hartnäckige Deterministen, denen kein metaphysischer Preis zu hoch für die Aufrechterhaltung ihres Determinismus ist.

Eine weitere Reduktionslücke beim Verständnis der physikalischen Zeit tut sich in der allgemein-relativistischen Kosmologie auf. Nach der speziellen Relativitätstheorie gibt es keine universelle Gegenwart und damit kein universelles raumzeitliches Bezugssystem. Dagegen setzt die physikalische Kosmologie heute sehr wohl eine universelle Zeitskala voraus. Ihr Weltmodell beruht teils auf Einsteins allgemeiner Relativitätstheorie, teils auf Beobachtungen der Astrophysik wie der Rotverschiebung des Lichts entfernter Galaxien und der kosmischen Hintergrundstrahlung. Es besagt, dass es vor gut 14 Milliarden Jahren einen Urknall (*big bang*) gab, aus dem sich das gegenwärtige Universum entwickelt hat, wie wir es von der Erde aus beobachten (Abb. 5.4). Dieses Weltmodell nimmt an, dass es eine universelle, kosmische Zeit gibt und dass der Begriff eines endlichen Weltalters ein sinnvolles Konzept ist.

Auch hier gelingt die Reduktion des physikalischen Zeitbegriffs wieder nur teilweise, ähnlich wie bei der kinetischen Theorie und

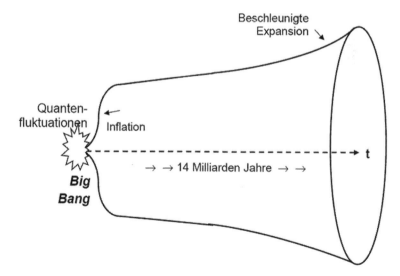

Abb. 5.4 Kosmologisches Standardmodell des Universums

dem Entropieanstieg als Indikator für die Zeitrichtung. Nach der Allgemeinen Relativitätstheorie gelten die Aussagen der Speziellen Relativitätstheorie lokal und näherungsweise. Als Näherung gelten sie um so besser, je weniger die Raum-Zeit-Struktur durch Schwerefelder verzerrt ist, etwa im intergalaktischen Raum. Der intergalaktische Raum ist dann ein guter Kandidat für einen weitgehend leeren, näherungsweise relativistisch unverzerrten Ausschnitt des Universums, der sich seit dem Urknall in seiner relativistischen Eigenzeit vor sich hin entwickelt. Jeder solche Ausschnitt des Universums entwickelt sich entlang seines inneren Zeitpfeils, der teils durch thermische Prozesse, teils durch die beobachtete Expansion des Universums definiert ist.

Zusätzlich zur allgemeinen Relativitätstheorie nimmt man sodann das *kosmologische Prinzip* an, nach dem es keinen ausgezeichneten Ort im Universum gibt. Es besagt: *Das Universum ist homogen, es gibt keinen ausgezeichneten Beobachterstandpunkt.* Die Forderung eines solchen *homogenen* Universums entspricht der Annahme, dass die Massen auf der kosmologischen Skala ungefähr gleichförmig verteilt sind. Ob das Universum im Großen, d. h. oberhalb der gegenwärtig beobachteten Galaxien-Cluster, wirklich homogen ist oder nicht, wissen wir letzten Endes nicht (zumal das Universum nach dem heutigen Stand der Physik nur zu einem Bruchteil aus der in Galaxien beobachtbaren Materie besteht, der größte Teil sind „dunkle" Materie und „dunkle" Energie, deren Natur unbekannt ist). Wir müssen die Welt von unserem Beobachterstandpunkt am Rande der Milchstraße von innen heraus erforschen, und dabei setzt uns die Lichtgeschwindigkeit empirische Grenzen. Wir können nur Sterne beobachten, deren Licht schon zu uns reisen konnte, d. h. die nach der Speziellen Relativitätstheorie in unserem Vergangenheitslichtkegel liegen.

Nach dem kosmologischen Prinzip ist jedoch unser Beobachterstandort auf der Erde jedem anderen Beobachterstandort gleichwertig – soweit nicht Schwereeffekte im Spiel sind, die das Raum-Zeit-Gefüge lokal verzerren, wie etwa in der Nachbarschaft von Sternen und schwarzen Löchern. Insbesondere hat dann das Universum für alle Beobachter in kräftefreien, nicht-beschleunigten Bezugssystemen, die in Raketen im intergalaktischen Raum unterwegs sind, dasselbe Weltalter; und alle Uhren, die sich im intergalaktischen Raum weitgehend ungestört durch

Schwerefelder bewegen, laufen gemäß der Speziellen Relativitätstheorie im Gleichtakt oder synchron. Das kosmologische Prinzip erlaubt es sodann, die Welt als expandierendes Universum zu beschreiben, das ein bestimmtes, einheitlich definiertes Alter hat – genau dies entspricht dem *big bang*-Modell.

Erst das kosmologische Prinzip gestattet es, eine universelle, einheitliche, kosmische Zeitskala zu definieren. Ohne dieses Prinzip dürften die Physiker das heutige Universum nicht als *gegenwärtig* betrachten und das Licht von fernen Galaxien nicht als Boten einer *Vergangenheit*, d. h. von Sternen, die es Milliarden Lichtjahre von uns entfernt einmal gab, aber heute vermutlich gar nicht mehr gibt. Und sie dürften sich nicht fragen, in welche *Zukunft* das heutige Universum mit seiner immer schnelleren Expansion rast. Das kosmologische Prinzip ist also konstitutiv für die Einheit der physikalischen Zeit, für den Zeitpfeil und dafür, dass eine präsentistische Sicht des *heutigen* Universums überhaupt Sinn macht. Insbesondere ist es konstitutiv für die Annahme, dass alle beobachtbaren Teile des Universums – d. h. alles Sternenlicht und alle kosmische Strahlung, die zu uns auf die Erde gelangen und die natürlich aus unserem Vergangenheits-Lichtkegel stammen – eine eindeutige Vergangenheit und einen gemeinsamen Ursprung im Urknall haben.

Im Hinblick auf die Reduktionslücken im theoretischen Fundament des Zeitbegriffs ist zentral, dass es sich um eine *Zusatzannahme* zur Allgemeinen Relativitätstheorie handelt. Das kosmologische Prinzip folgt nicht aus Einsteins Feldgleichungen. Es ist ein Auswahlprinzip, das die Klasse von deren physikalischen Lösungen einschränkt (ähnlich wie das Kausalprinzip für die elektromagnetische Strahlung die Lösungen der Maxwell-Gleichungen auf die „retardierten" Potentiale einschränkt). Es pickt aus der Klasse aller mathematisch möglichen Lösungen die Weltmodelle mit einheitlicher Vergangenheit und „gutartiger" Zeitstruktur heraus (– Weltmodelle ohne Zeitschleifen und kausale Paradoxien, in denen Sie nicht auf einer Zeitreise Ihre Großmutter umbringen können, bevor Ihre Mutter geboren ist).

Dabei ist das kosmologische Prinzip *kaum empirisch testbar*. Wir können es nur im uns zugänglichen Ausschnitt des Universums empirisch überprüfen, etwa anhand der Großraumverteilung von Galaxienhaufen, die – wenn das Prinzip korrekt ist – homogen sein sollte. Gegen Widerlegung ist das kosmologische Prinzip weitgehend immun, wie Sie sich leicht klar machen können. Finden Sie Inhomogenitäten, so können Sie sagen, die betrachteten Großraumstrukturen des Universums seien eben noch nicht groß genug. Finden wir in unserem Vergangenheitslichtkegel *keine* Inhomogenitäten, so können wir diesen Befund wiederum nur dann auf die nicht-beobachtbaren Teile des Universums jenseits des Ereignishorizonts übertragen, wenn wir annehmen, sie seien vom beobachtbaren Ausschnitt des Universums nicht grundsätzlich verschieden – womit wir aber bereits wieder das kosmologische Prinzip vorausgesetzt hätten. Dieses Prinzip ist also (ähnlich wie das Kausalprinzip, wenn man es im Einklang mit Kant methodologisch versteht) eine konstruktive Annahme *a priori*, die sich der empirischen Überprüfung weitgehend entzieht.

ZIRKEL DER ERKLÄRUNG

Zusammenfassend lässt sich folgendes über die *objektive, physikalische Zeit* sagen. Der physikalische Zeitbegriff zielt auf eine Einheit der Zeit, die möglichst umfassend ist. Sie soll möglichst alle Naturprozesse im Universum und die Entwicklung des Universums insgesamt umfassen. Diese einheitliche Zeit ist ein empirisch gut gestütztes Konstrukt der theoretischen Physik. Ihre empirische Grundlage sind die heute bekannten Verfahren der Zeitmessung durch immer bessere Uhren sowie der phänomenologische Unterschied von früher und später, der sich in irreversiblen Prozessen zeigt. Das theoretische Fundament der physikalischen Zeit ist die Konstruktion einer einheitlichen Zeitskala, die von der Planck-Zeit (10^{-43} s) bis zu etlichen Milliarden Jahren und vom Ereignis des Urknalls bis zum heutigen Weltalter reicht. Dieses Fundament weist jedoch gravierende Reduktionslücken auf:

1. Der *thermodynamische Zeitpfeil* wird durch die Reduktion der Entropie auf die Kinetische Theorie nicht vollständig erklärt. Die

*Anfangs*bedingungen der Boltzmann-Gleichung, aber auch neuere stochastische Ansätze, setzen den Unterschied von Früher und Später immer schon voraus.

2. Der *quantenphysikalische Übergang* von mehreren möglichen Systemzuständen in ein einzelnes faktisches Messergebnis erklärt den Zeitpfeil auch nicht, sondern er beschreibt ihn nur; wobei dieser Übergang bis heute selbst physikalisch unverstanden ist.

3. Für die *kosmologische Zeit* und das Konzept eines präsentistischen Universums mit einheitlichem Alter und Ursprung ist das *kosmologische Prinzip* konstitutiv. Die Physiker setzen dieses Prinzip *a priori* voraus, können es aber nur bedingt empirisch überprüfen.

Die objektive, physikalische Zeit ist also nur zum Teil etwas Gegebenes und sie kann nur zum Teil erklärt werden. Sie ist ein Konstrukt, das sich darauf stützt, den Zeitpfeil für thermodynamische, quantenphysikalische und kosmische Prozesse theoretisch möglichst einheitlich zu erfassen und ihn empirisch auf möglichst allgemeine Messverfahren zu stützen, für die möglichst präzise, möglichst gut synchronisierte Uhren benutzt werden. Die *Zeitrichtung*, also das, was wir hier gerne erklärt gesehen hätten, entzieht sich dabei jeder physikalischen Erklärung. Die Physiker beschreiben sie nur; und dabei müssen sie den „richtigen" Zeitpfeil, der von Früher nach Später läuft und nicht umgekehrt, immer anhand von Tricks in ihre Beschreibung der physikalischen Prozesse hineinstecken; seien es nun korrekte Anfangsbedingungen, oder sei es die Beschränkung auf die „physikalischen" Lösungen ihrer Gleichungen.

Pragmatisch und technisch gesehen zielt der Zeitbegriff der Physik dabei auf eine *operationalisierbare Einheit der Zeitskala* – eine Größeneinheit der Zeit, die durch einheitliche, umfassend anwendbare, möglichst präzise Messverfahren begründet wird. Heute nimmt man hierfür Atomuhren mit der Präzision subatomarer Vorgänge.

Nach der Speziellen und Allgemeinen Relativitätstheorie Einsteins ist diese Einheit der Zeit allerdings nur *lokal und nicht global realisierbar*. Sie liegt in der Eigenzeit bewegter Beobachter; sie gilt nicht für das gesamte Universum. Die *gemessene Zeit* ist immer abhängig von dem

Bezugssystem, in dem die Zeitmessung vorgenommen wird, etwa die Erde oder das Sonnensystem. Sie bleibt demnach *perspektivisch*. Sie ist auf einen bestimmten Beobachter und dessen Bewegungszustand bezogen; und sie steht unter Bedingungen der Messbarkeit. Dazu kommt der Unterschied von früher und später, der sich in der relativistischen Physik am Unterschied von Vergangenheits- und Zukunftslichtkegel festmacht und der natürlich ebenfalls perspektivisch ist. Diese Perspektivität überträgt sich auf die kosmologische Zeit der Physik; diese ist definiert relativ zu unserem Beobachter-Standort im Sonnensystem und relativ zu den Beobachtungen aus unserem Vergangenheits-Lichtkegel. Das kosmologische Prinzip fordert „nur", dass sich diese Zeit-Perspektiven problemlos vereinheitlichen lassen, weil sie gleichartig sind; es besteht ja in der Annahme, dass es keinen ausgezeichneten Beobachterstandpunkt gibt.

Wir sehen also: Die objektive, physikalische Zeit ist perspektivisch. Dabei kann die Physik weder die Richtung des thermodynamischen Zeitpfeils noch die Einheit der kosmologischen Zeit erklären. Im Gegenteil setzen alle Erklärungen der Physik immer wieder den Unterschied von früher und später (McTaggarts B-Reihe) voraus. Die Physik kann uns diesen Unterschied nicht erklären, sondern wir kennen ihn nur daraus, wie wir selbst die Unterschiede von Vergangenheit, Gegenwart und Zukunft (McTaggarts A-Reihe) subjektiv erleben. McTaggart hatte also recht: Seine B-Reihe kann die A-Reihe nicht erklären.

Damit kehren wir zum Ausgangsproblem zurück: Inwieweit lässt sich das subjektive Zeiterleben denn nun auf die objektive Zeit der Physik reduzieren? Inwieweit gelingt es, die erlebte Zeitstruktur *bottom-up* zu erklären, wenn der physikalische Zeitpfeil selbst bis heute rätselhaft bleibt? Wir hatten die Erklärungsansprüche schon soweit herabgestuft, dass wir darauf verzichten wollten zu erklären, wie sich unser Erleben der Gegenwart gegenüber unserer Erinnerung oder unseren Zukunftserwartungen *anfühlt*. Doch wir forderten, eine wissenschaftliche Erklärung unseres Zeitbewusstseins müsse uns *zumindest* den subjektiv erlebten Unterschied von Vergangenheit und Zukunft (McTaggarts A-Reihe) durch die objektive Zeitordnung (McTaggarts B-Reihe) erklären können. Wie wir sehen, kann sie allerdings noch nicht einmal dies:

Dafür müssten wir uns erklären können, wie und warum die neurobiologische Uhr im Gehirn so tickt, dass sie den Unterschied von Früher und Später kodieren kann, den unsere mentale Uhr im Drei-Sekunden-Takt registriert. Klar ist dabei nur, dass die neurobiologische Uhr auf physikalische Energie aus ihrer Umgebung zurückgreifen kann und muss, dabei (gemeinsam mit dieser Umgebung) dem Zweiten Hauptsatz der Thermodynamik unterliegt und den physikalischen Zeitpfeil eingebaut haben soll.

Die Erklärungsbilanz sieht mager aus – und wenn wir mit unseren physikalischen Erklärungen noch so weit ausholen. Wir können die *Richtung* des Zeitpfeils nicht erklären; wir drehen uns im Kreis. Wir werden immer wieder darauf zurückgeworfen, den Unterschied von Früher und Später in unsere physikalischen Erklärungen hineinzustecken, anstatt ihn aus ihnen herauszuholen. Die Richtung des Zeitpfeils scheint nicht-reduzierbar; und mit ihr unser subjektives Erleben des Unterschieds von Vergangenheit und Zukunft, der unserer Kenntnis des Unterschieds von Früher und Später zugrunde liegt. Ohne die mentale Uhr in uns zu gebrauchen, können wir nicht erklären, wie die neurobiologische Uhr im Gehirn den Zeitpfeil generiert, den unsere mentale Uhr registriert.

Dieser Zirkel in der Erklärung des physikalischen Zeitpfeils, der Gangrichtung der neurobiologischen Uhr im Gehirn und unserer subjektiven Zeitwahrnehmung ist aus wissenschaftstheoretischer Sicht nicht dramatisch. Alle naturwissenschaftlichen Erklärungen beruhen auf empirischen Voraussetzungen und sie haben ihre Grenzen. Solange wir akzeptieren, dass wir nicht vollständig wissen können, wie unser Bewusstsein mit den neuronalen Aktivitäten in unserem Gehirn zusammenhängt, ist der epistemische Zirkel, der hier vorliegt, kein Problem.

Anders sieht es für umfassende metaphysische Wissens- oder Erklärungsansprüche aus. Der Zirkel der Erklärung, der zwischen dem subjektiven, erlebten Zeitpfeil und dem objektiven, physikalischen Zeitpfeil hin und zurück führt, ist für den Naturalismus genauso fatal wie für den neuronalen Determinismus.

Naturalisten behaupten, im Prinzip sei *alles* von den physischen Phänomenen her erklärbar. Doch wer erklärt uns die Zeitrichtung? Letztlich ist sie eine Tatsache, die wir teils in Form von irreversiblen Naturvorgängen und teils durch unsere eigene Zeitwahrnehmung erfahren. Dabei besteht sie in *zwei* Arten von Tatsachen, nämlich in irreversiblen physi(kali)schen Phänomenen *und* in unserer mentalen Zeitstruktur. Letztere auf die ersteren zurückzuführen, wie es der Naturalismus verlangt, gelingt gerade *nicht*. Der Versuch, McTaggarts A-Reihe auf die B-Reihe und diese auf die Physik zu reduzieren, führt in den Zirkel. Wer sich für den Naturalismus stark macht, sollte erst einmal erklären, wie er – oder sie – diesen Zirkel aufbrechen kann.

DETERMINISTISCHES DILEMMA

Für den neuronalen Determinismus sieht es nicht besser aus. Wir haben gesehen: Eine deterministische Welt wäre eine Welt ohne Zeit; eine Laplacesche Welt, in der Vergangenheit und Zukunft keinen Unterschied machen, in der es keinen Zeitpfeil gibt und deren Weltlauf auch umgekehrt ablaufen könnte. Die Zeit wäre eine Illusion. Entweder den strikten Determinismus oder einen echten physikalischen Zeitpfeil – beides zusammen können Sie nicht haben. Dies gilt jedenfalls unter den folgenden Voraussetzungen, die ich in meiner Argumentation gemacht habe:

(i) Ich setze die traditionelle Auffassung von Naturgesetzen voraus, nach der deterministische Prozesse durch Differentialgleichungen beschrieben werden.

(ii) Ich verzichte auf die metaphysische Voraussetzung einer absoluten Zeit.

(iii) Ich stecke den Zeitpfeil nicht stillschweigend in die Anwendungsbedingungen einer Theorie, sondern fordere, dass er durch deren Dynamik erklärt wird.

Dies sind natürlich starke Voraussetzungen – aber sie stimmen mit denjenigen der Physiker überein, die den Zeitpfeil im Rahmen der heutigen Physik erklären wollen. Spekulativen Meta-Physikern sei es unbenommen, andere Annahmen zugrunde zu legen, um ihr deterministisches Weltbild mit Zeitpfeil zu retten.

Bietet eine Theorie zellulärer Automaten einen Ausweg aus dem Dilemma „entweder Determinismus oder Zeitpfeil"? Zelluläre Automaten modellieren das Verhalten komplexer dynamischer Systeme.[49] Sie arbeiten in diskreten rekursiven Schritten; dabei hängt jeder Schritt nur vom Systemzustand unmittelbar vor diesem Schritt ab und jede Zelle des Automaten wird nur durch ihren eigenen Zustand und den der Nachbarzellen bestimmt. Zelluläre Automaten lassen sich leicht programmieren. Ihre Simulation bringt komplexe Strukturbildungen hervor, die der Selbstorganisation biologischer Systeme ähnlich sind. Sie arbeiten deterministisch, d. h. nach festen Algorithmen; doch sie führen zu irreversiblem Verhalten, insofern sich das System zwar im Voraus berechnen lässt, aber nicht von einem gegebenen Zustand aus zurück: aufgrund seiner Komplexität „vergisst" es seine Vergangenheit.

Ein Gegenbeispiel zu meinen obigen Überlegungen stellen zelluläre Automaten m.E. dennoch nicht dar, denn ihr Algorithmus entspricht nicht dem üblichen Verständnis eines Naturgesetzes. Um den Zeitpfeil im Rahmen einer deterministischen Theorie der zellulären Automaten *grundsätzlich* zu retten, müsste sich das ganze Universum, sagen wir: auf der Planck-Skala, als zellulärer Automat entwickeln – nach einem diskreten Algorithmus, der an die Stelle der heutigen, kontinuierlichen Gesetze der Physik tritt. Diese spekulative Möglichkeit will ich hier nicht ausschließen; aber: mit *irgendeiner* spekulativen Metaphysik lässt sich der Determinismus *immer* retten. Dies zeigt ja letztlich nur, dass er keine empirisch testbare wissenschaftliche Hypothese ist, sondern eine blanke Glaubensangelegenheit. Dazu kommt noch, dass im Gebiet der Physik das Verhältnis zwischen den Algorithmen eines zellulären Automaten und den Gesetzen der Thermodynamik höchst ungeklärt ist – was den Vertretern eines zellulären Determinismus sogar auf der Planck-Skala noch böse Überraschungen bescheren könnte.

Lassen wir die spekulative Metaphysik beiseite und wenden wir uns wieder der Frage zu, wie sich unser Zeitbewusstsein durch neuronale Prozesse erklären lässt. Auf der Grundlage der heutigen Physik können uns die zellulären Automaten *nicht* vor dem obigen Dilemma retten, und wenn sie die neuronalen Prozesse noch so schön modellieren sollten. Die Neurone feuern nämlich *nicht* nach diskreten Algorithmen, sondern nach den Gesetzen der Elektrochemie und der Thermodynamik, die wieder in das obige Dilemma führen. *Entweder* geht unsere mentale Uhr auf irreversible neuronale Aktivitäten zurück, die auf thermodynamischen Prozessen beruhen. Dann kann unser Zeiterleben nicht strikt determiniert sein, sondern es muss nicht-deterministische, probabilistische, stochastische Grundlagen haben – entweder Quantenprozesse oder ein höherstufiges irreversibles Geschehen. *Oder* aber das Zeiterleben ist durch das neuronale Geschehen strikt determiniert. Dann müssen ihm reversible Prozesse zugrunde liegen und der subjektiv erlebte Unterschied von Vergangenheit und Zukunft wird zum irreduziblen Epiphänomen ohne physische Basis.

Als ein neuronaler Determinist kämen Sie damit in die Zwickmühle: Die Logik der deterministischen Naturgesetze, die reversible Vorgänge beschreiben, gebietet Ihnen, entweder Ihren Determinismus aufzugeben – oder aber Ihre Behauptung, alle mentalen Phänomene einschließlich des Zeitbewusstseins seien durch neuronale Prozesse determiniert.

Nun könnte man geltend machen, dabei handle es sich nur um ein epistemisches Problem, um Grenzen des derzeitigen Wissens. Leider ist es nicht so einfach. Selbst wenn Sie annehmen, Ihr subjektives Zeiterleben sei faktisch vollständig durch die physikalische Zeit bedingt (ohne dass jemand wüsste, *wie*), bleibt das Problem, dass der physikalische Zeitpfeil *nomologisch* mit dem Determinismus unvereinbar ist. Die Naturvorgänge sind entweder reversibel und deterministisch, oder irreversibel und indeterministisch, aber nie beides zugleich. Nach der heute üblichen Auffassung der Naturgesetze lassen sich die deterministischen, reversiblen Gesetze der Physik nur durch Tricks widerspruchsfrei auf irreversible, nicht strikt determinierte Vorgänge anwenden: durch die Wahl der korrekten Anfangsbedingungen, die Beschränkung auf „physikalische" Lösungen und mittels der

Wahrscheinlichkeitsrechnung, die ohnehin so gestrickt ist, dass sie den Zeitpfeil respektiert. Wahrscheinlichkeit sagt objektiv etwas über das Faktischwerden von Möglichkeiten aus, und subjektiv etwas über das Eintreten von Erwartungen.

Um alles noch einmal zusammenzufassen: Entweder Sie erklären die *Richtung* der mentalen Zeit, den Unterschied von Früher und Später (McTaggarts B-Reihe). Dann handelt es sich um eine wissenschaftliche Erklärung, die sich auf den physikalischen Zeitpfeil stützt, auf die Thermodynamik und deren probabilistische Begründung durch die kinetische Theorie, die Quantentheorie oder eine andere stochastische Theorie. In diese physikalische Erklärung stecken Sie den Unterschied von Früher und Später bereits hinein; sie macht von stochastischen Anfangsbedingungen Gebrauch (wie die kinetische Theorie) oder ist ohnehin nicht-deterministisch (wie die Quantentheorie).

Oder aber Sie sagen: Na ja, der probabilistische Charakter dieser Erklärungen spielt doch im Gehirn aufgrund des Gesetzes der großen Zahlen aus der mathematischen Statistik gar keine Rolle! Die betrachteten Prozesse sind quasi-deterministisch, weil das Gehirn aus unglaublich vielen Neuronen besteht und diese Neurone wiederum aus unglaublich vielen Atomen und Molekülen. Dann wiederum können Sie alles Mögliche erklären, vielleicht sogar den neuronalen Mechanismus Ihrer mentalen Uhr, aber ganz bestimmt nicht deren Gangrichtung, d. h. den Unterschied von Früher und Später. Keine deterministische oder quasi-deterministische Erklärung schafft es, die Richtung des Zeitpfeils zu erklären. Wenn Sie erklären wollen, wie es die Neurone schaffen ihn zu kodieren, drehen Sie sich im Kreis: Entweder Sie setzen diesen Unterschied voraus, weil Ihre mentale Uhr ihn kennt; oder Sie können mir nicht erklären, warum Ihr Gehirn Vergangenes und Zukünftiges nicht verwechselt. Also:

1. *Entweder* ist unser Zeitbewusstsein physikalistisch erklärbar, d. h. es beruht auf dem inneren Zeitpfeil *irreversibler* neuronaler Prozesse. Da deterministische Prozesse grundsätzlich reversibel sind, kann das Zeiterleben dann *nicht strikt determiniert* sein.
2. *Oder* aber unser Zeitbewusstsein ist *strikt* durch das neuronale Geschehen determiniert. Dann muss dieses Geschehen reversibel

sein, kann also den Unterschied von Früher und Später (McTaggarts B-Reihe) nicht kodieren. Damit bleibt die erlebte *Zeitrichtung* (McTaggarts A-Reihe) irreduzibel.

Die Richtung des Zeitpfeils bleibt eine rätselhafte Leistung des menschlichen Geistes und der Natur. Selbst wenn man annimmt, die neuronalen Mechanismen unserer mentalen Uhr seien grundsätzlich physikalisch erklärbar: Naturalisten können hieran keine Freude haben. Aus der Sicht der Physiker und Philosophen, die den Zeitpfeil erklären wollen und das erste Horn des Dilemmas empfehlen, bleibt eine hartnäckige Reduktionslücke. Aus der Sicht der Physiker oder Philosophen aber, die das zweite Horn des Dilemmas wählen und die subjektiv erlebte Zeit für eine Illusion halten, bleibt der Zeitpfeil erst recht irreduzibel. Wer wie Einstein – oder, aus ganz anderen Gründen, McTaggart – den subjektiven Unterschied von Vergangenheit, Gegenwart und Zukunft für eine bloße Illusion hält – sei es aufgrund der relativistischen Physik, einer deterministischen Einstellung oder einer philosophischen Begriffsanalyse – steht mit leeren Händen da. Das subjektive Zeiterleben bleibt dann ein Epiphänomen *ohne* jede physische Grundlage. Schlimmer noch: nach allem, was oben gesagt wurde, wäre dieses Epiphänomen *inkompatibel* mit seiner eigenen deterministischen Basis. (Wie *können* reversible, deterministische Gehirnprozesse eine mentale Illusion von Irreversibilität vorspiegeln, die unvereinbar mit ihrer physischen Basis wäre?)

Soweit ich sehe, besteht der einzige Ausweg aus diesem Dilemma in der Zuflucht zu starken metaphysischen Annahmen. So können Sie etwa annehmen, dass das Universum *letztlich* ein gigantischer zellulärer Automat ist, der diskret, deterministisch *und* irreversibel arbeitet. Das Verhältnis dieser metaphysischen Annahme zur Thermodynamik steht dann aber auch wieder in den Sternen.

BASIS DES ZEITERLEBENS?

In jedem Fall bleibt eine krasse Reduktionslücke. Und dies wiederum ist fatal für den Naturalismus. Denn das obige Dilemma zieht der üblichen starken naturalistischen These **(K)** der kausalen Geschlossenheit der Welt (vgl. 1. Kapitel) den Boden unter den Füßen weg: Es gibt dann entweder Kausalitätslücken in der physischen Welt, oder aber unser Zeiterleben hat keine physische Basis. (Ob eine Theorie zellulärer Automaten hier den Ausweg bieten könnte, bleibt unklar, solange das Verhältnis dieser Theorie zur heutigen Physik, insbesondere zur Thermodynamik, ungeklärt ist. Sie müsste aber diese Gesetze durch Theorienreduktion begründen können – das ist ein starker *constraint*.)

Wenn aber die neuronalen Ursachen des mentalen Geschehens nicht einmal den Unterschied von Vergangenheit und Zukunft festlegen, den wir erleben – ja, was legen sie denn *dann* fest? Unser Zeiterleben lehrt, dass die Zeit verstreicht, dass alles Gegenwärtige demnächst vergangen sein wird und dass wir Pläne machen können, die sich auf künftige Handlungen und Geschehnisse richten. Intentionalität ist nichts anderes als die Ausrichtung des Bewusstseins auf Zukünftiges, das gegenwärtig werden soll. Wenn die Richtung unseres Zeiterlebens nicht physikalistisch erklärt werden kann, so bleibt mit ihr die gesamte menschliche Intentionalität irreduzibel.

Es steht nach alledem weder gut um die naturalistische Reduktion des mentalen Zeiterlebens auf die physikalische Zeit noch gut um den neuronalen Determinismus, sofern er sich als *strikt* deterministisch versteht. Ersteres liegt daran, dass die Physik selbst keinen einheitlichen Zeitbegriff vorzuweisen hat. Niemand kann derzeit den physikalischen Zeitpfeil vollständig erklären. Die Erklärung des thermodynamischen Zeitpfeils durch die Mikrophysik greift immer schon in irgendeiner Hinsicht auf den Unterschied von Früher und Später zurück, den wir letztlich mit unserer mentalen Uhr konstatieren. Dagegen setzt die Konstruktion der kosmologischen Zeit wiederum das kosmologische Prinzip voraus, und mit ihm die relativistische Beobachterperspektive, von der es sodann abstrahiert. Auch um die Einheit und die Richtung der Zeit im Universum zu konstituieren, sind mentale Konstrukte erforderlich, und mit ihnen irreduzible Elemente des subjektiven Zeiterlebens – es sei denn, Sie versteifen sich auf den Eternalismus und das Block-Universum, in dem alle Zeiten gleich real sind.

Niemand weiß, ob – wie Einstein oder McTaggart vermutet haben – der Unterschied von Vergangenheit, Gegenwart und Zukunft

nur Illusionen unseres Bewusstseins sind. Aber – was würde dies heißen? An dieser Stelle könnten Naturalisten sagen: Halt, genau dies
ist es doch, was wir auf der Grundlage der modernen Hirnforschung
ebenfalls annehmen sollten! Unser mentales Erleben einschließlich des
freien Willens und des Zeiterlebens ist nur eine Illusion. Schon die
Libet-Experimente und ihre Nachfolger zeigen dies.[50] Wie diese Illusion zustande kommt, kann noch niemand in allen Details erklären, aber
die bisherigen Erfolge der Neurophysiologie lassen annehmen, dass dies
nur ein Problem unseres Wissensstands ist.

Dies mag in Bezug auf den freien Willen eine grundsätzlich haltbare
Position sein – wenn Sie denn annehmen, dass die Welt kausal geschlossen ist und alle relevanten Naturprozesse deterministisch ablaufen. In
Bezug auf die Zeit bekommen Sie aber das Problem, dass die Irreversibilität Ihres Zeiterlebens keine physikalistische Erklärung gestattet,
die nicht immer schon auf Ihre Kenntnis der Zeitrichtung baut; denn
deterministische Gesetze sind, wie hier immer wieder betont wurde, reversibel und erklären die Richtung des Zeitpfeils *nicht*. Dies führt in das
obige Dilemma, dass das Zeiterleben *entweder* nicht strikt determiniert
sein kann *oder* aber grundsätzlich nicht-reduzierbar bleibt. In beiden
Fällen steht es schlecht um die kausale Geschlossenheit der Welt –
und damit um die Grundlagen einer *komplett* naturalistischen Erklärung dessen, was wir als freien Willen erleben. Auf diesen Punkt komme
ich im 7. Kapitel wieder zurück.

Beide Zeiten – die objektive, physikalische, messbare und die subjektive, mentale, erlebte – verweisen offenbar wechselseitig aufeinander.
Sie sind komplementär, d. h. sie schließen sich gegenseitig aus und ergänzen sich doch gegenseitig. Was dies heißen kann, hat etwa Merleau-
Ponty demonstriert. Seine Phänomenologie wird der komplementären
Beziehung beider Zeitauffassungen gerecht; danach ist die objektive,
physikalische Zeit im „Medium" der Intersubjektivität mit der subjektiven, erlebten Zeit verknüpft.[51] Vom Standpunkt des Naturalismus,
Physikalismus oder Materialismus aus mag dies unbefriedigend erscheinen. Doch niemand zwingt Sie, einen solchen „Ismus" zu vertreten; und
die Vielfalt der objektiv messbaren und der subjektiv erlebten Zeit *und*
Welt ist hiermit gerettet.

DIE EINHEIT „DER" ZEIT, EIN KONSTRUKT

Wir waren unter anderem mit Augustinus von der Frage ausgegangen, was „die" Zeit sei. Doch wir haben gesehen, dass es aus naturwissenschaftlicher Sicht „die" Zeit überhaupt nicht gibt. Es gibt die subjektive, erlebte und die objektive, physikalische Zeit; keiner dieser beiden Zeitbegriffe ist auf den jeweils anderen reduzierbar; und keiner dieser beiden Zeitbegriffe ist in sich einheitlich.

Die objektive, physikalische Zeit liegt in den gerichteten, messbaren Prozessen der Thermodynamik, der Quantenphysik und der kosmologischen Entwicklung eines Universums mit einheitlichem Weltalter. Diesen Prozessen ist jeweils ein anderer theoriespezifischer Zeitpfeil zugehörig, wobei sich die betreffenden theoretischen Zeitpfeile komplett weder aufeinander noch auf die mikrophysikalischen Grundlagen der Physik reduzieren lassen. Die physikalische Zeit mit ihrer Richtung ist ein empirisch gut gestütztes theoretisches Konstrukt, dessen theoretische Grundlagen aber weder einheitlich noch vollständig verstanden sind. Insofern ist die objektive Zeit der Physik eine mentale Leistung der Physiker; und ihre intersubjektive Verwendung in der menschlichen Gesellschaft ist eine enorme Kulturleistung der Menschheit.

Die subjektive, mentale Zeit dagegen liegt im Erleben von früheren und späteren Ereignissen, von Zugleich und Nacheinander; in der Erinnerung an Vergangenes, im Erleben des Jetzt und in der Antizipation von Künftigem. Wir haben gesehen, dass sie partiell, aber bei weitem nicht vollständig auf das Zeitmaß der Gehirnaktivitäten reduziert werden kann. Die neuronalen Mechanismen, die unserer mentalen Uhr zugrunde liegen, sind höchstens ansatzweise bekannt. Dabei ist die neuronale Verarbeitung von Signalen im Gehirn nach allem, was man heute weiß, ein wichtiger kausal relevanter Faktor für unser Zeiterleben – doch viel mehr weiß man eben nicht.

Die objektive, physikalische Zeit wird nach alledem ihre subjektiven Grundlagen nicht vollständig los. Der physikalische Zeitbegriff ist bis heute von zwei subjektiven Annahmen abhängig: Er hat einerseits unser Wissen von Früher und Später (McTaggarts B-Reihe) zur irreduziblen Voraussetzung, das wiederum in unserem subjektiven Erleben der

Unterschiede von Vergangenheit, Gegenwart und Zukunft (McTaggarts A-Reihe) gründet; und er ist andererseits perspektivisch auf unseren Beobachterstandpunkt auf der Erde bezogen. Beide Voraussetzungen sind natürlich nicht auf Ihr oder mein einsames Ich-Bewusstsein beschränkt, sondern sie sind *intersubjektiv*, d. h. es handelt sich um menschliche Kulturleistungen, die wesentlich auch soziale und sprachliche Aspekte haben. Diese letzteren Aspekte klammern wir hier weitgehend aus; sie machen unser Reduktionsproblem ja nicht einfacher, sondern noch viel komplexer. Die entscheidende Frage ist nun: Welche Rolle spielen die subjektiven und intersubjektiven Voraussetzungen des physikalischen Zeitbegriffs für das naturalistische Reduktionsprogramm?

Die empirischen Wissenschaften – und hier sind nun *alle* Wissenschaften gemeint, nicht mehr nur die Naturwissenschaften – objektivieren „die" Zeit zur physikalischen, physiologischen, neurobiologischen, psychologischen, sozialen, musikalischen usw. Zeit. Dabei sind sie weit von einem einheitlichen Zeitbegriff entfernt. Wie gezeigt, gilt diese Uneinheitlichkeit sogar innerhalb der Physik; der thermodynamische Zeitpfeil ist eines der großen Rätsel, das sich nach wie vor gegen vollständige physikalische Erklärung sperrt. Soviel wir auch aus den verschiedensten Wissenschaften über sie wissen – „die" Zeit entzieht sich unserem Verständnis noch immer. Wenn die Einheit der Zeit schon innerhalb der Physik nichts vollständig objektiv Erklärbares ist, sondern teilweise unser eigenes mentales Konstrukt bleibt, so dürfte es ähnlich um den Wunsch stehen, die Kluft zwischen erlebter Zeit, gemessener Zeit und den Zeitauffassungen der Einzelwissenschaften zu überbrücken. An der Schnittstelle von Neurobiologie und Psychologie kommt dazu, dass die psychophysischen Reiz-Reaktions-Experimente die subjektive, erlebte Zeit nur indirekt zum Gegenstand physikalischer Messungen machen können. Eine naturalistische Reduktion der subjektiven, mentalen Zeit auf ein objektives, physikalisches Zeitmaß des neuronalen Geschehens dürfte aus all diesen Gründen illusorisch sein.

Nun können Sie vom naturalistischen Standpunkt aus beharrlich wiederholen: So weit, so gut – aber das ist doch nur ein epistemisches, kein ontologisches Problem! Die Reduktionslücken im physikalischen Zeitbegriff sind nur Grenzen unseres derzeitigen Wissens. Der Physik und den anderen Einzeldisziplinen wird es in naher oder ferner Zukunft sicher gelingen, diese Erklärungslücken weitgehend zu schließen. Und wenn nicht – was beweist das schon? Die Grenzen unseres Wissens besagen doch nichts darüber, was in der Welt der Fall ist oder nicht! Im Gegenteil hat die Neurophysiologie bis heute schon sehr viel über die physische Basis unseres Zeitbewusstseins herausgefunden.

Wenn Sie immer noch so argumentieren, möchte ich Sie bitten, den letzten Abschnitt erneut zu lesen. In das Dilemma von Determinismus oder Zeitpfeil hatte uns ein *grundsätzliches* nomologisches Problem geführt, keine behebbare Wissenslücke. Angesichts der Struktur von naturwissenschaftlichen Gesetzesaussagen haben Sie keine andere Alternative: Entweder Sie bekommen eine vollständige, lückenlose, deterministische Erklärung, die Ihnen reversible Naturvorgänge beschreibt, aber keinen Zeitpfeil liefert, wie Sie es auch drehen und wenden. Oder Sie bekommen eine nicht-deterministische, lückenhafte Erklärung, die irreversible Naturvorgänge beschreibt. Dann bekommen Sie den Zeitpfeil, doch seine Richtung bleibt unerklärt.

Die schlichte, aber unbequeme Wahrheit ist: Die Naturwissenschaften können sich ihrer anthropozentrischen Voraussetzungen nicht vollständig entledigen. Das alte Programm, das Buch der Natur in mathematischen Lettern zu entziffern (Galilei) und sich dabei aller subjektiven Voraussetzungen zu entledigen, um sich einer ent-individualisierten und ent-anthropomorhisierten, objektiven Wirklichkeit anzunähern (Planck), stößt *irgendwo* an seine Grenzen. Und dies zeigt sich beim Zeitbewusstsein vielleicht deutlicher als bei allen anderen mentalen Phänomenen. Der Versuch, es zu naturalisieren, führt in den epistemischen Zirkel. Beim Versuch, es physikalistisch zu erklären, stoßen wir immer wieder auf die nicht-eliminierbare mentale Voraussetzung der subjektiv erlebten Zeitrichtung, ohne die wir weder den Zeitpfeil in der Außenwelt noch unser Bewusstsein des Zeitflusses erklären können.

Es ist darum kein Wunder, dass die Hirnforscher in einer Art undurchsichtigem Taschenspielertrick ihren Naturalismus gern mit konstruktivistischen Auffassungen kombinieren. Dabei gehen die Neurowissenschaftler von Helmholtz bis heute gern von Kant aus. Nach

Kant sind Raum und Zeit ja primär subjektive kognitive Leistungen unseres Erkenntnisvermögens und erst sekundär objektive, physikalische Größen. Wie vor allem Pöppels Arbeiten zeigen, hat es die heutige Neurophysiologie geschafft, Kants subjektive Zeitauffassung, nach der die Zeit unser „innerer Sinn" ist, in vielerlei Hinsicht durch naturwissenschaftliche Beschreibungen dessen zu ergänzen, was im Gehirn passiert, wenn wir Zeit erleben.

Kant hatte in seiner Erkenntnistheorie Newtons absoluten Raum und absolute Zeit kritisiert, die von allen physikalischen Prozessen unabhängig sein sollten. Von Leibniz, der Newtons Sicht des Raums und der Zeit ebenfalls schon kritisiert hatte, übernahm Kant im Hinblick auf die Zeit zwei nicht-metaphysische Grundgedanken: (i) die absolute Zeit gibt es nicht wirklich, d. h. in der Außenwelt, sondern nur als eine Idealvorstellung von uns, d. h. als mentales Konstrukt; (ii) die subjektive, erlebte Zeit kommt *vor* der objektiven, gemessenen Zeit und ist auch letztlich die Grundlage für die Erfahrung und Messbarkeit der letzteren. Nach der *Kritik der reinen Vernunft* ist die Zeit eine reine, nicht-empirische Form der Anschauung *a priori*. Sie ist in unserem Bewusstsein vor aller Erfahrung als unser „innerer" Sinn vorhanden; als kognitives Vermögen, genauer: als Vorstellungsvermögen, in dem wir unsere Erfahrungsinhalte nacheinander anordnen. Die objektive, gemessene Zeit beruht dann auf der Aufeinanderfolge der Erfahrungen, die wir mittels der zweiten reinen Form der Anschauung machen, der Raumvorstellung; der Raum ist für Kant unserer „äußerer" Sinn, d. h. das Vorstellungsvermögen, mittels dessen wir alle gleichzeitig auf uns einströmenden Sinneswahrnehmungen nebeneinander anordnen und in unseren „inneren" Sinn aufnehmen. Die Einheit der objektiven, gemessenen Zeit liegt nach Kant nicht in den Sinneseindrücken, die wir in eine zeitliche Reihenfolge bringen; sie beruht auf unserem Vorstellungsvermögen und ist eine regulative Idee. Diese Idee muss keine Entsprechung in der Wirklichkeit haben, sie entspringt vielmehr unserer Anschauung und unserem Verstand.

In der Tat dient die Idee der Einheit der objektiven Zeit, seitdem es Zeitmessung und Kalender gibt, als Konstruktionsprinzip für die Auffindung eines einheitlichen, möglichst gleichförmigen physikalischen

Zeitmaßes. Nach Kant ist diese Idee selbst nicht objektiv, sondern subjektiv. Die Einheit der objektiven, gemessenen Zeit liegt nicht in den Sinneseindrücken, die wir in eine zeitliche Reihenfolge bringen, sondern sie ist eine ursprüngliche kognitive Leistung unseres Bewusstseins, die auf unserem Vorstellungsvermögen beruht und letztlich eine regulative Idee ist. Diese Idee muss keine Entsprechung in der Wirklichkeit haben, etwa in einem absolut gleichförmigen periodischen Naturvorgang. Sie entspringt unserem kognitiven Vermögen.

Kant dachte, dass die zeitliche Einheit unseres Ich eine ursprüngliche Leistung unseres Bewusstseins ist, ein Vermögen, Einheit in der Mannigfaltigkeit der Sinneserlebnisse zu stiften. Die heutige Neurophysiologie und Kognitionspsychologie geben ihm recht; sie zeigen, dass unsere Zeitwahrnehmung auf diskontinuierlichen Vorgängen beruht, so dass unser Erleben „der" Zeit in Form eines kontinuierlich verstreichenden Zeitflusses ein Konstrukt unseres Bewusstseins sein muss – was auch immer dieses Bewusstsein ist, das zu erklären ihr hartnäckig *nicht* gelingt.

Damit ist gerade *nicht* dem radikalen Konstruktivismus der Hirnforscher das Wort geredet. Radikalen Konstruktivisten wie von Foerster oder von Glasersfeld und ihren heutigen Nachfolgern geht es um die *Naturalisierung* der mentalen Phänomene.[52] Gegen diese Naturalisierung sperrt sich jedoch unser einheitliches Zeitbewusstsein genauso wie die Einheit unseres Ich oder Selbst. Wer hier konstruiert bzw. Einheit stiftet, ist nach Kant das Selbstbewusstsein – und nicht das Gehirn.

Soweit unser Bewusstsein unverstanden bleibt, kann die Neurophysiologie auch unser subjektives Zeiterleben nicht mit naturwissenschaftlichen Ansätzen erklären. Unser Ich-Bewusstsein, und mit ihm unser Erleben von Zeit, lässt sich bis heute nicht auf seine neuronale Basis im Gehirn zurückführen und wird womöglich für immer irreduzibel bleiben. Die Einheit der Zeit, die unser Bewusstsein konstruiert, bleibt genauso rätselhaft wie die Bedeutung unseres Bewusstseins angesichts unserer Endlichkeit und Vergänglichkeit. Die Erfolge der Hirnforschung ersparen es uns nicht, uns philosophisch mit dem Erleben unserer Zeitlichkeit und Endlichkeit auseinanderzusetzen; und sie machen es auch nicht überflüssig, die Grenzen der naturwissenschaftlichen Erkenntnis zu erforschen.

6

URSACHEN UND WAS SIE ERKLÄREN

WAS IST EINE URSACHE?

Der neuronale Determinismus behauptet, dass die neuronalen Aktivitäten des Gehirns unsere mentalen Leistungen vollständig determinieren, weil alles, was wir bewusst erleben, durch das physische Gehirngeschehen verursacht ist. Diese starke These lädt dem Kausalbegriff eine große metaphysische Bürde auf. Dies ist Grund genug zu prüfen, was er in den wissenschaftlichen Erklärungen der Hirnforschung leisten kann – und was nicht! Leider ist der Kausalbegriff kein klares Konzept. In der Philosophie oder in der Physik ist er nicht weniger schillernd als in der kognitiven Neurowissenschaft. Insofern sei es den Hirnforschern verziehen, wenn sie ihn nicht sehr präzise benutzen. Unverzeihlich ist es meines Erachtens allerdings, so starke metaphysische Schlussfolgerungen aus diesem unklaren Begriff zu ziehen, wie es in der aktuellen Debatte um Hirnforschung und Willensfreiheit geschieht.

Was ist eine Ursache? Die Antworten auf diese schlichte Frage gehen schon immer in die unterschiedlichsten Richtungen auseinander. Dies beginnt bereits bei der Vier-Ursachen-Lehre des Aristoteles, die Sie aus dem 1. Kapitel kennen, und setzt sich in deren Konflikt mit

B. Falkenburg, *Mythos Determinismus*, DOI 10.1007/978-3-642-25098-9_6,
© Springer-Verlag Berlin Heidelberg 2012

dem neuzeitlichen Kausalitätsverständnis fort. Allerdings ist das letztere auch nicht einheitlich und eindeutig. Ein Ende der Geschichte – d. h. ein *allseitig* akzeptables Verständnis der Kausalität – ist heute weniger in Sicht denn je. Lassen Sie mich diese vertrackte Situation und ihre Bedeutung für die Debatte um Hirnforschung und Willensfreiheit in drei Stufen schildern.

Zunächst rekapituliere ich im Anschluss an Aristoteles den Unterschied zwischen Ursachen und Gründen, der in der Debatte eine wichtige Rolle spielt. Dann stelle ich Ihnen die wichtigsten philosophischen Auffassungen der Kausalität vor, die seit langem miteinander konkurrieren. Dort können Sie sich gern für einen eindeutigen Kausalbegriff entscheiden. Im dritten Schritt zeige ich Ihnen, dass es in der Physik heute ebenfalls mehrere Auffassungen der Kausalität gibt. Wenn Sie sich allerdings einseitig auf eine davon festlegen, geraten Sie in Konflikt mit den gut bewährten Theorien anderer Gebiete der Physik. Dort sollten Sie sich also *nicht* vorschnell entscheiden, sondern genau überlegen, wie Sie dies alles unter einen Hut bekommen. Dies wirft natürlich die vertrackte Frage auf, wie sich der physikalische Pluralismus zu den philosophischen Angeboten im Kausalitätsgeschäft verhält.

Doch dies ist nicht die einzige Frage, die sich in Bezug auf die kausalen Erklärungen der Hirnforschung stellt. In welchem Sinn können wissenschaftliche Erklärungen *überhaupt* Auskunft über die Ursachen naturwissenschaftlicher Phänomene geben, wenn es keinen eindeutigen Kausalitätsbegriff gibt? Welche Typen wissenschaftlicher Erklärungen gibt es, in welchem Sinne sind sie jeweils kausal? Wie verhalten sich dazu die funktionalen Erklärungen der Biologie, die ja auch in der Hirnforschung ins Spiel kommen, wo von den *kognitiven Funktionen* des Gehirns die Rede ist? Wenn all dies ansatzweise geklärt ist, wenden wir uns den neuronalen Mechanismen der Hirnforschung und ihrer kausalen Erklärungsleistung zu. Vom viel beschworenen neuronalen Determinismus bleibt dabei am Ende nur ein lückenhaftes Gefüge von kausalen Bedingungen, stochastischen Erklärungen und Analogieschlüssen übrig.

URSACHEN UND GRÜNDE

Schon die aristotelische Vier-Ursachen-Lehre reflektiert, dass es keinen einheitlichen Kausalbegriff gibt. Aristoteles entwickelte diese Lehre, um die unterschiedlichen philosophischen Prinzipien seiner Vorgänger zu systematisieren. Er unterschied das, was *wir* durch Technik (*techne*) zustande bringen, von dem, was in der Natur (*physis*) *von selbst* geschieht. Sein Verständnis der Ursachen orientierte sich letztlich am menschlichen Handeln – an dem, was *wir* bewirken. Er unterschied Stoffursache (*causa materialis*), Formursache (*causa formalis*), Wirkursache (*causa efficiens*) und Zweckursache (*causa finalis*). Dabei betrachtete er den Zweck des Handelns als den anderen drei Ursachentypen übergeordnet.

Das aristotelische Verständnis dieser vier Ursachen bezieht sich auf die alltägliche Erfahrung. Aus heutiger Sicht ist es *vorwissenschaftlich*. Wir sollten uns nicht durch den lateinischen Ausdruck *causa* beirren lassen, der sich für alle vier Ursachen eingebürgert hat, und vor allem bei den Zwecken besser von *Gründen* als von Ursachen sprechen. Sauber zwischen Gründen und Ursachen zu unterscheiden ist unter dem folgenden Gesichtspunkt wichtig für die Debatte um die Hirnforschung:

Das moderne Verständnis von Ursachen beschränkt sich auf die *Wirkursachen*, die mit naturwissenschaftlichen Methoden erforscht werden. Dabei geht es um die Art von Ursachen, auf die sich schon Newtons methodologische Regeln bezogen (vgl. 2. Kapitel). Die Naturwissenschaften zielen auf Objektivität, und darum eliminieren sie das teleologische Denken so weit wie nur irgend möglich aus ihren Erklärungen. Der Zweckbegriff, den Aristoteles den anderen Ursachen überordnete, gilt heute als ein anthropozentrisches Konzept, das in naturwissenschaftlichen Erklärungen nichts zu suchen hat. Die *causa finalis* orientiert sich am Paradigma menschlichen Handelns. Zwecke sind etwas Subjektives. Sie beruhen auf menschlichen Intentionen – auf Motiven, Wünschen, Plänen und Absichten. Sie zählen zu unseren *Gründen*.

Mit anderen Worten: Ursachen sind objektiv; sie gehören zu den physischen Phänomenen. Gründe dagegen sind subjektiv; sie gehören zu den mentalen Phänomenen. Wer diesen Unterschied verwischt, begeht zunächst einmal einen Kategorienfehler. In der Debatte um Hirnforschung und Willensfreiheit betonen etliche Philosophen, man dürfe (physische) Ursachen nicht mit (mentalen) Gründen verwechseln.[1] Ein reduktionistischer Ansatz, der darauf zielt, mentale Phänomene vom neuronalen Geschehen her zu erklären, hat diese Beweislast auch für unsere Gründe und Intentionen – ohne nur zu *behaupten*, sie seien physisch verursacht.

KAUSALITÄT IN DER PHILOSOPHIE

Lassen wir die mentalen Gründe nebst ihrem Unterschied zu physischen Ursachen vorerst beiseite und befassen wir uns mit dem philosophischen Ursachenbegriff. Seit dem Sieg der Physik Galileis und Newtons über das aristotelische Weltbild zielt er auf die *Wirkursachen*, die in der Außenwelt oder Natur wirksam sind. Nach unserem alltäglichen Verständnis ist eine Ursache ein Ereignis, das ein anderes Ereignis – die Wirkung – bewirkt oder hervorruft. Das neuzeitliche, aufgeklärte Denken unterstellt, dass Ursache und Wirkung auf natürliche Weise miteinander verbunden sind, also aufgrund eines regelhaften oder gesetzmäßigen Naturprozesses und nicht durch ein Wunder oder durch göttliches Eingreifen. Aus neuzeitlicher Sicht zieht die Ursache die Wirkung zwangsläufig nach sich, d. h. die Verknüpfung zwischen Ursache und Wirkung ist verlässlich. Das Naturgeschehen als kausal zu betrachten bedeutet, es als rational nachvollziehbar, berechenbar und technisch beherrschbar zu betrachten.

Darüber, wie die Verknüpfung von Ursache und Wirkung *genau* zu verstehen ist, herrscht jedoch *keine* Einigkeit unter den Philosophen. Was macht das unsichtbare Band aus, das von der Ursache zur Wirkung reicht, wodurch und wie stark ist es gespannt? Die Diskussion um diese Frage ist bis heute durch den Gegensatz von Rationalismus und Empirismus geprägt. Die rationalistischen Philosophen, vor allem Leibniz und Spinoza, legten ein sehr starkes Kausalitätsverständnis zugrunde. Aus ihrer Sicht hat die Beziehung zwischen Ursache und Wirkung folgende Merkmale:

- Eine Ursache ist ein „zureichender Grund", d. h. eine *hinreichende Bedingung.*
- Die Wirkung folgt nach einem strikten Gesetz auf die Ursache, d. h. *notwendig.*
- Die Welt ist durchgängig kausal bestimmt, d. h. *vollständig determiniert.*

Danach ist die Kausalbeziehung ein *striktes Gesetz.* Dieses Kausalitätsverständnis ist bestens mit der Annahme vereinbar, dass das Naturgeschehen den Gesetzen der mathematischen Physik unterworfen ist. Auch Leibniz entwickelte (unabhängig von Newton) die Differentialrechnung, um Galileis „Buch der Natur" nach den Gesetzen einer physikalischen Dynamik zu entziffern. Doch er und Spinoza machten darüber hinaus einen schillernden metaphysischen Gebrauch vom Kausalitätsbegriff – etwa, indem sie damit (ähnlich wie schon Descartes) Gottesbeweise führten. Nach Leibniz ist Gott der einzige zureichende Daseinsgrund der Welt.

David Hume (1711–1776) kritisierte das rationalistische Kausalitätsverständnis und entwickelte sein empiristisches Gegenmodell dazu, die metaphysisch enthaltsame Regularitätsauffassung. Danach hat die Kausalbeziehung keine strikte Notwendigkeit an sich, sondern nur folgende schwächere, subjektive Merkmale:

- Eine bestimmte Ursache geht *regelmäßig* einer bestimmten Wirkung voraus.
- Die Wirkung folgt *erfahrungsgemäß* auf die Ursache, aber *nicht notwendig.*
- Der Eindruck einer notwendigen Verknüpfung beruht nur auf *Gewohnheit.*

Aus empiristischer Sicht beruht das Band zwischen Ursache und Wirkung nur auf unserer Erfahrung. Die Verknüpfung zwischen

Ursache und Wirkung gilt nicht als *gesetz*mäßig, sondern nur als *regel*mäßig. Die Regularitätsauffassung hat bis heute viele Anhänger unter den Philosophen. Sie beruht auf gesundem Skeptizismus, trägt den Grenzen unseres Wissens Rechnung und lässt die Möglichkeit zu, dass sich sogar eine gut bewährte kausale Annahme als falsch erweisen kann – sei es, weil sich plötzlich das Naturgeschehen ändert, oder sei es, weil wir uns geirrt haben. Gottesbeweise lassen sich nicht mit ihr führen, ein Feldzug gegen die Willensfreiheit aufgrund von Wissen über das neuronale Geschehen auch nicht. Dennoch ist sie aus naturphilosophischer und naturwissenschaftlicher Sicht ganz unbefriedigend. Ihr Schönheitsfehler ist, dass sie nicht nach der *gesetzmäßigen* Beziehung zwischen Ursache und Wirkung fragt. Sie erlaubt es nicht, gesetzmäßige Naturprozesse von regelmäßigen Zufallsfolgen zu unterscheiden. Aus naturwissenschaftlicher Sicht macht es jedoch einen sehr großen Unterschied, ob ein Prozess einer inneren Gesetzmäßigkeit unterliegt oder nicht; auch ein Zufallsprozess könnte aufgrund von irgendwelchen äußeren Umständen regelhaft verlaufen. Die Regularitätsauffassung der Kausalität verträgt sich also nicht gut mit der Annahme, dass es sinnvoll ist, nach Naturgesetzen zu suchen. Für Empiristen *gibt* es keine Naturgesetze, sondern nur eine „Ökonomie der Gedanken" im Sinne von Ernst Mach.[2]

Kant fand die rationalistische Kausalitätsauffassung zu stark und die empiristische zu schwach. Seine *Kritik der reinen Vernunft* bietet eine Art mittlere Lösung zwischen beiden – eine erkenntnistheoretische Variante der Kausalität. Danach ist das Kausalprinzip eine notwendige Bedingung der Möglichkeit von Erfahrung. So wollte Kant *beides* retten: die notwendige Verknüpfung von Ursache und Wirkung *und* den subjektiven Charakter der Kausalbeziehung. Die notwendige Verknüpfung ist mit Naturgesetzen vereinbar, ihr subjektiver Charakter lässt Irrtümer zu. Die Pointe an dieser Sicht der Kausalität ist: Sie erlaubt ein allgemeingültiges Kausalprinzip, das *keine Tatsache* behauptet, sondern eine *methodologische Forderung* erhebt – den Grundsatz, für jede gegebene Wirkung nach der Ursache zu fragen. Kants Kausalitätsverständnis hat folgende Merkmale:

– Die Reihenfolge von Ursache und Wirkung ist konstitutiv für die *Zeitordnung.*

– Die Wirkung folgt nach dem Kausalprinzip *notwendig* auf die Ursache.

– Die Annahme dieser notwendigen Verknüpfung ist aber nur ein *methodologisches Prinzip*, ohne das wir keine zusammenhängende Erfahrung hätten.

Obwohl die kantische Sicht vernünftig ist, hat sie sich nicht durchgesetzt. Angesichts der wissenschaftlichen Revolutionen der Physik verlor Kants Theorie der Natur nach 1900 stark an Kredit – auch in Aspekten, die dies nicht unbedingt verdient hätten. Viele Physiker und Philosophen betrachteten die Spezielle und Allgemeine Relativitätstheorie als Falsifikation der Kantischen Theorie von Raum und Zeit, und die Quantentheorie als Falsifikation des Kausalprinzips. Dass Einstein in seinen späten Jahren den methodologischen Sinn von Kants philosophischen Prinzipien betonte,[3] konnte Kant nicht mehr gegen die Kritik der Empiristen retten. Heute ist die philosophische Diskussion um den Kausalitätsbegriff durch vier Ansätze beherrscht:

(i) Varianten der empiristischen Regularitätsauffassung,

(ii) Versuche, mit kontrafaktischen Annahmen und evtl. einer Theorie „möglicher Welten" nach Leibniz eine stärkere Variante der Kausalität zu bewahren,[4]

(iii) Orientierung an der Physik – und zwar wahlweise an deterministischen oder probabilistischen Theorien (vgl. den nächsten Abschnitt); sowie

(iv) eine *interventionistische* Theorie der Kausalität, nach der sich Ursache und Wirkung wie Handlung und Handlungsfolge verhalten.[5]

Welche von diesen Ansätzen sind für das Verständnis naturwissenschaftlicher Erklärungen und ihrer Tragweite brauchbar? Die kontrafaktischen Annahmen (ii) eher *nicht*, denn sie vernachlässigen, dass die Naturwissenschaftler mit ihren kausalen Erklärungen die *wirkliche* Welt beschreiben wollen.[6]

Die interventionistische Theorie der Kausalität (iv) ist ebenfalls problematisch. Sie beruht auf einem beherzten „Zurück zu Aristoteles!" Einleuchtend an ihr ist, dass die Kenntnis der Ursachen dazu hilft, das Naturgeschehen in Experimenten und in der Technik gezielt manipulieren zu können. Umgekehrt dienen Experimente dazu, die kausalen Beziehungen zwischen Naturprozessen unter kontrollierten Bedingungen gezielt zu überprüfen.

Ein *Quäntchen* interventionistische Sicht der Kausalität ist also ganz gut. Diese Sicht darf aber nicht verabsolutiert werden. Sie ist nur ein pragmatischer Ansatz dafür zu verstehen, wie die Naturwissenschaftler ihre experimentellen Hypothesen gezielt durch Manipulation überprüfen.[7] Doch als eigener philosophischer Ansatz behauptet die interventionistische Theorie der Kausalität *mehr* – nämlich, dass sich die Kausalität, die sich in naturwissenschaftlichen Experimenten zeigt, *komplett* auf die Intervention der Experimentatoren reduziere. Diese These ist nicht weniger verquer als der umgekehrte reduktionistische Ansatz, der unsere Handlungsgründe *komplett* über den Leisten von physischen Ursachen und Wirkungen in der Natur schlagen will.

Auch die empiristische Regularitätsauffassung wird nur in manchen Aspekten der kausalen Erklärung in den Naturwissenschaften gerecht. Brauchbar ist sie vor allem für Erklärungen, die *nicht* auf mathematischen Naturgesetzen beruhen. Im Hinblick auf die Kausalanalysen und -erklärungen der Hirnforschung sind dabei die Ansätze wichtig, die der Komplexität kausaler Beziehungen Rechnung tragen. Sie stehen in der Tradition von John Stuart Mill (1806–1843), der Humes Regularitätsauffassung im 19. Jahrhundert mit Blick auf die naturwissenschaftlichen Erklärungen ausarbeitete. Besonders interessant ist, dass er dabei schon die Erklärungsleistungen der Sinnes- und Neurophysiologie seiner Zeit vor Augen hatte. Nach Mill gilt:[8]

– Eine Ursache ist ein Komplex von *notwendigen* Bedingungen, die *zusammen* genommen *hinreichend* für das Eintreten einer bestimmten Wirkung sind.

Anders als bei Hume ist hier von *Notwendigkeit* die Rede. Mill ging davon aus, dass Kausalbeziehungen unter Naturgesetzen stehen. Anders als Leibniz betrachtete er diese Naturgesetze aber nicht als metaphysisch fundiert, sondern als *empirische* Gesetzmäßigkeiten. Anders als Kant interessierte ihn die Beziehung von Ursache und Wirkung dabei nicht als allgemeines methodologisches Prinzip, sondern als ein konkretes empirisches Bedingungsgefüge.

Heutige Vertreter der empiristischen Regularitätsauffassung wissen, dass die Bedingungsgefüge, über die wir kausale Aussagen machen, im Alltag wie auch in den Wissenschaften viel komplexer sind als sich Mill träumen ließ. Der heutige Standard auf diesem Gebiet wurde durch den australischen Philosophen John L. Mackie (1917–1981) gesetzt.[9]

Aus dem Gemischtwarenladen der philosophischen Kausalitätsbegriffe sind für unsere Zwecke somit insgesamt vier Angebote brauchbar:

1. *Kants Kausalprinzip*, das als angestaubter Ladenhüter gilt, doch ein im Wert unterschätztes Kleinod ist, das wieder ans Tageslicht geholt werden sollte.
2. *Humes Regularitätstheorie*, die *en vogue* und gut elaboriert ist; dabei kommt sie in Mills Tradition vorzüglich mit komplexen Bedingungsgefügen zurecht.
3. Die *interventionistische* Kausalität als Zusatzangebot, das man niemandem ausschließlich abkaufen sollte; es dient dem Verständnis von Experimenten.
4. Und viertens in philosophische Kommission genommene Angebote aus dem Nachbargeschäft der *Physik*. Sie führen die Naturgesetze an.

Wer den neuronalen Determinismus vertritt, nach dem das neuronale Geschehen unser Handeln bestimmt, beruft sich auf deterministische Naturprozesse, muss der Philosophie also letztlich das vierte Angebot abnehmen. Doch sehen Sie es sich bitte gründlich an, bevor Sie danach greifen. Es hat seine Tücken.

KAUSALITÄT IN DER PHYSIK

Über die metaphysischen Differenzen hinweg haben die skizzierten philosophischen Ansätze gemeinsam, Ursache und Wirkung als einzelne Ereignisse zu betrachten, von denen das eine das andere wie auch immer bewirkt. Dagegen liegt die Kausalität aus der Sicht der neuzeitlichen Physik in allgemeinen Naturgesetzen, denen alles in der Natur gehorcht.

Die prominentesten Vertreter dieser Sicht sind Newton und Laplace. Newton hat sie durch seine methodologischen Regeln und das Gravitationsgesetz ausgedrückt, Laplace durch seinen Determinismus. Newton fordert in der *ersten* und *zweiten* seiner vier methodologischen Regeln,[10]

1. nicht mehr Ursachen zulassen als solche, die wahr sind und zur Erklärung der Phänomene hinreichen; sowie
2. gleichartigen Wirkungen soweit wie möglich dieselbe Ursache zuschreiben.

Diese Regeln zielen auf kausale Erklärung der Phänomene durch physikalische Ursachen. Die erste Regel betrachtet die Ursache als Erklärungsinstanz oder *explanans* für gegebene Phänomene und empfiehlt ontologische Sparsamkeit im Hinblick auf die Anzahl der Ursachen. Die etwas kryptische Forderung der Wahrheit drückt Newtons wissenschaftlichen Realismus in Bezug auf die physikalischen Ursachen aus. Die zweite Regel zielt ebenfalls auf ontologische Sparsamkeit, ist dabei aber insbesondere als *Vereinheitlichungsprinzip* zu verstehen.

Newton sah die „wahre Ursache" des freien Falls und der Bewegung der Planeten um die Sonne in der Gravitation. Die gemeinsame Ursache der Bewegungen *aller* mechanischer Körper ist danach die Schwerkraft. Newton betrachtete dabei den freien Fall und die Planetenbahnen als „gleichartig", da das Gravitationsgesetz einen kontinuierlichen Übergang zwischen ihnen vorhersagt.[11] Das Gravitationsgesetz vereinigt Galileis Wurfparabel mit Keplers Gesetzen der elliptischen Planetenbahnen; es umfasst beide Arten von Phänomenen angenähert als Kegelschnitte, zwischen denen ein mathematischer Grenzübergang möglich ist. Newton betrachtet die Ursache dieser Phänomene ontologisch als Schwerkraft, die auf alle Körper im Universum wirkt, und mathematisch als allgemeingültiges Naturgesetz.

Die klassische Physik hat den Ursachenbegriff seit Newton und Laplace weitgehend durch mathematische Gesetze ersetzt. Bertrand Russell zeigte allerdings 1913 in einem einflussreichen Aufsatz,[12] dass dabei ein wichtiger Aspekt unseres alltäglichen Verständnisses von Ursachen verloren geht. Kausalerklärungen setzen voraus, dass die Ursache *früher* geschieht als die Wirkung – die objektive Zeitordnung, die wir nach Kants Vernunftkritik wiederum nur dank des Kausalprinzips erkennen; sprich: den physikalischen Zeitpfeil, dessen Verhältnis zum subjektiven Zeitbewusstsein uns im letzten Kapitel beschäftigt hat. Die Vorgänge der klassischen Mechanik sind jedoch reversibel, das Weltgeschehen könnte nach ihren Gesetzen auch in der umgekehrten Zeitrichtung ablaufen.

Das Gravitationsgesetz erlaubt nicht nur die Entstehung des Sonnensystems aus einem anfänglichen Materiewirbel nach der *Kant-Laplace*schen Hypothese, sondern auch den umgekehrten Prozess, bei dem sich das Sonnensystem in einen solchen Materiewirbel zurückentwickelt. Nach Russell ist dies fatal für den Kausalitätsbegriff. Wenn das Gravitationsgesetz zusammen mit seinen Anfangsbedingungen die Bewegungen der Himmelskörper *kausal* erklärt, so „verursachen" also die Orte, Geschwindigkeiten und Massen der Sonne, Planeten und Monde in 100 000 Jahren *auch* den heutigen Zustand des Sonnensystems. Unserem Alltagsverständnis von Kausalerklärungen wird dies *nicht* gerecht. Russell betrachtete das Kausalprinzip darum als Relikt vergangener Zeiten – „a relic of a bygone age".[13] Er forderte, es durch die funktionalen Zusammenhänge der mathematischen Physik zu ersetzen.

Russells entscheidender Punkt ist: Die physikalische Erklärung von Phänomenen durch deterministische Naturgesetze ist zeit*symmetrisch*, sie wird also der üblichen, *asymmetrischen* Reihenfolge von Ursache und Wirkung nicht gerecht. Dies trifft auf *jede* deterministische Theorie zu – auch auf Maxwells Elektrodynamik oder auf Einsteins Spezielle und Allgemeine Relativitätstheorie.

Allerdings sind nicht *alle* physikalischen Vorgänge reversibel und nicht *alle* Theorien der Physik deterministisch. Sonst gäbe es keinen physikalischen Zeitpfeil, wie Sie im letzten Kapitel gesehen haben. Thermodynamische Zustandsentwicklungen sind irreversibel, sie können nicht in der umgekehrten Richtung ablaufen. Erst schalten Sie den Herd ein, dann wird die Herdplatte heiß, und schließlich beginnt das Wasser zu kochen. Unser alltägliches Verständnis der Beziehung von Ursache und Wirkung entspricht eher solchen irreversiblen Vorgängen als dem Lauf der Himmelskörper, der nach den Gesetzen der klassischen Mechanik auch umgekehrt ablaufen könnte.

Sie haben im letzten Kapitel auch gesehen, dass die *bottom-up*-Erklärung des thermodynamischen Zeitpfeils durch Boltzmanns Stoßzahlansatz und das H-Theorem der klassischen statistischen Mechanik einiges zu wünschen übrig lässt: Sie müssen die Anfangsbedingungen – also den Unterschied von Früher und Später, den Sie eigentlich erklären wollen – in Ihr Modell der Systementwicklung hineinstecken.

Die Reduktionslücken zwischen der Physik mikroskopischer Teilchen und der Physik makroskopischer Systeme werden mit der Quantentheorie nicht besser, sondern schlimmer; wobei die Quantentheorie aber thermodynamische Phänomene wie die Strahlung oder das Gibbs'sche Paradoxon[14] besser erklärt. Für uns ist hier wichtig, was das Verhältnis von Mechanik und Thermodynamik lehrt: Die Physik liefert uns *keinen klaren Kausalitätsbegriff.* (Deshalb kann sie ihn auch nicht so leicht mittels mathematischer Funktionen eliminieren, wie Russell dachte.) Die Ursache einer mechanischen Bewegung ist deterministisch, die Ursache eines thermodynamischen Prozesses dagegen in der Regel nicht – soweit es sich denn um Ursachen handelt.

Newtons Gravitationsgesetz und das Bild des Laplaceschen Dämons mögen vereint noch so sehr vorspiegeln, die deterministischen Gesetze der klassischen Mechanik seien die Garanten für einen präzisen Kausalitätsbegriff und eine strikt notwendige Beziehung zwischen Ursache und Wirkung. Doch sie haben nicht die Zeitstruktur von kausalen Prozessen, wie Russell betonte. Diese Zeitstruktur finden wir erst bei den irreversiblen Vorgängen der Thermodynamik. Dort kommt sie nicht aus den Gesetzen der statistischen Mechanik, sondern aus der Wahl der Anfangsbedingungen; und das Geschehen ist nicht mehr vollständig determiniert, sondern nur noch wahrscheinlich.

Relativitäts- und Quantentheorie fügen dem Kausalitätsbegriff neue Facetten hinzu. Einsteins Spezielle Relativitätstheorie beschränkt die Kausalität auf Signale, die sich maximal mit Lichtgeschwindigkeit ausbreiten können. Dies entspricht dem intuitiven Kausalbegriff, denn ein Signal ist eine Wirkung *par excellence*. Einsteins Allgemeine Relativitätstheorie beschreibt die Zusammenhänge von Raum, Zeit und Materie strikt deterministisch, wobei die Raum-Zeit-Philosophen allerdings im Anschluss an eine Arbeit von Einstein mögliche Kausalitätslücken im Raum-Zeit-Gefüge diskutieren.[15]

Einzelne Quantenprozesse sind indeterministisch. Kein quantentheoretisches Gesetz legt fest, wann ein radioaktiver Atomkern zerfällt, wann und in welche Richtung ein angeregtes Atom ein Lichtquant abstrahlt oder welches Messergebnis ein einzelner Messprozess hat. Als es Einstein 1916 gelang, Plancks Strahlungsgesetz aus Bohrs Atommodell von 1913 abzuleiten, empfand er großes Unbehagen darüber, dass die Abstrahlung von Photonen durch ein Atom nach seiner Lichtquantenhypothese von 1905 indeterministisch erfolgt. Wie die meisten Physiker setzte er *indeterminiert* mit *akausal* gleich. Ein Ereignis, das nicht durch ein Naturgesetz determiniert ist, hat keine erkennbare Ursache. Es folgt keinem Naturgesetz, sondern geschieht regellos. Der Quantenphysiker John A. Wheeler (1911–2008) bezeichnete den Quanten-Indeterminismus als gesetzlose Gesetzmäßigkeit – als „*Law without law*".[16]

Die Quantenmechanik von 1925 schließt die Kausalitätslücke nicht. Sie umfasst *zwei* Dynamiken: die deterministische, reversible Zustandsentwicklung der Wellenfunktion Ψ, die auf der Ebene des Einzelprozesses keine physikalische Interpretation hat; und den Messprozess, der in einer unstetigen, irreversiblen Zustandsänderung zu einem bestimmten Messergebnis führt (siehe Abb. 5.2) – wie und warum, weiß niemand. Die probabilistische Deutung von Max Born (1882–1970) deutet die Wellenfunktion Ψ als Maß für die Wahrscheinlichkeit, mit der ein Messergebnis zustande kommt (Abb. 5.3). Der Messprozess wird oft als ein thermodynamischer Vorgang betrachtet, mit dem ein irreversibler Verlust an quantenmechanischer Information verbunden ist.[17]

Dennoch gibt es auch *strikte* Gesetze, die für *einzelne* Quantenprozesse gelten – die Erhaltungssätze der Physik für Größen wie Energie, Impuls, Drehimpuls oder den Spin, eine Quanteneigenschaft subatomarer Teilchen. Sie gelten zum Beispiel für radioaktive Zerfälle, bei denen zwei Teilchen entstehen. Ein Teilchenpaar mit so einer gemeinsamen Vergangenheit (oder Ursache), das in entgegengesetzte Richtungen auseinander fliegt, bleibt nach den Erhaltungssätzen der Physik auch über extrem große Entfernungen gekoppelt. 1935 machte Einstein geltend,[18] dass solche nicht-lokalen Korrelationen im Konflikt zu *seiner* Sicht der Kausalität stehen, die sich an den Möglichkeiten der Signalübertragung mit Lichtgeschwindigkeit bemisst. Die nicht-lokalen Korrelationen der Quantenphysik wurden experimentell über Distanzen von vielen Kilometern hinweg nachgewiesen; etwa in einem Experiment, das Anton Zeilinger zwischen den kanarischen Inseln Teneriffa und La Palma über 150 Kilometer Entfernung durchgeführt hat.

Nach den Erhaltungssätzen der Quantenphysik gelten die Korrelationen für *jedes* gemessene Teilchenpaar; ihre Korrelation ist *strikt determiniert*. Nach der Bedingung der Einstein-Kausalität sind sie zugleich *akausal*, da die Spezielle Relativitätstheorie kausale Beziehungen auf Ereignisse innerhalb des Lichtkegels beschränkt. Immerhin kann die „geisterhafte" Fernwirkung zwischen ihnen keine Signale übertragen; es handelt sich nicht um physikalische Wirkungen, die Einsteins Kausalitätsbedingung verletzen würden. Die Quantenphysik und die relativistische Physik haben bis heute uneinheitliche theoretische Grundlagen; aber auf der Ebene der Phänomene widersprechen sie sich nicht.

Wer sich erhofft hat, die Physiker könnten den Ursachenbegriff besser festklopfen als die Philosophen, wird also enttäuscht. Die Physik macht die Rede von Ursachen erst recht mehrdeutig. Sie hält von Newton bis heute mindestens vier Kausalitätsbegriffe bereit, die ich oben skizziert habe:

(1) Das *traditionelle Kausalprinzip*, nach dem eine gegebene Wirkung aus einer gesuchten Ursache hervorgeht. Die Philosophen verstanden es stärker (am stärksten Leibniz) oder schwächer (am

schwächsten Hume). Newton drückte es in Form von zwei methodologischen Regeln aus. Die Physiker benutzen es für ihre *top-down*-Analysen, wenn sie wissen wollen, *warum* und *wie* etwas geschieht, aber noch keine Theorie der mathematischen Physik haben.

(2) Das *deterministische Geschehen* nach einem *strikten Gesetz*. Dazu zählen Vorgänge nach Newtons Gravitationsgesetz oder Maxwells Elektrodynamik, der Stoßzahlansatz von Boltzmann oder die Entwicklung der quantenmechanischen Wellenfunktion Ψ nach der Schrödinger-Gleichung. Dabei ist das Geschehen *reversibel*. Es gibt die *gesetzmäßige Verknüpfung* von Ursache und Wirkung wieder, nicht aber ihre *zeitliche Ordnung*. Dass die Ursache *vor* der Wirkung stattfindet, schiebt die Physik in die Festlegung von *Anfangs*bedingungen, die *unerklärt* bleiben ...und Russell bestritt, dass dies ein Fall von Kausalität sei.

(3) *Irreversible Vorgänge*, die nur *probabilistisch determiniert* sind. Dazu gehören thermodynamische Vorgänge, die mit einem Anstieg der Entropie verbunden sind, ihre statistische Erklärung nach der kinetischen Theorie und Boltzmanns H-Funktion, sowie der Messprozess und die probabilistische Deutung der Quantenmechanik. Hier ist das Geschehen *im Einzelfall regellos*. Es gibt zwar die *zeitliche Ordnung* von Ursache und Wirkung wieder, aber nicht ihre *gesetzmäßige Verknüpfung*.

(4) *Einstein-Kausalität*. Nach der Speziellen Relativitätstheorie können sich Signale höchstens mit Lichtgeschwindigkeit ausbreiten; deshalb sind nur Ereignisse innerhalb des Lichtkegels („zeitartige" Ereignisse) kausal verbunden. Dies steht im Konflikt zur kausalen Deutung von Quantenkorrelationen. Die Korrelation von Teilchen mit gemeinsamer Vergangenheit ist nach den Erhaltungssätzen der Quantenphysik strikt gesetzmäßig, also kausal im Sinne von (2); sie wird durch eine „verschränkte" 2-Teilchen-Wellenfunktion beschrieben. Wenn sich die Wellenfunktion ausbreitet, wird die Korrelation der Teilchen sehr schnell akausal im Sinne der Einstein-Kausalität (d. h. „raumartig").

Im Hinblick auf das philosophische Angebot an Kausalitätsbegriffen hilft dieser *neue*, physikalische Gemischtwarenladen nicht viel weiter. Traditionell wird das Verhältnis von Ursache und Wirkung als *deterministisch und Zeit-asymmetrisch* verstanden. Nach Newtons Mechanik, Maxwells Elektrodynamik und Einsteins relativistischer Physik ist es zwar *deterministisch, aber zeitsymmetrisch*. Nach der Thermodynamik und Quantenmechanik ist es für Einzelereignisse *Zeit-asymmetrisch, aber nicht deterministisch*. Höchstens das statistische Kollektiv entwickelt sich deterministisch *und* zeitsymmetrisch. Doch dabei lassen sich Ursache und Wirkung aber nicht mehr als Einzelereignisse auffassen.

Das Problem ist bei alledem: Der Kausalbegriff ist ein *vorwissenschaftliches* Konzept, das sich in der Physik in eine *Pluralität von Begriffen* aufsplittert. Wie man sie wieder zusammen führen kann, ist unklar. Dem vorwissenschaftlichen Kausalbegriff kommt die Übertragung von Signalen am nächsten. Sie gehorcht der Einstein-Kausalität, nach der sich keine Wirkung schneller als das Licht ausbreiten kann. Letzten Endes ist sie aber *kein* deterministischer Prozess. Insbesondere gehorchen Lichtsignale den Wahrscheinlichkeits-Gesetzen der Quantenfeldtheorie; ein Detektor registriert sie, indem er statistisch wild fluktuierende Photonen absorbiert. Die Quantenstatistik dieser Signale ist irreduzibel; keine Ignoranzdeutung mit „verborgenen Parametern" oder „vielen Welten" kann hier nach meiner Auffassung den Determinismus retten.[19]

WISSENSCHAFTLICHE ERKLÄRUNG

Die Aussichten dafür, den Kausalitätsbegriff mit den vereinten Kräften von Physik und Philosophie für die kognitive Neurowissenschaft zu klären, sind also düster. Etliche Philosophen denken, die empiristische Regularitätsauffassung der Kausalität sei der beste Ausweg aus allen begrifflichen Kalamitäten. Doch wer die Frage nach den physischen Ursachen mentaler Phänomene und die philosophische Debatte um die Hirnforschung auch nur halbwegs ernst nimmt, wird mit ihr sicher nicht glücklich. Die empiristische Regularitätsauffassung erlaubt nur, die *Korrelation* von physischen und mentalen Phänomenen zu konstatieren, und nicht mehr. Für die Frage nach den *gesetzmäßigen Zusammenhängen* zwischen beiden lässt sie keinen Raum.

Nähern wir uns der kausalen Erklärungsleistung der kognitiven Neurowissenschaft deshalb auf andere Weise an: Sehen wir uns an, wie sich die kausalen Erklärungen der Hirnforschung in das Gesamtbild wissenschaftlicher Erklärungen einordnen.

Eine Erklärung ist eine Antwort auf die Frage, *warum* etwas geschehen ist oder *warum* ein bestimmtes Phänomen auftritt. Bei einer *wissenschaftlichen* Erklärung ist die Antwort präzise, objektiv und wissenschaftlich begründet. *Natur*wissenschaftliche Erklärungen zielen auf die *Ursachen* der Phänomene.[20] Die *allgemeine* Rede von Ursachen ist dabei, wie wir gesehen haben, vorwissenschaftlich und unpräzise. Wissenschaftliche Erklärungen dienen dazu, sie zu präzisieren. Dies gelingt aber sogar in der Physik nicht auf einheitliche Weise. Der physikalische Ursachenbegriff bleibt vieldeutig; was er jeweils *genau* bedeutet, hängt vom vorliegenden Problem ab.

Die naturwissenschaftliche Antwort auf eine *konkrete* Warum-Frage ist immer dann präzise, objektiv und erschöpfend, wenn das betreffende Geschehen in seinen Einzelheiten theoretisch hinreichend gut verstanden ist. Dabei gibt es letztlich so viele konkrete naturwissenschaftliche Erklärungen wie Phänomene. Als ich im 2. Kapitel Newtons Sicht der Phänomene erläutert habe, hob ich hervor:

> *Die Phänomene Newtons sind genau das, was beim jeweiligen Wissensstand erklärt werden soll – d. h. wissenschaftstheoretisch ausgedrückt: die* Explananda *von naturwissenschaftlichen Erklärungen.*

In den Naturwissenschaften sind die Phänomene das, was erklärt werden soll – das *explanandum*, das zu Erklärende oder Erklärungsbedürftige. Ihre Erklärung besteht darin, die Frage, warum sie auftreten oder geschehen, mit naturwissenschaftlichen Methoden zu beantworten. Die Antwort erfolgt *bottom-up* anhand von bestimmten Erklärungsinstanzen, dem *explanans*.

Die Wissenschaftstheorie hat große Mühen darauf verwendet, wissenschaftliche Erklärungen aus den verschiedensten Disziplinen zu katalogisieren, zu untersuchen und in Typen einzuteilen. Sie unterscheidet grob folgende Erklärungstypen:

1. Die *deduktiv-nomologische oder DN-Erklärung* beruht auf *Gesetzes*aussagen. Sie besteht darin, Einzelereignisse oder phänomenologische Gesetze aus einem strikten, allgemeinen Gesetz (*nomos*) abzuleiten (*Deduktion*). Das *explanandum* sind dabei entweder Einzelereignisse oder phänomenologische Gesetze. Das *explanans* besteht in einem allgemeingültigen Gesetz und dessen jeweiligen Anwendungs- oder Randbedingungen.

In der Physik ist das Gesetz üblicherweise die Grundgleichung einer Dynamik, etwa das Gravitationsgesetz; dazu kommen empirische Anfangsbedingungen wie die Massen, Orte und Geschwindigkeiten der Himmelskörper im Sonnensystem zu irgendeiner Zeit. Hieraus kann man den Systemzustand für vergangene und künftige Zeiten berechnen und ein einzelnes Ereignis wie eine Sonnenfinsternis erklären oder vorhersagen. Oder man leitet aus dem Gesetz und verschiedenen empirischen Randbedingungen unterschiedliche Spezialfälle her; so folgt aus dem Gravitationsgesetz z. B. (jeweils angenähert) Galileis Fallgesetz oder Keplers Gesetze der Planetenbewegungen.

In der Wissenschaftstheorie gibt es eine breite Debatte darüber, ob das DN-Modell den Erklärungen der Physik wirklich gerecht wird.[21] Dies betrifft innerphysikalische Reduktionsprobleme; einige davon haben Sie im letzten Kapitel kennen gelernt. Für uns ist hier nur ein Punkt entscheidend: DN-Erklärungen sind *logisch stringent*. Die logische Subsumtion eines Einzelfalls oder Spezialfalls unter ein striktes Gesetz lässt keine Ausnahmen von der Regel zu. DN-Erklärungen erfordern *deterministische Gesetze*. Sie finden sich also eher in der klassischen Mechanik oder Elektrodynamik als in der Thermodynamik und der Quantenphysik. Sie betreffen reversible Vorgänge und taugen nicht dafür, kausale Erklärungen zu präzisieren, für die der Unterschied von früher und später, der thermodynamische Zeitpfeil oder ein Quanten-prozess eine Rolle spielt (vgl. letztes Kapitel).

2. Die *probabilistische Erklärung* beruht auf *Wahrscheinlich-keits*aussagen. Sie gibt die Wahrscheinlichkeit von Ereignissen nach einem *probabilistischen Gesetz* an. Das *explanandum* ist hier ein Kollektiv von Ereignissen eines bestimmten Typs, die mit einer bestimmten Häufigkeit auftreten. Das *explanans* besteht in einem probabilistischen Gesetz, einer Wahrscheinlichkeitsverteilung oder in empirisch begründeten statistischen Vorhersagen; sowie in Annahmen darüber, welchen Einflüssen das Kollektiv vielleicht sonst noch ausgesetzt ist – oder auch nicht.

Probabilistische Erklärungen setzen den Zeitpfeil voraus. Sie liefern ei-ne Aussage über die Wahrscheinlichkeit, mit der ein *künftiges* Ereignis eintritt oder nicht. Sie betreffen oft irreversible Vorgänge, die unse-rer Vorstellung von kausalen Prozessen besser gerecht werden als die reversiblen Prozesse der klassischen Mechanik oder Elektrodynamik. Die Thermodynamik erklärt irreversible Prozesse wie Wärmeleitung oder Diffusion (die Mischung zweier Gase oder Flüssigkeiten) durch das statistische Verhalten eines Teilchenkollektivs, das sich zu einem Zustand maximaler Entropie hin entwickelt. Die probabilistische Er-klärung verschiebt die Wahl der Zeitrichtung in die Wahl geeigneter Anfangsbedingungen.

Quantenprozesse wie die radioaktive Strahlung werden probabi-listisch erklärt, indem die quantenmechanische Wellenfunktion im Sinne einer Wahrscheinlichkeit gedeutet wird. In anderen Disziplinen wie der Medizin gibt es statistische Zusammenhänge, deren nomologi-sche Grundlagen unbekannt sind. Dabei handelt es sich um empirisch beobachtete Regularitäten oder Korrelationen, etwa die Häufigkeit von Lungenkrebs bei Rauchern oder die Häufigkeit, mit der bei Brustkrebs eine bestimmte genetische Disposition vorliegt.

Probabilistische Gesetze erlauben keine Prognosen für Einzelereig-nisse, sondern nur für statistische Gesamtheiten. Alle Aussagen über den Einzelfall beruhen auf (Fehl-) Schlüssen, die nicht zwingend sind; eine Wahrscheinlichkeitsaussage besagt *nichts* über das Eintreten oder Nicht-Eintreten eines Ereignisses in einer bestimmten Zeitspanne. Dies gilt für die Frage, ob ein Raucher irgendwann im Laufe seines Lebens Lungenkrebs bekommt, genauso wie für die Frage, wann ein radioaktives Atom zerfällt. Auch die Erklärung eines vergangenen Ereignisses bleibt lückenhaft; warum ein Ereignis irgendwann eintrat und nicht früher oder später oder nie, bleibt unerklärt. Probabilistische Erklärungen vertragen sich gut mit der Zeitstruktur kausaler Prozesse und mit der empiristischen Regularitätsauffassung der Kausalität. Weniger gut vertragen sie sich mit der Annahme, dass die Wirkung zwangsläufig oder mit Notwendigkeit aus der Ursache folgt. Nimmt man dagegen an, dass ihr probabilistischer Charakter nur auf unserem Unwissen beruht (Ignoranzdeutung der Wahrscheinlichkeit), so reduzieren sie sich *im Prinzip* auf DN-Erklärungen – und werfen wieder das Problem mit dem Zeitpfeil auf.

3. Die *kausale Modellierung* beruht auf John Stuart Mills Kausalbegriff, wonach eine Ursache in den notwendigen Bedingungen besteht, die zusammen genommen hinreichend sind (vgl. vorletzter Abschnitt); bzw. auf einer ausgefeilten modernen Variante davon, etwa nach John L. Mackie. Die kausale Modellierung zielt darauf, die Faktoren zu identifizieren, die kausal relevant für das Zustandekommen von Ereignissen sind. Das *explanandum* ist ein Einzelereignis wie ein Brand in einem Haus; das *explanans* ist die Gesamtheit der Umstände, die zusammenkommen mussten, damit sich das Haus an *diesem* Ort zu *dieser* Zeit bei *diesem* Wetter aufgrund von Brandstiftung, Fahrlässigkeit oder Blitzeinschlag entzündet hat.

Die kausale Modellierung verabschiedet das monokausale Denken. Sie geht davon aus, dass Ereignisse oft durch ein komplexes Ensemble von Bedingungen zustande kommen, und analysiert Bedingungsgefüge im Hinblick auf die kausale Relevanz der einzelnen Faktoren. Dies wird der wissenschaftlichen Erklärung komplexer Vorgänge oft besser gerecht als die Fixierung auf *eine* Theorie und ihre Gesetze. In der Hirnforschung finden sich viele Ansätze zur kausalen Modellierung; etwa, wenn die Hirnforscher von mentalen Dysfunktionen und den damit korrelierte Gehirnschäden auf *notwendige* physische Bedingungen kognitiver Leistungen schließen; oder von gezielter Kortex-Stimulation und den mentalen Reaktionen auf solche Reize auf *hinreichende* physische Bedingungen für bestimmte mentale Phänomene.

4. *Mechanistische Erklärung*: In den Naturwissenschaften kombiniert man oft sehr unterschiedliche, teils deterministische, teils probabilistische Gesetzmäßigkeiten, um komplexe Systeme zu beschreiben und ihre zeitliche Entwicklung zu erklären. Die Naturwissenschaftler sprechen hier gern von den *Mechanismen*, die in einem Prozess am Werk sind.[22] Dabei geht es in der Regel *nicht* um mechanistische Erklärungen im strengen Sinn der deterministischen Gesetze der klassischen Mechanik. Vielmehr sind kausal relevante *naturgesetzliche* Faktoren gemeint, die zusammenkommen müssen, damit eine Ereigniskette oder ein Prozess zustande kommt – eine Lawine, ein Erdbeben, eine Flutwelle, der Klimawandel durch den globalen Temperaturanstieg, die Reduplikation der DNA, das Wachstum eines Organismus, die Signalübertragung durch Neurotransmitter.

Das *explanandum* ist diesmal das Verhalten eines komplexen Systems. Das *explanans* können sehr verschiedene physikalische, chemische, biologische etc. Gesetzmäßigkeiten und Randbedingungen sein, die dieses Verhalten steuern und beeinflussen. Entscheidend ist: Ihr Zusammenwirken bringt einen Prozess hervor, der *nicht vollständig*, sondern *höchstens abschnittsweise determiniert* ist. Ein solcher Prozess kann Verzweigungspunkte durchlaufen, an denen der weitere Verlauf nicht determiniert ist.[23] Sein Verlauf lässt sich nicht vorhersagen, jedoch *retrospektiv* erklären, indem er stückweise nach dem DN-Modell, probabilistischen Gesetzen und sonstigen kausalen Bedingungen rekonstruiert wird.

Mechanistische Erklärungen sind *schwächer* als DN-Erklärungen, aber *stärker* als durchgängig probabilistische Erklärungen oder kausale Modellierung. Sie erklären ein Phänomen durch mehr als bloße, vielleicht zufällige Regelmäßigkeit, aber durch weniger als strikte, ausnahmslose Gesetze. Ihr *explanandum*, das Systemverhalten, ist in der Regel nicht nur probabilistisch determiniert. Als *explanans* fungiert der gesetzmäßige Verlauf einzelner Prozesse, der teils nach strikten Naturgesetzen und teils nach weniger strikten „Mechanismen" abläuft. Die Regularitätsauffassung der Kausalität wird diesem Erklärungstyp *nicht* gerecht. Eine mechanistische Erklärung rekonstruiert das unsichtbare Band zwischen Ursache und Wirkung als eine Maschinerie, die im Naturgeschehen am Werk ist. Dabei handelt es sich aber nicht um eine mechanische, sondern um eine thermodynamische, chemische, biologische etc. Maschinerie, der Ausdruck „Mechanismus" wird hier also in einer gegenüber der Mechanik stark verallgemeinerten Bedeutung verwendet. Die Maschinerie eines komplexen Systems funktioniert nicht wie ein mechanistisches Räderwerk, sondern eher wie eine Dampfturbine: nicht mit hundertprozentigem Wirkungsgrad, sondern mit eingeschränkter Effizienz, oder: mit irreversiblen „Reibungsverlusten".

Ohne sagen zu können, was Kausalität *eigentlich* ist und worin der gesetzmäßige Zusammenhang von Ursache und Wirkung *genau* besteht, wissen wir nun, worin kausale Erklärungen in den Naturwissenschaften im allgemeinsten Sinn bestehen: in der *kausalen Modellierung von Prozessen* durch die Rekonstruktion physikalischer, elektrochemischer, biochemischer, molekularbiologischer, neurophysiologischer, etc. *Mechanismen*. Ein solcher Mechanismus verläuft teils deterministisch und reversibel, teils probabilistisch und irreversibel. Seine Rekonstruktion erklärt ein Phänomen oder Ereignis präzise – doch meistens nur probabilistisch – durch einen naturgesetzlichen Prozess, der es verursacht oder bewirkt. Dem intuitiven Kausalitätsbegriff entspricht dies genauso gut wie die Übertragung von Signalen nach den Gesetzen der Physik, die umgekehrt ein gutes Beispiel für einen physikalischen Mechanismus ist.

In der Tat verstehen wir in der Technik einen *Mechanismus* als einen Prozess, der eine bestimmte *Wirkung* überträgt oder hervorbringt – und insofern kausal ist. Diese technische Bedeutung steckt auch in der Rede von den „Mechanismen", die im Naturgeschehen am Werk sind. Mit dem klassischen mechanistischen Denken hat dies allerdings nichts mehr zu tun. Technische Maschinen sind heute viel raffinierter als im 18. Jahrhundert; und die Dampfmaschine hat schon damals thermodynamisch funktioniert. Die Erforschung ihres Wirkungsmechanismus und die Frage nach ihrem Wirkungsgrad führte schließlich zum Zweiten Hauptsatz der Thermodynamik.

Die Physik erklärt durch den Mechanismus der Wärmeleitung, warum das Teewasser heiß wird, wenn ich den Herd einschalte; durch elektrodynamische Prozesse und das Plancksche Strahlungsgesetz, was passiert, wenn die Heizspirale in der Herdplatte glüht; und schließlich durch einen Quanten-Mechanismus, wie das Lichtsignal auf meine Retina übertragen und dort absorbiert wird. Die physikalische Erklärung beruht dabei teils auf klassischen DN-Erklärungen, teils auf probabilistischen Gesetzen.

In der Chemie, Biologie oder Medizin kommen weitere Erklärungen dazu: chemische Reaktionsgleichungen; Formeln für biochemische Reaktionen; molekularbiologische, genetische und zellbiologische Mechanismen; biophysikalische Gesetzmäßigkeiten wie die Gesetze des Fließgleichgewichts im Stoffwechsel; mathematische Modelle für den Flüssigkeitstransport in Zellen und durch Zellwände; neurophysiologische Mechanismen der elektrischen und chemischen Signalübertragung durch die Nerven und über die Synapsen, etc. Solche mechanistischen Erklärungen sind immer ein *patchwork* von deterministischen und indeterministischen Gesetzen. Entsprechend machen sie Gebrauch von reversiblen und irreversiblen Mechanismen, die teils mikroskopische und teils makroskopische Prozesse beschreiben. Im übernächsten Abschnitt gehe ich näher auf die Mechanismen der kognitiven Neurowissenschaft ein – sie sind vom hier beschriebenen Typ mechanistischer Erklärungen.

5. Der „klassische" Erklärungstyp der neuzeitlichen Physik ist *Vereinheitlichung*: Für Max Planck heißt „erklären" soviel wie „theoretisch vereinheitlichen" oder „in eine einheitliche, umfassende Theorie einbetten".[24] Das *explanans* sind hier Gesetze der mathematischen Physik; das *explanandum* besteht in einer umfassenden Theorie mit ihren Anwendungs- und Näherungsbedingungen.

Offensichtlich handelt es sich hier um einen Spezialfall der DN-Erklärung. Doch dieser Ansatz der mathematischen Physik lässt sich verallgemeinern. Danach bedeutet „erklären" soviel wie „in einen umfassenden, kohärenten Wissenshorizont stellen" – etwa in den integrativen Ansatz der kognitiven Neurowissenschaft. Noch allgemeiner hieße es, das, was man erklären will, in ein einheitliches Weltbild zu integrieren, das neben wissenschaftlichen Erklärungen *auch* unser Alltagswissen umfassen müsste. Was kausale Erklärungen durch die Naturwissenschaften betrifft, gelingt dies soweit wie oben erläutert. Doch was ist mit den *anderen* Aspekten unseres alltäglichen Wissens darüber, aus welchen Ursachen oder Gründen etwas geschieht? Und was kann der integrative Ansatz der kognitiven Neurowissenschaft leisten, der die Brücke von den physischen zu den mentalen Phänomenen schlagen will?

FUNKTIONALE ERKLÄRUNG

Damit komme ich noch einmal auf die aristotelische Vier-Ursachen-Lehre zurück, die unserem Alltagsverständnis von Ursachen und Gründen entspricht. Da sie eine *vor*wissenschaftliche Lehre ist, können wir uns fragen, was naturwissenschaftliche Erklärungen noch von ihr übrig lassen. Und dies ist doch einiges – nämlich *alles* außer den *Zweckursachen*, die Vorgänge *teleologisch* oder als *zielgerichtet* erklären.

Stoff- und Formursachen sind Material- bzw. Gestalteigenschaften. Ihre Einbettung in naturwissenschaftliche Erklärungen ist unproblematisch. Die Materialeigenschaften von Stoffen lassen sich durch die kausale Modellierung von Dispositionen erfassen, man denke an die Wasserlöslichkeit von Zucker, die Auswirkungen der Teflonschicht in der Pfanne auf den Bratvorgang oder die elektrische Leitfähigkeit von Kupferdraht. Wie sich eine Disposition realisiert, wird durch einen physikalischen oder chemischen Mechanismus beschrieben, der in Gang kommt, wenn der Stoff unter bestimmten Umständen mit anderen Stoffen oder Substanzen in Berührung kommt. Form und Gestalt lassen sich ähnlich erklären. Sie beruhen auf Struktureigenschaften, die teils auf

Materialeigenschaften, teils auf kausal modellierbare Mechanismen reduzierbar sind – etwa bei Schneeflocken, Kristallen, Gesteinsschichten und Gebirgen.

Die Wirkursachen von Aristoteles entsprechen dem neuzeitlichen kausalen Denken. Sie lassen sich zwar im Rahmen keiner modernen wissenschaftlichen Disziplin eindeutig präzisieren; doch sie lassen sich in dem allgemeinen Sinn, der im letzten Abschnitt erläutert wurde, mechanistisch verstehen: Sie entsprechen den kausalen (Wirk-) Mechanismen, die im Naturgeschehen ablaufen oder durch menschliches Handeln in Gang gesetzt werden, deren Verlauf aber i.a. nicht strikt determiniert ist.

Nur die Zweckursachen und das teleologische Denken sperren sich gegen die Integration in ein umfassendes naturwissenschaftliches Weltbild. Ihr Vorbild sind die Gründe, die unseren Intentionen entspringen. Teleologische Erklärungen unterstellen dem Naturgeschehen Sinn und Zweck und Ziele. Aus naturwissenschaftlicher Sicht ist dies zutiefst suspekt (weshalb sich die Biowissenschaften einiges einfallen lassen müssen). Es öffnet metaphysischen Spekulationen über Pläne und Absichten hinter dem Naturgeschehen Tür und Tor, legt einen Urheber der Welt nahe und nährt das Argument des „intelligenten Designs" des Baus von Lebewesen, der biologischen Evolution und des Universums. Teleologische Erklärungen pflastern wieder den Weg zu den traditionellen metaphysischen Gottesbeweisen, als hätte es nie die europäische Aufklärung und die kantische Vernunftkritik gegeben. Sie stellen sich in den Dienst der philosophischen Restauration; sie verabschieden das moderne naturwissenschaftliche Weltbild zugunsten von Physikotheologie, Gottesbeweisen, Kreationismus und fundamentalistischem Denken.

Dies sind harsche Vorwürfe, und sie sind auch nicht ganz von der Hand zu weisen. Doch bleiben wir sachlich, messen wir die teleologischen Erklärungen an den bisher diskutierten wissenschaftlichen Erklärungen. Aus wissenschaftstheoretischer Sicht sind Erklärungen *entweder* wissenschaftlich *oder* teleologisch, aber nicht beides. Das eine schließt das andere aus. Wissenschaftliche Erklärungen, ob sie nun deduktiv-nomologisch oder probabilistisch sind, kausale Modelle aufstellen, Mechanismen rekonstruieren oder auf Vereinheitlichung beruhen, können sich *nicht* auf Ziele, Zwecke, Absichten oder Pläne berufen. Sonst sind sie nicht wissenschaftlich und objektiv, sondern anthropozentrisch auf die menschliche Perspektive bezogen.

Dennoch gibt es in der mathematischen Physik ein „Prinzip der kleinsten Wirkung" und andere Prinzipien, mittels deren die Entwicklung eines physikalischen Systems aus Annahmen über dessen Endzustand hergeleitet werden kann.[25] Es gibt mehrere Typen solcher „zielgerichteter" physikalischer Prozesse, reversible und irreversible.

Wenn die Systemdynamik *reversibel* ist, wie in der klassischen Mechanik, so wird sie nur *scheinbar* teleologisch erklärt. Ihre Herleitung lässt sich dann normalerweise auf eine DN-Erklärung reduzieren. Reversible Prozesse könnten auch in umgekehrter Zeitrichtung ablaufen. Anfangs- und Endzustand sind insofern ohnehin vertauschbar, und ihre Verknüpfung durch ein physikalisches Gesetz ist deterministisch. Beim „Prinzip der kleinsten Wirkung" und verwandten Prinzipien aus anderen Gebieten der Physik wird aus einer deterministischen Grundgleichung unter den Erhaltungssätzen für Energie, Impuls, Strahlungsintensität etc. ein Extremalprinzip abgeleitet, was letztlich eine mathematische Extremwertaufgabe ist.

Wenn die Systementwicklung *irreversibel* ist, so unterliegt sie thermodynamischen Gesetzen. Dann lässt sie sich auf eine probabilistische Erklärung und vielleicht noch auf zusätzliche kausale Mechanismen reduzieren. Auf lange Sicht entwickelt sich das System dann auf einen thermodynamischen Endzustand hin, den Zustand maximaler Entropie. Doch niemand würde hier von teleologischer Erklärung sprechen; und sei es aus dem schlichten psychologischen Grund, dass uns der „Wärmetod" von strukturierten Systemen nicht gerade als ein erstrebenswerter Zustand erscheint.

Schon näher an Beispielen aus der Biologie ist die physikalische Entwicklung eines komplexen Systems jenseits des thermodynamischen Gleichgewichts. Hier weist der mathematische Raum möglicher Systemzustände, der Phasenraum, Fixpunkte oder Attraktorzustände auf. Nach den Gesetzen der Nichtgleichgewichts-Thermodynamik kann die Entwicklung eines solchen Systems Verzweigungspunkte erreichen, an denen die weitere Entwicklung nicht determiniert ist und jenseits deren es sich auf einen Attraktorzustand zubewegt, von dem es dann nicht mehr wegkommt.[26] Auch hier spricht kein Naturwissenschaftler von einer teleologischen Erklärung, sondern von einem *physikalischen Mechanismus* im erläuterten, *nicht-deterministischen* Sinn.

Entscheidend ist hier für uns, dass sich all diese scheinbar „zielgerichteten" Prozesse naturwissenschaftlich nach den fünf Typen wissenschaftlicher Erklärung begreifen lassen, die ich Ihnen im letzten Abschnitt vorgestellt habe. Und natürlich hoffen die Neurowissenschaftler, dies sei bei Gehirn und Geist letztlich nicht anders.

Die Objektivierung durch naturwissenschaftliche Methoden ist aber nicht in der Lage, teleologische Erklärungen in wissenschaftliche Erklärungen zu *integrieren*. Sie kann sie nur anhand von DN-Erklärungen, probabilistischen Gesetzen, kausalen Modellen und mechanistischen Erklärungen *eliminieren*. Dass wir unsere Ziele, Absichten und Pläne als *kausal relevant erleben*, steht der Objektivierung nur dann nicht im Wege, wenn man unsere Gründe schlicht mit Ursachen identifiziert. Es ist jedoch unklar, wie sich Intentionen in die kausalen Erklärungen der Neurowissenschaft einfügen lassen.

Doch auch die Biologie kann auf teleologische Erklärungen nicht völlig verzichten. Sie kommen überall dort ins Spiel, wo die Beschaffenheit eines Organs durch seine Funktion erklärt wird. Das Auge ist so gebaut, dass es sehen oder, physikalistisch ausgedrückt, die optische Information aus Lichtsignalen verarbeiten kann. Die Hand ist so gebaut, dass sie mit hoher Präzision und beachtlicher Feinmotorik greifen kann. Unser Kehlkopf ist so gebaut, dass wir sprechen und singen können. Unsere Ohren sind so gebaut, dass wir Sprache, Musik und andere akustische Signale selbst gegen einen großen Lärmpegel gut hören können. Die Anatomie all dieser Organe lässt sich aus ihrer Funktion begreifen.

Auch die kognitiven Funktionen, die Hirnforscher den Gehirnarealen zusprechen, wurzeln im alten teleologischen Erklärungsmuster: Das Gehirn ist so gebaut, dass seine Areale bestimmte kognitive Funktionen ausüben können – das Broca-Areal die Sprachartikulation, das Wernicke-Areal das Sprachverstehen, der Frontallappen die moralische

Urteilsfähigkeit (erinnern Sie sich an das traurige Schicksal von Phineas Gage), usw. – jedenfalls soweit sich diese Funktionen lokalisieren lassen. Die funktionale Erklärung der Biologie oder der Hirnforschung ist eine metaphysisch abgespeckte Variante der teleologischen Erklärung. Das *explanandum* ist hier die Bauweise eines bestimmten Organs wie der Hand, des Auges, des Kehlkopfs, des Ohrs oder des Gehirns. Das *explanans* ist seine jeweilige Funktion: Greifen; Sehen; Sprechen und Singen; Hören; Sprachartikulation als Fähigkeit, den Kehlkopf sinnvoll zu benutzen; Sprachverstehen als Fähigkeit, das Gehörte sinnvoll auszuwerten. Der Evolutionsbiologe Ernst Mayr (1904–2005) sprach im Hinblick auf unsere Organe und die Funktionen, die ihren Bau erklären sollen, von *teleonomischen* Erklärungen. Diese Erklärungen beanspruchen aristotelische Zweckursachen, *als ob* es sich um teleologische Erklärungen handle – aber nur für *unsere* Erklärungszwecke. Dieser *Als-ob*-Charakter der teleologischen Erklärung findet sich schon bei Kant.[27]

Funktionale Erklärungen gelten als phänomenologisch und vorläufig. Die Biologen versuchen, sie möglichst auf *evolutionsbiologische Mechanismen* zurückzuführen – also auf Anpassung an die Umwelt, Mutation des Erbguts bei der Fortpflanzung und Selektion der überlebensfähigsten Organismen.[28] Diese Mechanismen beruhen in vieler Hinsicht auf probabilistischen Gesetzen. Der Gang der biologischen Evolution ist nicht vorprogrammiert, sondern er vollzieht sich durch das Ineinandergreifen von Zufall und Naturgesetzen.[29] Die Evolutionsbiologie hat es allerdings nicht geschafft, die funktionalen Erklärungen überflüssig zu machen. Das Erbgut – sprich: *die Gene* – legt die Gestalt eines Lebewesens keineswegs fest. Auf der Ebene des *Phänotyps*, d. h. im Hinblick auf die Anatomie und das äußere Erscheinungsbild von Lebewesen, sind die funktionalen Erklärungen unverzichtbar, und es ist unklar, ob je kausale Mechanismen an ihre Stelle gerückt werden könnten, und falls ja, welche.

Der Genotyp determiniert den Phänotyp *nicht*, d. h. der genetische Code bestimmt die äußere Erscheinung eines Organismus nur unvollständig. Nachdrücklich hat dies die Meldung über eine geklonte Katze gezeigt, die vor ein paar Jahren durch die Presse ging. Klone sind

genetisch identisch; doch das Katzenbaby hatte ein *andersartig* bunt ge-
schecktes Fell als seine genetisch identische Katzenmutter. Erklärt wird
dies durch einen „epigenetischen" Mechanismus der Unterdrückung
von Genen; bei diesem Mechanismus spielt der Zufall eine entscheidende Rolle. Die Biologen nehmen an, dass im Fall der geklonten Katze ein
Farb-Gen inaktiviert wurde.[30] Die *Epigenetik* ist eine neue biologische
Disziplin, die Mechanismen der Gen-Expression untersucht – d. h. die
kausalen Bedingungen, unter denen sich die Gene, die für bestimmte Eigenschaften verantwortlich gemacht werden, im Phänotyp ausdrücken
oder nicht. Auch sie steht in der Tradition von Aristoteles, ähnlich wie
die funktionale Erklärung.

Die Biologie bleibt also auf funktionale Erklärungen angewiesen.
Sie gehören zur „Grauzone" zwischen wissenschaftlicher Erkenntnis
und teleologischem Denken. Beides gilt auch für die funktionale Erklärung der Gehirnareale: Sie ist nach wie vor unverzichtbar – wobei
die Lokalisation kognitiver Funktionen in bestimmten Arealen umstritten ist. Doch sie lässt im Dunkeln, ob und wie das neuronale
Geschehen unsere kognitiven Leistungen durch kausale Mechanismen
hervorbringt.

NEURONALE MECHANISMEN

Damit wenden wir uns den kausalen Erklärungen der Hirnforschung
zu, die darauf zielen, mentale Phänomene *bottom-up* vom neuronalen
Geschehen her zu erklären. Sie beruhen auf der kausalen Modellierung
von Prozessen durch neuronale und höherstufige Mechanismen. Erinnern Sie sich daran, was in wissenschaftlichen Erklärungen unter einem
Mechanismus zu verstehen ist: ein Prozess in einem komplexen System,
der ein Ereignis oder Geschehen bewirkt und in dem kausale Faktoren
ineinander greifen, die den Prozessverlauf in der Regel *nicht* vollständig
determinieren. Oft wird so ein Mechanismus als *patchwork* von deterministischen und indeterministischen Teilprozessen rekonstruiert. Der
Ausdruck „Mechanismus" bedeutet dabei den Wirkungsmechanismus
einer physikalischen, chemischen oder biologischen Maschinerie, die in
der Regel *nicht* strikt determiniert ist und keinen hundertprozentigen

Wirkungsgrad hat, sondern mit beschränkter Effizienz arbeitet. Soweit thermodynamische Vorgänge eine Rolle spielen (und das ist bei biologischen Prozessen *immer* der Fall), verläuft der Prozess irreversibel und stochastisch, d. h. nach probabilistischen Gesetzen.

Mit den Mechanismen der Biologie und der Neurowissenschaft haben sich schon einige angelsächsische Wissenschaftsphilosophen befasst, auf deren Arbeiten wir hier zurückgreifen können. William Bechtel und Adele Abrahamsen charakterisieren ihr Konzept eines biologischen Mechanismus wie folgt:

> *„Ein Mechanismus ist eine Struktur, die mittels ihrer Bestandteile und deren Arbeitsweise und Organisation eine Funktion ausübt. Wie das Zusammenspiel der Komponenten des Mechanismus funktioniert, ist für ein Phänomen oder mehrere Phänomene verantwortlich."*[31]

Diese Charakterisierung steht der funktionalen Erklärung nahe; doch statt „Funktion" könnte es genauso gut „Tätigkeit" oder „Aktivität" heißen, wie die Autoren betonen. Nicht die Funktion, die ein Mechanismus erfüllt, steht im Zentrum, sondern die Arbeitsweise seiner Komponenten und die Art und Weise, in der ihr Zusammenspiel funktioniert; sie sollen erklären, wie biologische Phänomene zustande kommen.[32] Die mechanistische Erklärung zielt darauf, das Verhalten eines organischen Systems aus der Aktivität oder Dynamik seiner Komponenten zu erklären. Sie dient also dazu, das *scheinbar* „zielgerichtete" Verhalten eines organischen Systems auf den Wirkungs-Mechanismus seiner Bestandteile zu reduzieren. Dies entspricht ganz und gar dem Programm, teleologische Erklärungen zugunsten von *wissenschaftlichen* Erklärungen (bzw. kausalen Erklärungen im neuzeitlichen Sinn) auszumerzen.

Ähnlich ist die Erläuterung von Carl F. Craver, die den Funktionsbegriff vermeidet:

> *„... ein Mechanismus ... ist eine Menge von Entitäten und Aktivitäten, die so organisiert sind, dass sie das zu erklärende Phänomen hervorbringen. ... Aktivitäten sind die kausalen Komponenten in Mechanismen."*[33]

Beide Auffassungen des Mechanismus verbinden die *mereologischen* und die *kausalen* Aspekte der *bottom-up*-Erklärung miteinander. Ein Mechanismus ist eine komplexe dynamische Struktur mit kausalen Komponenten, die in der gegenseitigen Einwirkung von Teilsystemen bestehen (Abb. 6.1). Eine mechanistische Erklärung gibt *bottom-up* darüber Auskunft, wie eine dynamische Struktur einer tieferen Organisationsstufe ein höherstufiges Phänomen bzw. das höherstufige Verhalten des Systemganzen hervorbringt. Dabei umfassen typische neurobiologische Erklärungen immer *viele* Ebenen von Komponenten oder Subsystemen – von der molekularen Ebene über die Ebene der Nervenzellen, Zellschichten und -verbände und Gehirnareale bis hin zu kognitiven Funktionen und dem Verhalten des gesamten Organismus (Abb. 6.2).

Die mechanistischen Erklärungen der Biologie zielen also darauf, die Funktionsweise eines Organismus von tieferen Organisationsstufen her zu erklären. Wichtig ist dabei, dass hier von „Organisation" die Rede ist, und dass diese Organisation immer über *mehrere* Stufen von unten nach oben (oder auch umgekehrt?) durchschlägt. Bechtel und Craver, die sich mit den mechanistischen Erklärungen der Biologie und der Neurowissenschaft so gründlich beschäftigt haben wie kaum jemand, kommen beide zum selben Schluss: Schon aufgrund dieser Multi-Level-Organisation kann ein reduktionistischer oder fundamentalistischer Erklärungsansatz der Neurobiologie nie und nimmer gerecht werden.[34]

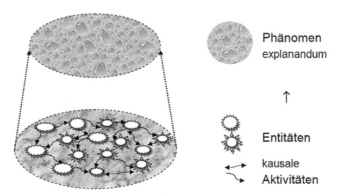

Abb. 6.1 Veranschaulichung eines biologischen Mechanismus

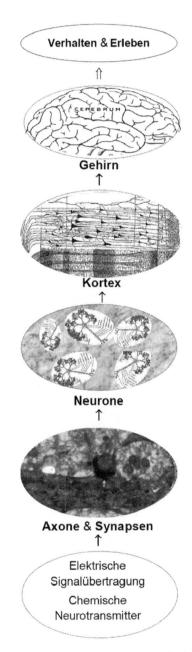

Abb. 6.2 Ebenen der mechanistischen Erklärung in der kognitiven Neurowissenschaft

Mit diesem Punkt sind wir fast schon beim Thema *Emergenz* und bei der Frage, ob es auch Verursachung von oben nach unten (*downward causation*) gibt – Ursachen, die *top-down* wirken und nicht *bottom-up*. Doch soweit sind wir noch nicht. Zunächst müssen wir uns die neuronalen Mechanismen genauer ansehen, und ihre Vorbilder in der Physik.

An der Physik orientieren sich nicht nur die Standardtypen wissenschaftlicher Erklärung (wie das DN-Modell oder die Vereinheitlichung), sondern aus ihr stammt auch das Vorbild für mechanistische Erklärungen. Ich hatte oben schon darauf hingewiesen, dass die Übertragung eines physikalischen Signals ein Beispiel *par excellence* für einen kausalen Mechanismus ist, der in mechanistischen Erklärungen eine wichtige Rolle spielen kann. Doch auch die Multi-Level-Mechanismen der biologischen Organisation haben ein wichtiges physikalisches Vorbild, nämlich die Dynamik eines zusammengesetzten Systems, das ein Vielteilchen-System ist. Eine solche Dynamik umfasst nur *zwei* Organisationsstufen, ein komplexes System und seine Bestandteile. Sein kausaler Aspekt liegt in der Wechselwirkung der Teilchen, also in den Kräften, die sie gegenseitig aufeinander ausüben: die Schwerkraft; die elektrische Anziehung oder Abstoßung; Stöße zwischen Molekülen und Atomen; sowie die Kräfte, die Atomkerne zusammen halten oder radioaktiv zerfallen lassen.

Beim Sonnensystem oder in der kinetischen Theorie der Gase ist ein klassischer, deterministischer Mechanismus am Werk. Im Allgemeinen (d. h. schon bei der Wechselwirkung von drei mechanischen Körpern, oder beim Doppelpendel mit großem Ausschlag) handelt es sich dabei um ein deterministisches Chaos. Die Struktur des Sonnensystems wird so bestens erklärt. Doch schon die kinetische Theorie der Wärme erklärt die Phänomene – die Irreversibilität thermodynamischer Prozesse und den thermodynamischen Zeitpfeil – *nicht* erschöpfend.

Der mikroskopische Aufbau der Materie wird durch indeterministische Quanten-Mechanismen beschrieben. Die Physik erklärt den Aufbau der Materie in vier Stufen: Chemische Stoffe und Festkörper bestehen aus Molekülen bzw. Atomverbänden; Moleküle bestehen aus

Atomen; Atome aus Elektronen, Protonen und Neutronen; Protonen und Neutronen aus Quarks. Jede Stufe hat ihre eigene Dynamik.

Soweit das Vorbild der physikalischen Mechanismen, die den Aufbau der Materie erklären. Die Erklärung hat einige Lücken; doch sie erklärt viele physikalische Eigenschaften materieller Körper und Stoffe ganz hervorragend – etwa die Masse eines Körpers aus dem Typ seiner Atome und den Atomgewichten, oder die elektrischen und magnetischen Eigenschaften unterschiedlicher Stoffe.[35] Dieses Vorbild vor Augen wenden wir uns nun der Frage zu, was die *neuronalen Mechanismen* sind und wie weit ihre kausale Erklärungsleistung geht.

Die wichtigsten neuronalen Mechanismen haben Sie im 2. Kapitel unter dem Titel „neuronales Geschehen" kennen gelernt: die Übertragung elektrischer Signale von Nerven auf Muskeln, die Weiterleitung von Signalen entlang der Nerven und die Übertragung der Signale von Nerv zu Nerv über die Synapsen. Das Schaltkreis-Modell der elektrischen Nervenleitung von Hodgkin und Huxley ist ein Beispiel für einen *physikalischen* Mechanismus, der das neuronale Geschehen ein Stück weit nach den *deterministischen* Gesetzen der Elektrodynamik erfasst. Ich schrieb dazu:

> *„Das Modell beschreibt den Zusammenhang von Strom und Spannung im Axon als elektrischen Schaltkreis; es enthält biologische Entsprechungen für Kondensatoren, Widerstände und Batterien in der Zellwand. Die Hodgkin-Huxley-Gleichung, die aus dem Modell folgt, beschrieb den Verlauf des Aktionspotentials sehr genau. Der Erfolg dieses Modells war einer der Anstöße dafür, das neuronale Geschehen durch Netzwerk-Modelle zu erfassen und die Theorie neuronaler Netze zu entwickeln."*

Das Schaltkreis-Modell passt bestens zur obigen Charakterisierung von biologischen Mechanismen. Das zu erklärende Phänomen ist der Verlauf des Aktionspotentials im Axon. Die Teilsysteme sind die biologischen Substrukturen der Axon-Zellwand, die wie elektrische Kondensatoren, Widerstände und Batterien funktionieren; die Strom- und Spannungsverhältnisse, die sich zwischen ihnen aufbauen und entladen, sind die kausalen Komponenten des Mechanismus.

Dieses Modell erfasst aber nur den Mechanismus der elektrischen Signalübertragung entlang der Nerven. Der biochemische Mechanismus der Signalübertragung an den Synapsen ist viel komplizierter, und er ist *nicht* deterministisch. Carl F. Craver hat ihn im Detail untersucht – als zentrales Beispiel dafür, dass die Kausalerklärungen der Neurowissenschaft tatsächlich mechanistisch im oben erklärten Sinn sind. Der Mechanismus ist diesmal nicht nur elektrodynamisch, sondern auch biochemisch. Er erklärt, wie die Konzentration von Kalzium-Ionen ein Aktionspotential an der Synapse erzeugt, das schließlich die Freisetzung eines Neurotransmitters verursacht.[36]

Craver weist darauf hin, dass die Beziehung zwischen dem Aktionspotential und der Freisetzung des Neurotransmitters *stochastisch* ist. Nur bei 10–20 Prozent der experimentell untersuchten Einzelprozesse führt das Aktionspotential dazu, dass der Neurotransmitter tatsächlich freigesetzt wird. Die kausalen Mechanismen, nach denen das neuronale Geschehen abläuft, müssen ihre Wirkungen demnach noch nicht einmal mit hoher Wahrscheinlichkeit hervorbringen. Ein Wirkungsgrad von 10–20 Prozent ist recht gering – die Natur arbeitet verschwenderisch. Wichtiger ist die *kausale Relevanz*: *Ohne* die Kalzium-Ionen wird *kein* Neurotransmitter freigesetzt.

Entscheidend für die Erklärungsleistung eines neuronalen Mechanismus ist nicht sein Wirkungsgrad, sondern die kausal relevanten Faktoren in ihm. Die Wissenschaftler untersuchen sie experimentell, durch gezielte kausale Manipulation. (Hier ist der interventionistische Aspekt der Kausalität gefragt, der keine komplette Theorie der Kausalität abwirft, aber entscheidend dafür ist zu verstehen, wie die experimentelle Methode funktioniert.[37]) Ich erinnere Sie an das einfache Experiment, mit dem Loewi erstmals die Existenz eines chemischen Neurotransmitters nachwies. Er zeigte, dass die Salzlösung, in der ein elektrisch stimuliertes Froschherz lag, hinreichend dafür war, den Herzschlag eines *anderen* Froschherzens zu ändern. Sein Experiment zeigte, dass nicht die elektrische Signalübertragung kausal relevant ist, sondern dass eine chemische Substanz im Spiel sein musste, der „Vagusstoff", den die Salzlösung vom ersten auf das zweite Froschherz übertrug (vgl. 3. Kapitel). Die experimentelle Analyse dient der kausalen

Modellierung eines Prozesses nach notwendigen und hinreichenden Bedingungen, und diese wiederum ist eine wichtige Vorstufe einer mechanistischen Erklärung: Loewi wies nach, dass beim neuronalen Geschehen auch ein unbekannter *chemischer* Mechanismus im Spiel sein muss. Der nächste große Schritt zur Auffindung der kausalen Komponenten dieses chemischen Mechanismus war, dass Dale den „Vagusstoff" als Acetylcholin identifizierte.

Ein neuronaler Mechanismus läuft nicht ab wie ein mechanistisches Räderwerk. Er hat innere „Freiheitsgrade", in denen sich das neuronale Geschehen so oder auch anders abspielen kann. Wenn die Neurone feuern, neue Dendriten und Synapsen ausbilden und sich in enormer Plastizität immer wieder neu vernetzen, so ist dies immer *auch* ein thermodynamisches Geschehen. Dieser Punkt wird in der Debatte um den neuronalen Determinismus gern übersehen. Das Netzwerk der Neurone ist ein selbstorganisiertes biologisches System, das (wie alle solchen Systeme) weitab vom thermodynamischen Gleichgewicht arbeitet.[38] Seine Entwicklung durchläuft also grundsätzlich immer wieder Verzweigungspunkte, an denen es mehrere Alternativen für die weitere Systementwicklung gibt. Das neuronale Geschehen ist somit *letztlich* indeterministisch, unberechenbar und irreversibel.

NEURONALE NETZE

Dennoch lässt sich das neuronale Geschehen höchst erfolgreich durch künstliche neuronale Netze modellieren, wie sie heute vielfach in der Informatik und Robotik eingesetzt werden. Gegenüber den traditionellen, seriell ablaufenden Computer-Algorithmen bilden die neuronalen Netze ein alternatives Berechnungsmodell: Sie verarbeiten Informationen parallel, sind fehlertolerant und verhalten sich adaptiv, d. h. sie können ihre Rechenparameter an ein Trainingsset von Input-Daten anpassen und „lernen" auf diese Weise, ihre Rechenergebnisse zu verbessern.[39] Das Netz „lernt", indem es die Ausgabewerte, die es berechnet hat, mit den Kontrolldaten vergleicht, an denen es trainiert wird. Wenn die Differenz größer ist als der tolerierte Fehler, passt es seine Rechenparameter nach einem vorgegebenen Korrektur-Algorithmus an. Wenn sich das Netz „festfährt", d. h. in einer Endlosschleife landet, also seine Resultate nicht mehr verbessern kann, generiert es sich Zufallszahlen und fängt wieder von vorne an – solange, bis die vorgegebene Fehlertoleranz unterschritten ist.

Künstliche neuronale Netze sind letzten Endes elegante Rechenmechanismen, die der *statistischen Modellierung* dienen. Sie können kein Problem exakt und vollständig berechnen, sondern beruhen auf *stochastischen* Algorithmen. Diese stochastischen Algorithmen stellen Mechanismen im vorhin erläuterten Sinn dar. Und sie ahmen ihre natürlichen, biologischen Vorbilder, die Neurone, gerade *darin* nach, dass sie *nicht deterministisch* arbeiten. Die Vertreter des neuronalen Determinismus verschweigen dieses pikante Detail gern, oder sie spielen es wenigstens stark herunter – es könnte ja am Mythos Determinismus kratzen.

Ein künstliches neuronales Netz ist eine Struktur, die aus einem Netz von Knoten und Verbindungslinien besteht (Abb. 6.3). An den Knoten werden Funktionen berechnet, über die Verbindungslinien werden Daten in die Knoten eingegeben und von ihnen weitergeleitet. Die Knoten sind teils parallel, teils sequentiell angeordnet. Es gibt Input-Knoten, über die das neuronale Netz mit Anfangsdaten „gefüttert" wird, Output-Knoten, die das Rechenergebnis ausgeben, und „verborgene" innere Knoten, die nur interne Daten im Netz weitergeleitet

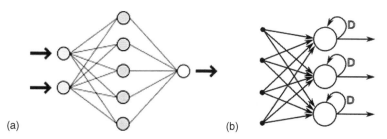

(a)   (b)

Abb. 6.3 Vereinfachte Darstellung künstlicher neuronaler Netze. (**a**) Nichtrekurrentes Netz (Dake / Mysid 2006). (**b**) Rekurrentes Netz. D symbolisiert die Verzögerung (Chrislb 2005)

bekommen und weiterleiten. Die Knoten können auch rekursiv vernetzt sein (rekurrentes Netz); dabei wird der Output eines Knotens als Input an einen parallelen Knoten weitergeleitet. Jeder Knoten fungiert als kleine Rechenmaschine, die aus den eingehenden Daten eine einfache mathematische Funktion berechnet und den Wert als Ausgabe weiterleitet. Mathematisch betrachtet handelt es sich also um *Funktionennetze*. Jeder Knoten berechnet eine einfache Funktion, das Netz insgesamt eine Funktion von großer Komplexität.

Die Mechanismus-Definition von Bechtel und Abrahamsen oder Craver aus dem letzten Abschnitt passt hier perfekt. Der Mechanismus eines neuronalen Netzes lässt sich wie folgt charakterisieren:

> *Der Mechanismus eines neuronalen Netzes ist eine Struktur, die mit ihren Knoten, der Weise, wie sie einfache Funktionen berechnen, und den Daten, die sie sich untereinander weiterleiten, eine komplexe Funktion berechnet. Das Zusammenspiel dieser Komponenten ist so organisiert, dass das neuronale Netz an einem Trainings-Datensatz „lernt" seinen Rechenalgorithmus zu optimieren, damit es unbekannte Datensätze mit einer vorgegebenen Fehlertoleranz verarbeiten kann.*

Das Adjektiv „künstlich" habe ich hier mit Bedacht weggelassen, denn künstliche neuronale Netze *simulieren* ihre natürlichen Vorbilder. Die Neurowissenschaftler nehmen an, dass sich künstliche und natürliche neuronale Netze vor allem im Grad ihrer Komplexität unterscheiden – aber die künstlichen neuronalen Netze das echte neuronale Geschehen im Gehirn *sonst* recht wirklichkeitsgetreu modellieren. Die Knoten entsprechen dem Zellkern eines Neurons, die Input-Leitungen den Dendriten und die Output-Leitungen den Axonen. Die Daten, die weitergeleitet werden, sind die Aktionspotentiale. Die Funktionen, die die Knoten berechnen, entsprechen der Art und Weise, wie der Neuron-Zellkern die Signale, die er aus den Dendriten empfängt, in das Signal umformt oder „umrechnet", das er an das Axon weitergibt. Soweit funktioniert der neuronale Mechanismus grundsätzlich deterministisch. Doch da sind ja auch noch die Synapsen, an denen die

Neurotransmitter nur mit einem geringen Wirkungsgrad freigesetzt werden und die – je nach dem Typ des Neurotransmitters – entweder ein *hemmendes* oder ein *erregendes* Signal weitergeben. An *dieser* Stelle funktioniert der neuronale Mechanismus *indeterministisch*. Das künstliche neuronale Netz modelliert dies durch *statistische Gewichte* und durch *Schwellenwerte*.

Die Modellierung berücksichtigt die Vernetzung der Neurone untereinander. Dabei handelt es sich um einen *höherstufigen* Mechanismus. Das *explanandum* ist hier nicht mehr die Signalübertragung entlang der Axone oder an den Synapsen, sondern die Verarbeitung komplexer Daten oder Informationen durch *viele* Neurone, die über die Dendriten, Axone und Synapsen miteinander *vernetzt* sind. Bei dieser Vernetzung und ihrer Modellierung durch ein künstliches neuronales Netz kommen zwei neue Gesichtspunkte zum Zuge: *Einerseits* der geringe Wirkungsgrad der synaptischen Signalübertragung. Das algorithmische Modell-Netz berücksichtigt ihn durch statistische Gewichte, die dem Rechenergebnis an jedem Knoten eine gewisse Wahrscheinlichkeit zuordnen, welche in die Berechnung der Funktion am nächsten Knoten eingeht. Und *zweitens* die neuronale Plastizität. Erinnern Sie sich an die Hebbsche *fire-and-wire*-Regel: Neurone, die zur selben Zeit feuern, vernetzen sich. Ein neuronales Netz ist *plastisch,* es kann sich *verändern*.

Die Hebbsche Regel heißt *Lernregel,* weil sie den Mechanismus des neuronalen Lernens beschreibt. Lernen besteht aus biologischer Sicht in der Anpassung des Gehirns bzw. seiner kognitiven Funktionen an eine neue Situation. Diese kognitive Anpassung ist das Phänomen, das durch die Hebbsche *fire-and-wire* -Regel erklärt wird. Und der Mechanismus, der dieses Anpassungs- oder Lernphänomen erklärt, ist die Vernetzung von Neuronen, die gleichzeitig feuern. Die echten Neurone bilden bei Lernprozessen neue Dendriten und Synapsen aus, über die sie sich vernetzen. Im künstlichen Modellnetz passt der Algorithmus nach einem numerischen Verfahren die statistischen Gewichte an, die das algorithmische Analogon zum Wirkungsgrad der Synapsen sind. Dies dient dazu, die komplexe Rechenfunktion des Netzes so zu optimieren, dass es die Trainings-Daten innerhalb der Fehlertoleranz verarbeitet und eine entsprechend geringe Fehlerquote hat, wenn es unbekannte Daten verarbeitet.

Künstliche neuronale Netze sind eine geniale Technik, doch dabei sind sie völlig stupide. Wenn sie sich festfahren, d. h. in einer Endlos-Schleife mit immer denselben Ausgabedaten landen, können sie sich daraus nur „befreien", indem sie Zufallsdaten generieren und nach derselben Methode wieder von vorne anfangen. Da ihre Konstrukteure dies wissen, sind künstliche neuronale Netze eben auf diese Weise programmiert; das ist ein wichtiger stochastischer Aspekt ihres Algorithmus.

Immerhin simulieren sie die echte Vernetzung der Neurone so gut, dass dies zum Verständnis der höherstufigen neuronalen Mechanismen im Gehirn beiträgt. Dabei geht es vor allem um Kognitions- und Lernprozesse, in denen ein Organismus seine Umwelt erkennt und angepasst darauf reagieren kann. Diese Mechanismen sind stochastisch; doch sie haben eine geringe Fehlerrate – was evolutionsbiologisch betrachtet ja auch sinnvoll ist. So lassen sich die Mechanismen der Mustererkennung bei Mensch und Tier verstehen und in der Robotik mit großem Erfolg technisch anwenden.

ANALOGIEN ALS BRÜCKEN

Es besteht also eine tragfähige Analogie zwischen dem Rechenalgorithmus eines künstlichen neuronalen Netzes und den neuronalen Mechanismen, die im peripheren Nervensystem sowie im Gehirn ablaufen. Zugrunde liegt das Schaltkreis-Modell der elektrischen Nervenleitung, das Hodkins und Huxley vorschlugen und das seither vielfach modifiziert wurde. Elektrische Schaltkreise lassen sich bestens bauen und programmieren. Die „Hardware" und die „Software" des künstlichen neuronalen Netzes simulieren deshalb die elektrodynamischen Verhältnisse an der Neuron-Zellwand und die Signalübertragung im lebendigen Neuron hervorragend – wenn auch in einem stark vergröberten, idealisierten Modell.

Diese Analogie bezeichne ich im Folgenden kurz und prägnant als Analogie von *Gehirn* und *Computer*. Die Analogie bezieht sich auf die Strukturähnlichkeit von künstlichen und natürlichen neuronalen Netzen – aber sie hat ihre Grenzen. Das Gehirn funktioniert *nicht* wie ein Computer, und die Hirnforscher wissen dies. Zwei entscheidende Unterschiede sind: Das künstliche neuronale Netz wird programmiert. Im natürlichen neuronalen Netz gibt es dagegen keinen Unterschied von „Software" und „Hardware"; das Gehirn ist Teil eines biologischen Systems, das sich selbst organisiert, wie Wolf Singer betont.[40] Und der Computer besteht aus gleichartigen Schaltelementen symmetrischer Gestalt und Anordnung, das Gehirn dagegen nicht. Die Neurowissenschaftlerin Susan A. Greenfield weist in ihrem *Reiseführer Gehirn* darauf hin, dass jedes Computermodell des menschlichen Geistes viel zu kurz greift, schon weil es die elektrochemischen Vorgänge im Gehirn grob vereinfacht:[41]

> „*Wenn man sich ein Netzwerk von Neuronen im Elektronenmikroskop ansieht, so wird man eher an einen Kessel voller Spaghetti mit eingestreuten Hackfleischbröckchen erinnert als an eine integrierte Schalttafel.*"

Doch wie weit geht die Analogie von Gehirn und Computer? Um dies zu klären, müssen wir uns ansehen, was Analogien sind und was sie zu den mechanistischen Erklärungen der kognitiven Neurowissenschaft beitragen. Die Analogiebildung ist seit jeher ein wichtiges Werkzeug der Naturerkenntnis.[42] Trotzdem hatte ich sie weder im Methodenarsenal des 2. Kapitels noch in der Liste wissenschaftlicher Erklärungen angeführt. Sie hat einen Sonderstatus. Sie geht nicht *top-down* oder *bottom-up* vor, sondern stiftet *Querverbindungen* zwischen getrennten Wissensgebieten.

Eine Analogie postuliert die Strukturgleichheit disparater Phänomenbereiche. Dabei trägt sie nur in einem abgeschwächten Sinne zur wissenschaftlichen Erklärung bei. Analogien sind Lückenbüßer für *fehlende* Erklärungen. Sie schlagen Pfade in eine wissenschaftliche *terra incognita* und dienen der ersten Kartierung unbekannten

Geländes. Oder: Analogien bauen schwankende Brücken über begrifflichen Sumpf. Wenn solche Brücken lange Zeit nicht einbrechen, werden sie immer sorgloser beschritten. Doch wie tragfähig und belastbar sie sind, weiß niemand.

Es gibt unterschiedliche Arten von Analogien, die mit schwächeren oder stärkeren Erklärungsansprüchen verbunden sind. *Formale* Analogien bestehen nur darin, zwei verschiedene Phänomene durch dieselbe mathematische Struktur zu beschreiben. Ein simples Beispiel dafür sind die Schwerkraft und die elektrische Anziehung oder Abstoßung: Newtons Gravitationsgesetz und das Coulomb-Gesetz der Elektrostatik haben dieselbe mathematische Form. Die Analogie von Gehirn und Computer ist zunächst auch nur eine formale Analogie zwischen künstlichen und natürlichen neuronalen Netzen, die auf dem Schaltkreis-Modell der Nervenzellen beruht.

Formale Analogien haben einen Schönheitsfehler: Sie lassen sich konstatieren, aber sie erklären nichts. Einen gewissen Erklärungswert bekommen sie erst, wenn sich zur formalen Strukturgleichheit noch eine *semantische* (begriffliche) Analogie gesellt. Semantische Analogien sind heuristisch fruchtbar. Für sich genommen liefern sie keine gute wissenschaftliche Erklärung, doch im besten Fall pflastern sie den Weg zu ihr. Viele Beispiele aus der Physik zeigen ihren *vorläufigen* Charakter; etwa Bohrs Atommodell von 1913 und die „ältere" Quantentheorie vor 1925. Niels Bohr stellte Brückenprinzipien wie das Korrespondenzprinzip auf, um die Phänomene mit einem Flickenteppich aus Gesetzen der klassischen Physik und *ad hoc* eingeführten „Quantenpostulaten" zu erklären. Das Korrespondenzprinzip beruhte auf Analogien, die teils formal, teils begrifflich waren. Bohr wusste genau, dass es keine strikten Erklärungen lieferte, sondern provisorische Brücken vom „Festland" der klassischen Physik auf den schwankenden Boden der Atomphysik baute. Entsprechend hat er seinen Anspruch an eine wissenschaftliche Erklärung abgeschwächt:[43]

> *„Unter einer theoretischen Erklärung von Naturerscheinungen wird man wohl im allgemeinen eine Klassifikation eines gewissen Beobachtungsgebiets mit Hilfe von Analogien verstehen, die*

von anderen Beobachtungsgebieten geholt sind, wo man es vermeintlich mit einfacheren Erscheinungen zu tun hat; und das meiste, was man von einer Theorie verlangen kann, ist, dass diese Klassifikation so weit getrieben werden kann, dass sie zu einer Erweiterung des Beobachtungsgebietes durch die Voraussage von neuen Phänomenen beitragen kann."

Dies klingt ziemlich empiristisch und orientiert sich tatsächlich an Ernst Machs Erkenntnistheorie, nach der Theorien nur der Ökonomie des Denkens dienen. Und es klingt nach Erkenntnisverzicht. Die Atomphysiker der nächsten Generation fanden sich hiermit nicht ab, sondern sie entwickelten 1925/26 die Quantenmechanik als erste geschlossene Theorie des subatomaren Bereichs.

Die Analogie von Gehirn und Computer hat eine ähnliche heuristische Funktion für die kognitive Neurowissenschaft, wie sie Bohrs Korrespondenzprinzip für die „ältere" Quantentheorie hatte. Die Betrachtung des Gehirns als neuronales Netz dient dazu, wichtige Mechanismen des Lernens, der Mustererkennung und der Erinnerung zu entschlüsseln. Zur formalen Analogie, also der Strukturähnlichkeit von künstlichen und natürlichen neuronalen Netzen, kommen auch hier semantische Aspekte. In der Tat funktionieren Nervenzellen nicht nur *wie*, sondern sogar *als* Schaltkreise – sie *sind* Schaltkreise. Anders als bei der formalen Analogie von Gravitationsgesetz und Coulomb-Gesetz liegt ja hier auf beiden Seiten der Analogie dieselbe physikalische Wirkung vor: die Übertragung elektrischer Signale. Doch die semantische Analogie geht weit darüber hinaus. Die höhere Organisationsstufe des Mechanismus ist das neuronale Netz. Hier liegt der semantische Aspekt der Analogie von Gehirn und Computer im Begriff der *Information*. Die Analogie besagt auf dieser Stufe: Da der Kortex elektrische Signale prozessiert und als neuronales Netz strukturiert ist, lassen sich die kognitiven Funktionen des Gehirns als Informationsverarbeitung betrachten. Bei der Erinnerung geht es dabei unter anderem um die Speicherung und das Abrufen dieser Information im Kurzzeit- oder Langzeitgedächtnis. Zusammen mit den empirischen Befunden der Hirnforschung kann diese Analogie hier einiges erklären, ähnlich wie bei den Mechanismen des Lernens oder der Mustererkennung.

Die Information, die ein Computer verarbeitet, ist jedoch *nicht* dasselbe wie die Information, die Gegenstand unserer kognitiven Leistungen ist und die wir verstehen. Der Informationsbegriff schlägt eine semantische Brücke von den Daten, die ein Computer ausspuckt, zum menschlichen Bewusstsein. Diese semantische Brücke funktioniert als heuristisches Instrument hervorragend. Doch es handelt sich nur um eine semantische Analogie. Anders als auf der niederstufigen Schaltkreis-Ebene liegt auf der höheren Organisationsstufe des künstlichen bzw. natürlichen neuronalen Netzes *nicht* dieselbe Art von Signalübertragung vor. Die Analogie von Gehirn und Computer hinkt: Das Gehirn funktioniert nicht *wirklich* wie ein Computer – dies gestehen Hirnforscher gerne ein. Doch könnten dann unsere kognitiven Leistungen nicht *auch* ganz anders funktionieren als die Informationsverarbeitung im Computer?

Mit der letzteren Einsicht tun sich etliche Hirnforscher und Neurophilosophen schwer. In den Wissenschaften und in der Öffentlichkeit ist es seit Jahrzehnten üblich, den Informationsbegriff völlig inflationär zu verwenden – von der Information, die ein Computer verarbeitet, über den genetischen Code bis hin zu unseren bewussten kognitiven Leistungen. Wir leben im Informationszeitalter, und am Ende ist dann alles Information: Das Leben, das Bewusstsein, das physikalische Universum insgesamt.[44]

Der Schritt vom inflationären Gebrauch des Informationsbegriffs zum Computer-Modell des Geistes ist nicht weit. Und so bewegt sich die Analogie von Gehirn und Computer, so fruchtbar sie auch heuristisch für die Hirnforschung ist, in gefährlicher Nähe zum Computer-Modell des Bewusstseins. Der ubiquitäre Informationsbegriff stiftet Querverbindungen zwischen den verschiedensten Wissensgebieten, und so dient er der Vereinheitlichung – einem hehren Ziel der wissenschaftlichen Erklärung. Doch er *ist* keine Erklärung. Er ist nur eine *Analogie*. Und dies wird gern vergessen.

Gegen die Sprachkritik von Bennett und Hacker ist hier jedoch kritisch anzumerken, dass es keine schlichte Äquivokation ist, wenn die kognitive Neurowissenschaft den Informationsbegriff in zweierlei Sinn verwendet.[45] Es liegt ja eine formale und semantische Analogie zugrunde, mithin ein respektables heuristisches Werkzeug, das die Naturwissenschaften seit jeher erfolgreich einsetzen.

Der Neurophilosoph Albert Newen betont, dass die interdisziplinäre Erforschung des Selbstbewusstseins auf Brückenbegriffe wie den Informationsbegriff angewiesen ist.[46] Nach Newen schlagen sie die Brücke zwischen philosophischen Begriffen wie dem des „Selbst" und den Untersuchungen der Hirnforscher. Doch die Hirnforschung ist auch ohne Philosophie voller Brückenbegriffe, mit denen sie verschiedene Ebenen ihrer mechanistischen Erklärungen verzahnt. Sie haben eine ähnliche heuristische Funktion wie die semantischen Aspekte von Bohrs Korrespondenzprinzip – sie sollen die Erklärungslücken schließen, die sich bei rein formalen Analogien auftun. Newen hebt hervor, dass er die Verwendung von Brückenbegriffen „als eine eigene Form der Erklärung betrachtet", die er wie folgt charakterisiert:[47]

„*Indem ich eine Erklärung mit Brückenbegriffen anstrebe, setze ich . . . weder einen Begriffs- noch einen Theorienreduktionismus voraus. Wir können hier diese Überlegungen als eine Variante der Erklärung durch Erhöhung der Kohärenz der Daten bzw. Phänomene einordnen.*"

Wo die Erhöhung der Kohärenz aber nur auf blanken begrifflichen Analogien beruht, bleibt die Erklärungsleistung gering. Die Quantenphysik kann ihre Brückenbegriffe und deren Korrespondenzfunktion mathematisch präzisieren.[48] Doch wie weit kann dies die kognitive Neurowissenschaft für den Informationsbegriff? Bitte behalten Sie diese Frage im Hinterkopf, wenn wir uns nun ansehen, wie die Analogie von Gehirn und Computer in die mechanistischen Erklärungen der Hirnforscher eingeht.

Die Organisationsstufen der neuronalen Mechanismen reichen von den molekularen Auslösern des Aktionspotentials und der Freisetzung von Neurotransmittern über die elektro- und biochemischen Signale, die in Neuronen und an Synapsen übertragen werden, und die Vernetzung der Neurone bis zur kognitiven Ebene (Abb. 6.2). Dabei liegt genau die *Multi-Level-Struktur* vor, die nach Bechtel und Craver typisch für die mechanistischen Erklärungen der Neurowissenschaft ist. Die

Mechanismen erklären u.a. folgende kognitive Leistungen: das Lernen, die Mustererkennung, allgemein die Verarbeitung sensorischer Information, die Speicherung und das Abrufen dieser Information in der Erinnerung, usw. Doch die einzelnen Organisationsstufen der neuronalen Mechanismen sind *nicht* lückenlos durch die mechanistische Erklärung physikalischer, chemischer oder biochemischer Prozesse verbunden, seien sie nun deterministisch oder indeterministisch. Ihre Verbindung beruht weitgehend auf formalen und semantischen Analogien.

Der Schritt von den einzelnen Neuronen und Synapsen zum neuronalen Netz beruht auf der Analogie zwischen künstlichem und natürlichem neuronalem Netz (Abb. 6.4). Ihr liegt das Schaltkreis-Modell der Signalübertragung in und zwischen den Neuronen zugrunde. Die Wand der Nervenzelle funktioniert als Schaltkreis, die Synapsen als Verbindungsknoten mit statistischem Wirkungsgrad. Die Analogie erklärt u.a. die Neuroplastizität, und sie erlaubt es, durch Computer-Simulation zu erforschen, wie die Vernetzung der Neurone im lebenden Organismus funktioniert. Das ist völlig in Ordnung; die Analogie ist formal und semantisch gut begründet und ein fruchtbares heuristisches Werkzeug.

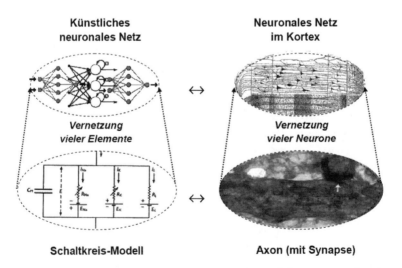

Abb. 6.4 Die Analogie zwischen künstlichem und natürlichem neuronalem Netz: Das Axon funktioniert als Schaltkreis, die Synapsen als Knoten

Der Pferdefuß dabei ist nur: *Niemand* ist in der Lage, ein neu-ronales Netz von *realistischer* Komplexität zu simulieren. (Wie weit hier das *Blue Brain*- und das *Human Brain*-Projekt kommen, bleibt abzuwarten; vgl. 7. Kapitel). Zwischen künstlichen neuronalen Netzen niedriger Dimension und dem echten neuronalen Netz im Kortex, das Milliarden von Neuronen umfasst, klafft ein Abgrund. Deshalb kann niemand sagen, wie weit die Analogie trägt – die Hirnforscher können nur ausprobieren, bis wann die Brücke hält und wann sie einbricht.

Der Schritt vom neuronalen Netz zu den kognitiven Leistungen des Gehirns beruht auf der Analogie der Informationsverarbeitung durch den Computer bzw. das Gehirn. Die semantische Brücke ist hier der Informationsbegriff, der auf der höheren Stufe des Mechanismus durch eine *nicht-formale, begriffliche* Analogie von der Computer-Information auf den Geist übertragen wird. Diese Analogie führt dazu, kognitive Leistungen als eine Art Rechenergebnis des Gehirns zu betrachten, und sie erweckt den Anschein einer kausalen Erklärung (Abb. 6.5).

Diese Analogie ist ebenfalls heuristisch fruchtbar, sie hat zu enor-men Einsichten in die neuronalen Grundlagen unserer kognitiven

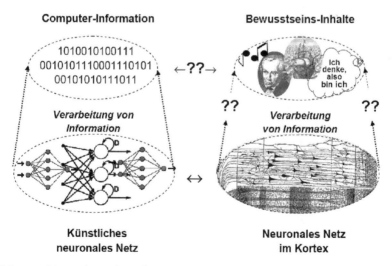

Abb. 6.5 Die Analogie der Inforationsverarbeitung: Bewusstseinsinhalte kommen zustande wie Computer-Information

Fähigkeiten geführt. Doch darüber darf man nicht vergessen: Sie liefert keine strikte wissenschaftliche Erklärung. Sie erfüllt auch gar nicht die Kriterien einer mechanistischen Erklärung. Nach Bechtel und Abrahamsen oder Craver hat ein Mechanismus *kausale Komponenten*, deren *Zusammenspiel* das zu erklärende Phänomen bewirkt. Was sind hier die kausalen Komponenten des neuronalen Mechanismus? Wie spielen sie zusammen, und was bewirken sie? Auf der Computer-Seite der Analogie ist das glasklar. Doch auf der Gehirn-Seite ist es absolut unklar, *und zwar schon auf der Stufe des Gehirns.*

Die Hirnforscher wissen, dass sich das Gehirn *nicht* aus getrennten Komponenten, Modulen oder Arealen zusammensetzt, die bestimmten kognitiven Funktionen entsprechen. Sie betonen auch, dass das Computer-Modell des Gehirns zu kurz greift.[49] Damit geben sie zu, dass die Analogie zwischen Computer-Information und Bewusstseinsinhalten nicht trägt. Doch dass dies auch die kausale Tragweite der Erklärung kognitiver Leistungen durch die neuronalen Aktivitäten tangiert, lassen sie *nicht* so gern an sich heran.

Skepsis dagegen, die kognitive Neurowissenschaft reduktionistisch zu deuten, ist also angebracht.[50] Ein reduktionistischer Ansatz würde es erfordern, die höheren Organisationsstufen der neuronalen Mechanismen im Prinzip vollständig von den tieferen her zu erklären. Doch wo die Physik die Eigenschaften eines komplexen Systems direkt erklärt, indem sie es als dynamisches Vielteilchensystem beschreibt, nimmt die kognitive Neurowissenschaft den Umweg über eine Analogie. Die Analogie zwischen Gehirn und Computer führt dazu, unsere kognitiven Leistungen als Output einer Informationsverarbeitung zu betrachten. Die kausale Erklärungslücke zwischen physischen und mentalen Phänomenen wird dabei durch eine begriffliche Brücke geschlossen, nämlich durch den Informationsbegriff. Doch diese semantische Brücke ist erheblich weniger tragfähig als die entsprechenden Begriffe der Physik. (Auf diesen Punkt komme ich im 7. Kapitel wieder zurück, beim „Bindungsproblem".)

Die Erklärung kognitiver Leistungen durch die Theorie neuronaler Netze und das Computer-Modell des Geistes ist schwächer und erheblich weniger robust als alle anderen naturwissenschaftlichen Erklärungen, die ich bisher besprochen habe. Ihr heuristischer Wert ist unbestritten. Wer reduktionistisch denkt oder den neuronalen Determinismus vertritt, traut ihr noch erstaunlich viel mehr zu. Doch der pure Glaube an die Tragfähigkeit macht schwankende Brücken nicht fester.

GIBT ES *TOP-DOWN*-URSACHEN?

Wenn ein reduktionistischer oder fundamentalistischer Erklärungsansatz dem, was die kognitive Neurowissenschaft tatsächlich erklärt, nie und nimmer gerecht werden kann – helfen dann Konzepte wie *Emergenz* und *downward causation* (Verursachung von oben nach unten) weiter? „Emergenz" ist ein Zauberwort, das gern verwendet wird, um den Erklärungs- oder Reduktionslücken einen Namen zu geben. Wenn die Eigenschaften einer höheren Organisationsstufe von der nächsttieferen her nicht erklärt werden können, so sind sie eben *emergent*, was besagt: als etwas Neuartiges aufgetaucht, ohne dass wir wissen, wie. Die Existenz (schwacher) emergenter Eigenschaften ist gut mit einem reduktionistischen Weltbild verträglich, denn ontologische Reduktion – d. h. die Annahme, dass es Komponenten eines tieferen Levels gibt, die das höhere Level *irgendwie* verursachen oder hervorbringen – ist bestens mit der *epistemischen* Annahme verträglich, dass wir eben nicht wissen, wie, weil das System so komplex ist. Fehlendes Wissen ist natürlich etwas anderes als nicht-vorhandene Ursachen oder Systemkomponenten. Genauso gut ist die Existenz emergenter Eigenschaften jedoch mit einem nicht-reduktionistischen Weltbild verträglich, nach dem eine neue Organisationsstufe des Seienden etwas *wirklich* Neues in der Welt darstellt, das auf der tieferen Stufe noch nicht angelegt ist.

Ich möchte den Emergenzbegriff hier nicht näher diskutieren, es gibt vorzügliche Literatur zu seiner Bedeutung und seinen stärkeren oder schwächeren Varianten.[51] Mit seinem nicht-reduktionistischen Verständnis geht oft die Annahme einher, dass eine höhere Organisationsstufe auf die tiefere einwirken kann – dass es also Ursachen gibt, die nicht *bottom-up* wirken, sondern *top-down*, eben *downward causation* oder Verursachung von oben nach unten. Ich finde diesen Begriff nicht unbedingt klarer als schon den üblichen Begriff der

Ursache selbst. Doch er soll der Vollständigkeit halber hier kurz besprochen werden.

Dabei gehen wir wieder von der mechanistischen Erklärung nach Bechtel und Craver aus, nach der ein Mechanismus zwei Organisationsstufen hat: eine höhere mit bestimmten phänomenologischen Eigenschaften und eine tiefere mit kausalen Komponenten. Der Mechanismus arbeitet *bottom-up*, die kausalen Aktivitäten der tieferstufigen Komponenten bringen die höherstufigen Phänomene hervor.

Um *top-down*-Ursachen zu bekommen, müssen wir dies umdrehen. Geht das? Probieren wir es aus: Wir nehmen wieder zwei Organisationsstufen an: eine höhere, die bestimmte (mentale oder physische) Phänomene aufweist, und eine tiefere, auf der es Komponenten gibt. Diesmal schreiben wir die kausale Aktivität der *höheren* Organisationsstufe zu. Der kausal umgedrehte Mechanismus sollte so funktionieren, dass die phänomenologischen Eigenschaften der höheren Ebene die Komponenten auf der tieferen Ebene in ihrem Zusammenspiel beeinflussen. Er müsste die kausale Aktivität dem Systemganzen anstelle der Komponenten zuschreiben.

In der Tat haben wir oben im Abschnitt über funktionale Erklärung ein Beispiel kennen gelernt, nämlich die Epigenetik. Sie erklärt, warum der Genotyp den Phänotyp nicht determiniert, wie der Fall der geklonten, genetisch miteinander und mit der Katzenmutter identischen Katzenbabies mit verschieden gefärbtem Fell zeigte. Die epigenetischen Mechanismen der Gen-Expression und -Unterdrückung haben *top-down*-Richtung und greifen in die *bottom-up*-Mechanismen der Zell- und Molekularbiologie ein. Auf irgendeiner Organisationsstufe zwischen dem Phänomen der Fellfärbung und den genetischen Mechanismen sind kausale Komponenten am Werk, die nach unten auf die Gene einwirken – und damit zugleich nach oben auf die Fellfärbung (Abb. 6.6). Dabei spielt der Zufall eine entscheidende Rolle, d. h. der Mechanismus beruht auf probabilistischen Erklärungen.[52]

Der *top-down*-Mechanismus erinnert an Kants Definition eines Organismus oder „Naturzwecks", nach der das Ganze ebenso auf die Teile zurückwirkt wie die Teile umgekehrt aufeinander und auf das Ganze: durchgehende Organisation, die in *beide* Richtungen wirkt. Kant

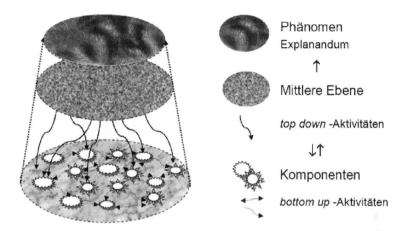

Phänomen
Explanandum

↑

Mittlere Ebene

top down -Aktivitäten

↓↑

Komponenten

bottom up -Aktivitäten

Abb. 6.6 *Top-down*-Mechanismus, der auf einen *bottom-up*-Mechanismus einwirkt

dachte dabei an teleologische bzw. funktionale Erklärungen, die den Aufbau eines Organismus und den Bau der Organe *so* erklärt, *als ob* dies jemand nach einem Plan entworfen hätte. Wir haben schon gesehen, dass in wissenschaftlichen Erklärungen kein Platz für diese Sicht der Beziehung zwischen den Teilen und dem Ganzen ist, auch wenn die Biologie auf funktionale Erklärungen angewiesen bleibt. Wissenschaftliche Erklärungen zielen darauf, die letzteren durch Gesetze oder *bottom-up*-Mechanismen zu eliminieren, die in der umgekehrten Richtung wirken – notfalls mit Brückenprinzipien, Brückenbegriffen und Analogien.

Wie ist unser Beispiel eines *top-down*-Mechanismus also wissenschaftstheoretisch zu deuten? Und: Ließe es sich auch auf mentale Ursachen übertragen, die auf die physischen Phänomene durchschlagen? Was sagen die Wissenschaftsphilosophen dazu, die sich mit dem Thema befassen? Die Herausgeber der Aufsatzsammlung *Downward Causation*[53] schlagen drei Konzepte der *top-down*-Verursachung vor:

1. „Starke" *top-down*-Verursachung: Tiefere und höhere Ebene sind ontologisch verschieden, doch die höhere Ebene wirkt auf tieferstufige Gesetze ein, ohne dass klar wäre, wie. Dies läuft auf

einen Cartesischen Dualismus hinaus. Unklar ist dabei auch, in welchem Sinn noch von „höher" und „tiefer" die Rede ist (inwiefern ist Geist „höher" als Materie?); denn diese Rede setzt ein Komponentenmodell voraus, nach dem die höhere Ebene irgendwelche Bestandteile auf der tieferen Ebene hat. Dieses Konzept genügt also nicht den Standards einer klaren wissenschaftlichen Erklärung.

2. „Mittlere" *top-down*-Verursachung: Tiefere und höhere Ebene sind ontologisch verschieden, doch die höhere Ebene wirkt nicht auf die tieferstufigen Gesetze ein, sondern nur auf deren Anfangs- oder Randbedingungen. Auch hier ist unklar, was dabei „höher" und „tiefer" heißen soll, wenn kein Komponentenmodell mit partieller ontologischer Reduzierbarkeit vorausgesetzt sein soll. In einem Komponentenmodell ließe sich dieser Fall so verstehen, dass das Systemganze die Anfangsbedingungen für die Dynamik von Systembestandteilen festlegt, etwa das Universum insgesamt beim *big bang* den unwahrscheinlichen Zustand niedriger Entropie, mit dem die kinetische Theorie der Wärme den Entropieanstieg in geschlossenen Teilsystemen des Universums korrekt erklärt. Wie das Systemganze die Anwendungsbedingungen für die Gesetze festlegen kann, denen seine Komponenten gehorchen, bleibt aber auch unklar – es sei denn im Rahmen einer Theorie, die *nur eine einzige Lösung* hat. Das ist aber mit Anfangs- oder Randbedingungen nicht gerade gemeint. Hier scheint „*downward causation*" als Zauberwort zu dienen, das eine Erklärungslücke kaschiert.

3. „Schwache" *top-down*-Verursachung: Die höhere Ebene ist ontologisch auf die Komponenten der tieferen reduzierbar, doch das System ist so komplex, dass sich seine Struktur nicht vollständig von der tieferen Ebene her erklären lässt. Hierher gehören alle komplexen Systeme der Physik oder Chemie – also Systeme mit Phasenübergängen, thermodynamische Systeme jenseits des Gleichgewichts, die sich zu einem Attraktor hin entwickeln, usw. Und hierher gehören offenbar auch die epigenetischen Mechanismen der Gen-Expression. Das Systemverhalten kann dabei indeterministisch sein oder dem deterministischen Chaos entsprechen. Diese Version von *downward causation* läuft auf schwache Emergenz hinaus.[54]

Offenbar führt es nur zu wissenschaftlichen *top-down*-Erklärungen, wenn wir uns weder auf die starke noch auf die mittlere Variante dieses Konzepts versteifen, also den ontologischen Dualismus ebenso hinter uns lassen wie die deterministischen Gesetze der Physik mit ihrer Unterscheidung von Zustandsdynamik und Anfangs- bzw. Randbedingungen. Nur die schwache Variante ist wissenschaftlich brauchbar. Dass sie ein Komponentenmodell voraussetzt, könnte sich allerdings als Stolperstein dafür erweisen, mentale Wirkungen auf physische Phänomene mit ihr zu erklären.

MYTHOS DETERMINISMUS

Damit komme ich zurück zum viel beschworenen neuronalen Determinismus. Seine Vertreter behaupten, dass die neuronalen Aktivitäten des Gehirns unsere mentalen Leistungen vollständig determinieren, weil alles, was wir bewusst erleben, durch das physische Gehirngeschehen verursacht ist. Zu Beginn des Kapitels hatte ich betont, dass diese These dem Kausalbegriff eine große metaphysische Bürde auflädt. Wir haben inzwischen gesehen, dass die Kausalität ein *vorwissenschaftliches* Konzept ist, das weder in der Philosophie noch in der Physik eindeutig präzisiert werden kann. *Es gibt keinen klaren Kausalbegriff,* sondern höchstens klare wissenschaftliche Erklärungen, die rekonstruieren, wie ein natürliches Phänomen oder System ein anderes hervorbringt; oder nach welchen Gesetzen ein Prozess verläuft, bei dem bestimmte Ereignisse regelmäßig bestimmte andere Ereignisse nach sich ziehen.

Insbesondere haben wir gesehen: Die Philosophie macht den Naturwissenschaftlern drei Angebote, von denen jedes seine Bedeutung für die Naturwissenschaften hat – von denen aber kein einziges den neuronalen Determinismus stützt.

1. *Kants Kausalprinzip* fordert, die Ursachen gegebener Wirkungen zu suchen; es ist keine Tatsachenbehauptung über die Natur, sondern eine Verfahrensregel.
2. Die empiristische *Regularitätstheorie* rät zur kausalen Analyse notwendiger und hinreichender Bedingungen, wenn die Gesetzmäßigkeiten komplexer Vorgänge unbekannt sind.

3. Die *interventionistische* Kausalität erfasst bestimmte Aspekte von Experimenten, wenn sie die Ursache gegebener Wirkungen in unseren Handlungen sieht.

Im übrigen verweisen die Philosophen (4.) auf die Gesetze der Physik. Doch diese präzisieren das intuitive Vorverständnis der Kausalität nicht eindeutig. Das Verhältnis von Ursache und Wirkung wird ja üblicherweise *deterministisch und zeitsymmetrisch* verstanden. Nach der klassischen Mechanik, Elektrodynamik oder Relativitätstheorie sind die Naturprozesse *vollständig determiniert,* könnten im Prinzip aber auch zeitlich umgekehrt ablaufen.[55] Nach der Thermodynamik und der Quantentheorie dagegen verlaufen Naturprozesse auf der Ebene der Einzelereignisse *zeitlich gerichtet, aber nicht deterministisch.* Nur das statistische Kollektiv verhält sich deterministisch *und* zeitlich zugleich. Dabei bleibt die Beziehung zwischen Einzelereignissen akausal.

Der physikalische Prozess, der unserem intuitiven Vorverständnis eines kausalen Vorgangs am nächsten kommt, ist die Übertragung eines Signals. Sie unterliegt der Bedingung der Einstein-Kausalität, nach der es keine Signale gibt, die schneller als das Licht übertragen werden, und sie ist mit der Übertragung von Erhaltungsgrößen wie der Energie auf den Detektor oder Signalempfänger verbunden. Nach der Elektrodynamik und der Speziellen Relativitätstheorie sollte die Signalübertragung eigentlich reversibel sein, doch faktisch ist sie es nicht. Die Übertragung von Energie ist ein irreversibler thermodynamischer Prozess, bei dem die Entropie steigt. Dieser irreversible Vorgang hat letztlich *indeterministische* Grundlagen, da sich die Thermodynamik letztlich nicht auf klassische Naturvorgänge reduzieren lässt und der Signalempfang letztlich in der Messung von Energiequanten beruht.

Die wissenschaftstheoretische Analyse kausaler Erklärungen hilft hier auch nicht weiter. Die Standard-Typen wissenschaftlicher Erklärungen erben die Probleme der physikalischen Gesetze, nach denen die Wissenschaftstheoretiker sie geschneidert haben. Das deduktiv-nomologische Modell erbt die „Zeitlosigkeit" der strikten, deterministischen Gesetze und packt den Zeitpfeil in unabhängige Prämissen, die passende Anfangsbedingungen konstatieren. Die probabilistische

Erklärung erbt die Akausalität der Einzelereignisse. Die kausale Analyse der Empiristen erlaubt es zwar, das Zustandekommen von Einzelereignissen zu rekonstruieren, jedoch unter Verzicht auf die Suche nach den zugrunde liegenden Naturgesetzen.

Die mechanistischen Erklärungen der Physik, Chemie oder Biologie, mit denen sich die „orthodoxe" Wissenschaftstheorie bisher wenig befasst hat, fangen das intuitive Vorverständnis kausaler Vorgänge besser ein. Von den „Mechanismen" der Natur zu reden orientiert sich dabei an der Technik. Ein Mechanismus ist eine natürliche Maschine mit Komponenten, die so arbeiten, dass ihr Zusammenspiel das zu erklärende Phänomen *bottom-up* hervorbringt. Schon die Dampfmaschine war dabei allerdings kein Mechanismus im Sinne der klassischen Mechanik, sondern ein Gerät, das mit beschränktem Wirkungsgrad arbeitet und dem Entropiesatz gehorcht.

Dasselbe gilt nach den mechanistischen Erklärungen der Neurowissenschaft für die Neurone im Gehirn: Sie sind Maschinen mit beschränktem Wirkungsgrad, die dem Entropiesatz gehorchen. Als biologische Systeme arbeiten sie jedoch anders als die Dampfmaschine *fern* vom thermodynamischen Gleichgewicht. Ihre Entwicklung dürfte immer wieder Verzweigungspunkte durchlaufen und *indeterministisch* sein.

Die mechanistische Erklärung des neuronalen Geschehens, die entscheidend für den integrativen (Multi-Level-) Ansatz der kognitiven Neurowissenschaft ist, beruht auf der Theorie der neuronalen Netze. Ihr liegt die Analogie zwischen natürlichen und künstlichen neuronalen Netzen zugrunde, deren Basis ein Schaltkreis-Modell *à la* Hodgkin und Huxley ist und nach der die Vernetzung der Neurone einem parallel arbeitenden Computer gleicht (Abb. 6.4). Diese Analogie ist heuristisch extrem fruchtbar, erklärt für sich genommen jedoch keine kognitiven Leistungen des Gehirns bzw. unseres Bewusstseins. Der entscheidende kausale „Aufstieg" dorthin wird erst durch die zusätzliche semantische Analogie erreicht, die von der Analogie zwischen Gehirn und Computer zur Informationsverarbeitungs-Analogie führt (Abb. 6.5).

Nach dieser Analogie sind die kognitiven Leistungen von Menschen und Tieren die Rechenprodukte von Maschinen, die Information verarbeiten. Dabei fungiert der *Informationsbegriff* als Brückenbegriff. Er schließt die kausale Lücke zwischen dem neuronalen Geschehen und kognitiven Leistungen wie Wahrnehmung, Lernen oder Erinnerung, oder: zwischen dem Gehirn und dem Bewusstsein, *per analogiam*. Die *bottom-up*-Erklärung kognitiver Leistungen beruht auf der Annahme, dass das Gehirn seine kognitiven Funktionen so zustande bringt wie ein parallel vernetzter Computer, nämlich als Ergebnis der Informationsverarbeitung. Diese Erklärung erweckt nur den *Anschein* eines kausalen Mechanismus, um eine echte mechanistische Erklärung handelt es sich *nicht*. Wie Sie es auch drehen und wenden: Das ist nicht mehr als ein Analogieschluss. Wer dies vergisst, schlägt sorglos den Weg zum Computer-Modell des Geistes ein. Dass wir Gründe abwägen, um uns zwischen Handlungsalternativen zu entscheiden, wird dann zum informationstheoretischen Optimierungsproblem.

Was im Gehirn die kausalen Komponenten des „neuronalen Mechanismus" der Informationsverarbeitung sind, ist unklar. Das Gehirn weist Neuroplastizität auf, die Neurone sind hochgradig vernetzt, und die Zuordnung von kognitiven Funktionen zu Gehirnarealen gilt zunehmend als unrealistische Idealisierung. Wenn die Modul-Theorie der Gehirnareale falsch ist und das Gehirn schon wegen seiner Architektur *nicht wirklich* so arbeitet wie ein Computer, bricht die Analogie schon auf der Ebene der neuronalen Netze zusammen. Der schöne „semantische Aufstieg" vom neuronalen Geschehen zu den mentalen Phänomenen, kognitiven Leistungen und Plänen, die wir erleben, zustande bringen und entwerfen, bleibt erst recht heuristisch.

Der integrative Ansatz der kognitiven Neurowissenschaft, der auf die einheitliche Betrachtungsweise von neuronalem Geschehen und mentalen Phänomenen zielt, hängt also vom *schwächsten* Typus wissenschaftlicher Erklärungen ab, den man sich nur denken kann, nämlich von Analogieschlüssen. Zu den Analogien kommen andere Befunde wie die Geschichten vom defekten Gehirn, die durch kausale Analyse vom Gehirn auf den Geist und vom Geist auf das Gehirn schließen. Wolf Singer führt die neuropathologischen Fälle sogar als entscheidendes Argument an, um die kausale Beziehung zwischen neuronalen Aktivitätsmustern und Aufmerksamkeitsprozessen zu beweisen.[56] Doch die

Bedingungsgefüge, die sich aus dieser Art von Befunden gewinnen lassen, sind auch ein recht schwacher Typ von Erklärung. Sie lassen die kausalen Mechanismen, die vom Gehirn zum Geist führen, ebenfalls im Dunkeln.

Um den beliebten Vergleich zwischen den Anfängen der neuzeitlichen Physik und der Hirnforschung zu bemühen: Die gegenwärtige kognitive Neurowissenschaft befindet sich auf dem Stand des Atomismus zu Newtons Zeit. Newton schloss per Analogie von der Welt im Großen auf die Welt im Kleinen, von makroskopischen Phänomenen auf Atome der Materie und des Lichts, nach dem Motto:[57]

> „*So ist sich die Natur immer gleich und einfach [in ihren Mitteln]* . . . .“

Newton formulierte seine Atomhypothese im Anhang der *Optik* vorsichtig in Form von Fragen. Heutige Hirnforscher schließen per Analogie vom Gehirn auf den Computer und vom Computer auf die kognitiven Leistungen des Gehirns. Ihre prominentesten Vertreter formulieren ihre kausalen Hypothesen aber *nicht* vorsichtig in Frageform, sondern in Form von starken reduktionistischen und deterministischen Thesen. Schon Newtons Analogieschlüsse waren trügerisch. Newton hat letzten Endes mit seinem Atomismus Recht behalten – allerdings in einer Weise, die alle klassischen Vorstellungen über Materie und Licht über den Haufen warf und den Determinismus zu Fall brachte. *Warum um Himmels willen* glauben die neuronalen Deterministen von heute, es solle ihnen mit der Erklärung des Bewusstseins besser ergehen?

Ein neuronaler Determinismus ist schon auf der *neuronalen* Ebene unhaltbar. Seine Vertreter heben gern hervor, dass Quanteneffekte im Gehirn keine Rolle spielen, da Neurone im Vergleich zu Atomen und Molekülen *groß* sind: sie sind *makroskopisch* und verhalten sich *klassisch*. Daraus schließen die neuronalen Deterministen dann, dem neuronalen Geschehen liege deterministisches Chaos zugrunde. Doch warum vergessen sie die *Thermodynamik*? Jedes biologische System bewerkstelligt seinen Energieumsatz, Stoffwechsel und seine Organisation *fern* vom thermodynamischen Gleichgewicht, in irreversiblen, unvollständig determinierten Prozessen, die in steter Wechselwirkung mit ihrer Umgebung bestimmte Strukturen hervorbringen. Und auch die Evolutionstheorie beruft sich in *ihren* mechanistischen Erklärungen wesentlich auf Prozesse der Mutation, die *stochastisch* sind.

Auch dass Quanteneffekte im neuronalen Geschehen keine Rolle spielen, weil das Gehirn ja ein makroskopisches System darstellt, ist nur *einerseits* unbestritten. Doch *andererseits* sind hierzu Einwände denkbar. Es gibt makroskopische Quanteneffekte wie die Supraleitung oder das Bose-Einstein-Kondensat. Es gibt nicht-lokale Korrelationen bei „verschränkten" Teilchenpaaren, die über Entfernungen von vielen Kilometern nachgewiesen sind. Und es gibt thermodynamische Paradoxien der *klassischen* kinetischen Theorie, die nur mit einer *Quanten*statistik aufgelöst werden können: etwa das Gibbs'sche Paradoxon, nach dem bei der Mischung eines Gases mit einem Gas desselben Typs die Entropie steigen sollte, was absurd wäre.[58]

Beim „semantischen Aufstieg" vom neuronalen Geschehen zur kausalen Erklärung kognitiver Leistungen nach der Computer-Analogie wird die Rede vom neuronalen Determinismus noch viel diffuser. Kann jemand auf dieser Grundlage ernstlich der Auffassung sein, kognitive Prozesse und mentale Phänomene seien strikt durch das neuronale Geschehen *determiniert* – in einem stärkeren Sinne als dem der Millschen Regularitätsauffassung der Kausalität? Der Algorithmus eines künstlichen neuronalen Netzes arbeitet stochastisch, und er simuliert die echten neuronalen Netze gerade in *diesem* Aspekt ziemlich realistisch. Erinnern Sie sich an dieser Stelle bitte daran, dass die Synapsen die Neurotransmitter nur mit einem Wirkungsgrad von 10–20 Prozent ausschütten; was bei der Programmierung der künstlichen neuronalen Netze durch statistische Gewichte berücksichtigt wird. Die neuronalen Mechanismen funktionieren dabei *nicht* deterministisch, sondern ihr Ergebnis steht nur innerhalb bestimmter Fehlertoleranzen fest. In welchem Sinn bitteschön sollte ein stochastisch arbeitendes neuronales Netz, welches die Hirnforscher *per Analogie* für kognitive Leistungen verantwortlich machen, diese Leistungen *vollständig determinieren*?

Um so merkwürdiger ist es, dass der neuronale Determinismus nach wie vor so hohe Konjunktur hat. Ich kann mir dies nur so erklären, dass es die Neurodeterministen mit ihrem Sprachgebrauch nicht sehr genau nehmen und die *weichen* mechanistischen Erklärungen der Neurowissenschaft mit einer *vollständigen Determination* im Sinne der klassischen Mechanik verwechseln. Das mechanistische Denken der Neuzeit nahm von Hobbes bis Laplace und darüber hinaus eherne, vollständig berechenbare Mechanismen an, denen der gesamte Naturlauf unterworfen ist. Und die Vorstellung, das Gehirn sei eine Rechenmaschine, hat ebenfalls erstaunlich weit getragen – bis hin zur Theorie der neuronalen Netze und ihrer enormen Fruchtbarkeit für Hirnforschung *und* Computerwissenschaft. Doch dies war und ist nur *Heuristik*.

Die kausalen Erklärungen der kognitiven Neurowissenschaft liefern *keine* ehernen, unausweichlichen Mechanismen. Sie bieten: ein dichtes Gespinst von kausalen Bedingungen, die aus der Neuropathologie stammen; schöne bunte Bilder von Hirnscans, die teils nach Reiz-Reaktions-Experimenten, teils nach Auskunft der gescannten „Gehirne" bzw. Personen mit kognitiven Leistungen und mentalen Phänomenen korreliert werden; neuronale Mechanismen mit stochastischen Grundlagen; das hochgradig idealisierte Computer-Modell eines extrem komplexen Geschehens; und den Analogieschluss vom Rechenprozess im Computer auf die kognitiven Leistungen des Gehirns, der auf dem Zauberwort „Information" beruht.

Bei alledem handelt es sich aber *nicht* um strikte wissenschaftliche Erklärungen mit mathematischer Präzision, sondern nur um ein lose gestricktes Muster *partieller* Erklärungen, das durch Brückenbegriffe, Analogien und riesengroßes Vertrauen in das Kausalprinzip zusammengehalten wird. Dieses Vertrauen in das Kausalprinzip kommt aber *ohne* einen klaren, eindeutigen Begriff der Kausalität daher. Das Buch *Explaining the Brain* von Carl F. Craver hat nicht zufällig den Untertitel *mechanisms and the mosaic unity of neuroscience*. Die Erklärungsleistungen der kognitiven Neurowissenschaft bilden ein lose verfugtes Mosaik von kausalen Bedingungen, stochastischen Mechanismen und Analogien mit begrenzter Tragfähigkeit.

Wir sind an dem Punkt, wo wir einsehen sollten: Das unvorstellbar komplexe neuronale Geschehen in unserem Kopf ist nicht berechenbar; und wir haben keine zwingenden Gründe anzunehmen, dass es uns vollständig determiniert. Wir sollten uns endlich vom Mythos des Determinismus verabschieden, der – frei nach Bertrand Russell – das Relikt eines vergangenen Zeitalters ist, *the relic of a bygone age.*[59]

WIEVIEL ERKLÄRT UNS DIE HIRNFORSCHUNG?

NOCH EINMAL: *TOP-DOWN* UND *BOTTOM-UP*

Bitte erinnern Sie sich nun wieder an das analytisch-synthetische Methodenarsenal der Physik, das ich Ihnen im 2. Kapitel vorgestellt habe. Physiker, Chemiker, Biologen oder Hirnforscher gehen immer in zwei Richtungen vor: analytisch oder *top-down* – vom Ganzen zu den Teilen, von den Wirkungen zu den Ursachen; und umgekehrt synthetisch oder *bottom-up* – von den Teilen zum Ganzen, von den Ursachen zu den Wirkungen. Die naturwissenschaftliche Forschung zielt darauf, das Ganze möglichst vollständig aus den Teilen zu erklären und die Wirkungen möglichst lückenlos aus den Ursachen. Der *top-down*-Ansatz soll den Schluss auf die beste Erklärung der Phänomene ermöglichen, während der *bottom-up*-Ansatz umgekehrt zeigen soll, ob die Erklärung gut funktioniert – ob sie die Ausgangsphänomene erklärt *und* darüber hinaus *neue* Phänomene vorhersagt.

In der Hirnforschung geht das Vorgehen *top-down* vom Gehirn zu den Neuronen, aus denen es besteht; von mentalen Ausfällen zu Hirnschädigungen als ihrer physischen Ursache; von der elektrischen Hirnaktivität, die bildgebende Verfahren sichtbar machen, zu ihrer elektrochemischen Grundlage, der Signalübermittlung durch chemische Botenstoffe; von physischen oder mentalen Reaktionen zu den physischen Reizen. Das Vorgehen *bottom-up* verfolgt die umgekehrte

B. Falkenburg, *Mythos Determinismus*, DOI 10.1007/978-3-642-25098-9_7,
© Springer-Verlag Berlin Heidelberg 2012

Richtung: Es löst physische Reize aus und untersucht die physischen oder mentalen Reaktionen; und es will letztlich den Geist vom Gehirn her verstehen. Es zielt darauf, mentale oder physische neuropathologische Symptome von der neuronalen Gehirnaktivität her zu erklären, um Epilepsie, Parkinson oder Depression durch Gehirnoperationen oder Medikamente zu lindern und die Folgen von Schlaganfällen zu behandeln. Und es erklärt, welche neuronalen Aktivitäten kognitiven Leistungen wie Lernen, Erinnerung oder Mustererkennung zugrunde liegen. Das anspruchsvollste Ziel des *bottom-up*-Ansatzes besteht darin zu erklären, wie die hochgradig vernetzten Neurone im Kortex Bewusstsein und Selbstbewusstsein hervorbringen.

Wie schon bei Galilei oder Newton haben beide Stoßrichtungen der Erklärung hier zugleich *mereologische* und *kausale* Bedeutung. Die Hirnforscher untersuchen, aus welchen Teilen sich das Gehirn im Ganzen aufbaut (mereologische Bedeutung) und auf welche Ursachen seine mentalen Leistungen zurückgehen (kausale Bedeutung).

Das *top-down*-Vorgehen geht vom Gehirn aus und zerlegt es anatomisch in seine Teile, bis hinab zu den Neuronen, Axonen, Dendriten und Synapsen sowie ihrem zellbiologischen und biochemischen Aufbau. Es geht von den kognitiven Funktionen oder Dysfunktionen aus und sucht nach deren physischen Ursachen im Gehirn. Es unterwirft die Signalübertragung in den Nerven der experimentellen Analyse, etwa durch die Messung von Aktionspotentialen; und es benutzt bildgebende Verfahren, um ins Gehirn hineinzusehen. Umgekehrt zielt das Vorgehen *bottom-up* darauf, die kognitiven Leistungen des Gehirns durch tieferstufige und höherstufige neuronale Mechanismen zu erklären. Für mechanistische Erklärungen ist es typisch, kausale *und* mereologische Aspekte miteinander zu verbinden (vgl. 6. Kapitel): Sie erklären ein Ganzes vom Zusammenwirken seiner Teile her.

Der Vergleich mit der Physik ist hier wieder nützlich. Werner Heisenberg hat sein Buch über den Weg zum Verständnis der Quantenprozesse nicht zufällig *Die Teile und das Ganze* genannt.[1] Seit Newtons Regeln des Philosophierens hängen die mereologischen und kausalen Aspekte physikalischer Erklärungen eng zusammen; die Suche nach den Ursachen der Phänomene (erste und zweite Regel) geht einher mit dem Schluss von Körpern auf ihre mikroskopischen Bestandteile (dritte Regel).[2]

Die Quantenphysik sieht die Ursachen der Phänomene heute in den Kräften, die zwischen subatomaren Teilchen bzw. Feldern wirken. Die Experimente und Modelle der Atom-, Kern- und Teilchenphysik zeigen auf verschiedenen Ebenen, wie ein Ganzes und dessen Eigenschaften aus den Wechselwirkungen seiner Komponenten zustande kommen: das Atom aus der Wechselwirkung der Elektronen miteinander und mit dem Atomkern; der Atomkern aus der Wechselwirkung von Protonen und Neutronen; die Protonen und Neutronen aus den Wechselwirkungen der Quarks mit Gluonen, dem Quanten-„Klebstoff" der Kernkraft. Auf allen Ebenen erklärt jeweils eine andere Theorie – oder: ein anderer physikalischer Mechanismus –, durch welche Kräfte die Teile zusammenwirken und welche Auswirkungen dies auf die Eigenschaften des Ganzen hat.

Das Ganze wird dabei immer *zugleich* mereologisch und kausal aus seinen Teilen erklärt, durch Mechanismen, die auf einer immer kleineren Größenskala angesiedelt sind. Die Quanten-Kräfte zwischen den Elektronen und dem Atomkern verursachen die physikalischen Eigenschaften des Atoms als Vielteilchen-System. Die Kernphysik erklärt die Eigenschaften der Atomkerne aus den Protonen und Neutronen und ihren Wechselwirkungen; die Teilchenphysik erklärt die Eigenschaften der Protonen und Neutronen aus den Quarks und ihrer Dynamik.

Diese Erklärungen listen *top-down* die Bestandteile und Wechselwirkungen immer kleinerer subatomarer Teilchen auf, die quantentheoretisch beschrieben werden. Umgekehrt erklären die physikalischen Eigenschaften der Atome *bottom-up* die Eigenschaften chemischer Verbindungen – und damit auch die der biochemischen Neurotransmitter, die in den Erklärungen der Hirnforschung eine große Rolle spielen.

Besser gesagt: Die physikalischen Eigenschaften der subatomaren Teilchen *sollten* die physikalischen Eigenschaften der Atome erklären, und diese wiederum *sollten* letztlich die Eigenschaften chemischer Verbindungen und die der biochemischen Neurotransmitter erklären. Doch es gibt Erklärungslücken – und sie klaffen um so krasser, je weiter es von der Teilchenphysik über die Kern- und Atomphysik, die physikalische Chemie und die Biochemie in die Biologie hinaufgeht. Das *bottom-up*-Vorgehen ist schon in der Physik lückenhafter als das *top-down*-Vorgehen, doch hier funktionieren die Konstituentenmodelle noch ganz gut. In der Hirnforschung ist die Lücke zwischen der untersten Erklärungsinstanz, den neuronalen Aktivitäten, und dem obersten Erklärungsziel, den kognitiven Leistungen unseres Bewusstseins, viel krasser. Lassen wir also die Erklärungsleistungen und -lücken der Hirnforschung noch einmal Revue passieren – und vergleichen wir sie mit denjenigen der Physik.

Das Besondere an der Hirnforschung ist, dass es *zwei* Ganzheiten gibt, das *Gehirn* und den *Geist*. Entsprechend gibt es auch *zwei* Arten von Teilen – Gehirnareale und Neurone auf der physischen Seite, kognitive Leistungen und ihre Komponenten, die sich in Ausfallerscheinungen zeigen, auf der mentalen Seite. Nicht-Reduktionisten, die keine Dualisten sind, weisen darauf hin, dass beide Ganzheiten und ihre Teile jeweils nur verschiedene Aspekte ein-und-derselben übergeordneten Ganzheit sind, der Person.[3] Der reduktionistische Ansatz der kognitiven Neurowissenschaft zielt darauf, die zweite Ganzheit und ihre Teile jeweils auf die ersteren zurückzuführen.

Auf der *physischen* Seite erforschen die Hirnforscher die Anatomie des Gehirns und das Zusammenwirken seiner Komponenten: Gehirnareale; Schichten und Säulen von Nervenzellen; einzelne Neurone mit ihren Verzweigungen; Zellkörper, Dendriten, Axone und Synapsen mit ihren elektrochemischen Prozessen; und schließlich die verschiedenen Neurotransmitter mit ihren biochemischen Funktionen und Wirkmechanismen. Auf der *mentalen* Seite studieren sie kognitive Funktionen und Ausfälle; zugleich erforschen sie deren *physische* Korrelate mit Reiz-Reaktions-Experimenten und bildgebenden Verfahren. Dies alles geschieht im Rahmen des *top-down*-Vorgehens der kognitiven Neurowissenschaft, dessen Facetten ich Ihnen im 3. und 4. Kapitel vorgestellt habe (Abb. 7.1).

Bei den *top-down*- oder *bottom-up*-Übergängen zwischen Gehirn und Geist können die Hirnforscher die physischen Korrelate mentaler Phänomene aber nicht sinnvoll als *Teile* der kognitiven Funktionen

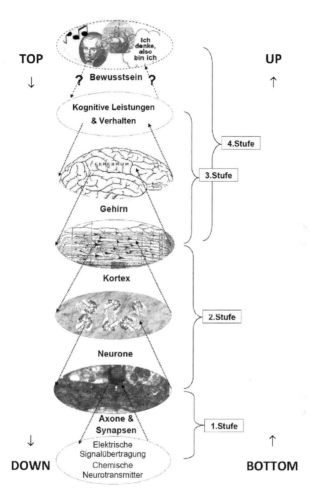

Abb. 7.1 *Top-down*-Analyse und *bottom-up*-Erklärung in der kognitiven Neuro-wissenschaft. (Rechts: 4 Stufen neuronaler Mechanismen; vgl. Tabelle 7.B2 und Abb. 6.4–6.5)

und Dysfunktionen des Gehirns betrachten. Stattdessen konzentriert sich die kognitive Neurowissenschaft auf die *kausalen* Beziehungen zwischen Gehirn und Geist, zwischen neuronalen Ursachen und deren mentalen Wirkungen. An der „Nahtstelle" zwischen Geist und Gehirn ist deshalb in *top-down*-Richtung die *kausale Analyse* von neuropathologischen Krankheitsfällen und Reiz-Reaktions-Experimenten entscheidend. Die *bottom-up*-Erklärung des Geistes aus dem Gehirn wiederum beansprucht einen vagen Kausalbegriff mit all seinen Problemen, und darüber hinaus mechanistische Erklärungen, das Zauberwort „Information" als Brückenbegriff sowie die Analogie zwischen Gehirn und Computer (vgl. 6. Kapitel).

Werfen wir nun noch einmal einen Blick auf das Schema zum *top-down*-Vorgehen und zur *bottom-up*-Erklärung vom Ende des 2. Kapitels. Die Auflistung war dort sehr schematisch. Nach dem Durchgang durch die Disziplinen, Methoden und Befunde, Experimente und mechanistischen Erklärungen der Hirnforschung kann ich sie Ihnen jetzt konkretisieren. Die Befunde und Experimente des 3. und 4. Kapitels gehören zum Vorgehen *top-down*; sie führen von Gehirn und Geist zu den Komponenten und Ursachen der Phänomene. Die Ansätze zur Erklärung des Bewusstseins, die das 5. Kapitel am Zeitbewusstsein konkretisiert hat, und die neuronalen Mechanismen, die ich im 6. Kapitel behandelt habe, verfolgen umgekehrt den Weg, der *bottom-up* vom neuronalen Geschehen zu den kognitiven Leistungen des Gehirns führen soll, bis hin zum Bewusstsein und Selbstbewusstsein.

ERKLÄRUNGSLEISTUNGEN, ERKLÄRUNGSLÜCKEN

Die Liste der *top-down*-Verfahren hat sich inzwischen ganz schön gefüllt (Tabellen 7.A1-2). Die Hirnforschung lässt keinen einzigen Punkt aus dem Verzeichnis des *analytischen* oder *resolutiven* Methodenarsenals der neuzeitlichen Physik leer. Die Auflistung ist natürlich weit davon entfernt vollständig zu sein. Sie enthält nur die paradigmatischen Methoden und Befunde der Hirnforschung, die ich besprochen habe. (Da ich Sie mit Details zu chemischen oder molekularbiologischen Methoden verschont habe, bleibt dieser Punkt leer.) Das Schema gibt die Einteilung wieder, die sich schon an Newtons methodologischen Regeln ausmachen ließ – nämlich die Zerlegung in die Komponenten eines gegebenen Ganzen (mereologische Analyse: A1) und die Suche nach den Ursachen gegebener Wirkungen (kausale Analyse: A2). Soweit beide

Tab. 7.A1 Mereologische *top-down*-Verfahren der Neurowissenschaft

(A1) Mereologische *top-down*-Verfahren der Neurowissenschaft:
Zerlegung des Gehirns und seiner Funktionen in Komponenten

(i) anatomische Sezierverfahren:
Neuroanatomie: Aufbau des Gehirns
- Großhirn, Kleinhirn etc.
- „weiße" und „graue" (sprich: *rosa*) Substanz
- Gehirnhälften und Balken (*corpus callosum*)
- Areale der Großhirnrinde (*Kortex*)
- sichtbare Schädigung bestimmter Areale

(ii) Beobachtung mikroskopischer Strukturen mit Instrumenten:
Neuroanatomie: Präparation und Mikroskopie von Gehirnschnitten
- Schichten und Säulen von Nervenzellen
- einzelne Neurone
- Zellkörper, Axone, Dendriten, Synapsen

(iii) experimentelle Analyse:
Neurophysiologie: Aufbau und Vernetzung des Nervensystems
- elektrische Signalübertragung durch Nerven
- Messung der Gehirnströme (Aktionspotential; Bereitschaftspotential)
- Wirkung von Hirnläsionen auf Tiere
- Reaktionen auf elektrische Kortex-Stimulation
- Lokalisation neuronaler Aktivitäten durch bildgebende Verfahren
Neuropharmakologie: Funktion chemischer Substanzen
- Wirkung von Nebennieren-Extrakten etc. auf Tiere
- Nachweis der chemischen Neurotransmitter mit Froschherzen

(iv) Verallgemeinerung messbarer Größen auf neue Bereiche:
Psychophysik: Reiz-Reaktions-Experimente
- Messung der Intensität von Sinneseindrücken
- Skalierung der Sinneswahrnehmung (Weber-Fechnersches Gesetz)

(v) chemische und molekularbiologische Analysemethoden
(vgl. Lehrbücher)

Verfahren auf dem Weg zu den mechanistischen Erklärungen schon im *top-down*-Vorgehen miteinander verknüpft sind, überschneiden sich die Einträge.

Punkt (A1.iv) tanzt methodologisch im Vergleich zu den Verfahren aus Tabelle 2.A-B des 2. Kapitels aus der Reihe: Er schlägt die Brücke von den physischen zu den mentalen Phänomenen. Die Physiker wenden Größen wie Länge (Durchmesser) oder Masse, die uns aus

Tab. 7.A2   Kausale *top-down*-Verfahren der Neurowissenschaft

(A2) Kausale *top down*-Verfahren der Neurowissenschaft:
Kausale Analyse des Gehirns und seiner Funktionen

(i) **Untersuchung von notwendigen und hinreichenden Bedingungen**
Neuropathologie: individuelle Krankheits*geschichten*
- kognitive Dysfunktionen (mentale Ausfälle) und ihre Ursachen
Neurophysiologie, Neuropharmakologie: Tierversuche
- elektrische Signalübertragung durch die Nerven
- chemische Signalübertragung an den Synapsen
Psychophysik: Skalierung der Intensität von Sinneswahrnehmungen
- Korrelation von physischen Reizen und mentalen Reaktionen
Neuroanatomie und -physiologie: Bildgebende Verfahren
- Korrelation von physischen Reizen und mentalen Reaktionen

(ii) **kausale Sparsamkeit (keine „verborgenen" Qualitäten)**
- „Bündeltheorie" des Bewusstseins, Kritik am Begriff des „Selbst"

(iii) **Schluss von gleichen Wirkungen auf gleiche Ursachen**
Neuropathologie: Krankheits*fälle*
- Schluss von bestimmten Symptomen auf spezifische Gehirnschäden
- sensorische, motorische und kognitive Funktion bestimmter Gehirnareale
- Neuroplastizität, Heilung von Phantomschmerzen
Neurophysiologie: Reiz-Reaktions-Experimente mit Elektroden
- detaillierte Gehirnkarte (sensorischer & motorischer *Homunculus*)

(iv) **Festhalten an bewährten Hypothesen, die nicht falsifiziert sind:**
- *parallele* Forschungsprogramme zur Signalübertragung an den Synapsen
- Sieg der „chemischen" Hypothese durch Widerlegung des „elektrischen" Modells (Eccles' Messung des Aktionspotentials mit Mikroelektroden)

der Alltagswelt vertraut sind, auf Atome und subatomare Teilchen genauso an wie auf Planeten, Sterne, Galaxien, Galaxiencluster oder das sichtbare Universum. In der Psychophysik hat die Anwendung physikalischer Größen auf die Intensität von Sinneswahrnehmungen einen *anderen* Status. Sie stellt keine Teile-Ganzes-Beziehung zwischen physischen Reizen und Sinneswahrnehmungen her, sondern skaliert die Intensität der letzteren indirekt über die Stärke der Reize, die Sinnesreaktionen auslösen, wobei die Versuchspersonen letztere subjektiv der Stärke nach skalieren. Dabei sind kausale *top-down*-Verfahren (A2.i) mit im Spiel.

Tab. 7.B1 Mereologische *bottom-up*-Verfahren der Neurowissenschaft

(B1) Mereologische *bottom-up*-Verfahren der Neurowissenschaft: **Zusammensetzung des Gehirns und seiner Funktionen aus Komponenten**
(i) Zusammenbau von Einzelteilen (Maschinen)
Neurochirurgie: Reparaturverfahren (Aus- und Einbau von Teilen)
- Entfernung von Hirngewebe (Epilepsie, Hirntumore)
- Hirnschrittmacher (Parkinson)
- Transplantation von neuronalem Gewebe (machbar; ethisch bedenklich)
(ii) experimentelle Überlagerung physikalischer (und chemischer) Effekte:
Neurophysiologie und -pharmakologie: Verstärkung, Dämpfung, künstliche Stimulation
- Manipulation der Hirnströme (Elektroden, Transkranielle Magnetstimulation)
- Einwirkung auf elektrochemische Vorgänge im Gehirn (Medikamente)
- Veränderung der Konzentration von Neurotransmittern (Medikamente)
(iii) chemische und molekularbiologische Syntheseverfahren:
Neuropharmakologie: Synthese biochemischer Komponenten
- Synthese von Neurotransmittern
- Herstellung von Medikamenten

Wie sieht es nun auf der *bottom-up*-Seite aus (Tabellen 7.B1-2)? Ziemlich gut, soweit sich die kausale Analyse in der Hirnforschung auf das Gehirngeschehen richtet, also die physischen Ursachen *physischer* Wirkungen untersucht. Wie das Nervensystem arbeitet und auf welchen elektro- und biochemischen Vorgängen das neuronale Geschehen beruht, ist heute weitgehend aufgeklärt. Die Hirnforscher wissen viel darüber, wie chemische Neurotransmitter die neuronale Aktivität dämpfen oder steigern und wie sie dabei zusammenwirken. Ihr Wissen ist so weit gediehen, dass sie etwa die motorischen Symptome von Krankheiten wie Parkinson oder *Chorea Huntington* (Veitstanz) bekämpfen können. Der Eingriff in die Biochemie des Gehirns heilt die Patienten nicht, aber er kann den Krankheitsverlauf drastisch bremsen. Diese medizinischen Erfolge verdanken sich den Erfolgen der kausalen Analyse nach (A2).

Schwieriger wird es, wo es um die *mentalen* Wirkungen physischer Ursachen geht. Gemüts- und Geisteskrankheiten wie Depression

Tab. 7.B2   Kausale *bottom-up*-Verfahren der Neurowissenschaft

(B2) Kausale *bottom-up*-Verfahren der Neurowissenschaft:
Kausale Erklärung der Gehirnfunktionen

(i) mathematische Ableitung aus einem Naturgesetz (*nicht vorhanden*)
Psychophysik: Beschreibung, keine mechanistische Erklärung
- Weber-Fechnersches Gesetz (quantitativ, aber rein phänomenologisch)
- Hebbsche „Lern"-Regel (qualitativ, aber programmierbar)
Schaltkreismodelle: Ansätze zur mechanistischen Erklärung
- formale Analogie zwischen Neuron und Schaltkreis
- mathematische Beschreibung des Aktionspotentials

(ii) Beschreibung dynamisch gebundener Systeme (*per Analogie*)
„Mechanismen": dynamische Strukturen mit kausalen Komponenten
„Information": Brückenbegriff zur Erklärung kognitiver Leistungen
***neuronale Mechanismen, 1. Stufe:* Signalübertragung**
- elektrische Signalübertragung in den Neuronen (Aktionspotential)
- chemische Signalübertragung an den Synapsen (Neurotransmitter)
***neuronale Mechanismen, 2. Stufe:* Vernetzung**
- Analogie: Signal = Information (Computer-Modell)
- Mechanismus der Vernetzung (Hebbsche „Lern"-Regel)
- Analogie: natürliches neuronales Netz = paralleler Computer
***neuronale Mechanismen, 3. Stufe:* Erklärung kognitiver Leistungen**
- Analogie: kognitive Leistung = Informationsverarbeitung
- quasi-kausale Erklärung (Computer-Modell des Geistes):
  Informationsverarbeitung im neuronalen Netz = Ursache kognitiver
  Leistung
***neuronale Mechanismen, 4. Stufe:* Erklärung des Bewusstseins**
- Bewusstsein = emergentes Phänomen der Vernetzung der Neurone
  (???)

(iii) Computer-Simulation der gesuchten Strukturen
Theorie der neuronalen Netze: erklärt komplexes Verhalten
- *gesetzmäßige* Strukturen mit *stochastischen Grundlagen*
- Selbstorganisation & starke Idealisierungen
- anwendbar für Bau extrem leistungsfähiger Computer
- jedoch *keine* Erklärung mentaler Phänomene

(iv) Angabe notwendiger und hinreichender Bedingungen
Neuropathologie: notwendige Bedingungen mentaler Phänomene
- Dysfunktionen und Hirnschäden: *notwendige* physische Bedingungen
Neurophysiologie: hinreichende Bedingungen mentaler Phänomene
- Reaktionen auf Kortex-Stimulation: *hinreichende* physische
  Bedingungen
Gehirnscans: keine klaren kausalen Schlüsse
- bloße Korrelation von Erleben und neuronalem Geschehen
- Korrelation *uneindeutig* (Neuroplastizität & Multifunktionalität &
  Nichtlokalität)

oder Schizophrenie behandelt man heute ebenfalls neuropharmako-
logisch, doch die Wirkmechanismen und Erfolge sind hier weniger
klar. Als Wissenschaftstheoretikerin vermute ich, dass die Behandlung
auf einem Amalgam von verlässlichen *bottom-up*-Erklärungen und
Herumdoktorerei nach Versuch und Irrtum beruht. Recht nebulös
wird es, wo man das „Zappelphilipp"-oder Aufmerksamkeits-Defizit-
Syndrom (ADS) bei Kindern mit Ritalin behandelt.[4] Besser sieht es dort
aus, wo Ramachandran Phantomschmerzen erklärt und kuriert.[5] Seine
Erklärung beruht auf der empirisch gut gestützten Hypothese, dass sich
der sensomotorische Kortex nach einer Amputation umstrukturiert.
Warum und *wie* dies allerdings dazu führt, dass manche Patienten hef-
tige Schmerzen in einem nicht mehr existierenden Glied erleben (und
andere nicht), ist damit höchstens ansatzweise erklärt. Immerhin führt
der Erklärungsansatz zu der erstaunlich wirksamen Spiegel-Therapie
von Phantom-Schmerzen, die er entwickelt hat.

Doch der Prüfstein für das Vorhaben, mentale Phänomene auf
physische Ursachen zurückzuführen, ist die Erklärung der kognitiven Leistungen. Hier kann der *bottom-up*-Ansatz viele eindrucksvolle
Erfolge verzeichnen – eine Fülle von Einsichten in die neuronalen
Grundlagen von Wahrnehmung, Gedächtnis, Lernen, Aufmerksamkeit, Denken, Sprechen und Handeln.[6] Sie motivierten die Hirnforscher
zum *integrativen* Ansatz der kognitiven Neurowissenschaft, der auf eine
umfassende Wissenschaft von Gehirn *und* Geist zielt.

Bei der Zusammenstellung dieser Erklärungsleistungen übernehme
ich wieder die Einteilungen der Physik (Tabelle 2.A-B aus dem
2. Kapitel). Sie wirken hier aus nahe liegenden Gründen weniger pas-
send als beim *top-down*-Schema. Das Gehirn ist das kognitive Organ
eines lebendigen Organismus. Kein Neuroingenieur kann es *bottom-up*
aus Einzelteilen zusammensetzen. Auch kennt die Neurowissenschaft
keine mathematischen Naturgesetze, aus denen sie die Beschaffenheit
mentaler Phänomene herleiten könnte. Sie verfügt nur über ein Geflecht von tieferstufigen und höherstufigen mechanistischen Erklärungen, die mereologische und kausale Ansätze miteinander kombinieren
(vgl. 6. Kapitel). Diese Erklärungen haben großteils keine deterministischen Grundlagen, auch wenn sie die Ergebnisse von Wahrnehmungs-

oder Lernprozessen z.T. näherungsweise vorhersagen können. Und sie greifen an entscheidender Stelle, nämlich beim Informationsbegriff, auf einen Analogieschluss zurück. Die *bottom-up*-Erklärungsleistungen der Hirnforschung sind also erheblich schwächer als ihr Vorbild, die mechanistischen Erklärungen der Physik.

So eindrucksvoll sie zusammen genommen heute auch sind: Sie knüpfen nur lose kausale Verbindungen vom Gehirn zum Geist, vom neuronalen Geschehen zu den kognitiven Leistungen, und von hochgradig vernetzten Neuronen zum Bewusstsein. Nirgends liegt eine *vollständige* Erklärung vor, die eine mentale Leistung *komplett* von den neuronalen Grundlagen her erklären würde. Überall bleiben beträchtliche Wissens- und Erklärungslücken. Die Hirnforscher selbst betonen, dass beim *bottom-up*-Ansatz die *mittlere Ebene* größerer Verbände von Neuronen und ihrer Aktivität bisher nur wenig verstanden ist.[7] Sie betrachten dies als Problem der *Komplexität*. Doch wie es der Kortex schaffen soll, durch das Feuern von Milliarden komplex vernetzter Neurone Bewusstsein hervorzubringen, weiß niemand.

Sehen wir uns die Erklärungslücken genauer an (vgl. Abb. 7.1 sowie Abb. 6.4–6.5).

Die neuronalen Mechanismen 1.Stufe werden zum Teil deterministisch beschrieben, zum Teil nicht. Die elektrische Signalübertragung in Neuronen gehorcht nach dem Schaltkreis-Modell von Hodgkins und Huxley der klassischen Elektrodynamik. Doch die chemische Signalübertragung ist ein stochastischer Vorgang. Die Freisetzung von Neurotransmittern hat einen geringen Wirkungsgrad von z.T. nur 10–20 Prozent.

Auf der 2. Stufe liefert die Theorie der neuronalen Netze partielle mechanistische Erklärungen dafür, was z. B. beim Lernen passiert. Dabei beruht sie auf starken Idealisierungen. Strikt deterministisch sind die neuronalen Mechanismen dieser Stufe nicht. Die Modellierung künstlicher neuronaler Netze ist ein statistisches Verfahren mit stochastischen Grundlagen; ihre Rechenleistung besteht in der Optimierung von statistischen Gewichten, die dem Wirkungsgrad entsprechen, den die Freisetzung von Neurotransmittern an den Synapsen hat. Ein natürliches neuronales Netz wiederum ist ein komplexes biologisches System fern des thermodynamischen Gleichgewichts, das noch und noch Verzweigungspunkte durchlaufen dürfte, an denen seine Entwicklung in der einen *oder* anderen Weise verlaufen kann.

Wer *trotz allem* am neuronalen Determinismus hängt und dies auch buchstäblich meint, also im Sinne *strikter* Determination, wird sich nun auf die Ignoranz-Deutung der Wahrscheinlichkeit berufen: Wir *wissen* nur nicht, *welche* Mechanismen das Naturgeschehen *letzten Endes* determinieren. Doch der Determinismus hat schlechte Karten; ihn zu retten, hat einen hohen metaphysischen Preis. Der Thermodynamik liegt keine klassische Teilchen-Mechanik zugrunde; diese Annahme kann den Zeitpfeil nicht wirklich erklären und sie führt darüber hinaus zu Paradoxien (siehe 5. und 6. Kapitel). Ihr liegt eine *Quantentheorie* zugrunde, deren Teilchenstatistik und Zeitstruktur bestens mit der Thermodynamik vereinbar sind. Die Annahme, dass alle Quantenprozesse letztlich durch verborgene Parameter determiniert sind oder sich gar auf wohldeterminierte Weise in Myriaden von Parallelwelten verzweigen, ist höchst unplausibel. Angesichts der relativistischen Quantenfeldtheorie ist es eine enorm aufwendige Geschichte, verborgene Parameter zu konstruieren[8] – von der hoch-spekulativen Metaphysik, mit der man die Rettung des Determinismus bei der Viele-Welten-Deutung der Quantenmechanik bezahlt, ganz zu schweigen.[9]

Die neuronalen Mechanismen der 1. und 2. Stufe liefern also probabilistische Erklärungen, die angesichts der Fundierung thermodynamischer Prozesse durch eine Quantentheorie grundsätzlich irreduzibel sein dürften. Auf der 3. Stufe wird die Erklärungsleistung nicht stärker, sondern schwächer. Die Computer-Analogie der 2. Stufe wird nun durch das Konzept der Informationsverarbeitung aufgestockt. Dabei dient der Informationsbegriff als semantische Brücke, um die kognitiven Leistungen des Gehirns analog zu den Rechenleistungen des Computers durch neuronale Mechanismen zu erklären. Doch dies führt nicht mehr zu einer mechanistischen Erklärung im üblichen Sinn. Der kausale Zusammenhang zwischen *explanandum* und *explanans* – zwischen dem, was der Mechanismus erklärt, und den kausalen Komponenten des Mechanismus als Erklärungsinstanz – ist hier nur beim Computer klar, aber nicht beim Gehirn.

Die informationstheoretische Erklärung hängt von der Tragfähigkeit der Analogie zwischen natürlichen und künstlichen neuronalen Netzen ab. Die letzteren können die ersteren aber nicht sehr realistisch modellieren, weil sich Gehirnarchitektur und Computerarchitektur drastisch unterscheiden. Letztlich steht und fällt die Analogie damit, dass sich die Komponenten eines neuronalen Mechanismus *im Gehirn selbst* – und *nicht nur* im Computermodell – identifizieren lassen. Nach den heutigen Befunden zur Plastizität, hochgradigen Vernetzung und Multifunktionalität der Gehirnareale erscheint dies ziemlich problematisch. (Trotz des viel versprechenden *Blue Brain*-Projekts und eines *Human Brain*-Nachfolgeprojekts, siehe unten.) Dennoch hat die Analogie natürlich hohen heuristischen Wert.

Der neuronale Mechanismus der 4. Stufe macht den Schritt vom Gehirn zum Geist. Nun wird die Analogie der 3. Stufe auf Bewusstseinsinhalte übertragen, in gefährlicher Nähe zum Computer-Modell des Geistes. Der Informationsbegriff hat eine völlig andere Bedeutung, wenn er auf Bewusstseinsinhalte angewandt wird – doch ihn darauf anzuwenden hat wiederum heuristische Funktion, etwa um Phänomene der Aufmerksamkeit zu untersuchen, die eng mit dem Bewusstsein zusammenhängen. Bisher gibt es aber keine empirisch testbare Theorie, die erklären könnte, wie das Bewusstsein zustande kommt. Eine solche Theorie müsste nicht nur *notwendige*, sondern auch überprüfbare *hinreichende* Bedingungen dafür angeben, dass und warum Bewusstsein entsteht. Davon ist die Hirnforschung weit entfernt. Warum die millimeterdünne, überaus komplexe Schicht von „grauen" (nein: rosa!) Zellen unter unserer Schädeldecke die „denkende Substanz" in uns ist, erklärt weder die Theorie neuronaler Netze, noch ein Computer-Modell des Geistes, noch die darüber hinaus gehenden Ansätze der Hirnforscher und Neurophilosophen, auf die ich unten im Zusammenhang mit dem sogenannten *Bindungsproblem* eingehe.

Das *bottom-up*-Schema bleibt also fragmentarisch. Zum Teil liegt dies am Stand der Erkenntnis, zum Teil an den Besonderheiten der Hirnforschung. Das Diktum der Hirnforscher, ihre Disziplin sei auf dem Stand der Physik zu Galileis Zeit, bezieht sich denn auch auf die Erklärungslücken im *bottom-up*-Ansatz. Allerdings ist die kognitive

Neurowissenschaft doch schon *etwas* weiter: auf dem Stand von Analogieschlüssen, wie Newton sie – um einiges vorsichtiger als so mancher
Hirnforscher von heute – in Frageform in den Anhang seiner Optik
verbannt hatte.

BINDUNGSPROBLEM

Das „Bindungsproblem" entsteht genau dort, wo die Hirnforscher
vernetzte Neurone identifizieren wollen, die so etwas Ähnliches bilden wie die Komponenten eines gebundenen dynamischen Systems.
Hier steht das physikalische Vorbild eines Vielteilchen-Systems Pate:
Die Hoffnung ist, einen Bindungsmechanismus zu finden, der erklärt,
welche Komponenten eines neuronalen Mechanismus im Gehirn wie
zusammenarbeiten und warum im gebundenen dynamischen System
höherstufige Eigenschaften auftreten, die auf der Ebene der einzelnen
Teilchen bzw. Neurone *nicht* auftreten. Diese höherstufigen Eigenschaften sind emergent: d. h. nur auf der höheren, aber nicht auf der
tieferen Organisationsebene vorhanden. Die emergente Eigenschaft,
um die es hier geht, ist natürlich das Bewusstsein. Emergenz sei dabei in einem *schwachen* Sinne verstanden, also als vereinbar mit einem
Mechanismus, der erklärt, wie sich das komplexe System aus Komponenten zusammensetzt, d. h. vereinbar mit einer *ontologischen Reduktion* (und zugleich dann auch mit einem sinnvollen Konzept von
top-down-Verursachung).[10]
  So etwas gibt es bereits in der Physik. Einzelne Elektronen haben
keine Farbe; doch ihre Wechselwirkungen innerhalb des Atoms führen
dazu, dass farbige Lichtquanten absorbiert oder ausgesendet werden.
Allerdings gibt es hier die Lichtquanten als empirisch nachweisbare
„Träger" der Farbe, wie ephemer die Quanten des elektrodynamischen Felds auch immer sein mögen. Die Farbe entspricht der Energie,
und die Energie ist eine Erhaltungsgröße, die in allen physikalischen
Prozessen noch als eine Art „Substanz" erhalten bleibt.[11] Wie weit trägt
dieses physikalische Vorbild für das neuronale Netz in unserem Kopf?
Gibt es hier *auch* „Austauschquanten", die als Träger von *Bewusstsein*

fungieren könnten? Die Versuchung ist groß dies anzunehmen, doch wurden noch keine solchen bewussten Wechselwirkungsneurone entdeckt.

An dieser Stelle die *Quanteneigenschaften* der Gehirnmaterie verantwortlich machen zu wollen, ist hochspekulative Metaphysik, falls es nicht auf einen Kategorienfehler hinausläuft.[12] Bewusstsein – als Fähigkeit, etwas aus subjektiver Perspektive zu erleben – ist phänomenologisch etwas *völlig anderes* als physikalische Eigenschaften wie Farbe oder Energie, die sich objektivieren und messen lassen; und hierin liegt das größte Reduktionsproblem der Hirnforschung.

Es gibt noch ein anderes Beispiel aus der Physik, nämlich die Temperatur. Ein einzelnes Atom oder subatomares Teilchen hat keine Temperatur, sondern Energie. Es kann einen Lichtblitz in einem Photodetektor, ein Klick oder eine Spur in einem Teilchendetektor auslösen, aber es fühlt sich nicht warm an. Wärme bzw. Temperatur ist eine emergente Eigenschaft von makroskopischen Teilchenverbänden, d. h. von Gasen, Flüssigkeiten oder Festkörpern. Dabei gibt es einige Reduktionslücken zwischen der Beschreibung der einzelnen Teilchen und der Beschreibung des makroskopischen Gebildes, das sich aus den Teilchen zusammensetzt; doch es gibt Summenregeln für Erhaltungsgrößen des Systems wie die Energie, und sie sind ein entscheidender Tragpfeiler der ontologischen Reduktion. Die Temperatur ist die Eigenschaft eines Vielteilchen-Systems, das sich ontologisch in mehreren Schritten auf molekulare, atomare und subatomare Komponenten zurückführen lässt. Der Bindungsmechanismus im System ist letztlich quantentheoretischer Natur. Beim Gas wird die Temperatur durch Molekül-Kollisionen erklärt, für die nicht die klassische kinetische Theorie, sondern die Quantentheorie der Streuung gilt. Beim Festkörper beruht die Temperatur auf den inneren Schwingungen eines quantenmechanischen Vielteilchen-Systems. Diese Schwingungen werden quantenmechanisch als „Quasi-Teilchen" beschrieben; ihnen kommen bestimmte Erhaltungsgrößen subatomarer Teilchen zu, aber sie haben *keine* eigene ontologische Entsprechung im System.[13]

Bei beiden Beispielen aus der Physik sind die Bindungsmechanismen grundsätzlich bekannt. Die verbleibenden Erklärungslücken hängen mit dem probabilistischen Charakter von Quantenprozessen und dem ungelösten Messproblem zusammen: Niemand weiß, wann und warum ein Atom ein *einzelnes* Lichtquant aussendet; eine Ignoranz-Deutung der Wahrscheinlichkeit macht dabei erhebliche Probleme. Und niemand weiß, warum makroskopische Atomverbände – sprich: Festkörper – einen festen Ort in Raum und Zeit haben, wenn ihre Komponenten *per se* ihn ja nach Heisenbergs Unschärferelation *nicht* haben. Der Festkörperphysiker und Nobelpreisträger Philip W. Anderson hob einmal hervor, niemand wisse, warum es Festkörper gibt.[14] Eine andere höherstufige Eigenschaft, die sich aus den Eigenschaften subatomarer Teilchen bzw. Felder nicht vollständig herleiten lässt, ist die räumliche Gestalt von Atomen und Atomkernen.[15] Auch sie ist nur im schwachen Sinn emergent, d. h. sie ist mit der ontologischen Reduktion auf Elektronen, Protonen, Neutronen sowie auf Quarks vereinbar. Ein makroskopischer Atomverband und seine subatomaren Komponenten haben etliche dynamische Eigenschaften gemeinsam, für die Erhaltungssätze und Summenregeln gelten – etwa Masse und Energie oder die Ladung. Sie könnten Ihr Körpergewicht genauso gut in Protonmassen wie in Kilogramm angeben. Es wäre dann nur astronomisch hoch.

Soviel zu den (partiell) gelösten Bindungsproblemen der Physik. Auch auf den höheren Organisationsstufen der Materie gibt es Mechanismen, nach denen die Komponenten dynamisch gebundener Systeme zusammenwirken: Die chemische Bindung der Atome in Molekülen beruht auf elektrischen Van-der-Waals-Kräften. Sie unterliegt den Gesetzen der Quantenmechanik, wird in der physikalischen Chemie behandelt und ist ähnlich gut verstanden wie der Bau der Atome. Die physikalischen und biochemischen Mechanismen, nach denen sich Aminosäuren zu Proteinen verketten und verdrillen, sind hochkomplex, lassen sich aber heute erfolgreich durch Computer-Simulation berechnen. Auf den nächsten Stufen der Selbstorganisation werden die Bindungsprobleme schwieriger. Die biologischen Mechanismen der Zellbildung, des Zusammenschlusses einzelner Zellen zu Vielzellern und der Entstehung höherer Organismen durch die biologische Evolution sind nur zum Teil bekannt, ganz zu schweigen von der Emergenz des Bewusstseins.

Je weniger die entsprechenden Bindungsmechanismen bekannt sind, desto weniger lassen sich die gebundenen Systeme *bottom-up* synthetisieren, also technisch im Labor herstellen. Es ist seit Jahrzehnten möglich, in Kernreaktionen neue chemische Elemente herzustellen, die schwerer sind als Uran (Transurane). Die chemische Synthese von organischen Verbindungen wie dem Harnstoff gelingt seit bald zweihundert Jahren, die der Neurotransmitter seit einem Jahrhundert. Die heutige Biotechnologie kann Zellen beliebig manipulieren, die Erbsubstanz DNA im Labor mit Enzymen zerschnipseln und in neuen Kombinationen zusammenkleben. Im Frühjahr 2010 gelang es dem Team des Genforschers Craig Venter, eine Zelle komplett mit neuem, komplett künstlich hergestelltem Erbgut zu bestücken.[16] Doch „künstliches Leben", wie es genannt wurde, war das *nicht*. Von Frankensteins Labor ist die heutige Biotechnologie weit entfernt. Es gelingt den Biowissenschaftlern *nicht*, eine ganze lebende Zelle herzustellen. Der Bindungsmechanismus lebender Zellen – also der kausale Mechanismus, der eine lebende Zelle lebendig sein lässt – ist weder vollständig bekannt noch technisch verfügbar.

Von Stufe zu Stufe werden die Erklärungsmechanismen lückenhafter, das jeweilige Bindungsproblem wird größer – bis hin zum Bindungsproblem der kognitiven Neurowissenschaft, das eine *riesige* Erklärungslücke bezeichnet. Ich erinnere daran, worin es besteht: Die Hirnforscher betrachten das Gehirn als komplexes neuronales Netz, das so ähnlich wie ein Computer Information verarbeitet. Auf dem Umweg über die Analogie von Gehirn und Computer (vgl. 6. Kapitel) erklären sie so die kognitiven Leistungen des Gehirns. Die Erklärungsleistung der Analogie steht und fällt aber damit, dass sich entsprechende Vernetzungsmechanismen im Gehirn finden lassen. Der Analogieschluss darf erst dann als Schluss auf die beste Erklärung gelten, wenn sich die kausalen Komponenten des neuronalen Mechanismus, die der Verarbeitung spezifischer Information dienen, *im Gehirn selbst – und nicht nur im Computermodell* – identifizieren lassen.

Wie jede Analogie ist die Computer-Analogie ein Doppelverhältnis (vgl. Abb. 6.5): Das Gehirn verhält sich zu den kognitiven Leistungen, die es bewerkstelligt, wie der Computer zur Information, die er verarbeitet. Auf der Computer-Seite der Analogie besteht ein neuronales Netz aus einem Geflecht von Knoten, an denen bestimmte Funktionen berechnet werden, und Verbindungen, in denen die Rechenergebnisse weiter geleitet werden. Die Knoten sind über diese Verbindungen vernetzt, ihre Rechenergebnisse fließen in die Endwerte der Funktion ein, die das gesamte Netz berechnet. Auf der Gehirn-Seite der Analogie müssten sich die Komponenten der Informationsverarbeitung auf *beiden* Ebenen des neuronalen Mechanismus identifizieren lassen. Auf der tieferen Ebene werden die Neurone als parallel vernetzter Computer betrachtet, auf der höheren Ebene gelten kognitive Leistungen wie Mustererkennen oder Lernen als Ergebnis der Informationsverarbeitung.

Schon auf der physischen Ebene, im Gehirn, steht der Identifikation solcher Komponenten etliches im Wege, vor allem die Neuroplastizität, Vernetzung und Multi-Funktionalität der Gehirnareale. Auf der Ebene der mentalen Phänomene, die als emergente Eigenschaften der neuronalen Prozesse betrachtet werden sollen, wird es noch nebulöser. Wie lassen sich die kognitiven Funktionen des Gehirns klar gegeneinander abgrenzen, und wie lassen sie sich in Informations-Komponenten aufspalten, für die es Sinn macht, nach ihrer physischen Grundlage im neuronalen Geschehen zu suchen?[17] Die Hirnforschung hat nur zwei Arten von Befunden, die ihr hier weiterhelfen: die neuropathologischen Defekte und die bildgebenden Verfahren. Beiderlei Befunde liefern allenfalls notwendige Bedingungen dafür, die physischen Korrelate von bestimmten Bewusstseinsinhalten oder kognitiven Leistungen ausfindig zu machen. Mit dem „Gedankenlesen" durch Hirnscans ist es deshalb längst nicht so weit her, wie der Name verspricht,[18] und die Gedanken selbst lassen sich anhand ihrer messbaren neuronalen Korrelate schon gar nicht gegeneinander abgrenzen.

In diesem Zusammenhang darf ich Sie an die Grenzen der experimentellen Analyse von mentalen Phänomenen erinnern, die entscheidend für die (Fehl-) Deutung des berühmten Libet-Experiments sind. Grenzen der experimentellen Analyse gibt es auf der physischen *und* auf der mentalen Ebene. Sie sind beträchtliche Stolpersteine dafür, unsere Bewusstseinsinhalte als emergente Eigenschaften der Gehirntätigkeit

zu betrachten, die ein neuronaler Mechanismus mit grundsätzlich iden-
tifizierbaren kausalen Komponenten hervorbringt.

Sehen wir uns nun an, wie Hirnforscher das Bindungsproblem
charakterisieren. Wolf Singer stellt es in seinen Aufsätzen wie folgt
dar:[19]

> *„Man sieht sich ... einem hoch distributiv und parallel orga-*
> *nisierten System gegenüber, das auf außerordentlich komplexe*
> *Weise reziprok vernetzt ist. Und dies wirft die kritische Frage auf,*
> *wie diese vielen gleichzeitig ablaufenden Verarbeitungsprozesse*
> *so koordiniert werden können, daß kohärente Interpretationen*
> *der Welt erstellt und gezielte Handlungsentwürfe programmiert*
> *werden können. ... Koordiniertes Verhalten und kohärente*
> *Wahrnehmung müssen als emergente Qualitäten oder Leistun-*
> *gen eines Selbstorganisationsprozesses verstanden werden, der*
> *alle diese eng vernetzten Zentren gleichermaßen einbezieht. Zu*
> *klären, wie diese Koordination erfolgt, ist eine der großen Her-*
> *ausforderungen, mit denen sich die Neurobiologie im Augenblick*
> *beschäftigt. Wir bezeichnen dieses Problem als das Bindungspro-*
> *blem.“*

> *„Dies wirft die zentrale Frage auf, wie trotz dieser distribu-*
> *tiven Organisation kohärente Repräsentationen aufgebaut und*
> *wie Entscheidungen getroffen werden können, wie eine einheit-*
> *liche Interpretation der umgebenden Welt und aus ihr abgelei-*
> *tete, koordinierte Verhaltensstrategien möglich werden. Diese als*
> *‚Bindungsproblem‘ angesprochene Frage nach der Koordination*
> *zentralnervöser Prozesse wurde in den letzten Jahren als eine der*
> *größten Herausforderungen der Hirnforschung erkannt.“*

Andreas K. Engel, ein Hirnforscher, der interdisziplinär viel mit Philosophen zusammenarbeitet, erläutert das Bindungsproblem wie folgt:[20]

> *„Aus neurobologischer Sicht scheint es denkbar, daß die Su-*
> *che nach den für Bewußtsein integrativen Mechanismen einen*
> *Spezialfall einer ganzen Klasse sogenannter ‚Bindungsprobleme‘*

darstellt, bei denen es – in jeweils unterschiedlichen Bereichen – stets um die Frage geht, wie in verteilten Systemen spezifische Relationen zwischen Einzelelementen hergestellt und kohärente Teilmengen von informationstragenden Signalen für die Verarbeitung ausgezeichnet werden können."

Beide Hirnforscher setzen die Analogie von Gehirn und Computer voraus; und allen Beteuerungen zum Trotz, dass das Gehirn nicht wie ein Computer funktioniert,[21] kümmern sie sich nicht um deren Grenzen. Im Gegenteil: Ihr Vokabular stammt aus dem Computermodell des Geistes. Singer fragt, wie „gezielte Handlungsentwürfe programmiert werden können"; Engel verbindet die „Suche nach den für Bewußtsein integrativen Mechanismen" mit der Frage, wie „Relationen zwischen Einzelelementen hergestellt und kohärente Teilmengen von informationstragenden Signalen für die Verarbeitung ausgezeichnet werden können". Den Informationsbegriff *per Analogie* auf kognitive Leistungen zu erweitern, ist vielen Hirnforschern offenbar so in Fleisch und Blut übergegangen, dass sie gar nicht mehr hinterfragen, wie weit die Analogie denn trägt – ganz zu schweigen davon, was es für das Bindungsproblem und seine Lösung bedeuten könnte, wenn sie zusammenbricht.

Viele Hirnforscher betrachten das Bindungsproblem rein *informationstheoretisch* und nicht als ein dynamisches Problem, das Vorbilder in den gebundenen Systemen der Physik, chemischen Bindungen oder den biologischen Mechanismen der Zellbildung hat. Das Zauberwort „Information" scheint alle Fragen nach konkreten physischen Bindungsmechanismen, die ein neuronales Netz und seine spezifischen kognitiven Funktionen „zusammenhalten" könnten, beiseite zu wischen.

Wolf Singer betrachtet das synchrone Feuern koordinierter Neurone im Anschluss an Francis Crick und Christoph Koch (die diese Theorie selbst aber wohl nicht mehr vertreten) als plausibelste Ursache dafür, dass kognitive Leistungen bewusst werden. Doch synchrone Aktivität allein macht noch keinen kausalen Mechanismus aus. Aus der Sicht der Physik bedarf es dafür *zumindest* der Übertragung irgendwelcher messbarer *Wirkungen*. Gerhard Roth betont explizit, dass bewusste Prozesse viel Sauerstoff, sprich: Energie, kosten.[22]

Aus den verfügbaren experimentellen Daten folgt nach Andreas Engel jedoch nicht, dass das synchrone Feuern von Neuronen hinreichend für das Bewusstwerden kognitiver Prozesse ist, sondern höchstens, dass es notwendig dafür ist.[23] Dies hebt auch Susan A. Greenfield hervor. In einem Interview, das die Kognitionsforscherin und Publizistin Susan (Sue) Blackmore mit ihr führte, äußert sie sich recht skeptisch gegen das Modell der synchron feuernden Neurone bzw. seine Erklärungsleistung:[24]

> *„Sue: Also würden Sie sagen, dass neuronale Netze Bewusstsein erzeugen?*
> *Susan: Nein, das würde ich nicht. Ich würde sagen, dass sie ein empfindlicher Indikator dafür sind. Wie ich schon sagte, wenn Sie einen Verband von Gehirnzellen nehmen und in eine Teekanne packen, würden sie kein Bewusstsein erzeugen; weshalb ich auch leicht irritiert bin, wenn Leute, die mit Gehirnschnitten arbeiten, begeistert auf ihre 40 Hz-Oszillationen gucken. Die 40 Hz-Oszillationen könnten natürlich gut eine notwendige Eigenschaft der Neuronenverbände sein – aber, wie ich zu John Searle sagte, da gibt es einen Unterschied zwischen Notwendig und Hinreichend. Er sagte, gut, da ist noch etwas anderes – und ich sagte, ,Natürlich, und das Entscheidende ist dieses andere Etwas, nicht?"*

Mein Fazit ist an dieser Stelle: Die Hirnforscher wissen heute weder, wie sich die Neurone im Gehirn verbandeln, um kognitive Probleme lösen zu können; noch wissen sie, welche *konkreten* neuronalen Mechanismen dafür verantwortlich sein könnten, dass etwas in unser Bewusstsein dringt; noch können sie das neuronale Bindungsproblem so präzisieren, dass klar würde, wo das Computer-Modell künstlicher neuronaler Netze aufhört und wo die Modellierung des wirklichen neuronalen Geschehens im Gehirn beginnt. Dabei hegen sie ein schier unendliches, heroisches Vertrauen in die heuristische Analogie von Gehirn und Computer. Diese Analogie trägt formal und semantisch für die Funktionsweise der neuronalen Netze, doch auch nur für diese.

Für den Übergang zur Informationsverarbeitung im Gehirn bzw. im Bewusstsein trägt sie nicht (vgl. Abb. 6.4 mit Abb. 6.5). Und so hoffen die Hirnforscher, das Bindungsproblem durch Computer-Simulationen zu lösen – als sei die Emergenz von Bewusstsein aus dem neuronalen Netz des Kortex dieselbe Sorte von Problem wie die Faltung von Proteinen aus Aminosäuren.

BLUE BRAIN

Das *Blue Brain-Projekt* von Henry Markram an der *École Polytechnique* in Lausanne widmet sich dem Bindungsproblem der Hirnforschung.[25] Es zielt erstmals auf die Computer-Simulation ganzer neuronaler Säulen im Kortex und ihrer Vernetzung miteinander. Dabei setzt es einen der leistungsfähigsten Computer der Welt ein; und es erreicht bislang unerreichte Komplexität. Das *Blue Brain-Projekt* simuliert kein künstliches neuronales Netz im üblichen Sinn, sondern ein möglichst detailliertes Kortex-Modell des Rattengehirns, das dem menschlichen Gehirn im Aufbau ziemlich ähnlich ist. Es berücksichtigt auch die unterschiedlichen Typen der Nervenzellen im Gehirn, wobei es komplexe Modelle auf neurobiologischer Grundlage benutzt.

Das Projekt ist auf mehrere Etappen angelegt. Zuerst soll eine kortikale Säule simuliert werden, dann die tieferen und höheren Organisationsstufen im Gehirn: *top-down* die molekularen Grundlagen der Säule, u.a. auch mit dem (epigenetischen) Ziel, die Genexpression zu untersuchen; und *bottom-up* viele parallele Säulen und ihre Vernetzung. Für die *bottom-up*-Richtung soll die Simulation vereinfacht werden – ich nehme an, durch Verfahren der Komplexitätsreduktion, wie sie in der statistischen Datenanalyse (z. B. in der Medizin) heute bewährt und üblich sind. Langzeit-Ziel ist, einen vollständigen Neokortex zu simulieren – den stammesgeschichtlich jüngsten Teil des Kortex, den nur Säugetiere haben und der beim Menschen ungefähr 90% der Großhirnrinde ausmacht. Hierfür werden viele Forschergruppen weltweit auf ihren Hochleistungs-Computern verschiedene Gehirnareale simulieren und ihre Ergebnisse in eine internationale Datenbank einspeisen, um sie mittels der *Blue Brain*-Software zu vernetzen.

Um Ihnen eine Vorstellung von der Komplexität des *Blue Brain-Projekts* zu geben: Im Ratten-Gehirn umfasst eine Kortex-Säule etwa 10 000 Neurone und 10^8 Synapsen, beim Menschen sind es etwa 60 000 Neurone. Und der Neokortex des Menschen umfasst 10 Millionen kortikale Säulen. Das *Human Brain Project*, das auf die noch viel anspruchsvollere und aufwendigere Simulation des menschlichen Neokortex zielt, ist auch schon in Vorbereitung. Genauer: Laut *Blue Brain-homepage* ist der EU-Forschungsantrag in Vorbereitung und soll 2012 gestellt werden.

Auf die Ergebnisse beider Projekte, die jeweils auf zehn Jahre angelegt sind, muss man natürlich gespannt sein. Doch so ehrgeizig sie sind – sie vernachlässigen immer noch etwas Zentrales, nämlich die Neuroplastizität und die Multifunktionalität der Gehirnareale. Hierfür müssten sich die Computer, die an der Simulation beteiligt sind, schon während der Rechenprozesse selbsttätig umbauen können, und sie müssten dieselben Computersegmente gleichzeitig zur Lösung vieler Probleme einsetzen können. Für künstliche neuronale Netze ist das bis auf weiteres *science fiction*.

Es bleibt abzuwarten, was beide Projekte zum Verständnis des neuronalen Bindungsproblems beitragen und welche Erklärungslücken sie im *bottom-up-* Ansatz der kognitiven Neurowissenschaft füllen können. Für die Öffentlichkeit wird das Ganze ziemlich teuer; beim *Human Brain-*Antrag, der jetzt vorbereitet wird, geht es um Kosten in Milliardenhöhe. Gegenüber der Presse machen die Forscher deshalb konkretere Versprechungen, nämlich Fortschritte im Kampf gegen Alzheimer und Parkinson sowie bei der Entwicklung neuer Roboter und Supercomputer.[26] Beim Wettbewerb um Forschungsgelder hat die Aussicht auf medizinische Erfolge und technische Innovationen größere Chancen als die Hoffnung auf bahnbrechende Erkenntnisse.

All unseren Unzulänglichkeiten zum Trotz stellen die kognitiven Leistungen unseres Gehirns offenbar immer noch jede Technik in den Schatten. Sonst wäre ihre teure Simulation in einem hochkomplexen und dennoch grob vereinfachten Computer-Modell unserer Neokortex-Architektur nicht so vielversprechend. Dabei macht die wissenschaftspolitische Rechtfertigung des Projekts deutlich: Unser Gehirn ist nicht wie ein Computer gebaut und es funktioniert auch nicht so. Sondern wir Menschen wollen Computer bauen, die ansatzweise so funktionieren wie unser Gehirn.

NOCH EINMAL: MENTALE UND PHYSISCHE PHÄNOMENE

Soweit habe ich in diesem Kapitel versucht, Ihnen deutlich zu machen: Nicht nur die Erklärungslücken der kognitiven Neurowissenschaft stecken voller Probleme, sondern auch die mechanistischen Erklärungen, die diese Lücken *bottom-up* stopfen sollen, indem sie Brücken von den physischen zu den mentalen Phänomenen schlagen. Die Hirnforscher bewegen sich auf dünnem Eis, wenn sie versuchen, das Bewusstsein *bottom-up* aus dem neuronalen Netz im Gehirn zu erklären. Damit kehren wir zu den philosophischen Problemen des 1. Kapitels zurück. Erinnern Sie sich bitte wieder an die Verschiedenheits-These (**V**):

> (**V**) **Radikale Verschiedenheit:** Mentale Phänomene, also die geistigen Zustände, Prozesse oder Ereignisse, die wir erleben, sind *nicht physisch*. D. h., sie sind *strikt verschieden* von allen physischen Phänomenen.

Dass mentale und physische Phänomene *phänomenologisch* verschieden sind, bestreitet niemand, der einen gesunden Alltagsrealismus pflegt.[27] Die Phänomene sind das, was wir erfahren; und wir erfahren unsere Bewusstseinsinhalte als radikal verschieden von allen Gegenständen, Zuständen, Prozessen und Ereignissen in der Außenwelt. Der naturwissenschaftliche Phänomenbegriff ist jedoch *anders* zu verstehen als in dieser philosophischen These, wie Sie im 2. Kapitel gesehen haben. Naturwissenschaftliche Phänomene liegen gerade *nicht* auf der Hand. Erst die Forschung bringt sie als stabile, reproduzierbare Naturerscheinungen zutage.

Die Werkzeuge dafür, die Phänomene der Physik und ihrer Nachfolgedisziplinen beobachtbar zu machen, sind technische Beobachtungsinstrumente, die Mathematik und die experimentelle Methode.

Die Phänomene Newtons und seiner Nachfolger sind deshalb immer schon „theoriegeladen". In ihnen darf alles gut bewährte, empirisch abgesicherte, in anerkannte Theorien eingebettete Wissen der Disziplin stecken. Im Lauf der Entwicklung einer Disziplin werden die Phänomene durch die Verfeinerung der experimentellen Methoden immer „entlegener". Die Phänomene sind immer das, was die Forscher beim jeweiligen Wissensstand durch Experimente und Messungen herausfinden und was erklärt werden soll. Sie sind die *explananda* wissenschaftlicher Erklärungen. Galilei und Newton wollten mechanische und optische Erscheinungen erklären; dagegen hat die heutige Physik Phänomene wie die Kopplungskonstanten der subatomaren Wechselwirkungen, die Strukturbildung im frühen Universum oder die Zusammensetzung der kosmischen Strahlung als *Explananda*.

Um *mentale* Phänomene zu den *Explananda* wissenschaftlicher Erklärungen zu machen, müssten die Hirnforscher diese Phänomene als stabile, reproduzierbare Naturerscheinungen in den Griff bekommen. Hierbei sind sie allerdings nun wirklich kaum weiter als die Physik zu Galileis Zeit: Sie setzen bei vorwissenschaftlichen mentalen Phänomenen ein und ringen darum, sie mit experimentellen Methoden zu reproduzierbaren, quantitativen wissenschaftlichen Phänomenen zu machen. Doch anders als jede andere Naturwissenschaft bleibt die Hirnforschung dabei angewiesen auf die *Auskunft der Versuchspersonen über ihr subjektives Erleben*. Die Frage, ob dies ein legitimes wissenschaftliches Vorgehen sei oder nicht, ist müßig – denn anders geht es nicht, unsere kognitiven Fähigkeiten von der Erinnerung bis zum Bewusstsein (einschließlich unserer Willensakte) zu erforschen.

Mentale Phänomene sind also nur begrenzt objektivierbar. Sie hatten im 4. Kapitel gesehen, dass sie sich am ehesten durch Reiz-Reaktions-Experimente objektivieren lassen – von der Vermessung der Sinnesqualitäten in der Psychophysik bis hin zu neueren Reiz-Reaktions-Experimenten mit bildgebenden Verfahren oder mit gezielter Stimulation bestimmter Gehirnareale. Doch all diese Experimente bringen nur stabile, reproduzierbare Phänomene zustande, soweit die Experimentierverfahren auf die mentalen Phänomene anwendbar sind.

Vergegenwärtigen Sie sich an dieser Stelle die Merkmale der experimentellen Methode (vgl. 2. Kapitel): die

(1) *Abstraktion* von allen qualitativen Eigenschaften, die sich nicht messen lassen;
(2) *Idealisierung* zum Zweck der mathematischen Beschreibung;
(3) *Analyse und Synthese* der Wirkungen, d. h. *top-down*-Zerlegung und *bottom-up*- Zusammensetzung der Phänomene;
(4) *Isolation des untersuchten Systems,* d. h. Abschirmung gegen Störeinflüsse;
(5) *Reproduzierbarkeit der Versuchsergebnisse* unter kontrollierten Versuchsbedingungen;
(6) *Variation der Versuchsbedingungen,* um die Abhängigkeit der Messgrößen voneinander durch mathematische Funktionen zu beschreiben, die als Naturgesetze gelten.

Nur einige davon taugen dafür, mentale Phänomene zu stabilen wissenschaftlichen Phänomenen zu machen. Im 4. Kapitel hatte ich herausgearbeitet, wie die Reiz-Reaktions-Experimente eine naturwissenschaftliche Brücke von den physischen zu den mentalen Phänomenen schlagen. Die Psychophysik räumt die erste Hürde aus dem Weg: Durch den kausalen Umweg über physikalisch messbare Sinnesreize kann sie das Problem, dass die Abstraktion (1) nichts von den Sinnesqualitäten übrig lässt, hervorragend bewältigen, wie die Erfolgsgeschichte des Weber-Fechnerschen Gesetzes zeigt. Auch viele analytische Ergebnisse (3), die Reproduzierbarkeit der Messergebnisse (5) und die Variation der Versuchsbedingungen (6) können sich bei vielen Reiz-Reaktions-Experimenten sehen lassen und müssen den Vergleich mit der Physik nicht scheuen – solange die Reize physisch sind und die Reaktionen mental. Die Schwachstellen liegen bei der Idealisierung (2), dem *bottom-up*-Part der Analyse und Synthese von Wirkungen (3) und der Isolation der untersuchten Systeme (4).

Idealisierungen führen in der Neurowissenschaft oft nicht zur klaren Scheidung von Wesentlichem und Vernachlässigbarem, sondern nur zu idealtypischen Modellen.[28] Anders als in der Physik oder Chemie ist es hier kaum möglich, den Unterschied von Wesentlichem und Vernachlässigbarem *quantitativ* zu bestimmen und ihn durch Messfehler mit wohldefinierter statistischer Signifikanz auszudrücken. In Reiz-Reaktions-Experimenten kann oft kaum oder gar nicht kontrolliert werden, ob irgendwelche vernachlässigten mentalen Faktoren kausal relevant für die Deutung der Messergebnisse sind. Welche mentalen Reize kausal relevant dafür sind, die von der Versuchsperson bemerkte oder beim Hirnscan gemessene Reaktion auszulösen, lässt sich höchstens ansatzweise feststellen; denn die Komponenten und mentalen „Randbedingungen" *mentaler* Reize oder *mentaler* Reaktionen sind kaum bis gar nicht analysierbar.

Der Dreh- und Angelpunkt all dieser Schwierigkeiten ist, dass sich die mentalen Phänomene nicht so gut isolieren lassen wie die physischen. *Welche* Empfindungen, Vorstellungen und sonstigen Bewusstseinsinhalte einer Versuchsperson in ein Reiz-Reaktions-Experiment eingehen, lässt sich noch nicht einmal ansatzweise messen, und die Auskünfte der Versuchspersonen darüber sind auch nicht sehr verlässlich. Wie sich physische Reize überlagern und in ihren mentalen Wirkungen maskieren, lässt sich messen. Doch was der Versuchsperson bei einem Reiz-Reaktions-Experiment sonst noch so alles im Kopf herumschwirrt, während sie versucht, sich auf die Aufgabe zu konzentrieren – das lässt sich *nicht* messen. Und dies wird auch kein bildgebendes Verfahren jemals feststellen können.

Die mentalen Phänomene *sperren* sich also gegen die Untersuchungsmethoden im Labor der Hirnforscher. Sie sind widerspenstig; oder noch besser gesagt: sie sind buchstäblich *inkommensurabel*. Sie lassen sich *nicht* im selben Maß objektivieren, vermessen und durch Naturgesetze beschreiben wie die physischen Phänomene der Physik, Chemie, Biochemie, Molekularbiologie, Genetik, usw. – einschließlich der Phänomene der Neurophysiologie und Neuropharmakologie, die ich im 3. Kapitel skizziert habe. *Mentale Phänomene sind und bleiben verschieden von den physischen Phänomenen* – und zwar nicht nur qualitativ, sondern auch strukturell. Auf ihren Unterschied trifft Kuhns

Begriff der Inkommensurabilität besser zu als auf sämtliche denkbaren Begriffspaare vor und nach wissenschaftlichen Revolutionen.[29]

Der kognitiven Neurowissenschaft gelingt es heute um keinen Deut besser als vor hundert Jahren, den qualitativen Unterschied zwischen mentalen und physischen Phänomenen einzuebnen. *Es gelingt ihr noch nicht einmal methodologisch.* Mehr als bestimmte Korrelationen zwischen physischen und psychischen Phänomenen kann sie nicht nachweisen, und alle Methoden von der Psychophysik über die Geschichten vom beschädigten Gehirn bis hin zu den bildgebenden Verfahren im weitesten Sinn erbringen nicht mehr als ein loses kausales Bedingungsgefüge der Zusammenhänge zwischen Gehirn und Geist. Alle experimentellen Methoden, die mehr leisten wollen, scheitern am Abgrund, der nach wie vor zwischen unserem subjektiven Erleben und den objektiven Dingen und Geschehnissen der Außenwelt klafft.

Und sie scheitern *nicht erst* am Unterschied von Innen- und Außenperspektive. Sie scheitern schon daran, dass es die experimentelle Methode nicht schafft, mentale Phänomene so gut zu isolieren, in Komponenten zu zergliedern und auf kausal relevante Faktoren hin zu untersuchen, wie es ihr bei den physischen Phänomenen gelingt. *Die Zusammensetzung mentaler Phänomene ist nicht experimentell objektivierbar. Die kausal relevanten Faktoren, unter denen sie stehen, sind es deshalb auch nicht.* Deshalb schlage ich nun die folgende neue, methodologisch begründete Variante (V_{IN}) der Verschiedenheitsthese vor:

> (V_{IN}) **Inkommensurabilität:** Mentale Phänomene sind inkommensurabel zu physischen Phänomenen. Sie lassen sich nicht durch die experimentellen Methoden isolieren, messen und kausal analysieren, die auf physische Phänomene anwendbar sind.

Tatsächlich brechen die Hirnforscher mit ihren Erklärungen ein, wenn sie nicht darauf achten, dass mentale und physische Phänomene inkommensurabel sind, weil erstere qualitativ und strukturell anders sind als letztere. Die Hirnforschung erhebt es zum Programm, mentale und physische Phänomene gleichermaßen naturwissenschaftlich zu untersuchen. Doch wenn die methodologische Gleichbehandlung ohne Rücksicht auf Verluste erfolgt, zieht sie bestimmte charakteristische *Fehlschlüsse* nach sich.

Da sich das naturwissenschaftliche Methodenarsenal in mereologische und kausale Verfahren einteilt, sind Fehlschlüsse beider Typen möglich. Eine dritte Sorte von Fehlschluss kann bei mechanistischen Erklärungen vorkommen, die kausale und mereologische Verfahren kombinieren. Beispiele für alle drei Typen haben Sie im 4. und im 6. Kapitel kennengelernt.

Kausaler Fehlschluss: Libet machte in seinem „Willensfreiheits"-Experiment den Fehler, mentale Impulse als experimentell isolierbar zu betrachten. Es lässt sich aber experimentell nicht überprüfen, was den „spontanen" Entschluss, die Hand zu bewegen, beeinflusst hat und was nicht. Deshalb bleibt unklar, *was* es kausal *genau* bedeutet, dass das Bereitschaftspotential eine halbe Sekunde vor dem erlebten Handlungsimpuls messbar ist. Jeder Schluss aus diesem experimentellen Ergebnis *pro* oder *contra* Existenz des freien Willens ist ein kausaler Fehlschluss. Ein Handlungsimpuls, der auf Anweisung des Versuchsleiters irgendwann „spontan" empfunden wird, ist *kein* isoliertes mentales Phänomen. Diesen mentalen Impuls und das davor gemessene Bereitschaftspotential nach dem Schema von Ursache und Wirkung zu deuten, wendet ein viel zu simples monokausales Schema auf ein komplexes, nicht-analysierbares Gefüge mentaler und physischer Bedingungen an.

Mereologischer Fehlschluss: Die Bündel-Theorie des Bewusstseins von Roth und Ramachandran geht mereologisch in die Irre, indem sie die Teile-Ganzes-Beziehung naiv vom Gehirn auf das Bewusstsein überträgt.[30] Sicher ist es verdienstlich, das Prinzip der ontologischen Sparsamkeit anzuwenden und die Cartesische Theorie der „denkenden Substanz" zu kritisieren. Doch die Warnung davor, das Bewusstsein als selbständige Entität oder Substanz zu betrachten, rechtfertigt es noch lange nicht, aus den neuropathologischen Befunden zu schließen, das Bewusstsein sei *nichts als* ein Bündel der Komponenten, in die es dissoziieren kann.

Mentale und physische Phänomene in eins zu setzen – nach Art des mereologischen Fehlschlusses, den Bennett und Hacker unermüdlich in ihren Arbeiten kritisieren[31] – stopft die Erklärungslücken zwischen Gehirn und Geist methodologisch zu, ohne zu fragen, was es mit ihnen auf sich hat. Nach Bennett und Hacker liegt dabei die Quelle alles semantischen Übels in einem simplen Kategorienfehler, nämlich darin, Prädikate wie Denken etc., die *Personen* zu kommen, dem *Gehirn* als physischem Teil der Person zuzusprechen. Sie bemerken auch die kausale Paradoxie an der Anweisung: „Handle irgendwann spontan!", die Libet seinen Versuchspersonen gab. Doch sie beschränken sich auf *Sprach*kritik, wo die *wissenschaftstheoretische* Kritik von kausalen und mereologischen Kategorienfehlern oder Fehlschlüssen am Platz wäre. Die Kategorienfehler kommen ja nicht zufällig zustande. Sie entspringen daraus, dass die Hirnforscher mentale und physische Phänomene unkritisch über denselben methodologischen Leisten schlagen. Und dies wiederum entspringt aus einem Forschungsprogramm, das fordert, die bewährten naturwissenschaftlichen Methoden auf die kognitiven Funktionen des Gehirns zu übertragen, soweit dies nur irgend geht – koste es, was es wolle.

Mechanistischer Fehlschluss: Einen weiteren Fehlschluss habe ich im 6. Kapitel aufgezeigt. Er bezieht sich auf die neuronalen Mechanismen; und er entgeht der Sprachkritik von Bennett und Hacker, weil er erst dann sichtbar wird, wenn man die mechanistischen Erklärungen der kognitiven Neurowissenschaft ziemlich genau unter die Lupe nimmt. Viele Hirnforscher betrachten das Bewusstsein als emergente Eigenschaft des Gehirns, die das neuronale Netz im Kortex hervorbringt. Dabei nehmen sie an, dass die neuronalen Aktivitäten die kausalen Komponenten eines neuronalen Mechanismus sind, der Information verarbeitet, kognitive Leistungen vollbringt und das Bewusstsein erzeugt. Der Ansatz modelliert die Beziehung zwischen mentalen und physischen Phänomenen nach Art eines biophysikalischen Mechanismus – als Maschinerie mit kausalen Komponenten, die das zu erklärende Phänomen hervorbringen. Doch das Bewusstsein ist kein Ganzes mit physischen Komponenten, und eine echte mechanistische Erklärung liegt hier auch nicht vor. Der Schluss vom neuronalen Netz auf das Bewusstsein ist nur ein Analogieschluss, der auf der Computer-Analogie beruht, vom Konzept der Informationsverarbeitung als Brückenbegriff Gebrauch macht und den Anschein einer Kausalerklärung erweckt.

Hirnforscher wie Wolf Singer könnten nun sagen: Aber dieser Analogieschluss ist doch durch die zusätzlichen kausalen Befunde aus der Neuropathologie gestützt! Und ich kann im Einklang mit der Hirnforscherin Susan A. Greenfield antworten, da gebe es einen Unterschied von Notwendig und Hinreichend.[32] Von einer kausalen Erklärung erwarte ich, dass sie hinreichende Bedingungen dafür angibt, wie ein Phänomen zustande kommt – und nicht nur, unter welchen Bedingungen sich das Phänomen *nicht* einstellt, und nach welcher Analogie es sich einstellen *könnte*.

Kritik an „den" Hirnforschern ist hier angebracht, doch ich muss ihre Methoden auch wieder gegen Bennett und Hacker verteidigen. Sie werfen der Neurowissenschaft u.a. vor, mit Metaphern zu arbeiten, wo semantische Zurückhaltung bei der Deutung empirischer Forschungsergebnisse geboten wäre. Dies beziehen sie vor allem auf die Gleichsetzung von Gehirn und Geist mit einem Computer.[33] Doch dabei handelt es sich aus wissenschaftstheoretischer Sicht eben nicht nur um eine Metapher, sondern um eine Analogie. Auf der Ebene der neuronalen Netze trägt die Analogie relativ gut – sie wird erst im „Aufstieg" vom Gehirn zum Geist überstrapaziert. Hier verfehlt die bloße Sprachkritik die Methoden der Hirnforschung; sie kann nicht deutlich machen, wo diese Methoden zu kurz greifen und wo nicht.

Analogien sind weder Metaphern noch Kategorienfehler, sondern wissenschaftliche Werkzeuge. Sie sind in allen Naturwissenschaften weit verbreitet, und sie haben großen heuristischen Wert. Auf dem Prüfstand steht dabei immer die Tragfähigkeit der Analogie. Doch um sie steht es bei der Computer-Analogie nicht *ganz* so gut, wie prominente Hirnforscher und Neurophilosophen suggerieren. Die Analogie soll die kausale Erklärungslücke zwischen mentalen und physischen Phänomenen schließen. Doch sie übertüncht die oben herausgearbeitete Inkommensurabilität von mentalen und physischen Phänomenen und die Grenzen der mechanistischen Erklärung.

Der Informationsbegriff ist die *einzige semantische Brücke* zwischen mentalen und physischen Phänomenen. Doch so ein Brückenbegriff stützt keine mechanistische Erklärung im üblichen Sinn. Er führt zu einem (nach Newen neuen,[34] doch tatsächlich uralten) Typ von wissenschaftlicher Erklärung, der *schwächer* ist als alle anderen Typen wissenschaftlicher Erklärung – eben zu einem Analogieschluss. Die Frage ist: Ist das wirklich ein Schluss auf die beste Erklärung, wie wissenschaftliche Realisten ihn brauchen können – oder haben wir derzeit einfach keine bessere Erklärung?

Die Analogie zwischen der Informationsverarbeitung durch den Computer bzw. unser Bewusstsein hat *bestenfalls* den Status einer plausiblen Hypothese. Doch bei aller integrativen Leistung für die kognitive Neurowissenschaft ist sie *nicht empirisch gestützt*. Die Neurophilosophin Patricia Churchland hebt diesen hypothetischen Charakter auch hervor. Weil es derzeit keine Erklärungsalternative gibt, sieht sie die Beweislast aber eher bei den *Gegnern* als bei den Befürwortern dieser Hypothese.[35] Einverstanden – soweit die Analogie bloße Heuristik bleibt und nicht für bare Münze genommen wird!

IST DIE VERSCHIEDENHEIT REDUZIBEL?

Doch lassen nicht die Erfolge der kognitiven Neurowissenschaft erwarten, dass sich dereinst bei aller phänomenologischen Verschiedenheit die mentalen und physischen Ursachen vereinheitlichen lassen werden? In diese Richtung argumentiert ihr Mann, der Neurophilosoph Paul M. Churchland, in seinem Buch *Die Seelenmaschine*. Er weist darauf hin, wie Newton die Vorhersage des Ptolemäus widerlegte, es werde der Physik *nie* gelingen, die wahren Kräfte hinter den Planetenbewegungen zu erkennen.[36] Nach Churchland gibt dieses Beispiel Anlass, mit Aussagen des Typs „Die Physik wird *niemals* das-und-das erklären können" sehr vorsichtig umzugehen. Dies ist ein ernst zu nehmender Einwand gegen die Verschiedenheitsthese (**V**).

Churchland führt außer Ptolemäus und Newton weitere Beispiele an. So machte Joseph Fraunhofer (1787–1826) mit seiner Untersuchung der Linienspektren der Sonne, der Planeten und der hellsten Sterne den ersten, entscheidenden Schritt in die Richtung, die Vorhersage des französischen Positivisten Auguste Comte (1798–1857) zu widerlegen, die Physik werde *nie* in der Lage dazu sein, die chemische Zusammensetzung der Sterne und die physikalischen Vorgänge, die sie zum Leuchten bringen, aufzuklären. Ein bedeutsames Beispiel dafür ist aus seiner Sicht auch die Molekularbiologie, die seit der Entdeckung der DNS durch James Watson und Francis Crick im Jahr 1959 das Zustandekommen des Lebens bzw. der biologischen Lebensprozesse durch die Biochemie der Proteine erklärt, wo früher die „vitalistischen" Erklärungen eine besondere, nicht-physikalische Lebenskraft ins Spiel brachten.

Alle diese Beispiele laufen darauf hinaus, dass es den Naturwissenschaftlern schließlich irgendwann gelang, mechanistische Erklärungen von einem Typ zu finden, den sich ihre Vorgänger noch nicht vorstellen konnten. Dabei handelt es sich bei näherem Besehen aber immer um mechanistische Erklärungen im Sinne des 6. Kapitel – also um Erklärungen, nach denen es gelingt, ein Phänomen in kausale Komponenten zu zerlegen, deren Tätigkeiten durch ihr Zusammenwirken das betreffende Phänomen hervorbringen. Wie wir sahen, greift dieses Konzept für mentale und physische Phänomene zu kurz. Doch gehen wir die Beispiele durch!

Newton fand den Mechanismus der Gravitation, der es erlaubt, die Planeten und die Sonne als Teile eines gebundenen dynamischen Systems zu betrachten. Diese Teile kannte schon Ptolemäus, aber er betrachtete sie aus dem falschen Blickwinkel – als ein geozentrisches System – und konnte schon deshalb nicht auf die Idee kommen, dass es eine Zentralkraft geben könnte, die das Ganze zusammenhält.

Fraunhofer stellte fest, dass sich das Licht der Sonne, Sterne und Planeten ähnlich zusammensetzt wie das der chemischen Elemente auf der Erde, wenn man sie erhitzt. Jedes Element sendet Licht mit einem charakteristischen spektroskopischen „Fingerabdruck" aus, der sich zeigt, wenn das Licht mittels eines Prismas analysiert wird; das Prisma spaltet das Licht in ein charakteristisches Spektrum von Linien bestimmter Farbe auf. Wenn man das Licht der Sonne, der Planeten und der hellsten Sterne analysiert, findet man ihren spektroskopischen

„Fingerabdruck" (sowie auch den der Erdatmosphäre, die das Licht bestimmter Wellenlängen „verschluckt": dies ergibt dunkle Linien im Spektrum). Die Spektren lassen sich mit den Linienspektren der irdischen Elemente vergleichen, und daraus schlossen die Astronomen auf die chemische Zusammensetzung der Sterne zurück. Hierfür ist die Teile-Ganzes-Beziehung entscheidend. Das Ganze ist das weiße, gelbliche, rötliche öder bläuliche Licht, das wir mit bloßem Auge sehen; die Teile sind seine Spektrallinien, die das Prisma sichtbar macht. Der entscheidende Schritt bestand hier in der Entdeckung, dass sich das Sternenlicht aus denselben Komponenten zusammensetzt wie die Spektren der chemischen Elemente auf der Erde. Der kausale Mechanismus, der Sterne zum Leuchten bringt, bringt die chemische Zusammensetzung der Sterne nach heutigem Wissen durch kernphysikalische Prozesse hervor.

Auch Churchlands drittes Beispiel führt einen kausalen Mechanismus an – den biochemischen Mechanismus, nach dem sich Proteine zur DNS falten, entfalten, reduplizieren usw. Die Grundlage von Lebensprozessen liegt danach in der chemischen Bindung von organischen Riesenmolekülen. Das Bindungsproblem lebender Zellen wird danach durch chemische Bindungsmechanismen gelöst, die auf einer tieferen Organisationsstufe im Zellkern am Werk sind. (Hier macht es sich Churchland etwas einfach, wie das Beispiel des „künstlichen Lebens" nach Craig Venter zeigt[37] – eine lebende Zelle kann gegenwärtig noch *niemand* herstellen, ihr Bindungsmechanismus ist eben doch nicht hinreichend bekannt.)

Alle drei Beispiele haben gemeinsam, dass man schließlich kausale Mechanismen fand, die ein Ganzes aus seinen Komponenten erklären; wobei vorher *entweder* die Teile *oder* das Ganze bekannt waren. Das Problem bei mentalen und physischen Phänomenen ist aber, dass sie *nicht* in einer Teile-Ganzes-Beziehung zueinander stehen. Könnte hier der Begriff der Emergenz weiterhelfen, den ich im 6. Kapitel im Zusammenhang mit der *downward causation* erwähnt habe? Das Ganze könnte ja „emergente" Eigenschaften haben, die seine Teile nicht haben. In diese Richtung geht die Hoffnung der Hirnforscher. Gehen wir die Möglichkeiten kurz durch.

Wolf Singer vermutet, ein riesiger Verband synchron feuernder Neurone könne in einer Art „Phasenübergang" das Bewusstsein hervorbringen.[38] Nun sind die Phasenübergänge der Physik – d. h. der Übergang vom festen zum flüssigen oder vom flüssigen zum gasförmigen Zustand eines Stoffs – in der Tat gute Beispiele für *unterschiedliche* emergente Eigenschaften von makroskopischen Atomverbänden, die sich unter verschiedenen thermodynamischen Bedingungen einstellen und die man aus den Mikro-Zuständen der Atome oder Moleküle nicht unbedingt herleiten kann. Doch auch hier ist wieder die Teile-Ganzes-Beziehung im Spiel. Dass das Ganze mehr ist als die Summe seiner Teile, gilt für komplexe physikalische Systeme und ist für diese fast schon ein Gemeinplatz. Nur hinkt der Vergleich zwischen Physik und kognitiver Neurowissenschaft hier kräftig. Die Phasenübergänge der Physik führen *unterschiedliche* Organisations*formen derselben* Organisations*stufe* ineinander über, etwa Eis in Wasser oder Wasser in Wasserdampf. Sie führen *nicht* Atome oder Moleküle in Festkörper, Flüssigkeiten oder Gase über.

Wenn Singer den „Phasenübergang" heraufbeschwört, der vom kohärenten Feuern der Neurone zum Bewusstsein führen soll, so ist keine Analogie mehr am Werk, sondern wirklich nur noch eine blanke Metapher. Eine Metapher besteht darin, einen bekannten sprachlichen Ausdruck in einen neuen Kontext zu versetzen, in dem er etwas anderes ausdrückt als im ursprünglichen Kontext, wodurch dieser zugleich auf den neuen Kontext „abfärbt". Genau dies geschieht hier mit dem Terminus „Phasenübergang". Der ursprüngliche Kontext ist die Teile-Ganzes-Beziehung zwischen einem makroskopischen Stoff und seinen mikroskopischen Bestandteilen. Ein Phasenübergang besteht darin, dass sich die Teile (Atome, Moleküle) auf neue Weise zum Ganzen fügen, mit einem festeren oder loseren Bindungsmechanismus, der dem Ganzen neue makroskopische Eigenschaften verleiht – etwa gasförmig statt flüssig zu sein. Der Ausdruck bezieht sich auf den Übergang von einem physischen Phänomen zu einem anderen. Der neue Kontext ist die Beziehung zwischen Gehirn und Geist, Neuronen und bewusstem Erleben. „Phasenübergang" drückt hier etwas anderes aus als im ursprünglichen Kontext, nämlich den Übergang von physischen zu mentalen Phänomenen. Und der alte Kontext färbt auf den neuen Kontext ab, in dem der Ausdruck suggeriert, dieser Übergang sei nichts anderes als derjenige von einem loseren zu einem festeren Bindungsmechanismus der Neurone.

Der Emergenzbegriff selbst ist natürlich nicht metaphorisch, aber er drückt leider nur eine Form von Unwissen aus. Er dient dazu, Erklärungs- oder Reduktionslücken zu kaschieren: Wenn eine höhere Organisationsstufe nicht von der nächsttieferen her erklärt werden kann, so ist sie eben *emergent*, d. h. als etwas völlig Neuartiges aufgetaucht, ohne dass wir wissen, wie. Die Existenz emergenter Eigenschaften ist – je nach Variante des Emergenzbegriffs – gut mit den abgeschwächten Varianten der Verschiedenheitsthese (**V**) vereinbar, die den Cartesischen Substanz-Dualismus vermeiden und deshalb heute philosophisch attraktiv sind:

(**V$_E$**) **Eigenschafts-Verschiedenheit:** Mentale und physische Phänomene sind *radikal verschiedene Eigenschaften* ein und derselben Person.

(**V$_R$**) **Reduzible Verschiedenheit:** Mentale und physische Phänomene *scheinen* zwar radikal verschieden, aber die ersteren lassen sich in irgendeiner Hinsicht auf die letzteren reduzieren.

(**V$_E$**) ist mit der Annahme verträglich, dass mentale Eigenschaften emergent im starken Sinn sind, d. h. *nicht* mit ontologischer Reduktion vereinbar. Was dies im Rahmen einer wissenschaftlichen Erklärung heißen könnte, ist allerdings unklar. (**V$_R$**) ist dagegen mit der Annahme verträglich, das mentale Eigenschaften emergent im schwachen Sinn sind, also mit einer ontologischen Reduktion *vereinbar*.

Gegen die *schwache* Emergenz sprechen die eben vorgebrachten Argumente, wonach sich mentale und physische Phänomene gerade *nicht* so zueinander verhalten wie ein Ganzes und dessen Eigenschaften zu seinen Teilen, die über einen Mechanismus mit kausalen Komponenten miteinander verbunden wären. (**V$_R$**) behauptet, dass die Verschiedenheitsthese (**V**) letztlich *falsch* ist. Nach (**V$_R$**) *scheinen* mentale

Phänomene nur radikal von den physischen verschieden zu sein, *sind* es aber tatsächlich *nicht*, weil sie durch einen kausalen Mechanismus hervorgebracht werden, dessen Komponenten physische Phänomene sind.

Die Hoffnung der Hirnforscher, das Bewusstsein *irgendwann* durch das synchrone Feuern der Neurone zu erklären, geht natürlich in die Richtung (**V$_R$**). Sie baut darauf, das Bewusstsein so ähnlich aus dem neuronalen Geschehen zu erklären wie die Physik die Temperatur eines Gases aus der mittleren kinetischen Energie seiner Moleküle. Patricia und Paul Churchland vertreten auf der Grundlage von diesem und ähnlichen Beispielen aus der Physik sogar eine gemäßigte Variante des eliminativen Materialismus, wonach Bewusstsein nichts anderes als neuronale Aktivität *ist*.[39] Der eliminative Materialismus ersetzt (**V**) per Handstreich durch die Identitätsthese (**ID**) und landet dann bei der Illusionsthese (**V$_{IL}$**):

(**ID**) **Identität:** Mentale Phänomene sind identisch mit physischen Phänomenen; Bewusstsein ist nichts anderes als eine bestimmte Sorte neuronaler Aktivität.

(**V$_{IL}$**) **Illusion der Verschiedenheit:** Mentale und physische Phänomene *scheinen* zwar radikal verschieden, aber ihr Unterschied ist letztlich bloßer Schein, eine Illusion, die das Gehirn erzeugt.

All diese Ansätze setzen sich großzügig über die Inkommensurabilität mentaler und physischer Phänomene hinweg. Ich schrieb im 1. Kapitel:

> *„Das Problem daran ist nur, dass die Neurowissenschaften trotz aller Fortschritte keine gemeinsamen Maßeinheiten für das Bewusstsein und die Neurone finden – irgendwie hängen die Neurone radikal anders mit unserem Erleben zusammen als die Energie der Molekülbewegungen mit der Temperatur."*

Diesen Punkt kann ich jetzt wie folgt präzisieren. Mentale und physische Phänomene stehen zueinander *nicht* in einer Teile-Ganzes-Beziehung. Anders als die Energie der Molekülbewegungen und die Temperatur eines Gases haben das Bewusstsein und das Feuern der

Neurone *keinerlei* auch nur *ansatzweise* „kommensurable" Größen oder Eigenschaften, die sich auf ein gemeinsames Maß bringen lassen. In der Physik gibt es Summenregeln für die dynamischen Größen der Teile und des Ganzen; für die kinetische Energie der Moleküle und die Temperatur des Gases beruhen sie auf dem Energieerhaltungssatz. In der kognitiven Neurowissenschaft gibt es *keinerlei* analoge Summenregeln oder Erhaltungssätze für die Art von Information, die das neuronale Netz in unserem Gehirn verarbeitet, und die Art von Information, die wir mit den mentalen Zuständen in unserem Bewusstsein verstehen.[40] Deshalb kann ich *nicht* sehen, worin auf der neuronalen Ebene die kausalen Komponenten eines Mechanismus bestehen könnten, der mentale Phänomene hervorbringt. Und deshalb hatte ich oben meine neue Variante (V$_{IN}$) der Verschiedenheitsthese vorgeschlagen:

> (V$_{IN}$) **Inkommensurabilität:** Mentale Phänomene sind inkommensurabel zu physischen Phänomenen. Sie lassen sich nicht durch die experimentellen Methoden isolieren, messen und kausal analysieren, die auf physische Phänomene anwendbar sind.

Die entscheidende Frage ist nun: Lässt sich diese Inkommensurabilität der mentalen Phänomene irgendwie überwinden oder austricksen? Der Informationsbegriff leistet das sicher nicht. Er bügelt nur großzügig darüber hinweg, dass die Information, die ein Computer ausspuckt, wenig mit unseren Bewusstseinsinhalten gemeinsam hat; und das Wenige, das sie gemeinsam haben, geht eher auf das Bewusstsein der Programmierer und Computer-Benutzer zurück als auf die hardwaregestützte Rechenleistung. Doch andere wissenschaftliche Konzepte, die eine tragfähige semantische Brücke von den physischen zu den mentalen Phänomenen schlagen würden, kann ich weit und breit nicht sehen.

Wer nun behauptet, der Unterschied mentaler und physischer Phänomene sei *reduzibel* im Sinne von (V$_R$) oder gar *illusionär* im Sinne von (V$_{IL}$), schließt eine Wette auf künftige Erfolge einer reduktionistischen Neurowissenschaft ab, die noch nicht einmal ansatzweise in Sicht sind. Eine gute wissenschaftliche Erklärung von Bewusstseinsinhalten durch das neuronale Geschehen kann ja wohl nicht darin liegen, ihre phänomenalen Unterschiede teils zu ignorieren, teils per

Analogieschluss zu übertünchen und das von mir herausgearbeitete Inkommensurabilitätsproblem komplett zu übergehen. Hier wäre mehr an Erklärungs- oder Reduktionsleistung gefordert. Bis auf Weiteres spricht *nichts gegen*, jedoch einiges *für* die These, dass mentale und physische Phänomene *wirklich* radikal verschieden sind im Sinne einer nicht-entschärften These (**V**) – und zwar *so* sehr, dass selbst noch der Cartesische Dualismus zweier Arten von „Sachen" viel zu kurz greifen dürfte, weil (**V$_{IN}$**) gilt.

Doch sollte das Bewusstsein tatsächlich weder eine „Sache" noch so etwas wie die „Eigenschaft" einer Sache sein, wären die Profi-Ontologen aus der Philosophen-Zunft gefordert, eine neue Kategorie dafür zu entwickeln. Oder haben sie kein begriffliches Inventar, das sich nicht immer schon am materiellen Sein, seinen Zuständen und Veränderungen orientiert? Dann sollten sie es entwickeln. Ob der Prozess-Begriff nach Alfred N. Whitehead (1861–1947) hier weiterhilft?[41] Ich weiß es nicht; das wäre auszuloten. Doch falls meine Inkommensurabilitätsthese (**V$_{IN}$**) nur eine neue Variante von Dualismus begünstigen würde, so hätte ich damit als Naturwissenschaftlerin *und* Philosophin auch meine Probleme. Neuronale Artisten in der Zirkuskuppel, ratlos?

WIRKT DER GEIST AUF DEN KÖRPER EIN?

Die Verschiedenheits-These (**V**) war nur eine von drei plausiblen Thesen über physische und mentale Phänomene, die sich nicht miteinander vertragen – so dass die Philosophie des Geistes rätselt, welche davon aufgegeben werden muss. Nach dem oben Gesagten sehe ich bisher keine guten Gründe, die Behauptung (**V**) fallen zu lassen, nach der mentale und physische Phänomene radikal verschieden sind – eher im Gegenteil. Sehen wir uns nun als nächstes die Wirksamkeits-These (**W**) an:

> (**W**) **Mentale Wirksamkeit:** Mentale Phänomene können physische Phänomene *verursachen*, d. h. unsere bewussten Absichten können Handlungen unseres Körpers in der Außenwelt bewirken.

Sie drückt unsere Erfahrung aus, dass wir, wenn wir handeln, also physisch in die Welt eingreifen, nicht nur passiv und unbewusst auf die Umgebung reagieren, sondern auch aus freiem Willen aktiv werden können, um unsere mentalen Entschlüsse in körperliche Aktivität umzusetzen und so in die physische Welt einzugreifen. Die Philosophie des Geistes hebt mit (W) vor allem die *eine* Richtung der Wechselwirkungen zwischen mentalen und physischen Phänomenen hervor, während die kognitive Neurowissenschaft die *andere* Richtung erforscht; wobei die kausalen Wirkungen in *beiden* Richtungen gleich rätselhaft geblieben sind.

Die Hirnforscher wissen weder, wie wir es schaffen, durch unsere Absichten unsere Neurone feuern zu lassen – *falls* wir dies schaffen, d. h. falls (W) wahr ist; noch wissen sie, wie die Neurone es schaffen, in unserem Bewusstsein Sinnesqualitäten wie „rot" auszulösen. *Dass* die Neurone letzteres schaffen, unterstellten schon die Neurophysiologen 19. Jahrhunderts. Dabei legten sie Newtons Kausalprinzip zugrunde und dachten an Wirkursachen. Beides tun die Neurowissenschaftler noch heute, wenn sie in ihren mechanistischen Erklärungen die kausalen Mechanismen der Sinneswahrnehmung rekonstruieren, so weit sie das eben können. Dagegen ist in der philosophischen Debatte um Geist und Gehirn gerade umstritten, *ob* (W) wahr ist oder nicht – ob wir einen freien Willen haben, nach dem wir in die physische Welt eingreifen; oder ob unser Bewusstsein nur eine Marionette ist, die an den Fäden des neuronalen Geschehens zappelt.

Auch (W) ist – wie schon die Verschiedenheitsthese (V) – eine vorwissenschaftliche Behauptung. Hier ist von „verursachen" oder „bewirken" *im Alltagssinn* die Rede, im Sinne der vier Ursachen bzw. Gründe des Aristoteles. Gerade hieraus bezieht die These ihre Plausibilität. Die kognitive Neurowissenschaft, an der sich die Debatte um Gehirn und Geist entzündet, befasst sich dagegen mit Ursachen und kausalen Mechanismen im naturwissenschaftlichen Sinn; sie sucht nach den Wirkursachen bzw. kausalen Komponenten der Mechanismen, die ein Phänomen erzeugen. Dabei legt sie das Kausalprinzip als eine *methodologische* Richtschnur mit unbeschränkter Geltung zugrunde. Die teleologischen Aspekte, die unser Handeln verständlich machen, sind aus den naturwissenschaftlichen kausalen Erklärungen getilgt. Jeder Hirnforscher wird deshalb **(W)** im Sinne von Wirkursachen verstehen und nach den kausalen „Mechanismen" fragen, die dazu führen können, dass ein mentaler Akt einen physischen Akt hervorrufen kann.

Kausale Mechanismen wirken *bottom-up*, und dies ist denn auch die Stoßrichtung neurowissenschaftlicher Erklärungen. Die umgekehrte Stoßrichtung – also: zu erforschen, ob und wie der Geist im Sinne von **(W)** etwas in der physischen Welt bewirken kann – ist im Rahmen der kognitiven Neurowissenschaft bislang kaum vorgesehen. Um sie wissenschaftlich zu präzisieren, bräuchte man kausale Mechanismen, die *top-down*-Ursachen implementieren. Wir haben im 6. Kapitel gesehen, dass es so etwas in der Epigenetik durchaus schon gibt (vgl. Abb. 6.6). Doch die Schwierigkeit ist auch hier wieder, dass dies nur im Sinne einer schwachen Emergenz mit ontologischer Reduzierbarkeit funktioniert (vgl. die Ausführungen zur *downward causation* im 6. Kapitel); und die Inkommensurabilität von mentalen und physischen Phänomenen steht der mechanistischen Erklärung auch hier wieder im Wege.

Dabei gibt es einen guten Grund, nach dem *jede* begeisterte, fortschrittsgläubige Anhängerin der Hirnforschung unbedingt an **(W)** *festhalten* sollte, solange nicht das Gegenteil erwiesen ist. Das Stichwort heißt „Neuroimplantate". Es handelt sich um eine Fortentwicklung der heute schon existierenden, in der Erprobungsphase befindlichen Computersysteme, die es vollständig querschnittsgelähmten Patienten erlauben, Geräte wie einen PC oder einen Rollstuhl durch Augenbewegungen oder Atemrhythmus zu steuern. Bei diesen Systemen liest ein Sensor die beobachtbaren Augen- oder Atembewegungen aus; das Computersystem setzt die ausgelesenen Signale in technische Vorgänge um, etwa in die Bewegung eines Cursors am Bildschirm oder eines Rollstuhls. Die Fortentwicklung, von der hier die Rede ist, verlagert das Auslesen der physikalischen Signale, die der Patient erzeugt, von beobachtbaren Augen- oder Atembewegungen direkt ins Gehirn. Dem Patienten wird ein Neuroimplantat ins Bewegungszentrum des Kortex eingesetzt, das er mit seinen Gedanken steuern kann. Das Neuroimplantat enthält einen Chip, der die damit korrelierten neuronalen Aktivitäten aufnimmt. Der Chip liest also neuronale Aktivitäten aus, die, wie man es auch drehen und wenden will, durch gezielte Gedanken bzw. Bewegungsabsichten erzeugt werden. Einem querschnittsgelähmten Mann, der sich als Versuchsperson zur Verfügung stellte, gelang es auf diese Weise, durch „Gedankenkraft" einen Computercursor gezielt immer präziser zu bewegen und schließlich einen künstlichen Arm zu steuern.[42] Die technische Entwicklung ist hier um einiges weiter als die neurowissenschaftliche Erklärung: Das Neuroimplantat funktioniert, ohne dass irgendjemand weiß, *wie* es die Gedanken bewirken, dass die Neurone feuern.

Die Hirnforscher, die diese Methode entwickelten, und die Wissenschaftsjournalisten, die darüber berichten, sprechen populär von „Gedankensteuerung". Sie betrachten die Gedanken des Patienten als Ursache eines kausalen *top-down*-Mechanismus, bei dem Gedanken neuronale Aktivitäten erzeugen, die das Neuroimplantat ausliest, was schließlich zur Bewegung des künstlichen Arms führt. Die Gedanken und Absichten des Patienten sind hier als kausal relevante Faktoren in eine *quasi*-mechanistische Erklärung einbezogen. Doch die kausalen Komponenten auf der obersten, mentalen Stufe des Mechanismus sind unbekannt, sie haben in den üblichen mechanistischen Erklärungen keinen Platz – es sei denn, wieder auf dem Umweg über die Computer-Analogie, die wenigstens einen Analogieschluss erlaubt.

An dieser Stelle sei wieder einmal auf den neuronalen Determinismus eingegangen, nach dem der freie Wille eine Illusion ist, eine bloße Begleiterscheinung des Feuerns der Neurone, die das mentale Geschehen komplett verursachen. Ist es möglich, den Bewusstseinsinhalten im obigen *top-down*-Mechanismus die Rolle eines bloßen Epiphänomens zuzusprechen? Worauf sollten die Neurone, deren Aktivität das Neuroimplantat ausliest, reagieren, wenn nicht auf die *Gedanken* des Patienten, der die Erklärungen und Anweisungen, die ihm der Versuchsleiter gibt, *verstanden* hat? Kann er sie *anders* aufnehmen und in die Cursorsteuerung umsetzen als durch bewusstes Verstehen und bewusste intentionale Vorstellungen? Offenbar kommt der Steuerungsvorgang dadurch und *nur* dadurch zustande, dass der Patient bewusste kognitive und intentionale Leistungen vollbringt. Bewusste Leistungen sind, wie man weiß, jedenfalls korreliert mit besonders kohärenten

Neuronenaktivitäten; und diese können offenbar durch die Neuroimplantate gut ausgelesen werden.[43]

Wer wie Wolf Singer hofft, das synchrone, kohärente Feuern der Neurone mache die zentrale kausale Komponente im Mechanismus aus, der das Bewusstsein erzeugt, hat allerdings genau die *umgekehrte* kausale Richtung im Sinn, d. h. die übliche Verursachung nach *bottom-up*-Mechanismen. Doch die erfolgreiche Technik der Neuroimplantate zeigt, dass es auch einen Mechanismus geben muss, nach dem das Bewusstsein *top-down* auf das neuronale Geschehen zurückwirkt. Gedanken *können* offenbar physische Prozesse bewirken. Es wäre deshalb sehr unklug, die Wirksamkeitsthese **(W)** aufzugeben. Man würde sich eines wichtigen heuristischen Prinzips für die Entwicklung neuer Technologien berauben. (Dasselbe heuristische Prinzip wird übrigens schon lange in der Praxis der Meditation, beim autogenen Training oder auch im Gesangsunterricht angewandt, damit Sie kraft Ihrer Vorstellungen auf Ihren physischen Zustand einwirken.)

Natürlich ist es eine *vorwissenschaftliche* Kausalerklärung, davon zu sprechen, dass die Gedanken die Prothese steuern. Ein kausaler Mechanismus, der die Gedanken mit kohärenter neuronaler Aktivität verbinden würde (und umgekehrt), ist ja gerade *nicht* bekannt. Ihn zu erkennen hieße, das Bindungsproblem der Hirnforscher *und* das psychophysische Problem der Philosophen zu lösen.

IST DIE NATUR KAUSAL GESCHLOSSEN?

Die dritte These war die Behauptung **(K)** der kausalen Geschlossenheit der Natur. Wie die anderen beiden Thesen aus dem 1. Kapitel ist sie eine *vorwissenschaftliche* Behauptung. Sie besagt, dass alles, was in der Natur oder physischen Welt geschieht, wiederum natürliche, physische Ursachen hat:

> **(K) Kausale Geschlossenheit:** Der Bereich der physischen Phänomene ist kausal geschlossen, d. h. physische Zustände, Prozesse und Ereignisse haben *nur physische*, aber keine nicht-physischen Ursachen.

Je zwei der drei Thesen (V), (W) und (K) sind jeweils mit der dritten unvereinbar. Die physische Welt kann nicht kausal geschlossen sein, wenn unser Geist nach (W) auf körperliche Phänomene einwirken kann, von denen er nach (V) strikt verschieden ist. Wenn die physische Welt kausal geschlossen ist, so können mentale Phänomene entweder gar nicht auf physische Phänomene einwirken oder nicht radikal von ihnen verschieden sein. Die Philosophen sind sich einig: Wenn wir verstehen wollen, wie der Geist in die Welt eingreifen kann, müssen wir (mindestens) eine der drei Thesen fallen lassen, um uns nicht in Widersprüche zu verwickeln.

Auch die Kausalitätshese (K) muss präzisiert werden, damit wir sehen, wie sie sich zur naturwissenschaftlichen Erklärung der Phänomene durch physische Ursachen verhält. Doch wir sahen im 6. Kapitel, dass die Präzisierung des Kausalbegriffs allergrößte Schwierigkeiten macht. Der Begriff der Wirkursache ist ein unscharfes Konzept, über das sich die Philosophen seit Jahrhunderten streiten und das sich dann im Rahmen der Physik vollends in unterschiedliche Richtungen ausdifferenziert hat. Im Hinblick auf die wissenschaftliche Erklärung durch kausale Mechanismen konkurrieren vier philosophische Kausalitätsauffassungen miteinander, die sich anheischen, den Ursachenbegriff zu klären:

1. *Kants Kausalprinzip*: Nach Kant folgt der menschliche Verstand seinen eigenen Gesetzen, wenn er nach Ursachen sucht, die notwendig bestimmte Wirkungen nach sich ziehen. Für eine starke These über die faktische kausale Geschlossenheit der Welt taugt diese Auffassung der Kausalität *nicht*. Kants Kausalprinzip wird am besten als *methodologischer* Grundsatz verstanden – als die Devise, nach den Ursachen gegebener Phänomene zu suchen. Schon Newton gab diese Devise in seinen Regeln zur Erforschung der Natur vor. Ein methodologisches Prinzip ist jedoch keine Tatsachenbehauptung, sondern nur eine Vermutung, die man sich zur Richtschnur für die Suche nach Erklärungen macht. Naturwissenschaftler schieben nichts auf Wunder oder göttlichen Eingriff, sondern suchen immer nach den natürlichen Ursachen gegebener physischer Phänomene.

2. *Humes Regularitätstheorie*: Nach Hume ist es nur psychologische Gewohnheit, dass wir die Verknüpfung von Ursache und Wirkung als notwendig betrachten. In Wirklichkeit handelt es sich nur um Ereignisse, die nach aller bisherigen Erfahrung regelmäßig aufeinander folgen. Diese empiristische Sicht der Kausalität ist in der Philosophie heute hoch im Kurs; denn sie verzichtet auf metaphysische Annahmen über die Gültigkeit von Naturgesetzen, bietet eine hervorragende Grundlage für die kausale Analyse komplexer Bedingungsgefüge und verträgt sich bestens mit den probabilistischen Erklärungen, die in den heutigen Wissenschaften weit verbreitet sind. Die starke metaphysische These, die Welt sei kausal geschlossen, ist mit dieser schwachen, empiristischen Auffassung der Kausalität *nicht* verträglich – weil diese These strikte Naturgesetze voraussetzt, deren Existenz die empiristische Skepsis gerade bezweifelt. Gute Empiristen bleiben kausal agnostisch und bescheiden.

3. Die *interventionistische* Sicht der Kausalität: Sie ist anthropomorph; nach ihr sind *wir* die Ursache von dem, was *wir* in der Welt bewirken. Sie trägt gut dazu bei, die manipulativen Aspekte der experimentellen Methode zu verstehen. Doch ihre unbeschränkte Generalisierung führt zu einer strikt instrumentalistischen Sicht der Naturwissenschaften, und vom neuzeitlichen Naturverständnis zurück zu Aristoteles. Dies geht am Selbstverständnis der Naturwissenschaften genauso vorbei wie an den Erklärungserfolgen, die diese *außerhalb* des Experimentierlabors aufweisen können – von Newtons Erklärung der Planetenbewegungen durch das Gravitationsgesetz bis hin zur Behandlung neurologischer Erkrankungen durch Medikamente, die sich auf die Konzentration der Neurotransmitter im Gehirn auswirken. Diese Kritik führt in die Gefilde der Realismus-Debatte und soll hier nicht weiter vertieft werden.[44] Jedenfalls setzt die interventionistische Kausalität die Wirksamkeitsthese **(W)** voraus und ist fern davon, *irgend*etwas über die kausale Geschlossenheit der Welt zu behaupten.

4. Der Verweis auf die *Gesetze der Physik*: Dies ist die philosophische Option der Naturwissenschaftler. Und es ist die *einzige* Option, die Hoffnung macht, die These der kausalen Geschlossenheit der

Welt zu begründen.[45] Doch die Physik kann den vorwissenschaft-lichen Kausalbegriff *nicht* klar und eindeutig präzisieren. Sie bietet *mehrere* Kausalitätskonzepte an, von der Systementwicklung nach deterministischen Gesetzen der Mechanik oder Elektrodynamik über die irreversiblen Prozesse der Thermodynamik und die Einstein-Kausalität der Speziellen Relativitätstheorie, wonach sich Signale höchstens mit Lichtgeschwindigkeit übertragen, bis hin zur Quantentheorie und zum rätselhaften quantenmechanischen Messprozess.

Was aber kann die These von der kausalen Geschlossenheit der Welt überhaupt heißen, wenn es keinen eindeutigen Kausalbegriff gibt? Da die Kausalitätskonzepte der Physik die einzigen ernst zu nehmenden Kandidaten dafür sind, die These von der kausalen Geschlossenheit der Welt *irgendwie* zu begründen, sehen wir sie uns noch einmal näher an. Inwieweit präzisieren sie unser vorwissenschaftliches Verständnis der Kausalität überhaupt, und inwieweit werfen sie es über den Haufen?

Seit Beginn der Neuzeit, wenn nicht seit jeher, wird das Verhältnis von Ursache und Wirkung als *deterministisch und Zeit-asymmetrisch* verstanden; und zwar als eine Beziehung, die *Einzelereignisse* nach *notwendigen Gesetzen* miteinander verknüpft. Dieses Verständnis der Kausalität hatten Rationalisten wie Descartes, Leibniz oder Spinoza genauso im Kopf wie die Begründer der klassischen Physik, etwa Newton, Laplace und Maxwell. Und nur mit *diesem* Kausalitätsverständnis im Kopf kann man auf die Idee kommen, die kausale Geschlossenheit der physischen Welt zu behaupten – oder sie umgekehrt in Frage zu stellen.

In der Tat stritten die Philosophen des klassischen Zeitalters er-bittert um diese These und um die Frage, wie der Geist bzw. unser Bewusstsein in der Welt wirksam sein kann. Ich will die philosophie-geschichtlichen Betrachtungen des 1. Kapitels nicht wieder aufrollen; aber schon in der Debatte zwischen Descartes und Hobbes ging es ex-akt um diese Frage. Die alten metaphysischen Debatten, die sich darum rankten, kulminierten in der Freiheitsantinomie, auf die Kant die Argu-mente seiner Vorgänger zuspitzte. Er löste sie elegant auf, indem er das

Kausalprinzip im Einklang mit seinen *Analogien der Erfahrung* als regulatives Prinzip, also als methodologische Regel, verstand und damit die Vernunft in die Schranken der empirischen Erkenntnis verwies.[46] An der Auffassung, dass Ursachen deterministisch *und* Zeit-asymmetrisch sind, hielt er dabei fest; ja, er adelte die Folge von Ursache und Wirkung zur Voraussetzung *a priori* eines objektiven Zeitpfeils.

Doch es gibt keine einzige Theorie der Physik, die dieses Verständnis der Kausalität präzisiert, ohne einen seiner beiden Aspekte über den Haufen zu werfen. Nach Newtons Mechanik, Maxwells Elektrodynamik und Einsteins relativistischer Physik ist die Beziehung zwischen Ursache und Wirkung *deterministisch*, aber reversibel, d. h. in der Zeit umkehrbar, also *zeitsymmetrisch*. Nach der Thermodynamik und nach jeder Quantentheorie ist diese Beziehung für Einzelereignisse irreversibel, also *Zeit-asymmetrisch, aber nicht deterministisch*. Das statistische Kollektiv von Molekülen, Atomen, Lichtquanten oder subatomaren Teilchen verhält sich immerhin nach der Thermodynamik, der Quantenmechanik oder der Quantenfeldtheorie deterministisch *und* Zeit-asymmetrisch zugleich. Doch auf der statistischen Ebene sind die Ursachen und die Wirkungen keine Einzelereignisse mehr, sondern eben nur das Kollektiv.

Am nächsten kommt dem vorwissenschaftlichen Kausalbegriff die Übertragung von Signalen. Sie gehorcht der Einstein-Kausalität, nach der sich keine Wirkung schneller als das Licht ausbreitet. Letzten Endes ist diese Wirkungsausbreitung aber *kein* deterministischer Prozess, sondern sie gehorcht den Wahrscheinlichkeits-Gesetzen einer Quantentheorie. Ein Detektor registriert Lichtsignale, indem er statistisch wild fluktuierende Photonen absorbiert. Dass und warum ich die Quantenstatistik dieser Signale für irreduzibel halte, möchte ich hier nicht wieder erklären.[47] Auf jeden Fall überträgt das Licht bei der Absorption seine Energie auf den Detektor. Wenn ein Lichtsignal registriert wird, so handelt es sich zugleich um einen thermodynamischen Prozess, bei dem die Entropie steigt.

Die Übertragung von Lichtsignalen lässt sich als Spezialfall der mechanistischen Erklärung betrachten, wie sie für höherstufige Naturwissenschaften wie die Biologie oder die Neurowissenschaft typisch ist.

Ein Mechanismus hat kausale Komponenten, die *bottom-up* wirken und deren Zusammenwirken das zu erklärende Phänomen verursacht. Bei der Übertragung eines Lichtsignals sind diese kausalen Komponenten: der Sender, der eines oder viele Lichtsignale aussendet; das elektromagnetische Strahlungsfeld, mit dem sich das Licht ausbreitet; und der Empfänger, der das Licht registriert. Wenn es sich um Radiowellen und nicht um Licht handelt, darf man sich diesen Mechanismus zunächst einmal klassisch und deterministisch vorstellen: Eine Antenne sendet elektromagnetische Wellen aus und eine andere Antenne nimmt sie auf.[48] Spätestens beim Licht kommt jedoch Plancks Strahlungsgesetz und mithin die Quantentheorie ins Spiel. Der kausale Mechanismus ist hier *nicht* deterministisch. Seine kausalen Komponenten der Emission und Absorption sind indeterministisch; nur die Propagation des Strahlungsfelds ist ein deterministischer Vorgang, der aber in der Quantentheorie wie immer nur probabilistische Bedeutung hat.

Die kausalen Mechanismen der Neurobiologie funktionieren auch nur partiell deterministisch. Sie gleichen eher einer Dampfmaschine mit beschränktem Wirkungsgrad als einer Uhr; allerdings einer Dampfmaschine, die *fern* vom thermodynamischen Gleichgewicht arbeitet und Verzweigungspunkte durchläuft, an denen ihr Verhalten nicht-berechenbar ist. Auch die Simulation von neuronalen Netzen ist ein *stochastischer* Rechenvorgang, der letztlich auf ein statistisches Näherungsverfahren hinausläuft. Kognitive Leistungen wie Mustererkennung oder Lernen lassen sich damit gut, d. h. mit geringer Fehlertoleranz, simulieren. Ihre Simulation dürfte ziemlich realistisch sein. Auch bei den echten neuronalen Netzen in unserem Gehirn oder in dem anderer Lebewesen kommt es ja auf verlässliche Wahrnehmungs- und Lernprozesse an, d. h. bei ihnen dürften die neuronalen Mechanismen tatsächlich halbwegs deterministisch ablaufen.

Doch dies besagt wenig bis gar nichts darüber, wie das neuronale Netz in unserem Kopf tickt, wenn wir über Handlungsalternativen nachdenken, unsere Gedanken schweifen lassen oder künstlerisch kreativ sind. Selbst nach der Computer-Analogie wären wir dabei *nicht* determiniert, wenngleich auch nur zufallsgesteuert. Dass wir *keine* zufallsgesteuerten Roboter sind und den freien Willen, den wir in uns spüren, nicht als Zufallsprodukt abtun mögen, zeigt aus meiner Sicht nur eines: die Grenzen der Computer-Analogie. Das Konzept der Informationsverarbeitung mag unsere Wahrnehmungs- und Lernprozesse ganz gut beschreiben, doch viele andere Bewusstseinsinhalte und Denkprozesse eben *nicht*. Die Annahme, wir seien nicht determiniert und dies bedeute etwas für unsere Willensfreiheit, zieht immer wieder den Einwand auf sich, auf puren Zufallsprozessen könne unser freier Wille ja auch nicht beruhen. Doch der Einwand nährt sich aus der Computer-Analogie, die ich gerade für unsere Willensbildung und sonstigen kreativen Bewusstseinsakte zurückweise.

Trotz aller Stochastik und sonstiger Erklärungslücken betonen viele Hirnforscher und Neurophilosophen, dass die neuronalen Mechanismen unser Denken und Handeln determinieren. Diese Aussage macht eigentlich nur Sinn, wenn sie gar keinen strikten Determinismus meinen, sondern nur probabilistische Determination mit einer mehr oder weniger hohen Wahrscheinlichkeit – wenn nicht noch schwächere kausale Bedingungen. Sie würden dann wohl *jeden* Mechanismus, der kausale Komponenten hat und dessen Gesetzmäßigkeiten halbwegs bekannt sind, als deterministisch bezeichnen – ob der Mechanismus nun strikt deterministisch abläuft oder nicht. Aus physikalischer Sicht gibt es dann nur zwei Optionen:

Entweder es gibt echte Zufallsprozesse, die in die kausalen Mechanismen des neuronalen Geschehens eingreifen. Der „neuronale Determinismus" bedeutet dann jedenfalls etwas viel Schwächeres als den ehernen, unausweichlichen Mechanismus des Weltlaufs, den der Laplacesche Dämon nach deterministischen Naturgesetzen aus der Kenntnis der Anfangsbedingungen aller Atome vollständig berechnen könnte.

Oder es gibt *keine* echten Zufallsprozesse im Gehirn, sondern die stochastischen Vorgänge im neuronalen Geschehen und auch alle ihre Verzweigungspunkte fern vom thermodynamischen Gleichgewicht erlauben eine Ignoranzdeutung der Wahrscheinlichkeit. Ich finde diese Option nicht sehr plausibel, weil sich die Thermodynamik nicht gut durch die klassische statistische Mechanik begründen lässt. (Denken Sie in diesem Zusammenhang bitte an das Gibbs'sche Paradoxon der klassischen kinetischen Theorie, wonach die Entropie steigen müsste, ohne dass sich der Makrozustand ändert, wenn ein Gas mit sich selbst gemischt wird. Erst die Quantenstatistik räumt dieses Paradoxon aus dem Weg.) Die physikalischen Mechanismen, auf denen thermodynamische Vorgänge beruhen, funktionieren ja letztlich nicht klassisch, sondern quantentheoretisch; aber den Determinismus für die Quantenprozesse metaphysisch durch verborgene Parameter oder Parallelwelten zu retten finde ich auch nicht plausibel. Mit anderen Worten: Dass das Gehirn bzw. das neuronale Geschehen *groß* ist, reicht nicht, um den Quanten-Indeterminismus daraus zu verbannen – weil es auch *warm* ist.

Kommen wir nun zurück zur These (**K**) der kausalen Geschlossenheit der Welt. Was lehren unsere Präzisierungen des Kausalitätsbegriffs über sie? Wir haben gesehen: Die philosophischen Kausalitätsauffassungen, die *nicht* annehmen, dass Ursache und Wirkung durch objektive Naturgesetze verknüpft sind, können (**K**) nicht stützen. Auf objektive Naturgesetze zu verweisen heißt aber: auf die Physik verweisen. Doch mit ihr sind wir schließlich bei den obigen zwei Optionen gelandet – und damit auch wieder in dem Dilemma, das ich im 5. Kapitel diskutiert habe.

In der Physik gibt es kein einziges Naturgesetz, das zugleich *deterministisch* und *Zeit-asymmetrisch* ist, so dass nach ihm die Wirkung zwangsläufig auf die Ursache folgt. Einen anderen Zeitpfeil als den der Thermodynamik kennt die Physik bis heute nicht, und die Irreversibilität thermodynamischer Prozesse beruht auf stochastischen Vorgängen. Die Physik legt uns also nahe, von unserem vorwissenschaftlichen Kausalitätsverständnis *entweder* den strikten Determinismus *oder* die zeitliche Ordnung von Ursache und Wirkung aufzugeben – jedenfalls, wenn wir nicht zu metaphysischen Annahmen größeren Kalibers bereit sind. Wer an einem strikten, ernst gemeinten neuronalen Determinismus festhält, muss wissen, was er tut. Im Hinblick auf die physikalischen Grundlagen der neuronalen Mechanismen lädt er sich eine der folgenden Optionen auf (siehe 5. Kapitel): eine absolute Zeit; verborgene Quanten-Parameter; Quanten-Parallelwelten mit oder ohne Block-Universum; oder aber den Abschied vom althergebrachten Verständnis der Naturgesetze zugunsten der Betrachtung des Universums als eines gigantischen zellulären Automaten, der auf der Planck-Skala arbeitet.

Hand aufs Herz: Muss das sein? Nur, um die Intuition einer deterministischen Kausalität mit absolutem Zeitpfeil zu retten, die aus dem 18. Jahrhundert stammt?

Für die These (K) der kausalen Geschlossenheit der Welt sind alle hier diskutierten Optionen gleicherweise fatal. Sehen wir uns die These nochmal an:

> **(K) Kausale Geschlossenheit:** Der Bereich der physischen Phäno-
> mene ist kausal geschlossen, d. h. physische Zustände, Prozesse
> und Ereignisse haben *nur physische*, aber keine nicht-physischen
> Ursachen.

Ohne die Annahme eines strikten Determinismus macht diese Behauptung wenig Sinn. Unabhängig davon, ob es Wunder, göttliches Eingreifen, menschliche Gedankenkräfte oder was auch immer neben physischen Ursachen gibt oder auch nicht: Eine Welt mit Kausalitäts*lücken* kann schwerlich als kausal geschlossen betrachtet werden. Ohne metaphysische Lückenfüller reicht sie gerade mal für eine Humesche Regularitätsauffassung der Kausalität; und diese wiederum ist keine gute Grundlage für ein naturalistisches Weltbild, das sich auf (K) stützt und dabei objektiv gültige Naturgesetze voraussetzt.

Doch eine deterministische Welt ohne Zeitpfeil – etwa das Block-Universum, an das manche Anhänger der Allgemeinen Relativitätstheorie angesichts der Quantentheorie glauben und in der alle möglichen Quantenpfade in wirkliche Parallelwelten führen[49] – ist vielleicht auch nicht ganz das, was Sie sich als kausale Welt wünschen. Und falls das Universum ein gigantischer zellulärer Automat ist, ist der Weltlauf vielleicht deterministisch, aber die Vorstellung ist ja doch auch sehr anthropomorph und führt in die Designargument-Falle: Wer hat den Automaten gebaut und programmiert?

Wie Sie es auch drehen und wenden: Entweder Sie geben den Determinismus auf und die These (K) der kausalen Geschlossenheit der Welt besagt nicht mehr viel. Oder Sie bezahlen einen hohen metaphysischen Preis.

AUFLÖSUNG DES TRILEMMAS

Naturwissenschaftliche Erklärungen sind und bleiben unvollständig. Sie berufen sich zum Teil auf strikt deterministische Mechanismen, die auch umgekehrt in der Zeit ablaufen könnten, zum Teil auf kausale Mechanismen, die indeterministisch ablaufen und deren kausale Komponenten nur *probabilistischen* Gesetzen gehorchen. Diese Erklärungen können das traditionelle, vorwissenschaftliche Kausalitätsverständnis, nach dem die Beziehung von Ursache und Wirkung sowohl deterministisch als auch zeitlich gerichtet ist, *nicht einheitlich* einfangen. Im Flickenteppich der heutigen mechanistischen Erklärungen sind die beiden traditionellen Aspekte der Kausalität oft so ineinander verwoben, dass Naturprozesse abschnittsweise als reversibel und deterministisch, abschnittsweise als irreversibel und indeterministisch beschrieben werden. Und dies ist offenbar der *einzige* Weg, den die Physik und ihre Nachfolgedisziplinen beschreiten können, um kausale Mechanismen zu bekommen, die *halbwegs* strikt und *halbwegs* irreversibel verlaufen.

Darüber hinaus ist festzuhalten: Die kognitive Neurowissenschaft kann nach ihrem derzeitigen Stand keinen neuronalen Mechanismus vorweisen – egal, ob strikt deterministisch oder nicht –, der erklären könnte, wie das Bewusstsein aus dem neuronalen Geschehen hervorgeht. Das Bewusstsein ist und bleibt rätselhaft. Die Ansätze, es vom neuronalen Geschehen her zu erklären, beruhen vor allem auf der Computer-Analogie, deren Tragfähigkeit begrenzt ist. Man muss sehen, inwieweit hier das *Blue Brain- und das Human Brain- Projekt* weiterführen. Ich kann mich des Verdachts nicht erwehren, dass auch hier Leibniz mit seinem alten Argument recht behält: Wir werden auch bei noch so präziser Modellierung der Säulen im Neokortex und ihrer Vernetzung nicht darüber hinaus gelangen, zwischen feuernden Neuronen spazieren zu gehen. Wir werden keine „bewusstseinsartige" Information aus den Simulationen bekommen, die nicht *wir* aus den Rechen-Ergebnissen herauslesen – oder in sie hineinlesen. Und die Rede von einem „Phasenübergang", durch den die synchron feuernden Neurone das Bewusstsein als ein emergentes Phänomen hervorbringen, bleibt metaphorisch.

Das Ausgangstrilemma des Konflikts zwischen der Kausalitätsthese (K), der Verschiedenheitsthese (V) und der Wirksamkeitsthese (W) löst sich angesichts dieser wissenschaftsphilosophischen Befunde eigentlich in Luft auf. Je zwei der Thesen sind mit der dritten unvereinbar: Die physische Welt kann nicht kausal geschlossen sein, *wenn* der Geist nach (W) auf körperliche Phänomene einwirken kann, von denen er nach (V) strikt verschieden ist. Und *wenn* die physische Welt kausal geschlossen ist, so können mentale Phänomene *entweder* nicht auf physische Phänomene einwirken *oder* aber nicht radikal verschieden von ihnen sein.

Doch wenn sich die Philosophen schon darin einig sind, dass wir mindestens eine dieser drei Thesen fallen lassen müssen, um uns nicht in Widersprüche zu verwickeln: *Warum* fällt es ihnen nur so schwer, sich von der These (K) der kausalen Geschlossenheit der Welt zu verabschieden?

Rekapitulieren wir: Die Verschiedenheitsthese (V) ist nicht nur phänomenologisch gestützt, also dadurch, wie unterschiedlich wir mentale und physische Phänomene *erleben*. Sie wird *auch* dadurch gestützt, dass sie *inkommensurabel* sind. Mentale Phänomene sind buchstäblich inkommensurabel, d. h. widerspenstig dagegen, sie durch experimentelle Methoden in stabile, reproduzierbare naturwissenschaftliche Phänomene umzuformen. Deshalb habe ich oben die Inkommensurabilitätsthese (V_{IN}) aufgestellt. Aus der Sicht der experimentellen Methode sind physische und mentale Phänomene in drei Hinsichten inkommensurabel:

(V1) Mentale Phänomene lassen sich experimentell nicht isolieren.

(V2) Ihre Zusammensetzung lässt sich nicht experimentell erforschen.

(V3) Deshalb sind die kausal relevanten Faktoren, unter denen sie stehen, nicht experimentell analysierbar.

Darüber hinaus haben wir gesehen, dass sich mentale Phänomene gegen die üblichen mechanistischen Erklärungen sperren. Mentale Phänomene und neuronale Aktivitäten verhalten sich weder zueinander wie ein Ganzes und dessen kausale Komponenten, noch zeichnet sich auch nur andeutungsweise ab, wie solche kausalen Komponenten das Bewusstsein als Eigenschaft von Neuronenverbänden hervorbringen könnten.

Jeder Versuch, mentale Phänomene auf physische zu reduzieren, läuft zwangsläufig darauf hinaus, unsere Bewusstseinsinhalte über den Leisten einer Teile-Ganzes-Beziehung zu schlagen, der auf *physische* Phänomene passt, aber der Verwobenheit und dem nicht-physischen Charakter mentaler Phänomene überhaupt nicht gerecht wird. Die kausalen Komponenten eines neuronalen Mechanismus, der mentale Phänomene hervorbringen könnte, sind weder auf der physischen noch auf der mentalen Ebene klar identifizierbar. Die kausale Analyse von mentalen Phänomenen stochert deshalb im Nebel herum, sobald es um mehr geht als Korrelationen und notwendige physische Bedingungen.

Aus diesem Grund messen die Experimente von Libet und seinen Nachfolgern nicht den Zeitpunkt von Willensentscheidungen, sondern von mentalen Phänomenen mit diffuser Ursache; und das Selbstbewusstsein besteht auch nicht aus den kognitiven Funktionen, die bei neuropathologischen Fällen dissoziiert auftreten. Die kognitive Neurowissenschaft hat bislang keinen empirischen Befund erbracht, dass es atomare mentale Phänomene gibt, so etwas wie Informationseinheiten, deren semantischer Gehalt sich experimentell analysieren und objektivieren ließe und mittels deren sich wenigstens angenähert ausdrücken ließe, was wir denken, fühlen und erleben. Nach über hundertfünfzig Jahren Psychophysik spricht insgesamt immer noch *nichts gegen*, jedoch nach wie vor *ziemlich viel für* die These, dass mentale und physische Phänomene *wirklich* radikal verschieden sind. Und zwar so verschieden, dass die analytisch-synthetischen Methoden nur sehr begrenzt für ihre Erforschung taugen.

Die Wirksamkeitsthese (**W**), nach der mentale Phänomene auf physische wirken können, ist unverträglich mit dem üblichen Verständnis von physischen Ursachen, die *bottom-up* wirken. Dass wir unsere Entschlüsse in der physischen Welt in die Tat umsetzen können, stellt die mechanistischen *bottom-up*-Erklärungen der Hirnforschung auf den Kopf. Ein brauchbares Konzept der *downward causation*, also die Annahme von neuronalen Mechanismen, die ähnlich wie die epigenetischen Mechanismen der Genexpression *top-down* wirken, hatte hier auch nicht viel weiter geholfen, da es wieder eine Teile-Ganzes-Beziehung mit physischen kausalen Komponenten voraussetzt.

Die Wirksamkeitsthese (**W**) fallen zu lassen, weil sie nicht in das Korsett heutiger neurowissenschaftlicher Methoden passt, wäre aus den folgenden Gründen unklug:

> (**W1**) Wir verstehen uns selbst nicht mehr, wenn wir nicht davon ausgehen, dass wir Gründe erwägen und Entschlüsse fassen können, die wir in Handlungen umsetzen können.
>
> (**W2**) Die Technik, mit einem Neuroimplantat eine Prothese zu steuern, beruht auf der Voraussetzung, dass der Patient mit seinen Gedanken eine neuronale Aktivität in einem bestimmten Gehirnareal bewirkt.
>
> (**W3**) Aus anthropologischer Sicht unterscheidet sich der Mensch gerade darin von den Tieren, dass er weitgehend von Instinkten freigestellt ist, planvoll handelt und mittels der Technik gezielt in seine Umwelt eingreift.

Die anthropologische Sicht, auf die sich (**W3**) bezieht, hat verhaltensbiologische Grundlagen. Sie wurde durch den Philosophen Helmuth Plessner (1892–1985), den Soziologen Arnold Gehlen (1904–1976) und den Verhaltensbiologen Adolf Portmann (1897–1982) begründet.[50] Dass sie in neuerer Zeit durch die Erfolge der Mikrobiologie sowie Genetik und der Hirnforschung in Vergessenheit geriet, macht ihre Einsichten noch nicht falsch. Wir Menschen sind keine parallel verschalteten Roboter, deren neuronales Netz sich nach dem Zufallsprinzip neue Startbedingungen generiert, wenn sie an die Wand gefahren sind. Vielmehr sind wir Wesen, die bewusst planen und gezielt handeln können. Im Ausmaß, in dem wir das können, unterscheiden wir uns gewaltig von den Tieren, die allerdings auch keine Roboter sind. Geben wir die Annahme auf, dass unser Bewusstsein in der Welt wirksam werden kann, so erweitern wir das Plancksche Programm der Vereinheitlichung, das ich im 2. Kapitel skizziert habe, ins

Uferlose. Dann ent-anthropomorphisieren wir nicht mehr nur das Buch der Natur, sondern uns selbst!

Alle drei Thesen unseres Trilemmas sind vorwissenschaftlich, und das heißt: jede davon könnte sich bei einem späteren Stand der naturwissenschaftlichen Erkenntnis als falsch herausstellen, oder auch alle drei.

Doch für die Thesen (V) und (W) sprechen gute Gründe – und zwar ein ganzes Sammelsurium von Gründen: phänomenologische, empirische, methodologische, technologische und anthropologische Gründe. Natürlich *könnten* sich beide Thesen im Fortgang der Wissenschaft als falsch erweisen, wie jede vorwissenschaftliche Annahme. Doch sie fallen zu lassen, solange sie nicht empirisch widerlegt sind, wäre höchst unklug. Dass und warum ich die Libet-Experimente und ihre Nachfolger nicht als Falsifikation der Wirksamkeitsthese (W) betrachte, habe ich im 4. Kapitel ausführlich dargelegt. Und Ansätze dafür, die Verschiedenheitsthese (V) als empirisch falsch zu entlarven, sind auch nirgends in Sicht.

Dagegen ist die *dritte* These (K) der kausalen Geschlossenheit der Welt gar nicht empirisch oder phänomenologisch gestützt, sondern eine spekulative metaphysische Behauptung. Für sie sprechen nur die alten mechanistischen Überzeugungen, die im korpuskularmechanischen und deterministischen Denken von Hobbes oder Laplace wurzeln. Es ist heroisch, daran festzuhalten. Doch muss das sein? Und wozu soll es gut sein? Neben den angeführten Gründen, an (V) und an (W) festzuhalten, gibt es auch gute Gründe, sich von (K) zu verabschieden:

(K1) Es gibt weder in der Philosophie noch in der Physik einen *eindeutigen* Begriff der Verursachung. Wir wissen also gar nicht, was die These bedeuten soll.

(K2) Viele Mechanismen, mit denen die Naturwissenschaften kausale Prozesse erklären, verlaufen indeterministisch und haben stochastische Grundlagen; insbesondere thermodynamische Vorgänge und das neuronale Geschehen.

(K3) Eine Ignoranzdeutung der Wahrscheinlichkeit, die den Determinismus rettet, zwingt zu starken metaphysischen Annahmen mit *ad hoc*-Charakter – etwa eine absolute Zeit; verborgene Quanten-Parameter; Parallelwelten; oder die Sicht des Universums als gigantischer zellulärer Automat.

Der Abschied von der metaphysischen These der kausalen Geschlossenheit der Welt bedeutet natürlich *keinen* Abschied vom Kausalprinzip, sondern die Rückkehr zu Kants Einsicht, dass es sich dabei „nur" um ein heuristisches Prinzip handelt – um eine methodologische Regel, die unverzichtbar für die Naturwissenschaften ist. Diese Einsicht setzt nicht der kognitiven Neurowissenschaft und ihren beeindruckenden Erfolgen Grenzen; wohl aber dem neuzeitlichen metaphysischen Wahn, wir könnten grundsätzlich *alles* in der Welt vollständig und restlos erklären.

Dieser metaphysische Wahn geht schon auf Descartes zurück, den „Vater" der neuzeitlichen Philosophie, mit dessen Erbe noch die heutige Debatte um Gehirn und Geist zu kämpfen hat. Er prägte das neuzeitliche Denken nicht nur durch seine philosophischen Einsichten nachhaltig, sondern auch durch seine Irrtümer. Die Philosophie verdankt ihm den Dualismus der denkenden und der ausgedehnten Substanz oder „Sache", der *res cogitans* und der *res extensa*. Schon dieser Dualismus hat unser Bewusstsein über den begrifflichen Leisten einer Ontologie körperlicher Dinge geschlagen. Die Naturwissenschaften wiederum verdanken ihm das Projekt einer mathematischen Universalwissenschaft, die selbst noch die Medizin und die Ethik begründen sollte.

Was also erklärt uns die Hirnforschung, und was erklärt sie uns nicht?

Sie erklärt uns viele neuronale Mechanismen, die das Gehirngeschehen steuern. Und sie liefert uns tiefe Einsichten in *beidseitige* kausale Beziehungen, die das Gehirn und das Bewusstsein miteinander verbinden. Diese kausalen Beziehungen sind aber viel schwächer als die neuronalen Deterministen uns glauben machen wollen. Sie bilden ein loses Bedingungsgefüge im Sinne des Empiristen John Stuart Mill, aber keine Zusammenhänge, die durch strikt deterministische Gesetze regiert werden. Dabei erklären sie immerhin, welche physischen Faktoren kausal relevant für das Auftreten von mentalen Dysfunktionen sind, und wie sich mit Medikamenten oder anderen Therapien darauf Einfluss nehmen lässt.

Sie erklärt uns erstaunlich weit, was im Gehirn passiert, wenn wir lernen, Gesichter erkennen, andere Arten von Sinneswahrnehmungen machen, uns bewegen, uns erinnern usw. Sie lehrt uns, dass das neuronale Netz in unserem Kopf hochgradig plastisch ist; dass wir bis ins hohe Alter lernfähig sind, wenn wir Gehirn und Geist durch geistige Aktivität in Schwung halten; und dass uns Lernen geistig jung erhält.

Sie lehrt uns auch Ehrfurcht gegenüber dem hoch komplexen, millimeterdünnen Wunderwerk der Natur, das der physische Träger der „denkenden Substanz" in uns ist, oder vielleicht auch diese Substanz selbst – wer weiß das schon. Und sie lehrt uns, wie verletzlich wir als Menschen sind, wenn uns durch Unfälle, Schlaganfälle und andere neurologische Erkrankungen unsere kognitiven oder moralischen Fähigkeiten so weit abhanden kommen können, dass uns dadurch unser Leben in Stücke geschlagen wird.

Doch sie erklärt uns nicht, wer wir sind.

Naturverständnis und Menschenbild

EIN NEUES MENSCHENBILD?

Wir sind am Ende unserer Reise durch die Grundprobleme der Philosophie des Geistes, das Methodenarsenal der Naturwissenschaften, die Befunde, Experimente und mechanistischen Erklärungen der Hirnforschung sowie die Erklärungsleistungen und Erklärungslücken der kognitiven Neurowissenschaft angelangt. Zu welchen Einsichten hat uns diese Reise geführt? Zwingen uns die Ergebnisse der neueren Hirnforschung dazu, unser Selbstverständnis als vernünftige Lebewesen mit einem freien Willen komplett zu revidieren?

Dass ich meinem Buch den Titel *Mythos Determinismus* gegeben habe, zeigt Ihnen, dass ich *nicht* dieser Auffassung bin. Dennoch lernen wir durch die Neuropathologie, Neuropharmakologie, Reiz-Reaktions-Experimente und die bildgebenden Verfahren der Hirnforschung viel Neues und Verstörendes über die biologischen Grundlagen unserer Existenz. Auch wenn wir immer wussten, dass wir endlich und sterblich und anfällig für Krankheiten, Hunger oder Naturkatastrophen sind, rührt die Hirnforschung an unser Selbstverständnis. Sie erforscht die neurobiologischen Grundlagen unserer geistigen Existenz, und damit zeigt sie uns deren Bedingtheit. Wir sind in unseren kognitiven Fähigkeiten stärker biologisch bedingt, als es die philosophische Tradition

B. Falkenburg, *Mythos Determinismus*, DOI 10.1007/978-3-642-25098-9_8,
© Springer-Verlag Berlin Heidelberg 2012

von Platon und Aristoteles bis Descartes und weit darüber hinaus wahrhaben wollte.

Doch die Analysen in diesem Buch haben Sie hoffentlich belehrt, dass „Bedingtheit" etwas ganz anderes ist als „vollständige Determination". Ein intaktes Gehirn ist eine notwendige Voraussetzung für unsere kognitiven Fähigkeiten. Wie unser gesamter Organismus ist das Gehirn anfällig für Verletzungen, Schlaganfälle, Tumore, Drogen und mehr. All dies kann kognitive Ausfälle und Dysfunktionen nach sich ziehen, die unsere geistigen Fähigkeiten von der Wahrnehmung über das Lernen und die Erinnerung bis hin zur Sprach- und Denkfähigkeit drastisch beeinträchtigen können. Darüber hinaus zeigen die Reiz-Reaktions-Experimente, dass wir vielfältig geistig manipulierbar sind. Doch keine solche Einschränkung oder Manipulation macht uns gleich zu willenlosen Marionetten. Die *Beeinträchtigung* bestimmter geistiger oder moralischer Fähigkeiten bedeutet noch längst keine *vollständige Determination* des menschlichen Verhaltens.

Selbst Patricia Churchland, Neurophilosophin und erklärte Reduktionistin, ist weit davon entfernt, von den bahnbrechenden Erfolgen der Hirnforschung darauf zu schließen, dass wir keinen freien Willen haben bzw. nicht zu selbstbestimmten Handlungen fähig sind. Sie empfiehlt, das philosophische, vorwissenschaftliche Konzept der Freiheit durch ein kognitionswissenschaftlich begründetes Konzept der Selbstkontrolle zu ersetzen. Die Selbstkontrolle des Menschen kommt in Stufen daher; sie kann auf die eine oder andere Weise beeinträchtigt sein; und dieses Konzept erlaubt einen nahtlosen Anschluss unserer kognitiven Fähigkeiten an die der Tiere.[1]

Die Freiheit des Menschen realisiert sich *immer* in bestimmten Schranken. Diese Schranken sind vielfältiger Natur; es gibt soziale Zwänge, Erziehungseinflüsse, die Muttersprache, kulturelle Wurzeln, genetische Dispositionen, Nahrung, klimatische Bedingungen, körperliche Beeinträchtigungen und vieles mehr als Randbedingungen für unser Leben. Aus anthropologischer Sicht besteht die menschliche Freiheit vor allem in unserer Fähigkeit, uns ein Stück weit innerlich von diesen Randbedingungen zu distanzieren:[2] eine bestimmte innere

Haltung ihnen gegenüber einzunehmen, uns reflektiert gegen sie zu verhalten und gestaltend auf sie einzuwirken, soweit uns dies möglich ist. Ein *experimentum crucis* der Hirnforschung, das testet, ob diese sehr komplexe Fähigkeit *vollständig* neuronal gesteuert ist oder nicht, ist schon deshalb unvorstellbar, weil Experimente immer nur *Ausschnitte* der Wirklichkeit testen.

Die Hirnforschung modifiziert unser Menschenbild. Sie lehrt uns neue, neurobiologisch bedingte Einschränkungen unserer Freiheit. Doch sie nötigt uns nicht dazu, unser traditionelles Selbstverständnis als freie, moralische, intelligente Lebewesen vollständig aufzugeben. Wer dies meint, überschätzt ihre Tragweite.

Solche Überschätzung beruht unter anderem darauf, dass es bisher keine saubere wissenschaftstheoretische Diskussion der Ergebnisse der Hirnforschung gegeben hat. Ich hoffe, dass das vorliegende Buch dazu beiträgt, sie zu stimulieren. Natürlich ist die Hirnforschung fürchterlich komplex, und natürlich bin ich (obwohl ich aus der experimentellen Hochenergiephysik mit ziemlich komplexen Sachlagen vertraut bin) beim Durchforsten der relevanten empirischen Befunde und ihrer Deutung manchmal fast verzweifelt. Doch je mehr Material ich durchgearbeitet habe, desto mehr wuchs mein Erstaunen, wie wenig die Hirnforscher ihre Methoden und Erklärungsansätze hinterfragen. Sie benutzen die naturwissenschaftlichen Verfahren, die sie gelernt haben – und meist ohne zu fragen, wie gut diese Verfahrensweisen den mentalen Phänomenen angemessen sind, deren physische Grundlagen sie untersuchen.

Eine fatale Folge war die Fehldeutung des berühmten Libet-Experiments, die bei uns die Debatte um den neuronalen Determinismus und die Willensfreiheit angeheizt hat. Mit der Sprachkritik von Max Bennett und Peter Hacker oder der Kulturkritik eines Peter Janich ist es hier zur Abwehr nicht getan.[3] Es geht um Methodenfragen, um Grenzen der analytisch-synthetischen Methoden, die seit Jahrhunderten die Naturerkenntnis erfolgreich voranbringen, aber bei der Erforschung des menschlichen Bewusstseins ihren Untersuchungsgegenstand möglicherweise verfehlen.

UNGEBREMST *TOP-DOWN* UND *BOTTOM-UP*

Die Hirnforscher sind Naturwissenschaftler. Entsprechend übertragen sie die *top-down*-Analysen und *bottom-up*-Erklärungen der Anatomie, Physik, Chemie und Biochemie unerschrocken vom Gehirn auf das menschliche Bewusstsein und Selbstbewusstsein, ohne dies zu problematisieren. Ihr Vorgehen führt *top-down* von den mentalen Phänomenen über die Schichtenstruktur des Gehirns bis zu den Neuronen hinunter, und *bottom-up* von den Neuronen über die kortikalen Säulen und die Gehirnareale hinauf zu den kognitiven Leistungen und zum Bewusstsein.

Die unbegrenzte Anwendung der naturwissenschaftlichen *top-down* und *bottom-up*-Ansätze verleitet jedoch zu mereologischen (oder atomistischen) und kausalen Fehlschlüssen. Unser phänomenales Bewusstsein verhält sich nicht zu den Neuronen in unserem Gehirn wie ein Ganzes zu seinen Teilen. Im mereologischen Sinne einer Teile-Ganzes-Beziehung verstanden, führt die Rede von *bottom-up* und *top-down* beim Übergang vom Geist zum Gehirn und zurück schlicht in die Irre. Darüber hinaus suggeriert sie, dass sich mentale Phänomene so ähnlich wie physische Phänomene aus prinzipiell trennbaren Komponenten zusammensetzen; und dass sich die bewährten analytisch-synthetischen Methoden der Physik dafür eignen, den Zusammenhang zwischen mentalen und physischen Phänomenen ähnlich gut zu erforschen wie die physischen Phänomene für sich genommen.

Doch dies funktioniert nur in einer Richtung, nämlich bei der Untersuchung der mentalen Reaktionen auf wohldefinierte physische Reize. In der umgekehrten Richtung funktionieren die analytisch-synthetischen Methoden *nicht*. Es gibt nämlich keine wohldefinierten mentalen Reize, deren physische Wirkungen sich nach den üblichen experimentellen Standards erforschen ließen. Dies liegt vor allem daran, dass mentale Phänomene nur begrenzt analysierbar sind. Sie lassen sich nicht experimentell isolieren; und deshalb lassen sich die kausal relevanten Faktoren, unter denen sie stehen, in der Regel nicht eindeutig herausfinden.

Dies gilt insbesondere für den „spontanen" Handlungsimpuls, dessen Zeitpunkt das Libet-Experiment zur „Willensfreiheit" gemessen hat. Was den Versuchspersonen so alles mehr oder weniger bewusst im Kopf herumspukte, während sie versuchten auf das Auftreten dieses Handlungsimpulses zu achten und seinen Zeitpunkt zu messen, konnte Libet *nicht* messen. Deshalb trägt das Libet-Experiment meines Erachtens *nichts* zur Klärung der Frage bei, ob wir einen freien Willen besitzen oder nicht; und die Nachfolge-Experimente ebenfalls nicht. Solche Experimente beweisen nur, dass planvolle Handlungen, bei denen es auf Schnelligkeit ankommt, unbewusst gesteuert sind – was aber jeder Autofahrer, Klavierspieler oder Sportler sowieso längst weiß.

Die Experimente zeigen auch, dass es eine halbe Sekunde oder länger dauern kann, bis so ein unbewusster Handlungsimpuls bewusst wird. In solchen Fällen ist die Handlung determiniert, sobald es zu spät ist, sie noch durch einen blitzschnellen Veto-Akt zu stoppen. Dies beweist aber nur, dass unbewusste Handlungsimpulse spät und manchmal zu spät in unser Bewusstsein treten. Es beweist *nicht*, dass *alle* unsere Handlungen unbewusst gesteuert und neuronal determiniert sind. Das wäre ein Schluss von der Existenz-Behauptung „*Es gibt* unbewusste Handlungen, die uns erst nachträglich ins Bewusstsein treten" auf die All-Aussage „*Alle* Handlungen sind unbewusst gesteuert und treten uns erst nachträglich ins Bewusstsein". Studierende der Philosophie lernen im Logik-Kurs, dass der Schluss von Existenzbehauptungen auf Allaussagen logisch unzulässig ist. Und in Wissenschaftstheorie-Seminaren lernen sie, dass noch so viele empirisch gut gesicherte Einzelfälle *nicht* den Schluss auf ein striktes, universell gültiges Naturgesetz erlauben. Neurowissenschaftler lernen dies in ihrer Ausbildung offenbar leider nicht.

Mentale Phänomene sind nur begrenzt analysierbar, und deshalb lässt sich die Teile-Ganzes-Beziehung nur begrenzt auf sie anwenden. Die unbegrenzte Verwendung dieser Beziehung führt zu mereologischen (oder atomistischen) Fehlschlüssen, wie sie Bennett und Hacker diagnostizieren;[4] wobei ihnen als reinen Sprachphilosophen allerdings so manche wissenschaftstheoretische Pointe entgeht.

Ein typischer atomistischer Fehlschluss liegt darin, aus der neuropathologischen Dissoziation mentaler Fähigkeiten auf eine Bündel-
Theorie des Selbst zu schließen. Selbst wenn unterschiedliche Merkmale
des Selbst völlig unabhängig voneinander durch Hirnverletzungen gestört sein können, so bedeutet dies noch lange nicht, dass unser Selbst
aus diesen Komponenten *besteht*. Das Gehirn besteht aus Neuronen,
doch das Selbst setzt sich so wenig aus diesen zusammen wie aus den
kognitiven Fähigkeiten, die bei Gehirnläsionen ausfallen. Die Bündel-
Theorie der Substanz, die hier stillschweigend als metaphysisches Erbe
ins Spiel kommt, ist innerhalb der Philosophie seit langem umstritten.
Hirnforschern wie Ramachandran oder Roth, die die Bündel-Theorie
für das Selbst propagieren,[5] mag man eine *operationale* Definition des
Selbst zugestehen, nach der das Selbst funktionale Komponenten hat,
die sich im Ausfall von kognitiven Fähigkeiten zeigt und für die Belan-
ge der Neuropathologie nützlich ist. Aus der Bündel-Theorie letztlich
zu schließen, das Selbst sei nur ein Trugbild, ein fiktives mentales Konstrukt, ist dagegen abenteuerlich. Am Ende des 4. Kapitels hatte ich
betont:

> *Diese Schlussfolgerung ist ungefähr so überzeugend wie der*
> *Schluss, es gebe Ihren Körper nicht, sondern nur Ihre Arme, Bei-*
> *ne, den Rumpf, den Kopf und die Haare; oder es gebe Ihr Haus*
> *nicht, sondern nur die Steine, aus denen es gebaut ist, die Fenster,*
> *Türen und das Dach.*

Sie sehen hier: Der Hirnforschung würde eine wissenschaftsphiloso-
phische Reflexion ihrer Methoden und Begriffe nicht schaden. Und Sie
sehen auch: Die Erkenntnisse der Hirnforscher können heuristisch äußerst nützlich sein, etwa im Hinblick auf medizinische Therapien, *ohne*
dass sie gleich unser gesamtes Menschenbild über den Haufen werfen
müssen. Bitte deuten Sie also Einsichten wie die Bündel-Theorie des
Selbst zunächst nur instrumentalistisch, aber nicht gleich realistisch!
Halten Sie sie für ein gutes Instrument, um bestimmte Krankheitsbilder zu diagnostizieren und zu behandeln, aber halten Sie sie nicht für
eine wahre Theorie des menschlichen Selbstbewusstseins. Und lassen
Sie sich schon gar nicht einreden, Ihr Selbst sei eine Fata Morgana Ihres
Gehirns.

WAS ERKLÄREN DIE NEURONALEN MECHANISMEN?

Dasselbe trifft auf die neuronalen Mechanismen der Informationsverarbeitung zu. Lassen Sie sich nicht einreden, Ihr Bewusstsein bestehe nur darin Information zu verarbeiten wie ein Computer; oder es sei nicht mehr als das Feuern Ihrer Neurone. Hier ist ein mechanistischer Fehlschluss am Werk: Ein neuronaler Mechanismus mit bekannten kausalen Komponenten, der Ihre Bewusstseinsinhalte vom neuronalen Netz in Ihrem Kopf her erklären könnte, ist weit und breit nicht in Sicht. Auch hier wird fruchtbare Heuristik mit einer realistischen Wirklichkeitsbeschreibung verwechselt.

In ihren mechanistischen Erklärungen spielen die Hirnforscher den kausalen Aspekt ihrer *top-down-* und *bottom-up-*Verfahren aus, so weit sie nur irgend können. Dabei bauen sie auf das Kausalprinzip und vertrauen auf ihre Alltagsmetaphysik der Kausalität – ohne sich um philosophische Auffassungen der Kausalität zu kümmern, etwa um den methodologischen Charakter des Kausalprinzips, der schon bei Kant nachzulesen ist, oder um die unklare Sachlage in der Physik.

Die Annahme kausaler Beziehungen zwischen dem neuronalen Netz in unserem Kopf und unseren Bewusstseinsinhalten stützt sich vor allem auf neuropathologische Befunde und bildgebende Verfahren. Doch um welche Art von kausaler Beziehung es sich handelt, bleibt im Dunkeln. Weder die Philosophie noch die Physik kann einen eindeutigen Kausalitätsbegriff liefern; die Neurowissenschaft bemüht sich auch nicht um einen solchen; und so bleibt es *vorwissenschaftlich*, die kausalen Bedingungen zu konstatieren, auf die etwa Wolf Singer seinen neuronalen Determinismus stützt.[6]

Singer vermutet ja, dass der neuronale Mechanismus, der das Bewusstsein erzeugt, im synchronen Feuern der Neurone besteht. Andere Hirnforscher vermuten einen anderen Bindungsmechanismus, der kohärente Informationsverarbeitung über große Hirnareale ermöglicht. Doch dies sind alles nur heuristische Hypothesen. Sie stützen sich auf den schwächsten Typ wissenschaftlicher Erklärung, die irgend denkbar ist: auf Analogieschlüsse, die Brückenbegriffe benutzen.

Zugrunde liegt die Analogie von natürlichem und künstlichem neuronalem Netz, oder: von Gehirn und Computer. Danach bringt das neuronale Netz im Gehirn das Verstehen von Bedeutung so ähnlich hervor wie ein künstliches neuronales Netz seine Rechenergebnisse, durch einen Prozess der Informationsverarbeitung. Das Zauberwort „Information" ist hier die semantische Brücke, die alle qualitativen und strukturellen Unterschiede zwischen physischen und mentalen Phänomenen überspannt und verwischt.

Diese Erklärung *per Analogie* entspricht in etwa dem Stand der Physik zu Newtons Zeit. Die Atomismus-Hypothese von Newton und seinen Zeitgenossen beruhte auf der Annahme, die Natur sei im Großen und im Kleinen gleichförmig.[7] Immerhin sind Analogieschlüsse ja viel mehr als pure Metaphern. Analogien sind ein genuines naturwissenschaftliches Instrument, das eine wichtige heuristische Funktion hat. Metaphern kommen in der Hirnforschung erst dort ins Spiel, wo die Übertragung von Begriffen aus einem anderen Feld keine heuristische Funktion hat; wie etwa, wenn Singer die Emergenz von Bewusstsein als einen „Phasenübergang" der neuronalen Aktivität bezeichnet.[8] Der Unterschied zwischen einer Analogie und einer Metapher liegt im heuristischen Wert der ersteren, den die bloße Metapher in der Regel *nicht* hat. (Sobald sie ihn doch bekommt, wird sie zu einer Analogie, die dazu verhilft, ein neues Erkenntnisgebiet mithilfe bekannter Begriffe zu strukturieren.)

Die Erklärung des Bewusstseins durch die Informationsverarbeitung im neuronalen Netz des Kortex bleibt also pure Heuristik. Noch schlechter steht es um den neuralen Determinismus, der behauptet, wir seien in unserem Erleben und Handeln *vollständig* durch das neuronale Geschehen determiniert.

Die kausalen Erklärungen der Biologie rekonstruieren Mechanismen mit kausalen Komponenten, die so zusammenwirken, dass diese die zu erklärenden Phänomene hervorbringen. Danach arbeiten neurobiologische Mechanismen wie Maschinen – wie *thermodynamische* Maschinen, die dem zweiten Hauptsatz der Thermodynamik gehorchen und einen beschränkten Wirkungsgrad besitzen. Doch als *biologische* Maschinen tun sie dies nicht-linear und fern vom thermodynamischen

Gleichgewicht; unsere neuronalen Aktivitäten dürften deshalb noch und noch Verzweigungspunkte durchlaufen.

Die Signalübertragung innerhalb der Neurone funktioniert wie in einem elektrischen Schaltkreis. Nach diesem erfolgreichen Modell verläuft sie in der Tat deterministisch. Signalverluste und thermisches Rauschen dürfen hier vernachlässigt werden, sie sind für die Erklärung der Signalübertragung nicht relevant. Dies ist die Grundlage der Analogie zwischen dem Gehirn und einem parallel arbeitenden Computer, oder: zwischen natürlichen und künstlichen neuronalen Netzen. Doch der begrenzte Wirkungsgrad der chemischen Neurotransmitter, die an den Synapsen Signale übertragen, lässt sich *nicht* vernachlässigen. Auch nach der Computer-Analogie funktioniert ein neuronales Netz nicht deterministisch, sondern stochastisch.

Für die typischen kognitiven Leistungen des Gehirns, also mentale Fähigkeiten wie Mustererkennung, Lernen oder Erinnerung, ist kein echter kausaler Mechanismus bekannt. Auf dem Umweg über die Analogie zwischen der Information, die ein Computer verarbeitet, und der Information, die wir verstehen, kann die kognitive Neurowissenschaft sie aber indirekt ganz gut erklären. Die Analogie lehrt, dass die neuronalen Mechanismen der untersten Stufe nicht deterministisch ablaufen, da die Signalübertragung an den Synapsen nur einen beschränkten Wirkungsgrad hat, den das Computer-Modell durch statistische Gewichtung der Knoten berücksichtigt. Die neuronalen Mechanismen der Mustererkennung, der Wahrnehmung oder des Lernens sind verlässlich, wie die Computer-Analogie zeigt. Sie reproduzieren die Phänomene, die sie erfassen, innerhalb bestimmter Fehlertoleranzen. Die Ergebnisse solcher kognitiver Leistungen sind also weitgehend (wenn auch nicht strikt) determiniert. Dies steht nicht im Widerspruch dazu, dass diese Mechanismen *grundsätzlich* stochastisch arbeiten.

Andererseits ist die kognitive Neurowissenschaft weit davon entfernt zu erklären, wie neuronale Prozesse unsere *bewussten Aktivitäten* determinieren sollten. Unsere Reflexionsprozesse und unsere kreativen Leistungen dürften anders strukturiert sein als unsere Wahrnehmungs- und Lernprozesse. Insbesondere kommt es bei ihnen darauf an, dass ihre Ergebnisse *nicht* von vornherein festgelegt sind. Die neuronalen

Mechanismen, die bewusste Entscheidungen, Handlungen und krea-
tive Leistungen hervorbringen, sind schlichtweg nicht bekannt. Die
weit verbreitete Annahme, es handle sich hier gemäß der Computer-
Analogie um ein Problem der Optimierung von Rechenergebnissen,
eventuell unter Ergänzung durch einen Zufallsgenerator, ist nicht mehr
als eine Hypothese – nicht anders als die Atomismus-Hypothese zu
Newtons Zeit. Newton hätte sie wohl in einem Fragen-Katalog ähnlich dem Anhang seiner *Optik* formuliert, anstatt starke philosophische
Thesen daraus abzuleiten.

Die neuronalen Mechanismen erklären also viel weniger als prominente Hirnforscher öffentlich behaupten. Höchstwahrscheinlich können sie auch längerfristig nur viel weniger leisten als das *Manifest* von
2004 suggeriert:[9]

> *„In absehbarer Zeit, also den nächsten 20 bis 30 Jahren, wird die
> Hirnforschung den Zusammenhang zwischen neuroelektrischen
> und neurochemischen Prozessen einerseits und perzeptiven, kog-
> nitiven, psychischen und motorischen Leistungen andererseits
> soweit erklären können, dass Voraussagen über diese Zusam-
> menhänge in beiden Richtungen mit einem hohen Wahrschein-
> lichkeitsgrad möglich sind. ... Im Endeffekt könnte sich eine
> Situation wie in der Physik ergeben ... Auf lange Sicht wer-
> den wir entsprechend eine* Theorie des Gehirns *aufstellen ...
> Dann lassen sich auch die schweren Fragen der Erkenntnistheo-
> rie angehen: nach dem Bewusstsein, der Ich-Erfahrung und dem
> Verhältnis von erkennendem und zu erkennenden Objekt. Denn
> in diesem zukünftigen Moment schickt sich das Gehirn ernsthaft
> an, sich selbst zu erkennen."*

Das ist sehr optimistisch. Tatsache ist: Heute sind die Zusammenhänge
zwischen Gehirn und Geist, zwischen den physischen und den mentalen Phänomenen, so wenig kausal erklärt wie vor 140 Jahren, als Emil
du Bois-Reymond mit seinem berühmten *Ignoramus, Ignorabimus* die
erste große Debatte um die Hirnforschung auslöste.[10] Von den im *Manifest* genannten „20 bis 30 Jahren" ist schon bald ein Jahrzehnt um.

Allerdings war die Aussage bezüglich der erwarteten „Voraussagen" auch bewusst vage gehalten. In 20 bis 30 Jahren werden die Ergebnisse des *Blue Brain-* und *Human Brain*-Projekts vorliegen. Dass sie zu bahnbrechend neuen Erkenntnissen bezüglich des kausalen Zusammenhangs von Gehirn und Geist führen werden, wage ich hier zu bezweifeln.

Bitte halten Sie sich an dieser Stelle vor Augen: Von Newtons Atomismus-Hypothese bis zur modernen Atomphysik dauerte es gut 200 Jahre. Und am Ende kam heraus, dass der Analogieschluss, auf dem sie beruhte, auf einer falschen Prämisse beruhte – die Natur ist eben *nicht* im Großen und im Kleinen so gleichförmig in sich wie Newton dachte. Die Quantentheorie, „die seltsame Theorie des Lichts und der Materie",[11] ist bis heute philosophisch nicht wirklich verstanden.

Der lange Weg zur Quantenphysik der Atome lehrt übrigens auch, wie stark Modelle an der Wirklichkeit vorbeigehen können, ohne dass dies ihr heuristisches Potential beeinträchtigen muss. Modelle müssen überhaupt nicht wirklichkeitsgetreu sein, um als nützliche Werkzeuge für die Naturerkenntnis oder für technische Anwendungen zu dienen. Schon die verworrenen Linien auf den Schnittmusterbögen, nach denen ich mir gelegentlich Kleider nähe, haben wenig mit den Endprodukten dieser Tätigkeit gemein. Und die Kernphysiker benutzen seit langem erfolgreich ein Tröpfchen-Modell des Atomkerns, ohne je im Ernst geglaubt zu haben, dass der Atomkern *wirklich* einem Wassertropfen gliche. In der Wissenschaftstheorie wird seit zwei Jahrzehnten diskutiert, dass Modelle oft nicht dem *Dar*stellen, sondern dem *Her*stellen dienen:[12] sie sind nützliche Werkzeuge zur Entwicklung und Anwendung von Theorien.

Auch unter diesem Gesichtspunkt zwingt Sie niemand, die Computer-Analogie und das darauf beruhende Modell der Informationsverarbeitung im Gehirn für bare Münze zu nehmen. Das Computer-Modell kann krass daran vorbeigehen, wie Gehirn und Geist *wirklich* funktionieren, und trotzdem ein wunderbares heuristisches Werkzeug sein, das perfekt für die epistemischen, medizinischen und technischen Zwecke der Hirnforschung taugt. So war es mit den klassischen Atommodellen von Newton bis Rutherford. Sie waren nützlich, aber falsch. Warum sollte es mit dem Computer-Modell des Gehirns anders sein?

Die Hirnforschung dürfte noch für viele Überraschungen gut sein – wenn sie es denn schafft, den mechanistischen und deterministischen Ballast des 18. Jahrhunderts über Bord zu werfen, von dem die Alltagsmetaphysik vieler Neurowissenschaftler und -philosophen bis heute durchdrungen ist; und wenn sie ihre mereologischen und kausalen Konzepte kritisch darauf hin abklopft, wie weit sie unserem Bewusstsein und seinen Inhalten gerecht werden können. Anders als Atome und subatomare Wechselwirkungen lassen sich Bewusstseinsinhalte ja *nicht* präzise mit den üblichen Methoden der Physik vermessen und in mechanistische Erklärungen einspannen.

DIE KAUSALITÄT UND IHRE TÜCKEN

Kein Naturgesetz und kein neuronaler Mechanismus kann heute erklären, dass und warum eine bestimmte neuronale Aktivität ein bestimmtes mentales Phänomen und kein anderes bewirkt. Und kein philosophischer Kausalbegriff, der nicht wieder zurück auf die Naturgesetze verweist, ist stark genug, um einen strikt gemeinten neuronalen Determinismus zu begründen. Doch aus der Sicht der heutigen Physik sind die Naturgesetze nicht durchgängig deterministisch. Dies gilt beileibe nicht nur für die Quantenphysik, sondern auch für die thermodynamischen Effekte, die im neuronalen Geschehen mitmischen, und damit für das neuronale Netz in Ihrem Kopf.

Aus der Sicht der Physik ist der Kausalitätsbegriff vorwissenschaftlich, er bedarf also der Präzisierung. Doch die Präzisierung hat ihre Tücken. Nach der bis heute weit verbreiteten Alltagsmetaphysik sind kausale Prozesse deterministisch *und* zeitlich gerichtet, d. h. die Wirkung folgt sowohl *zeitlich* als auch *strikt gesetzmäßig* auf die Ursache. Doch dieses Alltagsverständnis der Kausalität wurzelt im Denken des 18. Jahrhunderts. Es beruht auf metaphysischen Thesen, gegen die viele Philosophen heute aus guten Gründen kritisch eingestellt sind – weshalb sie lieber zu schwächeren Varianten der Kausalität wie der empiristischen Regularitätsauffassung greifen. Der *einzige* verfügbare Kausalitätsbegriff, der wirklich stark genug dafür ist, die These der kausalen Geschlossenheit der Welt und einen strikten neuronalen Determinismus zu unterfüttern, verweist auf die Gesetze der Physik.

Doch die Physik kann den dafür erforderlichen Kausalitätsbegriff nicht eindeutig präzisieren. Die kausalen Prozesse der Physik sind *entweder* deterministisch, reversibel und zeitsymmetrisch (Mechanik; Elektrodynamik; Signal-Ausbreitung nach Einstein). *Oder* aber sie sind Zeit-asymmetrisch, irreversibel und indeterministisch (Thermodynamik; quantenmechanischer Messprozess). Der physikalische Zeitpfeil gründet sich dabei bislang nur auf den 2.Hauptsatz der Thermodynamik, der probabilistische bzw. stochastische Grundlagen hat. Als Determinist können Sie jetzt annehmen, dass es eine absolute Zeit gibt. Oder Sie deuten die Begründung der Thermodynamik nach einer Ignoranz-Deutung der Wahrscheinlichkeit. Beides hat aber im Rahmen der heutigen Physik einen hohen metaphysischen Preis – und ging es nicht *eigentlich* um empirische Naturwissenschaft und ihre Konsequenzen?

Nach der heutigen Physik sind Naturprozesse nur in einem vertrackten Sinne deterministisch *und* irreversibel zugleich. Nach Elektrodynamik und Quantentheorie breiten sich Signale deterministisch aus, nach Thermodynamik und Quantentheorie werden sie in einem irreversiblen (Mess-) Prozess registriert. Die Signalübertragung gehorcht dem Prinzip der Einstein-Kausalität genauso wie den thermodynamischen Gesetzen der Energieerhaltung und des Entropie-Anstiegs. Der Vorgang der Signalübertragung kommt auch dem alltäglichen Kausalitätsverständnis noch am nächsten. Doch seine physikalische Erklärung ist lückenhaft und uneinheitlich. Die Quantenphysik kann das einzelne Messergebnis noch nicht einmal ansatzweise erklären; und die Reduktionsprobleme im Schnittfeld von Quantentheorie, Thermodynamik und klassischer Elektrodynamik bzw. Mechanik sind ungelöst.

Angefangen mit der Herdplatte, die Sie einschalten, um das Wasser im Teekessel zu erhitzen, verlaufen kausale physikalische Prozesse normalerweise abwechselnd deterministisch-reversibel und indeterministisch-irreversibel. Das Einschalten der Herdplatte setzt die

Heizspirale unter Strom. Das funktioniert deterministisch und reversibel. Sie erwarten mit Recht, dass der Herd gemäß den Gesetzen der Elektrodynamik funktioniert; und Sie können der Herdplatte den Strom genauso so leicht und schnell ausschalten wie Sie ihn eingeschaltet haben. Doch die Erwärmung der Herdplatte und des Teewassers erfolgt probabilistisch und irreversibel. Die Wärme überträgt sich vom Herd auf den Teekessel und die Wassermoleküle; das ist ein dissipativer Vorgang, bei dem auch einige Wärme an die Umgebung abgegeben wird. Sobald Sie den Herd ausschalten, strebt das System Herd-Wasser-Küche nach dem thermischen Gleichgewicht; und darauf müssen Sie eine Weile warten. Eine ähnliche Folge von deterministisch-reversiblen und indeterministisch-irreversiblen Prozessen liegt bei den kausalen Mechanismen der Chemie und Biologie vor, von chemischen Reaktionen über die Proteinfaltung bis hin zu den neuronalen Mechanismen. In den kausalen Komponenten der Mechanismen sind dabei überall elektrodynamische und thermodynamische Prozesse am Werk (von ihren quantentheoretischen Grundlagen ganz zu schweigen).

Es ist erstaunlich, wie wenig die Hirnforscher, die den neuronalen Determinismus verkünden, diese physikalischen Grundlagen in Betracht ziehen. Noch erstaunlicher ist, wie wenig die Philosophen, die sich an der Debatte um Hirnforschung und Willensfreiheit beteiligen, die innerphilosophischen Auffassungen der Kausalität ins Spiel bringen. Täten sie es, so sollte ihnen auffallen, dass es zwei elegante Strategien gibt, um den neuronalen Determinismus im Einklang mit den Methoden und Ergebnissen der Hirnforschung zu „entschärfen":

1. Man kann im Anschluss an Kant oder Hume deutlich machen, dass die „gefühlte" Notwendigkeit kausaler Naturzusammenhänge subjektiv ist und dass sich der strikte Determinismus als Tatsachenbehauptung über die Welt nie und nimmer empirisch beweisen lässt. Wer Kant folgt, nimmt an, dass das Kausalprinzip heuristisch ist, methodologischen Charakter hat und ein apriorischer Grundsatz aller empirischen Naturerkenntnis ist. Wer Hume folgt, pflegt ein noch schwächeres Verständnis der Kausalität, nämlich die

empiristische Regularitätsauffassung. (Wem die letztere zu schwach ist, der sollte eben Kant folgen und nicht Hume.)

2. Oder man kann sich anhand wissenschaftsphilosophischer Schriften kundig machen, wie das alltägliche Kausalitätsverständnis durch die Gesetze der Physik präzisierbar ist.[13] Dies sollte zur Einsicht führen, dass es reversible, dynamische und irreversible, statistische Naturgesetze gibt und dass sich der eine Typus nicht auf den anderen reduzieren lässt – oder höchstens mit beträchtlichem metaphysischem Aufwand. Alle kausalen Prozesse der Physik, Chemie und Biologie verlaufen partiell indeterministisch, soweit die Thermodynamik im Spiel ist. Und da dies auch für das neuronale Netz in Ihrem Kopf gilt, sind Sie nicht strikt determiniert.

Doch benutzt niemand diese Strategien. Stattdessen verteidigen die Hirnforscher den neuronalen Determinismus und die Philosophen machen entweder überfleißig mit (eliminativer Materialismus); oder sie behaupten, der freie Wille sei bestens damit verträglich, dass wir determiniert sind (Kompatibilismus); oder gar, die Hirnforschung sei irrelevant für unser Menschenbild (Kulturalismus). Und so reden und schreiben sie in punkto Determinismus und Willensfreiheit beharrlich aneinander vorbei – wie es in metaphysischen Debatten seit jeher üblich ist.

DAS RÄTSEL ZEITBEWUSSTSEIN

Unser Zeitbewusstsein spielt eine Schlüsselrolle für die integrativen Leistungen des Bewusstseins und ihre Erklärung aus neuronalen Grundlagen, denn was wir als Gegenwart erleben, ist ja identisch mit unseren Bewusstseinsinhalten. Worauf wir unsere Aufmerksamkeit richten, ist gegenwärtig; was wir in unserer Erinnerung speichern, ist vergangen; worauf sich unsere Pläne und Absichten richten, ist zukünftig. Wer unser subjektives Erleben auf das neuronale Geschehen reduzieren will, muss erklären können, wie sich unser subjektives Zeiterleben auf die objektive Zeit der Physik reduzieren lässt – mitsamt der Zeitrichtung bzw. des Zeitpfeils.

Bei der Untersuchung, inwieweit dies gelingt, waren wir auf das Dilemma eines Determinismus ohne physikalischen Zeitpfeil oder eines Zeitpfeils ohne strikten Determinismus gestoßen, das uns dann auch im Zusammenhang mit der Kausalität beschäftigt hat. Diesem Dilemma entkommen Sie nur mit größeren metaphysischen Klimmzügen, wie ich im 5. Kapitel gezeigt habe. Die Optionen, die sich dabei zur Determinismus-Rettung auftun, sind aus neurowissenschaftlicher Sicht nicht gerade attraktiv: eine absolute Zeit, die nicht in den neuronalen Mechanismen codiert ist; oder ein Block-Universum, in dem die Zeit zum illusionären Epiphänomen wird; oder das Universum als gigantischer zellulärer Automat, der deterministisch und diskret auf der Planck-Skala vor sich hin arbeitet. Für die neuronalen Mechanismen sollen ja die Gesetze der Physik gelten – einschließlich der indeterministischen Grundlagen der Thermodynamik. Um den neuronalen Determinismus zu retten, müssen Sie also schon bereit dazu sein, kräftig am Fundament der heutigen Physik herumzusägen.

Meiner Auffassung nach lohnt sich das nicht, auch wenn es spannend sein mag, dies zu tun. Doch dies ist Sache der Physiker, denen seit Jahrzehnten keine Rettung des Determinismus gelingt, die akzeptabel für den Rest der *community* wäre. Es *könnte* ja sein, dass der Quanten-Indeterminismus irreduzibel ist, dann ist alles vergebliche Müh.

Aus neurowissenschaftlicher Sicht ist es viel plausibler, bei der heutigen Physik zu bleiben und anzunehmen, dass neuronale Mechanismen eben *nicht* deterministisch arbeiten. So können sie auch das Zeitbewusstsein im Einklang mit einem Zeitpfeil codieren, der ihnen eingebaut ist. Und genau dies nehmen die Neuroinformatiker offenbar an. Patricia Churchland weist darauf hin, dass es seit Jahren gelingt, die Zeitfolge neuronaler Zustände mittels rekurrenter neuronaler Netze zu simulieren.[14] Auch rekurrente Netze arbeiten stochastisch, mit ihren jeweiligen Fehlertoleranzen.

So weit, so gut. Dennoch bleiben auch beim Versuch, das Zeitbewusstsein *bottom-up* von der objektiven, physikalischen Zeit und den neuronalen Mechanismen zu erklären, wieder grundsätzliche Erklärungslücken bestehen. Da ist zum einen der Zirkel der Erklärung.

Die mechanistische Erklärung beruht wie immer auf der Computer-Analogie zwischen natürlichen und künstlichen neuronalen Netzen; und natürlich steckt man in die Simulation der Codierung von Zeitsequenzen bestimmte Anfangsbedingungen für den Mechanismus hinein, also den Unterschied von Früher und Später, um den wir wissen. Die Simulation zeigt allerdings, dass ein rekurrentes neuronales Netz eine Zeitsequenz codieren kann; die zirkuläre Erklärungsstruktur ist also kein fataler Zirkel.

Das zweite große Problem ist die Einheit der Zeit – der neuronale Mechanismus, der die hochfrequenten 30–40-Millisekunden-Sequenzen in das einheitlich erlebte 3-Sekunden-Fenster der Gegenwart integriert. Nach Churchland gelingt es mit den rekurrenten Netzen auch, sequentielles Verhalten auf einer kontinuierlichen Zeitskala zu simulieren;[15] es müsste näher überprüft werden, was hier „kontinuierlich" heißt und inwieweit dies dazu beiträgt, die Einheit der subjektiv erlebten Gegenwart zu erklären, bzw. dazu, eine Fülle von Bewusstseinsinhalten als zum gleichen „Jetzt" gehörig zu erleben.

Letzten Endes geht es bei alledem wieder um das ungelöste Bindungsproblem, das uns schon im 7. Kapitel beschäftigt hat. Wer oder was die Instanz im Gehirn ist, die das Bündel unserer Bewusstseinsinhalte zu einer einheitlich erlebten Gegenwart zusammenschnürt, können uns die Hirnforscher nicht sagen.

GRENZEN DER REDUKTION?

Natürlich schließen diese Erklärungslücken nicht aus, dass das Gehirn den Geist hervorbringt. Es ist höchst unplausibel, dass die Evolutionsbiologie ausgerechnet in dem Punkt falsch sein sollte, der die letzte und größte narzisstische Kränkung der Menschheit nach Freud betrifft; zumal ja in Bezug auf die kognitiven Fähigkeiten und das Bewusstsein der Unterschied zwischen uns und den Tieren nur graduell ist – wir können Schimpansen, Katzen oder Raben nur nicht fragen, wie sie sich fühlen. Der Geist ist nicht vom Himmel gefallen, und der Dualismus ist durch meine kritische Untersuchung auch um keinen Deut plausibler geworden. Eine neue Theorie des Bewusstseins kann und will ich Ihnen hier nicht anbieten, sondern nur ein Plädoyer zur Bescheidenheit. Spekulative Höhenflüge allein machen noch keine Wissenschaft aus, und sie sind auch nicht Sache der Wissenschaftstheorie, zu der dieses Buch beiträgt. Mein Anliegen ist, die Grenzen der naturwissenschaftlichen Erkenntnis auszuloten. Doch dazu gehört auch zu fragen, in welche Richtung sie sich denn verschieben lassen könnten.

Wie weit trägt in der Hirnforschung also das Mathematisierungs-, Vereinheitlichungs- und Reduktionsprogramm der neuzeitlichen Naturwissenschaft, das ich im 2. Kapitel skizziert habe? Mathematisiert ist hier nur zweierlei:

– die Messverfahren, von der Psychophysik über die Reiz-Reaktions-Experimente bis zu den bildgebenden Verfahren; und
– die tieferstufigen neuronalen Mechanismen, von den elektro- und biochemischen Grundlagen der Signalübertragung bis zur Computersimulation der Kortex-Architektur und der neuronalen Aktivität durch künstliche neuronale Netze.

Geben die Methoden der Hirnforschung Anlass zur Hoffnung, dass das Bewusstsein in Zukunft umfassender mathematisierbar sein könnte? Die bildgebenden Verfahren werden in Zukunft weiter verfeinert werden, und damit können dann die physischen Phänomene besser gemessen werden, die mit bestimmten mentalen Phänomenen korreliert sind. Doch für die letzteren gibt es dennoch kein anderes „Messinstrument" als das Bewusstsein der Versuchspersonen, und dieses ist vielleicht trainierbar, aber nicht mathematisierbar. „Gedankenlesen" ist ein hübsches Wort – im buchstäblichen Sinn wird das aber *science fiction* bleiben. Ähnliches gilt für den Ertrag noch so guter Kortex-Simulationen: Sie werden keine Bewusstseinsinhalte berechnen. In Bezug auf bessere Mathematisierbarkeit bin ich also pessimistisch. Die Inkommensurabilität von mentalen und physischen Phänomenen, die ich konstatiert habe, betreffen ja eine sehr grundsätzliche Grenze der Mathematisierung: Mentale Phänomene lassen sich durch noch so gute experimentelle Methoden nicht isolieren und kausal abschirmen.

Wie steht es mit der Vereinheitlichung? Mit dem Programm, eine integrative Wissenschaft von Gehirn *und* Geist zu sein, hat sich die kognitive Neurowissenschaft die einheitliche Erklärung von physischen und mentalen Phänomenen auf ihre Fahnen geschrieben. Doch bislang stützt sich solche Eineit nur auf zweierlei: auf

- ein loses kausales Bedingungsgefüge, das zwar eine Fülle von empirischen Befunden umfasst, doch keine notwendigen *und* hinreichenden Bedingungen für die kausale Beziehung von Gehirn und Bewusstsein; und
- den Analogieschluss vom Gehirn auf das Computer-Modell und von dort auf unsere kognitiven Fähigkeiten, der den Informationsbegriff als Brücke benutzt.

Besteht berechtigter Anlass zur Hoffnung, dass die Vereinheitlichung in Zukunft besser gelingen kann? Auch in diesem Punkt bin ich skeptisch, denn angesichts der beschränkten Möglichkeiten der Mathematisierung und ohne Größen, die sich auf *irgend* ein gemeinsames Maß bringen lassen, dürften die semantischen Brücken zwischen dem Gehirn und dem Bewusstsein auch künftig in der Luft hängen. Doch vielleicht bin ich hier nur zu phantasielos. Allerdings spricht ein weiterer Punkt gegen den Traum von der Vereinheitlichung: Wenn schon die *Physik* keine einheitlichen Grundlagen mehr hat und seit bald einem Jahrhundert vergeblich darum ringt, wie sollte dies der *kognitiven Neurowissenschaft* gelingen? Ich fürchte, hier zeichnen sich eben doch grundsätzliche Grenzen der naturwissenschaftlichen Erkenntnis ab.

Damit komme ich zur Reduktion. Indizieren die derzeitigen Erklärungslücken nur Grenzen des heutigen Wissens, oder deuten sie auf grundsätzliche Grenzen der Reduktion hin? Es sind verschiedene Varianten der Reduktion mit unterschiedlicher Leistung zu unterscheiden: die *epistemische, methodologische* und *ontologische* Reduktion. Prüfen wir, was die Hirnforschung dabei jeweils zu bieten hat.

1. Die *epistemische* Reduktion betrifft unser Wissen. Niemand in der Hirnforschung kann erklären, wie das Gehirn Bewusstsein

hervorbringt. Es gibt nur diverse spekulative Hypothesen. Von epistemischer Reduzierbarkeit des Bewusstseins auf die neuronalen Aktivitäten kann also bis auf weiteres keine Rede sein.

2. Die *methodologische* Reduktion betrifft die Forschungsmethoden. Nun ist keine Frage, dass die Hirnforschung die mentalen Phänomene methodologisch auf die physischen Phänomene reduziert, soweit sie nur irgend kann. Darauf zielen alle ihre *top-down*-Verfahren, *bottom-up*-Erklärungen und auch die Computer-Analogie. Die methodologische Reduktion funktioniert erstaunlich gut, verleitet aber zu mereologischen und kausalen Fehlschlüssen. Wenn ich mit meiner These (V_{IN}) der Inkommensurabilität recht habe, gibt es prinzipielle Grenzen der methodologischen Reduktion; und sie sollten genauer untersucht werden.

3. Die *ontologische* Reduktion betrifft die wirklichen Zusammenhänge in der Natur. Und über die können wir jenseits der Grenzen unseres Wissens nichts aussagen. Wir wissen also nicht, ob die ontologische Reduktion des Bewusstseins auf das Gehirn jemals gelingen wird oder nicht, und ob sie prinzipiell unmöglich ist oder ob wir nur den richtigen Ansatz nicht finden. Auf jeden Fall gehört die Annahme dieser ontologischen Reduzierbarkeit zu den heuristischen Prinzipien der kognitiven Neurowissenschaft, als heuristische Devise ist sie unverzichtbar. Und niemand kann wissen, wohin diese Heuristik in Zukunft führt.

Allerdings ist die ontologische Reduktion nicht unabhängig von der methodologischen. Die Hirnforschung reduziert unsere kognitiven Fähigkeiten und Bewusstseinsinhalte durch ihre *top down*- und *bottom up*-Methoden auf die Teile-Ganzes-Struktur und die Aktivitätsmuster der Körperwelt. Und dies hat Folgen für die *Wege der ontologischen Reduktion*, die beschritten werden: Die Methoden der Hirnforschung spannen die Beschaffenheit unseres Bewusstseins in das Prokrustesbett einer Ding-Ontologie ein. Schon der Cartesische Substanz-Dualismus hat unserem Bewusstsein eine Ontologie von Dingen und ihren Eigenschaften übergestülpt, die den mentalen Phänomenen überhaupt nicht gerecht wird. Bewusstseinsinhalte können sich auf Dinge und ihre

Eigenschaften *beziehen*; und sie *gehören zu* uns als Personen mit einer physischen Existenz; aber sie *sind* weder Dinge, noch Teile von Dingen, noch physikalische, chemische, biologische oder sonstige physische Eigenschaften von Dingen.

Eine Ding-Ontologie zu unterstellen, zieht eine Teile-Ganzes-Ontologie nach sich; und die letztere führt dann in der Hirnforschung zu mereologischen Fehlschlüssen, wie sie Bennett und Hacker kritisieren, und mehr. Doch die atomistischen Denkfehler rühren nicht einfach von schlampigem Sprachgebrauch her, sondern sie resultieren aus dem Ansatz der Hirnforschung, die mentalen Phänomene in den *top-down*- und *bottom-up*-Methoden über den Leisten der physischen Phänomene zu schlagen. Ich glaube auch nicht, dass es sich hier um ein Erbe des Cartesischen Substanz-Dualismus handelt, das sich stillschweigend und unabsichtich in die Hirnforschung eingeschlichen hätte. Nein, es ist wohl genau umgekehrt: Schon Descartes dachte naturwissenschaftlich; und schon er ließ sich keinen anderen Weg für die Analyse der „geistigen Substanz" einfallen als das *top-down-* und *bottom up-*Vorgehen der Naturwissenschaften.[16] Methodologisch sind also alle Hirnforscher Cartesianer, ob sie nun den Dualismus ablehnen oder nicht.

Die methodologische Reduktion gibt denn auch vor, was die Naturwissenschaften unter ontologischer Reduktion verstehen. Nach dem üblichen Arsenal von analytisch-synthetischen Methoden kann es entweder *mereologisch* oder *kausal* verstanden werden. Um auszuloten, wo die Grenzen der ontologischen Reduktion in der Hirnforschung liegen, ist wieder einmal der Vergleich mit der Physik hilfreich.

Die *mereologische* Reduktion ist die Zurückführung eines Ganzen auf seine Teile. Im Bereich der physischen Phänomene funktioniert sie von den makroskopischen Körpern über die Moleküle, Atome, Atomkerne, Protonen und Neutronen bis hinunter zu den Quarks und anderen subatomaren Teilchen (bzw. Feldern). Das Ganze und die Teile haben dabei gemeinsame dynamische Eigenschaften wie Impuls, Masse und Energie, Ladung usw. Anhand ihrer Wechselwirkungen lassen sich diese Teile innerhalb des jeweiligen Ganzen durch Mikroskopierverfahren vom Licht- über das Röntgen- bis zum Elektronen-Mikroskop nachweisen, oder durch Streuexperimente an Teilchenbeschleunigern;

dabei gelten empirisch überprüfbare Summenregeln für die Teile und das Ganze,[17] so dass das Ganze in verschiedenen Hinsichten als Summe seiner Teile zu verstehen ist. Geist und Gehirn stehen dagegen nicht in einer Teile-Ganzes-Beziehung zueinander, und es gibt auch keine Summenregeln dafür, wie sich die Eigenschaften mentaler und physischer Phänomene kombinieren. Damit versagt die mereologische Reduktion für Gehirn und Geist komplett.

Die *kausale* Reduktion ist die Zurückführung von Phänomenen auf ihre Ursache. Dies funktioniert *grundsätzlich* auch für Gehirn und Geist, und dies ist auch der reduktionistische Weg, den die Hirnforscher hauptsächlich beschreiten. In der Physik, Chemie, Biochemie und Neurophysiologie ist die kausale Reduktion jedoch durch die mereologische Reduktion gestützt. Insbesondere sind die kausalen Mechanismen der Neurophysiologie durch die Befunde der Neuroanatomie gestützt. Doch da die mereologische Reduktion für die Beziehung von Gehirn und Bewusstsein versagt, bleibt die mechanistische Erklärung auf die neuronalen Mechanismen im engeren Sinne beschränkt, d. h. ihre höchste Stufe ist die Erklärung, wie der Kortex als neuronales Netz funktioniert. Doch dann ist Schluss – jede weitergehende Erklärung der kognitiven Funktionen des Gehirns beruht auf dem Umweg über die Computer-Analogie und den Brückenbegriff „Information". Darüber hinaus bleibt nicht mehr als das lose kausale Geflecht von notwendigen physischen Bedingungen für mentale Phänomene, das die Neuropathologie und die bildgebenden Verfahren spinnen. Die Hoffnung der Neurowissenschaftler geht dahin, dabei irgendwann auch hinreichende Bedingungen für das Bewusstsein zu identifizieren; dies wäre der entscheidende Durchbruch.

Ob der Hirnforschung dieser Durchbruch je gelingt, kann ich nicht phrophezeien. Ich möchte Sie nur darauf hinweisen: Es handelt sich hier um ein Reduktionsproblem, das anders gelagert ist als in allen anderen Gebieten der Naturwissenschaft. Die mereologische Reduktion versagt im Übergang vom Gehirn zum Bewusstsein. Damit versagen die üblichen mechanistischen Erklärungen, und es bleiben nur noch die erklärungsschwachen Bedingungsgefüge und Analogieschlüsse. Damit versagen aber auch alle Konzepte der schwachen Emergenz, die mit der ontologischen Reduktion eines Ganzen und seiner Eigenschaften auf die Teile einhergehen. Hirnforscher und Neurophilosophen, die hier weiter kommen wollen, sollten aus meiner Sicht am besten nach neuen ontologischen Konzepten suchen, die das Bewusstsein und seine Beziehung zum Gehirn *völlig anders* begreifen als nach dem alten ontologischen Modell von Dingen und ihren Eigenschaften.

Dieses ontologische Reduktionsproblem betrifft übrigens auch den eliminativen Materialismus, der anstelle der kausalen Reduktion die *Identifikation* von neuronalen Prozessen und mentalen Phänomenen behauptet.[18] Bei allen Beispielen aus der Physik, die dieser Ansatz üblicherweise anführt, beruht die Identifikation wesentlich darauf, dass die erklärten Phänomene (wie die Temperatur) und die erklärenden Phänomene (wie die kinetische Energie der Moleküle) bestimmte physikalische Eigenschaften gemeinsam haben, die sich wenigstens in einem idealisierten Modell (wie beim idealen Gas) im Sinne einer mereologischen Reduktion deuten lassen – nach einer Teile-Ganzes-Beziehung, und mit irgendwelchen Summenregeln für die geteilten Eigenschaften. Doch wie lässt sich die Energie der kohärent feuernden Neurone oder die Informations-Entropie eines neuronalen Netzes in eine „Energie" oder „Entropie" unserer Bewusstseinsinhalte umrechnen? Das klingt ja hübsch; doch ohne gemeinsames Maß bleibt es reine Metaphorik.

ABSCHIED VOM NEURONALEN DETERMINISMUS

Meine generellen Schlussfolgerungen zu den Erklärungsleistungen und -lücken der kognitiven Neurowissenschaft unterscheiden sich deutlich vom plakativen Bild der Erfolge ihrer Disziplin, das prominente Hirnforscher in der Öffentlichkeit verbreiten.

I. Das neuronale Geschehen verläuft *nicht* strikt deterministisch. Neuronale Mechanismen sind thermodynamische Prozesse, die stochastisch, irreversibel und nicht-linear fern vom thermodynamischen Gleichgewicht geschehen.

II. Die Neurowissenschaft erklärt unsere kognitiven Fähigkeiten *nicht* durch kausale Mechanismen. Die Erklärung ist schwächer; sie beruht auf einem Analogieschluss, der den Informationsbegriff als Brücke benutzt.

III. Diese Erklärung hat großen heuristischen Wert. Sie beruht auf der Analogie von künstlichen und natürlichen neuronalen Netzen und erlaubt es, den Kortex als Computer zu modellieren. Doch das Computer-Modell hat seine Grenzen.

Meine allgemeinen Schlussfolgerungen zum Trilemma von Gehirn, Geist und Natur, das ich im 1. und 7. Kapitel diskutiert habe, unterscheiden sich genauso deutlich von der Diskussionslage in der gegenwärtigen Philosophie des Geistes. Die meisten Geistesphilosophen unterstellen, die These **(K)** der kausalen Geschlossenheit der Welt *könnte* ja wahr sein, und der Weltlauf *könnte* ja deterministisch sein. Dann haben sie natürlich Probleme, dies mit den beiden anderen Thesen zu vereinbaren – mit der These **(V)** der Verschiedenheit physischer und mentaler Phänomene und der These **(W)** der möglichen Wirkung der letzteren auf die ersteren.

Unter dieser Voraussetzung quälen sich viele Philosophen tapfer damit ab, einen Kompatibilismus von Determinismus und Freiheit zu verteidigen. Einige Beherzte kämpfen für einen Libertarismus, nach dem Determinismus und Freiheit *nicht* miteinander vereinbar sind; einige Abweichler sagen unbeeindruckt von den Erfolgen der Hirnforschung: „Aber der Kaiser hat doch gar keine Kleider!" (Doch, der Kaiser hat Kleider. Die neurowissenschaftlichen Kleider des phänomenalen Bewusstseins haben einen differenzierten Faltenwurf und sind vielfältig zu gebrauchen. Doch sie sind weniger prunkvoll und sie decken weniger Blößen ab, als der Kaiser gern hätte.)

Die hier entwickelten Argumente weisen gerade in die entgegengesetzte Richtung:

IV. Die These der kausalen Geschlossenheit der Natur ist *entweder* sinnlos *oder* falsch, *oder* sie hat einen hohen Preis: angesichts der heutigen Physik zwingt sie zu metaphysischen Klimmzügen, um den Determinismus zu retten.

V. Mentale und physische Phänomene sind *inkommensurabel*. Die mentalen Phänomene lassen sich methodologisch nicht über den Leisten der physischen Phänomene schlagen; wer dies übersieht, zieht kausale oder mereologische Fehlschlüsse über das Bewusstsein.

VI. Die kausalen Beziehungen zwischen Gehirn und Geist sind nach den Befunden nicht einseitig, sondern wechselseitig, d. h. *bottom-up* und *top-down*. Für die *top-down*-Richtung sprechen u.a. Phänomene wie die gedankliche Steuerung von Prothesen durch Neuroimplantate.

All dies spricht dafür, die These von der kausalen Geschlossenheit der physischen Welt als irreführenden Restbestand der frühneuzeitlichen Metaphysik aufzugeben – und die beiden anderen Thesen beizubehalten, solange sie nicht empirisch widerlegt sind. Und damit löst sich das Trilemma in Luft auf.

Ich hatte schon im 1. Kapitel betont, dass die Kausalitätsthese **(K)** eine metaphysisch übersteigerte Version des Kausalprinzips ist, die zustande kommt, indem man ein methodologisches Prinzip, eine heuristische Regel der Naturforschung, mit einer Tatsachenbehauptung verwechselt. Kant, der dabei an Newtons Regeln zur kausalen Erforschung der Natur dachte, hat die Kausalitätsthese **(K)** in seiner Auflösung der Antinomie von Natur und Freiheit entsprechend kritisiert. Seine Philosophie sollte (mindestens!) in diesem Punkt endlich wieder zur Kenntnis genommen werden.

Die Philosophen und Naturwissenschaftler sollten aber auch zur Kenntnis nehmen, dass es prinzipielle *Grenzen der wissenschaftlichen Erklärung* geben könnte. Auch ohne Verweis auf Kant zeigen sie sich an den hartnäckigen Erklärungslücken der kognitiven Neurowissenschaft. Denn:

VII. Die kausale Wechselbeziehung zwischen Gehirn und Geist, physischen und mentalen Phänomenen wird nicht durch neuronale Mechanismen erklärt, die echte mechanistische Erklärungen liefern. Die *bottom-up*-Erklärung schlägt die Brücke von den physischen zu den mentalen Phänomenen nur *per Analogie*, mit dem Brückenbegriff „Information". Wie sich *top-down*-Wirkungen in mechanistische Erklärungen einbauen ließen, ist noch unklarer.

VIII. Um heuristisch fruchtbar zu sein, müssen Modelle nicht wirklichkeitsgetreu sein. Die Modellierung des Gehirns und seiner kognitiven Funktionen als Information verarbeitendes neuronales Netz kann an der Wirklichkeit krass vorbei gehen – und dennoch erfolgreich zum medizinischen und technischen Fortschritt beitragen.

Bei aller *prima facie*-Ähnlichkeit der Kortex-Architektur und der Architektur künstlicher neuronaler Netze dürfen Sie eines nicht vergessen: Auch an der Atomvorstellung von Newton und seinen Zeitgenossen war einiges dran. Verglichen mit der Wirklichkeit der Quantenprozesse lag sie aber ziemlich daneben. Dies tat sie jedoch vermutlich in ganz anderer Weise als das Computer-Modell die Wirklichkeit von Gehirn und Bewusstsein verfehlen dürfte.

Beim Analogieschluss von den makroskopischen Körpern auf ihre mikroskopischen Bestandteile funktioniert die Teile-Ganzes-Beziehung bestens, bis hinab zum Quark-Modell.[19] Beim parallelen Analogieschluss vom Gehirn auf den Computer und von der Computer-Information zurück auf das Bewusstsein funktioniert die Teile-Ganzes-Beziehung gerade *nicht*. Das Bewusstsein hat weder mit der Computer-Information noch mit dem Feuern der Neurone *irgendeine* Eigenschaft gemeinsam, die sich auch nur ansatzweise messen, quantifizieren und im Sinne einer Teile-Ganzes-Beziehung deuten ließe. Stattdessen verleiten die üblichen *top-down*- und *bottom up*-Verfahren hier zu mereologischen und kausalen Fehlschlüssen.

(Lassen Sie sich also bitte nicht zu einem weiteren Analogieschluss verleiten, der vermutlich auch nur wieder in die Irre führt – nämlich zu der Annahme, es müsste *irgendetwas* mit der Quantentheorie zu tun haben, dass die mechanistischen Erklärungen beim Bewusstsein fehlschlagen.)

Nach alledem sollte uns kein Geschrei über den neuronalen Determinismus mehr beeindrucken. Die Hirnforschung erklärt uns *nicht*, wie wir uns als geistige Wesen verstehen sollen. Und dass unser neuronales Geschehen indeterministisch verläuft, bedeutet *nicht*, dass wir wie parallel verschaltete Roboter über unser neuronales Netz am Faden eines Zufallsgenerators baumeln, wenn wir uns in unseren Strategien festgefahren haben. Ein künstliches neuronales Netz muss neu würfeln. Doch wir können umdenken, anhand der Erwägung von Gründen. Natürlich kann die kognitive Neurowissenschaft versuchen, Gründe als Ursachen zu modellieren. Doch was dies dann über unsere wirklichen Handlungsmotive besagt, liegt im Nebel.

NATUR UND FREIHEIT

Die Befunde, die uns auf der Reise durch die Methoden der Naturwissenschaft, die Hirnforschung, die Rätsel des Zeitbewusstseins, die Tücken der Kausalität und die Grenzen der Erklärung durch neuronale Mechanismen begegnet sind, legen uns nahe: Wir sollten uns nicht nur endlich vom Determinismus verabschieden, sondern auch von einer reduktionistischen Ontologie, die sich auf die Vorstellung von Dingen und ihren Eigenschaften stützt und alle Verflechtungen in der Welt nach dem Muster einer Teile-Ganzes-Beziehung deutet. Schon die Natur ohne Bewusstsein ist ein komplexer Stufenbau. Ihre höherstufigen Organisationsformen lassen sich nicht lückenlos aus den niedrigeren herleiten. Überall, wo sich Erklärungslücken auftun, wird gern das Zauberwort „Emergenz" eingesetzt. Doch dieses Zauberwort kann nur für komplexe *physische* Systeme im Sinn einer schwachen Emergenz verstanden werden, die mit ontologischer Reduktion verträglich ist; denn die ontologische Reduktion wird hier mereologisch gedeutet, als Zurückführung eines Ganzen oder seiner Eigenschaften auf die Teile. Das Gehirn lässt sich natürlich als ein komplexes physisches System verstehen (das menschliche Gehirn gilt als das komplexeste System im ganzen Universum); doch das System Gehirn-und-Geist lässt sich *nicht* als ein komplexes physisches System verstehen, sondern höchstens das System Körper-und-Geist als intelligentes Lebewesen bzw. als Person.

Solange keine ontologischen Begriffe zur Verfügung stehen, mit denen wir davon wegkommen alles nach den Kategorien von Dingen und ihren Eigenschaften zu betrachten, solange bleibt das Bewusstsein ontologisch irreduzibel. Dies verpflichtet uns meiner Auffassung derzeit auf ein starkes Konzept der Emergenz, nach dem unser Bewusstsein in einer nicht-reduktiven Einheit mit unserem Gehirn steht, und die menschliche Freiheit in einer nicht-reduktiven Einheit zur Natur.

Um das Verhältnis von Natur und Mensch, bzw. von kausalen Naturprozessen und menschlicher Freiheit zu klären, müsste man auf dieser Basis untersuchen, wie sich die Natur unter Einschluss unserer physischen Existenz zu den Facetten des menschlichen Geistes verhält, die ja auch Sprache, soziale Interaktion und Kulturleistungen einschließen (– auch wenn ich in den letzten Kapiteln hiervon abstrahiert und „Geist" und „Bewusstsein" weitgehend synonym gebraucht habe). Dies müsste man vor dem Hintergrund der biologischen und der philosophischen Anthropologie ausarbeiten, was ich hier natürlich nicht mehr leisten kann.

Dabei kämen neue philosophische Heroen ins Spiel. Es wäre an Hegel anzuknüpfen, der die verschiedenen Formen der Selbstorganisation in der Natur als Vorformen der Freiheit betrachtete; an Plessner, für den die Abgrenzung zwischen Innen und Außen eine notwendige Voraussetzung für die Entstehung von Individualität in der Natur ist; an Gehlen, der den Menschen primär als handelndes Wesen begriff; an Ernst Cassirer (1874–1945), der die symbolischen Fähigkeiten von uns Menschen als Kern unseres Menschseins betrachtete; oder an die philosophische Phänomenologie, bei der die Leiblichkeit des Menschen ins Zentrum rückt.[20]

Doch auch ohne detailliert ausgearbeitete philosophische Anthropologie sollte klar sein: Die menschliche Freiheit liegt *nicht* in *unbegrenzten* Möglichkeiten. Sie liegt in der Fähigkeit, unter den gegeben Bedingungen, Einschränkungen und Grenzen im Rahmen des Möglichen zu handeln. Wenn ein Mensch eingesperrt ist, so nimmt ihm dies nicht seinen Willen, sondern nur Handlungsmöglichkeiten. Wenn jemand eine Lebensentscheidung trifft, so tut er gut daran, dabei nicht gegen Naturgesetze wie das Fallgesetz anzurennen. Wenn alle

Menschen teilweise triebgesteuert sind, so sind sie es noch nicht vollständig. Wenn jemand, wie im traurigen Fall von Phineas Gage, durch eine schwere Hirnverletzung die moralische Empfindungs- und Urteilsfähigkeit verliert, oder wenn ein Psychopath keine solche hat, so bedeutet dies nicht, dass das moralische Verhalten aller Menschen durchgängig neuronal determiniert sei. Wenn jeder von uns teilweise durch seine biologische Konstitution, seine Erziehung und seine soziale Umwelt bestimmt ist, so heißt dies noch längst nicht, dass Ihr oder mein Verhalten gar keine Freiheitsgrade mehr hat. Und wenn jeder von uns viele Handlungen unbewusst beginnt und ausführt, so heißt dies auch nicht, dass es keinen freien Willen gibt und alle Handlungen vollständig neuronal gesteuert sind.

Wie schon zu Beginn des Kapitels betont, plädiert selbst eine eliminative Materialistin wie Patricia Churchland nicht dafür, dass wir uns den freien Willen absprechen, sondern für eine neurowissenschaftliche Präzisierung des Freiheitsbegriffs durch ein abgestuftes Konzept der Selbstkontrolle. *Entweder* durchgängiger Determinismus *oder* unbeschränkte menschliche Freiheit – *oder* gar, wie die Kompatibilisten meinen, relativ zu den jeweiligen Umständen Determinismus *und* Freiheit auf einmal: dies ist eine schlechte, irreführende Alternative. Und nun sind Sie frei, aus dem, was ich Ihnen in diesem Buch dargelegt habe, Ihre eigenen Schlussfolgerungen zu ziehen.

ANMERKUNGEN

ANMERKUNGEN ZUM 1. KAPITEL

1. Patton 2009.
2. Elger et al. 2006, S. 80.
3. Singer 2004, S. 36 f.
4. Singer 2003, S. 29.
5. Damasio 1997, 1. und 2. Kapitel.
6. Prinz 2004, S. 22.
7. Einstein 1934, S. 115, oder Einstein 1949, S. 5.
8. Kant 1755 (1900 ff., Bd. 1, S. 228).
9. D'Holbach 1777 (1978, S. 83).
10. Vgl. Descartes 1641 mit Metzinger 2009, S. 145–149.
11. Scheibe 2007. Damals packten auch die Physiker ihre philosophischen Äußerungen meistens – aber nicht immer – in öffentliche Vorträge oder in private Diskussionen am Rande von Konferenzen.
12. Laplace 1814 (1996, S. 2 und 3).
13. Vgl. meine detaillierte Analyse von Kants Antinomienlehre in Falkenburg 2000, Kap. 5.
14. Kant 1781/1787, B 232 ff. / A 189 ff.
15. Wolff 2009.
16. Vgl. zu dieser Position etwa Keil 2007, S. 118 ff.
17. Kant, 1781/1787, B 878 / A 850. Dazu Falkenburg 2005.
18. Bieri 2007, S. 5.
19. Vgl. die Ausführungen zu (**W**) weiter unten und die Hinweise in Anm. 26.
20. Hier sind mit „Qualia" unsere mehr oder weniger komplexen Erlebnisinhalte gemeint, keine einfachen *Qualia* oder „Sinnesatome"; die Annahme, dass es atomare Sinneserlebnisse gibt, überträgt m.E. das atomistische Denken in unzulässiger Weise von den phyischen Phänomenen auf Bewusstseinsinhalte; vgl. dazu meine Ausführungen ab dem 4. Kapitel zu mereologischen (oder atomistischen) Fehlschlüssen im weitesten Sinn.
21. Dieser Gedanke ist u.a. für Sartres Philosophie der Freiheit zentral; vgl. Hackenesch 2001, S. 13 ff., und dazu Falkenburg 2008.
22. Eine Ausnahme ist der Religionsphilosoph Swinburne (1986, 1994).
23. Dieser Punkt wird im 7. Kapitel wieder aufgegriffen und präzisiert. Vgl. auch Falkenburg 2006, S. 69.
24. Beckermann 2001, S. 52.
25. Die hier genannten Kompatibilismus-Varianten werden in Keil 2007 und 2009 diskutiert; vgl. zu Keil 2009 auch Falkenburg 2009.
26. So Janich 2009 sowie das interventionistische Konzept der Kausalität nach von Wright 1971. Dagegen leuchtet die auf Experimente relativierte Variante dieses Ansatzes besser ein, vgl. Woodward 2003, 2008.

27. Nach Kant besteht die „faule Vernunft" in der Bequemlichkeit, die der physikotheologische Gottesbeweis anstelle der naturwissenschaftlichen Erkenntnis verspricht; siehe Kant 1781/1787, A 691 / B 719. Heute liegt sie (außerdem) in der schlechten Alternative eines Szientismus oder eines Kulturalismus, mit dem sich mancher Philosoph das Nachdenken über die Naturwissenschaften ersparen will.

ANMERKUNGEN ZUM 2. KAPITEL

1. Leibniz 1714, § 17 (zu Beginn dieses Buchs zitiert).
2. Edgerton 2002.
3. Galilei 1623 (1992, S. 275).
4. Planck 1908 (1965, S. 31).
5. Vgl. dazu auch Losee 1993, S. 55–63.
6. Mach 1905, S. 201–219.
7. Siehe Carnap 1966; Falkenburg 1997; Suppes 1980.
8. Hegel 1830, Bd. 2; Falkenburg 2003, 2004, 3. Kapitel.
9. Hüttemann 1997, S. 87–104.
10. Hacking 1983, S. 221; Planck 1908.
11. Baars / Gage 2007, S. 7. Das Buch ist wegen seiner vielen methodologischen Randbemerkungen aus wissenschaftstheoretischer Sicht sehr zu empfehlen.
12. Newton 1687, Anfang von Buch III (Newton 1687 (1729, S. 398 ff; 1872, S. 380 f.; 1999, S. 794 ff.)).
13. Newton 1898, S. 146; nach Newton 1730 (1979, S. 404).
14. Ebd.
15. Ramachandran / Blakeslee 2002, S. 19 f.
16. Die analytisch-synthetische Methode knüpft bei den Künstler-Ingenieuren der Renaissance, Galilei und Newton auf ähnliche Weise an das anti-aristotelische antike Methodenideal von Pappos an; vgl. Engfer 1982.
17. Bogen / Woodward 1988; Falkenburg 2011.
18. Vgl. die Ausführungen zu seiner zweiten Regel des Philosophierens und die obige Abb. 2.4.
19. Der Quanten-Hall-Effekt besteht darin, dass bei tiefen Temperaturen und starken Magnetfeldern senkrecht zu einem elektrischen Strom eine Spannung erzeugt wird, die mit steigendem Magnetfeld sprunghaft anwächst – in Stufen oder Quantensprüngen.
20. Zur neueren Realismus-Debatte vgl. etwa Leplin 1984 und Psillos 1999; zur Debatte um Raum und Zeit vgl. Earman 1989; zum Teilchenbegriff der Physik siehe Falkenburg 2007. Die Debatte um Raum, Zeit und die fundamentalen Teilchen bzw. Felder geht bei der heutigen Suche nach einer Einheit der Physik im Grenzgebiet von Physik und Philosophie weiter; vgl. Callender / Hugett 2001.
21. Vgl. etwa van Fraassen 1980.
22. Kuhn 1962.
23. Vgl. etwa Pickering 1974; Latour / Woolgar 1979; Knorr-Cetina 1981, 1984.
24. Vgl. Glasersfeld 1987, 1995; Foerster 1985. – Fuchs 2010, 1. Kapitel, kritisiert an dieser Position u.a. das unreflektierte idealistische Erbe und einen versteckten Dualismus.
25. Vgl. Schluss des 4. Kapitels.
26. Eddington 1949, S. 209.
27. Nach Roth 2009, S. 143, fehlen hier experimentelle Möglichkeiten *und* theoretische Modelle. Nach Greenfield 2003 ist es deshalb schwierig, den *top-down-* und den *bottom-up-*Ansatz

„miteinander zu versöhnen, denn dies hieße, von einem Ereignis an einer einzelnen Synapse auf eine Funktion des Gehirns zu schließen", doch dafür sein das Gehirn zu komplex (ebd., S. 109 f.). Vgl.auch 7. Kapitel.

28. Zur Kritik vgl. etwa Schröder 2004, S. 50 ff.

ANMERKUNGEN ZUM 3. KAPITEL

1. Vgl. Janich 2009 sowie das Streitgespräch Janich 2008 – Singer 2008.
2. Planck 1908 (1965, S. 31).
3. Ebd.
4. Einen schönen Überblick über diese Multidisziplinarität und ihre Entwicklung gibt Singer 2002, S. 9 ff.
5. Sacks 2001.
6. Damasio 1997, 1. und 2. Kapitel; siehe auch die Ausführungen unten im Abschnitt „Geschichten vom defekten Gehirn".
7. Falkenburg 2011. Am LHC erhoffen sich die Teilchenphysiker Evidenzen für das Higgs-Boson.
8. Bogen / Woodward 1988.
9. Zur Frage, in welchem Sinne die Abbildung durch ein Mikroskop (oder Elektronenmikroskop) als Beobachtung einer realen Struktur betrachtet werden darf, vgl. Hacking 1983, S. 186–209. Zu den physikalischen Grundlagen dieser Beobachtung und ihrer realistischen Deutung vgl. Falkenburg 2007, S 125 ff.
10. Robinson 2001, S. 18 ff.
11. Baars / Gage 2007, S. 60. Meine Übersetzung.
12. Siehe ebd., Fig. 3.4 auf S. 62.
13. Ebd., S. 62 f. Meine Übersetzung.
14. Vgl. dazu wieder die detaillierten Darstellungen Bennett 2001 und Robinson 2001.
15. Der Titel von Robinson 2001 ist: *Mechanisms of Synaptic Transmission*. Vgl. auch Kap. 5.
16. Zum folgenden siehe Bennett 2001 und Robinson 2001.
17. Bennett 2001, 1. Kapitel.
18. Volta wandte gegen Galvanis Deutung ein, es handele sich um Stromstöße, die durch die Metallkontakte induziert seien; siehe Robinson 2001, S. 7 f.
19. Bennett 2001, S. 12 ff.; Robinson 2001, S. 7 ff.
20. Robinson 2001, S. 35 ff.; Bennett 2001, S. 25.
21. Robinson 2001, S. 37.
22. Robinson 2001, S. 55 ff.; Bennett 2001, S. 25 ff., S. 47 ff., S. 70 ff., S. 105 ff.
23. Robinson 2001, S. 63; Bennett 2001, S. 28 und S. 54 ff.
24. Zum folgenden siehe Robinson 2001, S. 90 ff. und S. 98 ff.; Bennett 2001, S. 29 ff.
25. Auf diesen Punkt komme ich im letzten Abschnitt dieses Kapitels wieder zurück.
26. Breidbach 1997, S. 65 ff.; Greenfield 2003, S. 23 ff.; Hagner 2000, S. 89 ff.
27. Vgl. u.a. Sacks 2001; Ramachandran 2003, 2008; Ramachandran / Blakeslee 2002.
28. Damasio 1997, 1. und 2. Kapitel.
29. Vgl. zum folgenden Baars and Gage, S. 18 ff.
30. Wernicke 1897 ff.
31. Hier sei noch einmal auf die gut lesbaren Bücher Greenfield 2003; Sacks 2001; Ramachandran 2003, 2008 sowie Ramachandran / Blakeslee 2002 verwiesen.

32. Vgl. auch Shermer 2009. – „Dazu kommen systematische Verzerrungen bei der Selektion der Versuchspersonen und bei der Auswertung der Daten: in der Regel liegen die Versuchslabore an Universitäten; vielfach sind die Studierenden willige Versuchspersonen werden gerne herangezogen. Zudem werden nach Versuchsdurchführung gerne die Fälle aus der systematischen Auswertung herausgenommen, die herausstechen und nicht ins Schema passen"; (Silvia Balbo, pers. Mitteilung.)

33. Zum folgenden vgl. etwa Baars / Gage 2007., S. 87 ff. und S. 479 ff.

34. Auch hierdurch sind die Hirnscans in der Kritik (Shermer 2009); m.E. aber zu Unrecht, denn dieses Vorgehen entspricht der gängigen Messpraxis vieler Disziplinen. Es handelt sich um einen „konstruktivistischen" Einwand, der sich gegen ein übliches naturwissenschaftliches Verfahren richtet. Ich gehe auf diese Kritik nicht ein, denn m.E. ist es wichtiger, die Tragweite der Hirnforschung unter ihren eigenen Voraussetzungen zu prüfen.

35. Greenfield 2003, S. 49.

36. Greenfield 2003, S. 49 f.

37. Baars and Gage 2007, S. 63. Meine Übersetzung.

38. Hebb 1949.

39. BMBF 2010. – Die Neuroplastizität ist allerdings nicht unbegrenzt; für den Spacherwerb und andere kognitive Fähigkeiten gibt es – wie schon lange bekannt ist – bestimmte zeitliche Entwicklungsfenster, nach deren Verstreichen der Erwerb der betreffenden Fähigkeit nur noch rudimentär möglich ist (man denke etwa an Kaspar Hauser).

40. Ramachandran / Blakeslee 2002, S. 66 ff.

41. Vgl. etwa Doidge 2007.

42. Schleim 2009.

43. Vgl. ebd. die Geschichte des 44jährigen Franzosen, der am Ende des Artikels erwähnt wird; und den Fall in Doidge 2007, S. 258 ff.

44. Craver 2007 spricht im Untertitel von der „mosaic unity of neuroscience".

ANMERKUNGEN ZUM 4. KAPITEL

1. Ramachandran / Blakeslee 2002, S. 19 f.

2. Es wäre interessant, die Modelle der Neurowissenschaften mit den idealtypischen Erklärungen nach Max Weber zu vergleichen; vgl. Weber 1914 sowie 1968, S. 190 ff.

3. Bennett / Hacker 2003, 2008.

4. Hacking 1983, S. 221; Planck 2008.

5. Descartes 1637.

6. Zum folgenden vgl. Fechner 1860; Stevens 1975.

7. Alder 2002.

8. Kuhn 1961, S. 292 f.

9. Vgl. auch Michelle 2006. Der entscheidende Punkt ist, dass Ordnungsrelationen noch keine Metrik begründen. Michell weist darauf hin, dass dies schon der Mathematiker Otto Hölder (1859–1937), Leipziger Kollege des empirischen Psychologen Wilhelm Wundt (1832–1920), herausfand, was die Forschung auf dem Gebiet der Psychophysik lange ignorierte.

10. Mill 1843 (1950, S. 195 f.). Seit Mackie (1965, 1980) wissen die Wissenschaftstheoretiker, dass kausale Analysen noch viel komplexer sind. Wenn wir ein Ereignis als die Ursache eines anderes bezeichnen, betrachten wir oft Bedingungen als kausal relevant, die *weder* notwendig *noch* hinreichend sind – etwa das Streichholz, mit dem ein Brand gelegt wird, der bei einem Blitzschlag auch *ohne* das Streichholz entstanden wäre und der bei starkem Regen

auch *mit* dem Streichholz nicht zustande gekommen wäre . – Mehr zur kausalen Erklärung im 6. Kapitel.
11. Vgl. etwa Schleim 2008, S. 39 ff.
12. Penfield / Rasmussen 1950.
13. Der Kritik in Bennett / Hacker 2003, S. 140 f., und 2008, S. 37 f., dies sei ein Pseudo-Problem, das aus dem mereologischen Trugschluss entsteht, kann ich in diesem Punkt nicht nachvollziehen. Zum Bindungsproblem vgl. 7. Kapitel.
14. Libet 2005, S. 32.
15. Libet 2005, 59 ff.; wichtige Originalarbeiten sind Libet et al. 1964; Libet 1966, 1973.
16. Libet 2005, S. 64 f.
17. Libet 2005, S. 72 ff.
18. Vgl. die Literaturhinweise in Libet 2005 auf S. 77, 79 und 93.
19. Libet 2005, S. 80 f.
20. Libet diskutiert dies im 3. Kapitel seines Buchs gründlich; vgl. Libet 2005, S. 122 ff.
21. McKay 1958; Nijhawan 1994; Eagleman 2001.
22. Metzinger 2009, S. 113 ff.
23. Kornhuber / Deecke 1965, zitiert von Libet 2005, S. 159.
24. Zum Folgenden vgl. Libet 2005, S. 159 ff.
25. Nach Walter 1999, S. 304: Dennett 1994 und einige Kritiker in Libet 1985.
26. Libet 2005, S. 163.
27. Walter 1999, S. 306 f., unter Hinweis auf Keller / Heckhausen 1990, S. 390.
28. Bennett / Hacker 2003, 2008.
29. Bennett / Hacker 2003, S. 229 f.
30. Keller / Heckhausen 1990; Haggard / Eimer 1999; Trevena / Miller 2002.
31. Soon et al. 2008; vgl. dazu auch die Interviews Schnabel 2008; Sprenger / Gevorkian 2008.
32. Schleim 2008, S. 142. – Ebd., S. 34 ff., diskutiert er die (Un-) Zuverlässigkeit, bewusste Manipulierbarkeit und zeitliche (In-) Stabilität von Hirnstrom-Messungen durch ein EEG.
33. Ramachandran 2003, 2008; Ramachandran / Blakeslee 2002; sowie Metzinger 2009, S. 161 ff.
34. Metzinger 2009, S. 16 ff. und S. 114 f.
35. Ebd., S. 113.
36. Fuchs 2010, S. 31, sowie Metzinger 2009, S. 117. Beide Autoren deuten dieses Phänomen völlig verschieden: der Psychiater und philosophische Phänomenologe Fuchs als Änderung der Grenze zwischen unserem Leibraum und der Umwelt, die wir bei Handlungen erleben, der Neurophilosoph Metzinger dagegen als Änderung unseres mentalen Körpermodells, sprich: des Konstrukts unseres physischen Selbst durch unser Gehirn. – Der *locus classicus* der Sicht der Technik als Organprojektion ist Kapp 1877, 2. Kapitel.
37. Blanke et al. 2002; Metzinger 2009, S. 141 f. und S. 145 ff.
38. Z.B. so unterschiedliche Autoren wie Greenfield, Ramachandran und Roth.
39. Roth 2006, S. 23, und 2009, S. 131 f. und S. 133.
40. Ebd.
41. Roth 2006, S.23 f.
42. Vgl. zum folgenden auch Ramachandran 2005, S. 111 und S. 160 ff.
43. Mit Ausnahme von Bennett / Hacker 2003, die hier ein Scheinproblem wittern; und Fuchs 2010, S. 45 ff., der zu bedenken gibt, das Qualia-Problem sei letztlich durch eine reduktionistische Sichtweise der Natur erzeugt.
44. Ramachandran 2005, S. 111.
45. Vgl. wieder Roth 2009, S. 131, „dass es *das* Bewusstsein überhaupt nicht gibt. Bewusstsein ist vielmehr ein Bündel inhaltlich sehr verschiedener Zustände [. . .]".

46. Kant 1787, B 131.
47. Ramachandran 2005, S. 112. Ähnliche Merkmale nennt Roth 2006, S. 23.
48. Vgl. den Fall von Clive Wearing, der in Baars / Gage 2007, S. 34 ff., geschildert wird.
49. Ramachandran 2005, S. 112.
50. Ebd.
51. Ramachandran 2005, S. 114, nennt dies als eine von drei möglichen Lösungen.
52. Vom „atomistischen" Fehlschluss spricht treffend Dieter Sturma (Sturma 2005, S. 116).
53. Falkenburg 2007. In der Teilchenphysik löst sich der traditionelle Teilchenbegriff in eine Familie von Nachfolgekonzepten auf, die sich nicht mehr eindeutig auf unsere Alltagserfahrung der Welt beziehen lassen. Mit dem Kausalitätsbegriff verhält es sich ähnlich – mit fatalen Folgen für die naturalistische These der kausalen Geschlossenheit der Welt und den Determinismus, (siehe 6. Kapitel).
54. Bennett / Hacker 2003, S. 68 ff. – Fuchs 2010, S. 65 ff., unterstreicht diese Kritik; er hebt hervor, dass der mereologische Fehlschluss à la Bennett und Hacker das Bewusstsein verdinglicht (ebd., S. 68).
55. Bennett und Hacker haben in manchem recht, in vielem erscheint mir ihre Kritik an der Neurowissenschaft überzogen. Eine rein *sprachphilosophische* Argumentation wird m.E. der Hirnforschung nicht gerecht. Ich ziehe es vor, *methodologisch* zu argumentieren und die Schlussfolgerungen der Neurowissenschaftler aus den Befunden dabei an bewährten naturwissenschaftlichen Methodenidealen zu messen.
56. Singer 2002, S. 70 ff.; Ramachandran 2005, S. 114 f., greift diese Position auf.

ANMERKUNGEN ZUM 5. KAPITEL

1. Augustinus (um 400), Buch 11.
2. McTaggart 1908. Die These steht in der Tradition des Vorsokratikers Parmenides von Elea, nach dem es keine Veränderung gibt; aller Wandel sei bloßer Schein und das Seiende sei in Wirklichkeit unveränderlich.
3. Vgl. etwa Markosian 2010; Barbour 1999.
4. Merleau-Ponty 1966. Zum folgenden vgl. S. 467 ff., insbes. S. 471 und 489, sowie S. 383 f.
5. Der Unterschied zu den Tieren darf aber nur graduell gesehen werden. Tiere haben Erinnerung und sie können planvoll handeln, wie u.a. die erstaunlichen technischen Fertigkeiten von Saatkrähen zeigen; vgl. Spiegel online 2009.
6. Vgl. Kant 1781, A 366 ff, mit Kant 1787, B 273 ff.
7. Kant 1781/1787, B 232 ff. / A 189 ff.
8. Vgl. zum folgenden Pöppel 1978, S. 713 f., der Baer 1860 und Mach 1865 anführt.
9. Pöppel 1978, ebd. Vgl. auch Klein 2006, S. 54 ff., zur irrigen Auffassung, es gebe einen Zeitsinn.
10. Newton 1687, Scholium.
11. Pöppel 1978, S. 713: "Time is not a thing that, like an apple, may be perceived." Vgl. dazu auch S. 726.
12. Nach Pöppel 1978 bestimmte diese Verwechslung die Psychophysik der Zeit von Wundt 1881 bis hin zur eigenen Arbeit Pöppel 1972 (S. 714); das Konzept der „Zeitquanten" spricht er schon Baer 1860 zu (S. 713).
13. Siehe Pöppel 1978, 1997a; die Taxonomie von 1978 umfasst noch nicht alle hier genannten Phänomene der Zeitwahrnehmung. Vgl. auch Pöppel 1992 und 1997b.
14. Pöppel 1997b, S. 45 ff.

15. Pöppel 1997b, S. 93 ff.
16. Pöppel 1997b, S. 20. Vgl. zum Folgenden auch Pöppel 1978, 1997a sowie Pöppel et al. 1990.
17. Pöppel et al. 1990 und Pöppel 1997a.
18. Pöppel 1978, S. 718; er stützt sich dabei auf Hearnshaw 1956, Helson 1964 und Ornstein 1969.
19. Pöppel 1978, S. 718.
20. Pöppel et al. 1990, S. 144. – Auch dieser Integrationsmechanismus versagt außerhalb der Objektwahrnehmung in unserer unmittelbaren Umgebung. Klein 2006, S. 55 f., erwähnt den „Taktir-Apparat" von Wilhelm Wundt und den Bolero von Maurice Ravel – beide sind ‚Maschinerien', die bei gleichbleibendem Metrum durch eine Steigerung der Lautstärke die Illusion erzeugen, dass sich das Tempo beschleunigt.
21. Ebd. Pöppel hebt heraus, dass dies nicht die einzigen, aber die für die Zeitwahrnehmung wichtigsten Prozessfrequenzen sind.
22. Pöppel et al. 1990, S. 144 ff. Pöppel hebt dort eine Analogie mit der effizienten und stabilen Funktionsweise technischer Systeme hervor, die multi-prozessierend sind und verteilter Kontrolle unterliegen (S. 146).
23. Singer 1999; auf S. 49 nennt er eine Frequenz von 30–50 Hertz. Vgl. auch Singer 2007.
24. Pöppel 1997b, S. 63.
25. Ebd., S. 63–92.
26. Kant 1787, B 131.
27. Kelly 2005. – Die Integration zur Zeitvorstellung ist Teil des Bindungsproblems; siehe 7. Kapitel.
28. Pöppel 1997b, S. 93 ff.
29. Ebd., S. 70 f.
30. Die Wissenschaftshistoriker fanden heraus, dass Galiei Laute spielte, um die Fall- bzw. Rollzeit in seinen Experimenten mit der schiefen Ebene zu messen. Damit konnten sie alte Zweifel ausräumen, ob Galilei seine berühmten Experimente überhaupt jemals durchgeführt haben *konnte*. Siehe Fölsing 1996, S. 172 f.
31. Vgl. etwa Blaschke 2009 sowie die dort besprochenen Arbeiten und Experimente; Eagleman et al. 2005; Taatgen et al. 2011.
32. Nach Churchland 2005, S. 477, kann die Zeitfolge neuronaler Zustände durch rekurrente (rekursiv arbeitende) neuronale Netze simuliert werden; vgl. die Literatur, die dort in den Anm. 26 und 27 angegeben ist, und Abb. 6.3 (b) im nächsten Kapitel. Ein künstliches neuronales Netz arbeitet stochastisch. Der Zeitpfeil ist in seine Struktur einprogrammiert – was insbesondere für ein rekurrentes neuronales Netz gilt.
33. Pöppel 1997b, S. 101.
34. Newton glaubte an die Existenz eines Äthers, der zu Reibungsverlusten im Sonnensystem führt. Er glaubte, dass die Planetenorte und -geschwindigkeiten gelegentlich durch Gott nachjustiert werden.
35. Laplace 1814, zitiert im 1. Kapitel (zu Anm. 12).
36. Vgl. zum folgenden auch Prigogine 1988 sowie Prigogine / Stengers 1990 und 1993.
37. Dies hob er 1955 kurz vor seinem Tod im Kondolenzschreiben an die Familie seines verstorbenen Freundes Michele Besso hervor.
38. Pöppel 1997b, S. 101 ff.
39. Hoffmann 2008.
40. Damit meine ich eine Quantentheorie verborgener Parameter nach Bohm 1952 oder die Viele-Welten-Deutung des quantenmechanischen Messprozesses nach Everett 1957.
41. Vgl. etwa Huang 1964, S. 80 ff. und S. 102 ff. H-Funktion und Entropie haben entgegengesetzte Vorzeichen; fallende H-Funktion entspricht einem Entropieanstieg, und umgekehrt.

– Das Standardwerk Zeh 1999/2007 leitet die H-Funktion aus einem diskreten statistischen Ansatz mit ununterscheidbaren Teilchen her, der bereits auf die Quantentheorie zugeschnitten ist (Kapitel 3.1). Zeh zeigt insbesondere, dass „der Zweite Hauptsatz entscheidend von der Irrelevanz *zukünftiger* mikroskopischer Korrelationen abhängt (wie z. B. im Stoßzahlansatz)" (1999, S. 57; meine Übersetzung) und dass auch das Gibbs'sche Konzept der Ensemble-Entropie hier nicht mehr leistet (ebd., S. 65); in jedem Fall bedarf es einer extrem unwahrscheinlichen Anfangsbedingung, um den Zweiten Hauptsatz herzuleiten. – Vgl. auch Uffink 2010 zu neueren Ansätzen, den Zeitpfeil stochastisch zu erklären, die nicht grundsätzlich weiter führen.

42. Schwegler 2001, S. 70–74; im Anschluss an Krüger 1989. Siehe auch unten Anm. 44.
43. Boltzmann 1877 (1970, S. 241 f. und 243 f.).
44. Churchland 2005, S. 473. Zur Kritik an diesem Programm vgl. Krüger 1980 und Schwegler 2001. – Auch Zeh 1999/2007 betont „den ‚Mythos' der statistischen Begründung des thermodynamischen Zeitpfeils" und hebt hervor: „. . . statistische Argumente können weder erklären, warum der *Stoßzahlansatz* nur in einer einzgen Zeitrichtung eine gute Näherung ist, noch sagen sie uns, warum [die statistische Entropie] S_μ *immer* eine geeignete Definition der Entropie ist. Tatsächlich wird sie ungenügend, wenn Teilchen-Korrelationen wesentlich werden, wie es z. B. beim realen Gas oder im Festkörper der Fall ist" (1999, S. 45; meine Übersetzung).
45. Der einzige mir bekannte Ansatz liegt mit Krüger 1980 und 1989 vor. Die besten verfügbaren physikalischen Grundlagen dafür liefert heute Zeh 2007.
46. Zeh 1999/2007 ist das Standardwerk zu den diversen physikalischen Zeitpfeilen und all ihren Tücken. Vgl. auch Lyre 2008 sowie das gut lesbare Buch Filk / Giulini 2004, das allerdings die Begründung des Zeitpfeils ausklammert.
47. Giulini et al. 2005.
48. Vgl. etwa Barbour 1999.
49. Wolfram 1994 und 2002.
50. Libet 2005; vgl. die Ausführungen im 4. Kapitel.
51. Merleau-Ponty 1966. – An dieser Stelle wäre es interessant, die Beziehungen zwischen Merleau-Pontys Phänomenologie und Hegels Sicht eines Stufenbaus der Natur und des Geistes näher zu untersuchen; aber dies kann hier nicht geschehen.
52. Foerster 1985; Glasersfeld 1987, 1995. Vgl. auch den vorletzten Abschnitt des 2. Kapitels.

ANMERKUNGEN ZUM 6. KAPITEL

1. Vgl. etwa Wingert 2006.
2. Mach 1883, 1905.
3. Einstein 1949, S. 505.
4. Vgl. die – sehr verschiedenen – Ansätze von Nelson Goodman und David Lewis.
5. Nach von Wright 1971. Die Handlung wird dabei als Eingriff (Intervention) in die Natur betrachtet. Der Ansatz von Woodward 2003 ist besser auf die experimentellen Wissenschaften zugeschnitten. Vgl. auch die Diskussion in Woodward 2008.
6. Vgl. Bogen 2005; er kritisiert eine Variante der Regularitätsauffassung, die sich auf Goodmans kontrafaktische „irreale Konditionalsätze" beruft.
7. Dies berücksichtigen Woodward 2003 und verwandte Ansätze, die in Woodward 2008 diskutiert werden.
8. Vgl. Mill 1843.

9. Auf ihn geht der Begriff der INUS-Bedingung zurück: Mackie 1965; INUS steht für *„Insufficient, but Necessary part of an Unessecary but Sufficient condition".* Vgl. auch Mackie 1980.

10. Newton 1687, Anfang von Buch III (1729, S. 398 ff; 1872, S. 380 f.; 1999, S. 794 ff.). Vgl. auch die Ausführungen im 2. Kapitel.

11. Newton 1729, S. 551 (siehe oben Abb. 2.4).

12. Russell 1913.

13. Ebd. (Russell 1953, S. 387).

14. Bei Mischung eines Gases mit sich selbst steigt die Entropie nach der klassischen Statistik, obwohl sich der Makrozustand nicht ändert; das Paradoxon wird durch die Quantenstatistik aufgelöst. Siehe Huang 1964, Bd. II, S. 23 ff., und Lin 2009. – In der Neubearbeitung seines Werks stellt Huang (2001) die statistische Begründung der Thermodynamik konsequent auf quantentheoretische Grundlagen; so dass er dort das Gibbs'sche Paradoxon gar nicht mehr erwähnt.

15. Dabei geht es um das berühmte *Hole*-Argument; vgl. Earman 1989.

16. Wheeler 1983.

17. Zugrunde liegt die Verknüpfung der Begriffe „Entropie" und „Information" in Shannons Informationstheorie, auf die ich hier nicht eingehen kann.

18. Einstein et al. 1935. Die Arbeit argumentiert, dass die Quantenmechanik aus diesem Grund eine *unvollständige Theorie* sei. Versuche, sie durch „verborgene Parameter" zu ergänzen (Bohm 1952), müssen allerdings die Nicht-Lokalität der quantenmechanischen Teilchenkorrelationen respektieren – was erst recht zum Konflikt mit der Einstein-Kausalität bzw. mit der Lorentz-Invarianz der Speziellen Relativitätstheorie führt. Dies macht solche Ansätze im Hinblick auf die relativistische Quantenfeldtheorie höchst problematisch.

19. Vgl. Falkenburg 2007, S. 285 ff., und Falkenburg 2010. Es soll hier allerdings auch nicht verschwiegen werden, dass die Bohmschen Ansätze, die Quantenfeldtheorie mit verborgenen Parametern zu rekonstruieren, in den letzten Jahren Fortschritte gemacht haben. Diese Ergebnisse berühren aber nicht den im letzten Kapitel diskutierten, zentralen Punkt: In einer strikt deterministischen Welt ohne absolute Zeit gibt es keinen Zeitpfeil; der Preis für den Determinismus ist die Annahme, dass die Zeit eine bloße Illusion ist (oder eine andere starke metaphysische Annahme, z.B. die Auffassung, das Universum sei ein gigantischer zellulärer Automat).

20. Die Geistes- oder Kulturwissenschaften erforschen und benennen *Gründe*; die Sozialwissenschaften, die hier der Vollständigkeit halber erwähnt seien, vermutlich teils Gründe, teils Ursachen – hier müsste Max Webers Konzept der „idealtypischen" Erklärungen analysiert werden (Weber 1914/1922, 1968). – Eine detaillierte Auseinandersetzung mit dem naturwissenschaftlichen Konzept der Ursache und mit kausalen Erklärungen findet sich in Craver 2007. Craver vertritt einen nicht-reduktonistischen Ansatz und entwickelt ein Konzept der Kausalität, das auf die mechanistischen Erklärungen der Neurowissenschaft zugeschnitten ist. Dagegen fokussiere ich den Determinismus und die damit verbundenen Reduktionsprobleme; deshalb konzentriere ich mich auf die Kausalbegriffe der Physik.

21. – ausgelöst durch Cartwright 1983.

22. Vgl. die Beiträge in Craver / Darden 2005 sowie Bechtel 2008.

23. Vgl. hierzu die „Klassiker" Prigogine 1988 sowie Prigogine / Stengers 1990.

24. Planck 1908; vgl. 2. Kapitel. In der modernen Wissenschaftstheorie: Friedmann 1974. Vgl. auch Scheibe 1976.

25. Stöltzner und Weingartner 2005. Andere Beispiele, auf die ich hier nicht eingehen kann, sind das optische Theorem sowie Feynmans Pfadintegral-Formalismus der Quantenmechanik.

26. Vgl. wieder Prigogine 1988, Prigogine / Stengers 1990.
27. Mayr 1991; Kant 1790/1793.
28. Dazu passt gut, dass Piccinini / Craver (2011) vorschlagen, die funktionale Analyse als Skizzen bislang unausgeführter mechanistischer Erklärungen zu verstehen, um die Brücke zwischen Psychologie und Neurowissenschaft zu schlagen. Dies gibt allerdings nur eine Forschungsheuristik vor.
29. Der „Klassiker" dafür ist Jacques Monod 1970. Siehe aber auch Weber 1998, 2007.
30. McVittie 2006, /1,6,0; sowie ebd., /1,1,0: „Noch heute gibt es keine einheitliche Meinung dazu, inwieweit wir von der Natur vorprogrammiert oder aber von der Umwelt geprägt sind. Das Gebiet der Epigenetik überbrückt das Spannungsfeld zwischen genetischer Anlage und Umwelt. Im 21. Jahrhundert wird die Epigenetik meist definiert als ‚Studium der erblichen Veränderungen in der Genomfunktion, die ohne eine Änderung der DNA-Sequenz auftreten'."
31. "A mechanism is a structure performing a function in virtue of its component parts, component operations, and their organization. The orchestrated functioning of the mechanism is responsible for one or more phenomena." Bechtel und Abrahamsen 2005a, S. 423; meine Übersetzung. Vgl. auch Bechtel 2008, S. 13, und in beiden Arbeiten die Diskussion anderer, verwandter Auffassungen dessen, was ein Mechanismus ist.
32. Dies erinnert daran, wie Kant 1790/1793 das Verhältnis zwischen mechanischen und teleologischen Erklärungen in der Biologie bestimmte: Die Teile eines Organismus funktionieren nach Kant mechanisch (wobei er nur Newtons Mechanik kannte und „mechanisch" im strikten Sinn verstand); erst ihr Zusammenspiel ergibt eine organische Struktur, die uns so vorkommt, „als ob" sie zweckmäßig strukturiert oder nach einem Plan gebildet sei.
33. Craver 2007, S. 5 f.; meine Übersetzung.
34. Craver 2007, S. 9 ff.; ähnlich Bechtel 2008, S. 21 f.
35. Auf den verschiedenen Konstituentenebenen gelten jeweils bestimmte *Summenregeln* für dynamische Eigenschaften und Erhaltungsgrößen wie Masse, Energie, Impuls, Ladung, Spin (quantenmechanischer Eigendrehimpuls) und andere Größen. Vgl. Falkenburg 2007, S. 246 ff.
36. Craver 2007, S. 22–26.
37. Woodward 2003, 2008. Craver 2007, S. 63 ff., greift den Ansatz in diesem Sinne auf, wobei er insbesondere zeigt, dass mechanistische Erklärungen auf Manipulierbarkeit zugeschnitten sind.
38. Vgl. wieder die „Klassiker" Prigogine 1988; Prigogine / Stengers 1990.
39. Vgl. etwa Rojas 2001 und Aleksander 2007.
40. Singer 2002, S. 64 und 90.
41. Greenfield 2003, S. 104 ff.; Zitat: S. 108.
42. Der Klassiker zur heuristischen Rolle von Analogien ist Hesse 1963.
43. Bohr 1922 (1985, S. 108 f.). Zu den formalen Analogien in der Quantenphysik vgl. Darrigol 1992 und Falkenburg 1998.
44. Zum letzteren Punkt vgl. Falkenburg / Huber 2007.
45. Eine Äquivokation ist eine Kategorienverwechslung, die auf dem stillschweigenden Gebrauch eines Terminus in verschiedenen Bedeutungen beruht. – Bennett / Hacker (2003, S. 141) merken kritisch an, von „Information" zu sprechen, die das Gehirn prozessiere, sei weder im semantischen noch im informationsthoretischen Sinn von „Information" sinnvoll. Andernorts heben sie hervor, die informationstheoretische Sprache sei weder berechtigt, noch habe sie irgendwelchen Erklärungswert (Bennett / Hacker 2008, S. 76); Teilen des Gehirns kognitive Fähigkeiten zuzusprechen erwecke nur den Anschein einer Erklärung, wo keine

wirkliche Erklärung ist (ebd., S. 262 f.). Auch wenn sie damit z.T. Recht haben: sie übersehen den heuristischen Wert der Analogie.

46. Newen 2000, S. 21 f.
47. Ebd., S. 22 und Fußnote 7.
48. Insbesondere lässt sich Bohrs Korrespondenzprinzip formal und semantisch sehr genau ausbuchstabieren; vgl. Darrigol 1992 und Falkenburg 2007, S.188 ff.
49. Vgl. die schon genannten Textstellen Singer 2002, S. 64 und 90, sowie Greenfield 2003, S. 104 ff.
50. Dies betonen auch Craver 2007, S. 9 ff., und ähnlich Bechtel 2008, S. 21 f.
51. Vgl. dazu so unterschiedliche Arbeiten wie Clayton 2008 und Stephan 1999 oder 2001.
52. McVittie 2006, /1,6,0; sowie ebd., /1,1,0 sowie oben Fußnote 30 und den Text dazu.
53. Emmeche et al. 2000, S. 18 ff.
54. Die Autoren sind der Auffassung, dass es sich hier nur noch in abgeschwächtem Sinn um *Verursachung* handelt; ebd., S. 26 ff. Insbesondere betrachten die Autoren Attraktoren nicht als Wirkursachen, sondern als Formursachen im aristotelischen Sinn.
55. Bezüglich der metaphysischen Probleme, die man sich einkauft, wenn man den Zeitpfeil zugleich mit dem Determinismus retten will, verweise ich auf die Diskussion des deterministischen Dilemmas im 5. Kapitel.
56. Singer 2003, S. 29 (zitiert zu Beginn des 1. Kapitels).
57. Newton 1898, S. 140; nach Newton 1730 (1979, S. 397): "And thus Nature will be very conformable to her self and very simple . . . ."
58. Siehe oben Anm. 14.
59. So Russell 1913 (1953, S. 387) in seiner „klassischen" Kritik des Kausalbegriffs. Sie trifft nur bedingt auf den Kausalbegriff zu (vgl. weiter oben), ist dafür aber um so besser auf die undifferenzierte Rede vom Determinismus übertragbar.

ANMERKUNGEN ZUM 7. KAPITEL

1. Heisenberg 1969.
2. Newton 1687, Anfang von Buch III (1729, S. 398 ff; 1872, S. 380 f.; 1999, S. 794 ff.); vgl. dazu meine Ausführungen im 2. Kapitel.
3. Dazu gehören so unterschiedliche Autoren wie Bennett / Hacker 2003 und Fuchs 2010.
4. Im Anschluss an Foucault 1961 drängt sich der Verdacht auf, dass es zumindest teilweise ein Sozialkonstrukt einer sozialen Umwelt darstellt, die lebhafte Kinder als verhaltensgestört bewertet.
5. Ramachandran 2003, 2008.
6. Baars / Gage 2007; Greenfield 2003.
7. Nach Roth 2009, S. 143, fehlen hier experimentelle Möglichkeiten *und* theoretische Modelle. Nach Greenfield 2003 ist es deshalb schwierig, den *top-down-* und den *bottom-up*-Ansatz „miteinander zu versöhnen, denn dies hieße, von einem Ereignis an einer einzelnen Synapse auf eine Funktion des Gehirns zu schließen", doch dafür sei- das Gehirn zu komplex (ebd., S. 109 f.).
8. Passon 2006. Die Konstruktion verborgener Parameter müsste auch mit Paradoxien fertig werden, z. B. mit dem Absorber-Paradoxon von Polarisations-Experimenten mit einzelnen Lichtquanten: Senkrecht gekreuzte Polarisatoren verschlucken alles Licht; doch ein dritter, gleichartiger, aber diagonal eingestellter Polarisator *zwischen* ihnen zaubert wieder Lichtquanten hervor. Eine Theorie verborgener Parameter müsste hier erklären, warum der mittlere, diagonal eingestellte Polarisator keine Lichtquanten absorbiert, sondern wieder

welche zum Vorschein bringt; oder warum er den letzten Polarisator nun zu einem anderen Absorptionsverhalten bewegt als vorher. Dagegen tritt im Wellenbild mit probabilistischer Deutung *kein* Absorber-Paradoxon auf: Wie in der klassischen Elektrodynamik werden die Messergebnisse durch Interferenz erklärt. Vgl. Falkenburg 2007, S. 285 ff.

9. Die Viele-Welten-Deutung (Everett 1957) dürfte angesichts der unendlichen Freiheitsgrade einer Quantenfeldtheorie noch in konzeptuelle Probleme ganz anderen Maßstabs führen.

10. Vgl. den Abschnitt zur *top-down*-Verursachung (*downward causation*) im 6. Kapitel sowie die dort angegebene Literatur, insbesondere Clayton 2008, Emmeche et al. und den „Klassiker" Stephan 1999.

11. Vom klassischen Teilchenkonzept bleiben selbst in der Quantenfeldtheorie bestimmte Erhaltungsgrößen übrig; insbesondere die Energie; vgl. Falkenburg 2007, S. 257 ff.

12. In Richtung Kategorienfehler kritisiert Ruhnau 2005, S. 213, den Ansatz von Roger Penrose. Dagegen monieren Grush und Churchland 2005, in genauer Auseinandersetzung mit Penrose' Argumentation, den spekulativen Charakter dieses Ansatzes. Nicht weniger spekulativ ist der Versuch von Henry P. Stapp (2007 und o.J.), das Beobachter-Bewusstsein als kausal relevanten Faktor in den Abschluss des quantenmechanischen Messprozess hineinzudeuten, um die Brücke zwischen Materie und Bewusstsein zu schlagen.

13. Die Eigenschaften von Quasi-Teilchen werden in Falkenburg 2007, S. 238 ff., diskutiert.

14. Anderson 1997, S. 3. Siehe auch Anderson 1972.

15. Die räumliche Struktur von Atomen und ihren Bestandteilen wird durch „Formfaktoren" beschrieben, die man *top-down* in Streuexperimenten misst. *Bottom-up* werden sie durch die Dynamik eines Vielteilchen-Systems nur partiell erklärt, was nicht ohne Brückenprinzipien geht; vgl. Falkenburg 2007, S. 125 ff., S. 192 ff. und S. 246 ff.

16. N-tv.de 2010.

17. Mit diesen Problemen befasst sich Bechtel 2008 im 2. und 3. Kapitel.

18. Vgl. 2. Kapitel und Schleim 2008.

19. Singer 2002, S. 66 f. bzw. S. 150.

20. Engel 2000, S. 417.

21. Singer 2002, S. 64 und 90.

22. Vgl. etwa Roth 2001, S. 195 ff

23. Engel 2000 S. 424 und S. 431 ff.

24. Blackmore / Greenfield 2006, S. 95. Meine Übersetzung.

25. Bluebrain.epfl.ch 2011.

26. Siehe Spiegel online 2011.

27. Solipsisten und andere extreme Idealisten, die dies bestreiten würden, nehmen an, dass es keine reale Außenwelt gibt, sondern alles Physische Illusion ist.

28. Im Sinne von Max Weber (1914, 1968).

29. Kuhn 1962. Inkommensurabel in Kuhns Sinn sind z. B. Begriffe wie „Phlogiston" (Wärmestoff) und „Oxidationsenergie"; oder „Mars-Epizyklus" und „Mars-Umlaufbahn"; oder „absoluter Raum" und „relativistisches Inertialsystem"; oder „klassische Masse" und „relativistische Masse"; etc. In der Chemie, Astronomie und Physik gibt es aber meistens Rechenregeln, operationale Begriffe und Messdaten, anhand deren sich wenigstens die quantitativen Begriffe eines Paradigmas in die eines anderen umrechnen lassen; vgl. Kuhn 1961 und Falkenburg 1997. Bei mentalen und physischen Phänomenen geht dies offenbar nicht.

30. Ramachandran 2005, S. 112, sowie Roth 2009, S. 131 f. und S. 133; zitiert im 4. Kapitel.

31. Bennett / Hacker 2003, 2008; Bennett et al. 2007.

32. Blackmore / Greenfield 2006, S. 95 (das Zitat zur obigen Fußnote 24).

33. Bennett / Hacker kritisieren es wiederholt von „Information" zu sprechen, die das Gehirn prozessiere; dies sei weder im semantischen noch im informationstheoretischen Sinn von

„Information" sinnvoll (2003, S. 141); poetischer Sprachgebrauch gehöre in die Poesie, nicht in die Wissenschaft, und die informationstheoretische Sprache sei weder berechtigt, noch habe sie Erklärungswert (2008, S. 76). Dabei wenden sie sich vor allem gegen Dennett 2007, der die Computer-Analogie nach der anderen Seite missversteht, indem er sie buchstäblich deutet.

34. Newen 2000, S. 21 f., und den Text oben zu Fußnote 46 des 6. Kapitels.
35. Churchland 2005. Churchland betrachtet diese Hypothese als empirisch, d. h. als falsifizierbar. Allerdings ist diese Hypothese bislang *kein* Schluss von den Phänomenen auf die beste Erklärung, sondern sie bleibt bloße Heuristik. Newton hätte sie sicher in den *Queries*-Anhang seiner Optik verbannt (vgl. Newton 1730).
36. Churchland 2001, S. 219 ff.
37. Vgl. die Ausführungen oben zu Fußnote 16.
38. Singer 2002, S. 176 ff. Er könnte stattdessen fast auch „Quantensprung" sagen, wie es Politiker heute gern tun.
39. Churchland 1995/2001, 2005; Blackmore / Churchland 2006.
40. Diesen Punkt hatte ich schon in Falkenburg 2006, S. 69, hervorgehoben.
41. Whitehead 1929.
42. Duncan 2005, S. 73. Die Entwicklung knüpft an den Stand der Technik zum „Gedankenlesen" an; vgl. Schleim 2008 und oben 4. Kapitel.
43. Ibid., S. 78. – Ein Experiment, das die Zeitfolge von bewusster Vorstellung und Auslesen des Neuroimplantats misst, wäre natürlich instruktiv. Ob das nun allerdings ein *experimentum crucis* wäre, sei hier dahingestellt. Nach der ganzen Debatte um die Libet-Experimente und meiner wissenschaftstheoretischen Einschätzung ihrer (Fehl-) Deutung bin ich eher skeptisch.
44. Vgl. die Bemerkungen im 2. Kapitel sowie Falkenburg 2007.
45. Der Vollständigkeit halber seien hier die Ansätze erwähnt, die Kausalität durch kontrafaktische Annahmen (Nelson Goodman) und/oder eine Semantik der möglichen Welten (David Lewis) auszubuchstabieren. Doch eine Theorie *möglicher* Welten trägt wenig zur Frage bei, ob die *wirkliche* Welt kausal geschlossen ist.
46. Siehe Anm. 14 des 1. Kapitels und Kant 1781/1787, B 560 ff. / A 532 ff. Dazu Falkenburg 2000, 5. Kapitel.
47. Falkenburg 2007, S. 285 ff., und 2010 sowie Anm. 19 des 6. Kapitels.
48. Die Zeitrichtung bzw. das Entropiewachstum ist hier, ähnlich wie in der klassischen kinetischen Theorie, durch die Wahl der Anfangsbedingungen sichergestellt, die dafür sorgen, dass die Antennen „retardierte" Potentiale aussenden bzw. empfangen. Dass es diese Anfangsbedingungen braucht, hat übrigens dazu geführt, dass Planck in seinem berühmten „Akt der Verzweiflung" an Boltzmanns statistische Deutung der Entropie zu glauben begann und das Wirkungsquantum entdeckte – vgl. Hoffmann 2008. Auch die thermodynamische Sicht von Radiowellen führt also letztlich auf die indeterministischen Vorgänge der Quantentheorie.
49. Barbour 1999.
50. Plessner 1928; Gehlen 1940, 1957; Portmann 1961; dazu auch Falkenburg 2008, 2010a.

ANMERKUNGEN ZUM 8. KAPITEL

1. Churchland 2006.
2. Plessner 1928.
3. Bennett / Hacker 2003; Janich 2009.

4. Bennett / Hacker 2003.
5. Ramachandran 2005, S. 111 ff. Roth 2006, S. 23 f., und 2009, S. 131.
6. Vgl. den Anfang des 1. Kapitels und Singer 2004.
7. Newton 1730 (1979, S. 397): "And thus Nature will be very conformable to her self and very simple . . . ."
8. Singer 2002, S. 176 ff.
9. Elger et al. 2006, S. 84.
10. du Bois-Reymond 1872.
11. Feynman 1985.
12. Morgan / Morrison 1999.
13. Dafür genügt ein Buch – nämlich die sehr klare Darstellung in Mittelstaedt / Weingartner 1995, S. 141 ff.
14. Churchland 2005, S. 477, und die dort in den Anmerkungen 26 und 27 angegebene Literatur.
15. Ebd.
16. Descartes stellte das Programm einer mathematischen Universalwissenschaft auf; und dafür setzte er die analytisch-synthetische Methode ein, die letztendlich in der antiken Mathematik wurzelt; vgl. Engfer 1982. Vgl. auch Falkenburg 2000 zu Kants vorkritischem Gebrauch dieser Methode in der Philosophie – unter Berufung auf Newton.
17. Falkenburg 2007, insbes. Kap. 3-4 und 6.5.
18. Vgl. die Kritik an John Searle in Churchland 2005, S. 472 ff., sowie Blackmore / Churchland 2006.
19. Falkenburg 2007.
20. Zur phänomenologischen Betrachtungsweise der Neurobiologie und Medizin vgl. Fuchs 2010.

LITERATURVERZEICHNIS

LITERATUR ZUM 1. KAPITEL

BECKERMANN, Ansgar (2001): Analytische Einführung in die Philosophie des Geistes. Berlin: de Gruyter, 2., überarb. Auflage.

BIERI, Peter (Hrsg.) (1981/2007): Analytische Philosophie des Geistes. Weinheim: Beltz 1981. 4., neu ausgestattete Aufl. 2007.

DAMASIO, Antonio R. (1997): Descartes' Irrtum. Fühlen, Denken und das menschliche Gehirn. München: List.

DESCARTES, René (1641/2009): Meditationes de prima philosophia. Amsterdam 1641. Dt.: Meditationen. Mit sämtlichen Einwänden und Erwiderungen. Übers. und hrsg. von Christian WOHLERS. Hamburg: Meiner 2009.

D'Holbach, Paul H. T. (1770/1978): Le Système de la Nature. (1770). Dt.: System der Natur oder von den Gesetzen der physischen und der moralischen Welt. Frankfurt a. M.: Suhrkamp 1978.

EINSTEIN, Albert (1934): Mein Weltbild. Hrsg. von Carl SEELIG. Nachdruck: Frankfurt a. M. / Berlin: Ullstein, 9. Auflage 1993.

EINSTEIN, Albert (1949): Autobiographical Notes. In: SCHILPP, P. A. (Ed.), Albert Einstein. Philosopher – Scientist. Evanston / Illinois: Library of Living Philosophers, 1–94. Zitiert nach der dt. Ausgabe: Albert Einstein als Philosoph und Naturforscher. Stuttgart: Kohlhammer.

ELGER, Christian E., et al. (2004/2006): Das Manifest. Elf führende Neurowissenschaftler über Gegenwart und Zukunft der Hirnforschung. In: Gehirn und Geist (2004) No. 6, 30–37. Wiederabgedruckt u.d.T.: Das Manifest. Gegenwart und Zukunft der Hirnforschung. In: KÖNNEKER, Carsten (Hrsg.), Wer erklärt den Menschen? Hirnforscher, Psychologen und Philosophen im Dialog. Frankfurt a. M.: Fischer., 77–84.

FALKENBURG, Brigitte (2000): Kants Kosmologie. Die wissenschaftliche Revolution der Naturphilosophie im 18. Jahrhundert. Frankfurt a. M.: Klostermann.

FALKENBURG, Brigitte (2005): Die Funktion der Naturwissenschaft für die Zwecke der Vernunft. In: GERHARDT, Volker / MEYER, Thomas (Hrsg.), Kant im Streit der Fakultäten. Berlin / New York: de Gruyter, 117–133.

FALKENBURG, Brigitte (2006): Was heißt es, determiniert zu sein? Grenzen der naturwissenschaftlichen Erklärung. In: STURMA, Dieter (Hrsg.), Philosophie und Neurowissenschaften. Frankfurt a. M.: Suhrkamp, 43–74.

FALKENBURG, Brigitte (2008): Selbst und Welt – Der Mensch als das Andere der Natur. Vortrag auf der Gedenktagung für Christa Hackenesch, Universität Wuppertal 4.7.2008. Hrsg.: M. Wunsch, Publikation in Vorbereitung.

FALKENBURG, Brigitte (2009): Was wissen wir über den Determinismus? Kommentar zu Keil 2009. In: Erwägen – Wissen – Ethik 20, Heft 1, 20–22.

GEYER, Christian (Hrsg.) (2004): Hirnforschung und Willensfreiheit. Zur Deutung der neuesten Experimente. Frankfurt a. M.: Suhrkamp.

HACKENESCH, Christa (2001): Jean-Paul Sartre. Reinbek: Rowohlt.

JANICH, Peter (2009): Kein neues Menschenbild. Zur Sprache der Hirnforschung. Frankfurt a. M.: Suhrkamp.

KANT, Immanuel (1755): Allgemeine Naturgeschichte und Theorie des Himmels. Nachdruck in: Kant 1900 ff., Bd. 1, sowie in Kant 1956, Bd. 1.

KANT, Immanuel (1781/1787): Kritik der reinen Vernunft. Auflage A (1781) und B (1787). Riga: Hartknoch.

KEIL, Geert (2007): Willensfreiheit. Berlin: de Gruyter.

KEIL, Geert (2009): Wir können auch anders. Skizze einer libertarischen Konzeption der Willensfreiheit. In: *Erwägen – Wissen – Ethik* 20, Heft 1, 3–15.

LAPLACE, Pierre-Simon (1814): Essai philosophique sur les probabilités. Zitiert nach der dt. Übersetzung: Philosophischer Versuch über die Wahrscheinlichkeit. Hrsg. v. Richard von MISES. Repr., 2. Auflage, Frankfurt a. M.: Harri Deutsch 1996.

METZINGER, Thomas (2009): Der Ego-Tunnel. Eine neue Philosophie des Selbst. Von der Hirnforschung zur Bewusstseinsethik. Berlin: Berlin-Verlag.

PATTON, Paul (2009): Viele Wege führen zur Intelligenz. In: *Gehirn & Geist* 3/2009, 50–55.

PRINZ, Wolfgang (2004): Der Mensch ist nicht frei. Ein Gespräch. In: GEYER 2004, 20–26.

SCHEIBE, Erhard (2007): Die Philosophie der Physiker. München: Beck.

SINGER, Wolf (2003): Ein neues Menschenbild? Gespräche über Hirnforschung. Frankfurt a. M.: Suhrkamp.

SINGER, Wolf (2004): Verschaltungen legen uns fest. Wir sollten aufhören von Freiheit zu sprechen. In: GEYER 2004, 30–65.

SWINBURNE, Richard (1986): The Evolution of the Soul. Oxford: Clarendon Press.

SWINBURNE, Richard (1994): The Christian God. Oxford: Clarendon Press.

WOLFF, Michael (2009): Freiheit und Determinismus bei Kant. Erscheint in: B. TUSCHLING und W. EULER (Hrsg.), Kants Metaphysik der Sitten. Philosophische und editorische Probleme. Berlin: Duncker & Humblot.

WOODWARD, James (2003): Making Things Happen: A Theory of Causal Explanation. Oxford: Oxford University Press.

WOODWARD, James (2008): Causation and Manipulability. In: ZALTA, Edward N. (Ed.), *The Stanford Encyclopedia of Philosophy*, , URL = http://plato.stanford.edu/archives/win2008/entries/causation-mani/[Winter 2008 Edition].

WRIGHT, Georg H. von (1971/2008): Explanation and Understanding. (1971). Dt.: Erklären und Verstehen. Hamburg: EVA Europ. Verlags-Anstalt 2008.

LITERATUR ZUM 2. KAPITEL

BAARS, Bernard J. / GAGE, Nicole M. (Hrsg.) (2007): Cognition, Brain, and Consciousness. Introduction to Cognitive Neuroscience. London / Amsterdam: Elsevier.

BOGEN, James / WOODWARD, James (1988): Saving the Phenomena. In: *The Philosophical Review* Vol. 97 (= Vol. XCVII), No. 3, 303–352.

CALLENDER, Craig / HUGGETT, Nick (2001): Physics Meets Philosophy at the Planck Scale: Contemporary Theories in Quantum Gravity. Cambridge / New York: Cambridge University Press.

CARNAP, Rudolf (1966): Philosophical Foundations of Physics. New York: Basic Books.

Dürer, Albrecht (1525): Underweysung der Messung. Nürnberg 1525. http://fermi.imss.fi.it/rd/bdv?/bdviewer/bid=000000921065# [Aufruf: 3.8.2011].

EARMAN, John (1989): World Enough and Space-Time. Absolute versus Rational Theories of Space and Time. Cambridge, MA / London: MIT Press.

EDDINGTON, Arthur Stanley (1949): Philosophie der Naturwissenschaft. Wien: Humboldt Verlag.

EDGERTON, Samuel Y. (2002): Die Entdeckung der Perspektive. München: Wilhelm Fink.

ENGFER, Hans-Jürgen (1982): Philosophie als Analysis. Studien zur Entwicklung philosophischer Analysiskonzeptionen unter dem Einfluss mathematischer Methodenmodelle im 17. u. frühen 18. Jahrhundert. Stuttgart: Frommann-Holzboog.

FALKENBURG, Brigitte (1997): Incommensurability and Measurement. In: *Theoria* Vol. 12, No. 30, 467–491.

FALKENBURG, Brigitte (2003): Erkennen und Eingreifen. Modelle des Bauplans der Natur. In: SICK, Andrea et al. (Hrsg.), Eingreifen. Viren, Modelle, Tricks. Hamburg / Bremen: Hein & Co, 199–211.

FALKENBURG, Brigitte (2004): Wem dient die Technik? Eine wissenschaftstheoretische Analyse der Ambivalenzen technischen Fortschritts. Johann-Joachim-Becher-Preis 2002. In: JOHANN-JOACHIM BECHER-STIFTUNG SPEYER (Hrsg.), Die Technik – eine Dienerin der gesellschaftlichen Entwicklung? Baden-Baden: Nomos, 45–177.

FALKENBURG, Brigitte (2007): Particle Metaphysics. A Critical Account of Subatomic Reality. Berlin / Heidelberg: Springer.

FALKENBURG, Brigitte (2011): What are the Phenomena of Physics? In: *Synthese* Vol. 182, Issue 1 (2001), 149–163.

FOERSTER, Heinz von (1985): Sicht und Einsicht. Versuche zu einer operativen Erkenntnistheorie. Braunschweig: Vieweg; Neuauflage: Heidelberg: Carl Auer 1999.

FRAASSEN, Bas C. van (1980): The Scientific Image. Oxford: Oxford University Press.

FUCHS, Thomas (2010): Das Gehirn – ein Beziehungsorgan. Eine phänomenologisch ökologische Konzeption. Stuttgart: Kohlhammer, 3., überarbeitete Auflage.

GALILEI, Galileo (1623/1992): Il Saggiatore. Milano: Feltrinelli 1965; nuove Edizione 1992.

GLASERSFELD, Ernst von (1987): Wissen, Sprache und Wirklichkeit. Arbeiten zum radikalen Konstruktivismus. Braunschweig: Vieweg.

GLASERSFELD, Ernst von (1995/1996): Radical Constructivism. A Way of Knowing and Learning. London 1995. Dt.: Der Radikale Konstruktivismus. Ideen, Ergebnisse, Probleme. Frankfurt a. M.: Suhrkamp 1996.

GREENFIELD, Susan A. (1997/2003): The Human Brain. Orion Publishing Group Ltd. / Basic Books 1997. Dt.: Reiseführer Gehirn. Heidelberg: Spektrum Akad. Verlag

HACKING, Ian (1983/1995): Representing and Intervening. Introductory Topics in the Philosophy of Natural Science. Cambridge: Cambridge University Press, Nachdruck 1997. Dt.: Einführung in die Philosophie der Naturwissenschaften. Stuttgart: Reclam 1995.

HEGEL, Georg W. F. (1830/1970): Enzyklopädie der philosophischen Wissenschaften. Band 2. In *Werke*, auf der Grundlage der Werke von 1832 – 1845 neu edierte Ausg. [Red.: Eva Moldenhauer und Karl-Markus Michel], Bd. 9, Frankfurt a. M.: Suhrkamp 1970.

Hüttemann, Andreas (1997): Idealisierungen und das Ziel der Physik. Eine Untersuchung zum Realismus, Empirismus und Konstruktivismus in der Wissenschaftstheorie. Berlin / New York: de Gruyter.

KNORR-Cetina, Karin (1981/1984): The Manufacture of Knowledge. An Essay on the Constructivist and Contextual Nature of Science. Oxford: Pergamon Press 1981. Dt.: Die Fabrikation von Erkenntnis. Zur Anthropologie der Naturwissenschaft. Frankfurt a. M.: Suhrkamp 1984.

KUHN, Thomas S. (1962): The Structure of Scientific Revolutions. Chicago: University of Chicago Press. 2nd edition, with postscript, 1970.

LATOUR, Bruno / WOOLGAR, Steve (1979): Laboratory Life. The Construction of Scientific Facts. Beverly Hills / London: Sage Publications 1979 [Princeton University Press, 2nd edn., 1986].

LEIBNIZ, Gottfried Wilhelm (1714): *Monadologie* (Französisch/Deutsch). Übersetzt und herausgegeben von Hartmut Hecht. Stuttgart: Reclam 1998.

LEPLIN, Jarret (Hrsg.) (1984): Scientific Realism. Berkeley: University of California Press.

LOSEE, Joseph (1993): A Historical Introduction to the Philosophy of Science. Oxford / New York: Oxford University Press.

MACH, Ernst (1905): Erkenntnis und Irrtum. Skizzen zur Psychologie der Forschung. Nachdruck der 5. Auflage. Leipzig: Barth 1926. Darmstadt: Wissenschaftliche Buchgesellschaft 1991.

NEWTON, Isaac (1687/1729/1872/1999): Philosophiae Naturalis Principia Mathematica, Londinum. (1687). Engl. Übers. (1729): Mathematical Principles of Natural Philosophy and his System of the World, Vol. I and II. Übers. von A. MOTTE, Hrsg.: F. CAJORI (1934). Nachdr.: University of California Press 1962. Dt. Übers. (1872): Mathematische Principien der Naturlehre. Übersetzt und erläutert von Jacob Philip WOLFERS. Oppenheim: Berlin 1872. Unveränd. Nachdr.: Frankfurt a. M.: Minerva 1992. Neue engl. Übers. (1999): The Principia. Mathematical Principles of Natural Philosophy. A New Translation. Übers. von I. Bernard Cohen und Anne Whitman, University of California Press. (Abb. 2.4: 1792; Nachdruck von 1962, 551).

NEWTON, Isaac (1730/1979): Opticks. London (4th edn.). Reprint with a Preface by I. B. COHEN. New York: Dover (1979). Dt. Übers. (1898): Optik oder Abhandlung über Spiegelungen, Brechungen, Beugungen und Farben des Lichts. I., II. und III. Buch. (1704). Nachdr.: Thun: Harri Deutsch 1996. (Abb. 2.3: 1979, 147).

PICKERING, Andrew (1974): Constructing Quarks. Edinburgh: Edinburgh University Press.

PLANCK, Max (1908): Die Einheit des physikalischen Weltbildes. Nachdr. in: PLANCK, Max: Vorträge und Erinnerungen. Darmstadt: Wissenschaftliche Buchgesellschaft 1965, 28–51.

PSILLOS, Statis (1999): Scientific Realism. How Science Tracks Truth. London: Routledge.

RAMACHANDRAN, Vilayanur S. / BLAKESLEE, Sandra (2002): Die blinde Frau, die sehen kann. Rätselhafte Phänomene unseres Bewusstseins. Mit einem Vorwort von Oliver Sacks. Reinbek bei Hamburg: Rowohlt.

ROTH, Gerhard (2009): Aus Sicht des Gehirns. Frankfurt a. M.: Suhrkamp, vollst. überarb. Neuauflage.

SCHRÖDER, Jürgen (2004): Einführung in die Philosophie des Geistes. Frankfurt a. M.: Suhrkamp.

SUPPES, Patrick (1980): Einträge: "Grösse" und „Messung". In: SPECK, J. (Hrsg.), Handbuch wissenschaftstheoretischer Begriffe. Göttingen: Vandenhock & Ruprecht, 268–269 und 415–423.

VESALIUS, Andreas (1543): De humani corporis fabrica, Basel: Johann Oporinus. http://imgbase-scd-ulp.u-strasbg.fr/displayimage.php?album=19&pos=0 [Aufruf 2.8.2011]. (Abb. 2.1: 606, 607).

LITERATUR ZUM 3. KAPITEL

BAARS, Bernard J. / GAGE, Nicole M. (Hrsg.) (2007): Cognition, Brain, and Consciousness. Introduction to Cognitive Neuroscience. London / Amsterdam: Elsevier.

BENNETT, Maxwell R. (2001): History of the Synapse. London: Harwood Academic Publishers.

BMBF (BUNDESMINISTERIUM FÜR BILDUNG UND FORSCHUNG) (2010): Wie Stammzellen im Gehirn für Zellnachschub sorgen. http://www.biotechnologie.de/BIO/Navigation/DE/root, did=110680.html?listBlId=74462 [Aufruf: 20.05.2010].

BREIDBACH, Olaf (1997): Die Materialisierung des Ichs. Zur Geschichte der Hirnforschung im 19. und 20. Jahrhundert. Frankfurt a. M.: Suhrkamp.

CHISTIAKOVA, Marina / VOLGUSHEV, Maxim (2009): Heterosynaptic Plasticity in the Neocortex. In: *Experimental Brain Research* Vol. 199, 377–390.

CRAVER, Carl F. (2007): Explaining the Brain. Mechanisms and Mosaic Unity of Neuroscience. Oxford: Clarendon Press.

DAMASIO, Antonio R. (1997): Descartes' Irrtum. Fühlen, Denken und das menschliche Gehirn. München: List.

DOIDGE, Norman (2007): The Brain that Changes Itself. Stories of Personal Triumph from the Frontiers of Brain Science. New York: Viking.

DRESBACH, Thomas, et al. (2008): Molecular Architecture of Glycinergic Synapses. In: *Histochemistry and Cell Biology* Vol. 130, 617–633.

FALKENBURG, Brigitte (2007): Particle Metaphysics. A Critical Account of Subatomic Reality. Berlin / Heidelberg: Springer.

FALKENBURG, Brigitte (2011): What are the Phenomena of Physics? In: *Synthese,* Vol. 182, Issue 1 (2001), 149–163.

GRAY, Henry (1918): Anatomy of the Human Body. Philadelphia: Lea & Febiger 1918; Bartleby.com, 2000. www.bartleby.com/107/ [Aufruf: 5.8.2011]. (Abb. 3.1: Fig. 677 und 739; Abb. 3.3: Fig. 754)

GREENFIELD, Susan A. (2003): Reiseführer Gehirn. Heidelberg: Spektrum Akad. Verlag. Engl.: The Human Brain. Orion Publishing Group Ltd. / Basic Books 1997.

HAGNER, Michael (1997/2000): Homo cerebralis. Der Wandel vom Seelenorgan zum Gehirn. Berlin: Verlag 1997; Frankfurt a. M.: Insel 2000.

HEBB, Donald O. (1949/2002): The Organization of Behavior. A Neuropsychological Theory. (1949). Mahwah, NJ: Lawrence Erlbaum Associates 2002.

HODGKIN, Alan L. / HUXLEY, Andrew F. (1952): A Quantitative Description of Membrane Current and its Application to Conduction and Excitation in Nerve. In: *J Physiol* Vol. 117, 500–544. Public domain: PubMed http://www.ncbi.nlm.nih.gov/pmc/articles/PMC1392413/ [6.8.2011]. (Abb. 3.6: 501; Abb. 3.7: 528).

JANICH, Peter (2008): „Ich lasse mich nicht in den Tomographen schieben!" (offener Brief an Wolf Singer). In: *FAZ.NET* vom 17. 7. 2008.

PLANCK, Max (1908): Die Einheit des physikalischen Weltbildes. Nachdr. in: PLANCK, Max: Vorträge und Erinnerungen. Darmstadt: Wissenschaftliche Buchgesellschaft 1965, 28–51.

RAMACHANDRAN, Vilayanur S. (2003/2005): The Emerging Mind. The Reith Lectures. (2003). Dt.: Eine kurze Reise durch Geist und Gehirn. Reinbek: Rowohlt 2005.

RAMACHANDRAN, Vilayanur S. (2008): The Man with the Phantom Twin. Adventures in the Neuroscience of the Human Brain. New York: Dutton Adult.

RAMACHANDRAN, Vilayanur S. / BLAKESLEE, Sandra (2002): Die blinde Frau, die sehen kann. Rätselhafte Phänomene unseres Bewusstseins. Mit einem Vorwort von Oliver Sacks. Reinbek bei Hamburg: Rowohlt.

RAMÓN Y CAJAL, Santiago (1906): The structure and connexions of neurons. Nobelpreis-Vortrag. http://nobelprize.org/nobel_prizes/medicine/laureates/1906/cajal-lecture.pdf [Aufruf: 3.8.2011].

ROBINSON, Joseph D. (2001): Mechanisms of Synaptic Transmission. Bridging the Gaps (1890–1990). Oxford / New York: Oxford University Press.

ROUGIER, Nicolas (o.J.): Schematic Drawing of a Neuron. Public domain: http://www.loria.fr/~rougier/artwork/images/neuron.png [Aufruf: 6.8.2011].

SACKS, Oliver W. (2001): Der Mann, der seine Frau mit einem Hut verwechselte. Reinbek: Rowohlt.

SCHLEIM, Stephan (2009): Das Mädchen, das mit nur einer Gehirnhälfte sieht. http://www.heise. de/tp/r4/artikel/30/30801/1.html [Aufruf: 12.12.2010].

SHERMER, Michael (2009): Warum das Gehirn kein Schweizer Taschenmesser ist. *Gehirn und Geist* No. 3, 29–32.

SINGER, Wolf (2002): Der Beobachter im Gehirn. Essays zur Hirnforschung. Frankfurt a. M.: Suhrkamp.

SINGER, Wolf (2008): „Die Beweislast liegt bei Ihnen!" (offener Brief an Peter Janich). In: *FAZ.NET* vom 17.07. 2008.

STAIGER, Jochen F., et al. (2009): Local Circuits Targeting Parvalbumin-Containing Interneurons in Layer IV of Rat Barrel Cortex. In: *Brain Structure and Function* Vol. 214, 1–13.

WERNICKE, Carl (Hrsg.) (1897 ff.): Atlas des Gehirns. Band I-III. Berlin: Karger

LITERATUR ZUM 4. KAPITEL

ALDER, Ken (2002/2003): The Measure of All Things. New York: Free Press 2002. Dt.: Das Maß der Welt. Die Suche nach dem Urmeter. München: Bertelsmann 2003.

BAARS, Bernard J. / GAGE, Nicole M. (Hrsg.) (2007): Cognition, Brain, and Consciousness. Introduction to Cognitive Neuroscience. London / Amsterdam: Elsevier.

BENNETT, Maxwell R. / HACKER, Peter M. S. (2003/2010): Philosophical Foundations of Neuroscience. Malden: Blackwell Publishing 2003. Dt.: Die philosophischen Grundlagen der Neurowissenschaften. Darmstadt: Wissenschaftliche Buchgesellschaft 2010.

BENNETT, Maxwell R. / HACKER, Peter M. S. (2008): History of Cognitive Neuroscience. Chichester / Malden: Wiley-Blackwell.

BLANKE, Olaf, et al. (2002): Stimulating Illusory Own-Body Perceptions. In: *Nature* Vol. 429, 269–270.

DESCARTES, René (1637/1997): Discours de la méthode pour bien conduire sa raison, et chercher la vérité dans les sciences. Plus la dioptrique, le meteores et la geometrie qui sont essais de cette methode. (1637). Dt.: Discours de la méthode. Von der Methode des richtigen Vernunftgebrauchs und der wissenschaftlichen Forschung. Übersetzt und herausgegeben von Lüder GÄBE. Durchgesehen und mit neuem Register sowie einer Bibliographie von George HEFFERNAN. Hamburg: Meiner, 2., verb. Aufl., 1997.

EAGLEMAN, David M. (2001): Visual Illusions and Neurobiology. In: *Nature Reviews Neuroscience* Vol. 2, No. 12, 920–926. http://neuro.bcm.edu/eagleman/papers/Eagleman.NatureRevNeuro. Illusions.pdf [Aufruf: 16.9.2011]

FALKENBURG, Brigitte (2007): Particle Metaphysics. A Critical Account of Subatomic Reality. Berlin / Heidelberg: Springer.

FECHNER, Gustav T. (1860): Elemente der Psychophysik. In zwei Teilen. Leipzig: Breitkopf und Härtel.

FUCHS, Thomas (2010): Das Gehirn – ein Beziehungsorgan. Eine phänomenologisch-ökologische Konzeption. Stuttgart: Kohlhammer, 3., überarbeitete Auflage.

GREENFIELD, Susan A. (2003): Reiseführer Gehirn. Heidelberg: Spektrum Akad. Verlag. Engl.: The Human Brain. Orion Publishing Group Ltd. / Basic Books 1997.

HACKING, Ian (1983/1995): Representing and Intervening. Introductory Topics in the Philosophy of Natural Science. Cambridge: Cambridge University Press, Nachdruck 1997. Dt.: Einführung in die Philosophie der Naturwissenschaften. Stuttgart: Reclam 1995.

HAGGARD, Patrick / EIMER, Martin (1999): On the Relation Between Brain Potentials and the Awareness of Voluntary Movements. In: *Experimental Brain Research* Vol. 126, 128–133.

KANT, Immanuel (1781/1787): Kritik der reinen Vernunft. Auflage A (1781) und B (1787). Riga: Hartknoch.

KELLER, I. / HECKHAUSEN, H. (1990): Readiness Potentials Preceding Spontaneous Motor Acts: Voluntary vs. Involuntary Control. In: *Electroencephalography and Clinical Neurophysiology* Vol. 76, 351–361.

KORNHUBER, Hans H. / DEECKE, Lüder (1965): Hirnpotentialänderungen bei Willkürbewegungen und passiven Bewegungen des Menschen: Bereitschaftspotential und reafferente Potentiale. In: *Pflügers Archiv ges. Physiol.* Vol. 284, No. 1, 1–17.

KUHN, Thomas S. (1961): The function of measurement in modern physical science. In: *Isis* Vol. 52, 161–193. Zitiert nach der dt. Übersetzung in: KUHN, Thomas S., Die Entstehung des Neuen. Hrsg. und übers. von Lorenz KRÜGER, Frankfurt a. M.: Suhrkamp 1977, 254 ff.

LIBET, Benjamin (1966): Brain Stimulation and the Threshold of Conscious Experience. In: ECCLES, John C. (Hrsg.), Brain and Conscious Experience. Berlin / New York: Springer, 165–181.

LIBET, Benjamin (1973): Electrical Stimulation of Cortex in Human Subjects and Conscious Sensory Aspects. In: IGGO, A. (Hrsg.), Handbook of Sensory Physiology. Vol. II, Chap. 19: Somatosensory System. Berlin / New York: Springer, 743–790.

LIBET, Benjamin (1985): Unconscious Cerebral Initiative and the Role of Conscious Will in Voluntary Action. In: *Behavioral and Brain Sciences* Vol. 8, 529–566.

LIBET, Benjamin (2005): Mind time. Wie das Gehirn Bewusstsein produziert. Frankfurt a. M.: Suhrkamp.

LIBET, Benjamin, et al. (1964): Production of Threshold Levels of Conscious Sensation by Electrical Stimulation of Human Somatosensory Cortex. In: *Journal of Neurophysiology* Vol. 27, 546–578.

MACKIE, John L. (1965): Causes and Conditionals. In: *American Philosophical Quarterly* Vol. 2, 245–264.

MACKIE, John L. (1980): The Cement of the Universe. Oxford: Clarendon Press.

McKAY, D. (1958): Perceptual Stability of a Stroboscopically lit Visual Field Containing Self-luninous Objects. In: *Nature* Vol. 181, 507–508.

METZINGER, Thomas (2009): Der Ego-Tunnel. Eine neue Philosophie des Selbst. Von der Hirnforschung zur Bewusstseinsethik. Berlin: Berlin-Verlag.

MICHELLE, Joel (2006): Psychophysics, Intensive Magnitudes, and the Psychometricians' Fallacy. In: *Studies in History & Philosophy of Biology and Biological Sciences* Vol. 17, No. 8, 414–432.

MILL, John Stuart (1843/1950): System of Logic, Ratiocinative and Inductive. Being a Connected View of the Principles of Evidence and the Methods of Scientific Investigation. Nachdruck (Auszüge): Philosophy of Scientific Method. Hrsg. von Ernest NAGEL. New York: Hafner Publishing 1950.

NIJHAWAN, Romi (1994): Motion extrapolation in catching. In: *Nature* Vol. 370, 256–257.

PENFIELD, Wilder G. / RASMUSSEN, Theodore (1950): The Cerebral Cortex of Man. A Clinical Study of Localization of Function. New York: Macmillan.

PLANCK, Max (1908): Die Einheit des physikalischen Weltbildes. Nachdr. in: PLANCK, Max: Vorträge und Erinnerungen. Darmstadt: Wissenschaftliche Buchgesellschaft 1965, 28–51.

RAMACHANDRAN, Vilayanur S. (2003/2005): The Emerging Mind. The Reith Lectures. (2003). Dt.: Eine kurze Reise durch Geist und Gehirn. Reinbek: Rowohlt 2005.

RAMACHANDRAN, Vilayanur S. (2008): The Man with the Phantom Twin. Adventures in the Neuroscience of the Human Brain. New York: Dutton Adult.

RAMACHANDRAN, Vilayanur S. / BLAKESLEE, Sandra (2002): Die blinde Frau, die sehen kann. Rätselhafte Phänomene unseres Bewusstseins. Mit einem Vorwort von Oliver Sacks. Reinbek bei Hamburg: Rowohlt.

ROTH, Gerhard (2006): Gleichtakt im Neuronennetz. Der rasante Fortschritt der Hirnforschung macht auch vor einem der letzten großen Rätsel des Menschen nicht Halt: dem Bewusstsein. Die naturwissenschaftliche Beschäftigung mit diesem traditionell geisteswissenschaftlichen Thema führt zu faszinierenden Ergebnissen. In: KÖNNEKER, Carsten (Hrsg.) (2006): Wer erklärt den Menschen? Hirnforscher, Psychologen und Philosophen im Dialog. Frankfurt a. M.: Fischer, 23–31.

ROTH, Gerhard (2009): Aus Sicht des Gehirns. Frankfurt a. M.: Suhrkamp, vollst. überarb. Neuauflage.

SCHLEIM, Stefan (2008): Gedankenlesen. Pionierabeit der Hirnforschung. Hannover: Heise.

SCHNABEL, Ulrich (2008): Hirnforschung: Der unbewusste Wille. Interview mit John Dylan Haynes. DIE ZEIT, 17.04.2008 Nr. 17 (http://www.zeit.de/2008/17/Freier-Wille) [Aufruf: 16.7.2009].

SINGER, Wolf (2002): Der Beobachter im Gehirn. Essays zur Hirnforschung. Frankfurt a. M.: Suhrkamp.

SOON, C. S., et al. (2008): Unconscious determinants of free decisions in the human brain. In: Nature Neuroscience Vol. 11, No. 5, 543–545.

SPRENGER, Carolyn / GEVORKIAN, Jeanne (2008): Hirngespinst Willensfreiheit. Wie determiniert ist der Mensch wirklich? Interview mit John Dylan Haynes. In: Gehirn & Geist, www.gehirn-und-geist.de/artikel/968930&_z=798884 [Aufruf: 8.8.2011].

STEVENS, S. S. (1975): Psychophysics. Introduction to Its Perceptual, Neural, and Social Prospects. New York: Wiley.

STURMA, Dieter (2005): Philosophie des Geistes. Leipzig: Reclam.

TREVENA, Judy A. / MILLER, Jeff (2002): Cortical Movement Preparation Before and After a Conscious Decision to Move. In: Consciousness and Cognition Vol. 11, No. 2, 162–190.

WALTER, Henrik (1999): Neurophilosophie der Willensfreiheit. Von libertarischen Illusionen zum Konzept natürlicher Autonomie. Paderborn: Mentis.

WEBER, Max (1914): Wirtschaft und Gesellschaft. Tübingen: Mohr.

WEBER, Max (1968): Gesammelte Aufsätze zur Wissenschaftslehre. Tübingen: Mohr.

LITERATUR ZUM 5. KAPITEL

AUGUSTINUS, Bekenntnisse [Confessiones], übers. von Carl Johann Perl, Ferdinand Schöningh: Paderborn 1964.

BAER, Karl E. von (1864): Welche Auffassung der lebenden Natur ist die richtige? Rede in Petersburg 1860. SCHMITZDORFF, H. (Ed.), St. Petersburg Verlag der kaiserl. Hofbuchandl. 1864, 237–284.

BARBOUR, Julian B. (1999): The End of Time. The Next Revolution in Physics. Oxford: Oxford University Press.

BLASCHKE, Stefan (2009): Zeitwahrnehmung in isochronen Sequenzen. Dissertation, Göttingen. http://webdoc.sub.gwdg.de/diss/2009/blaschke/blaschke.pdf [Aufruf am 10.8.2011].

BOHM, David (1952): A Suggested Interpretation of the Quantum Theory in Terms of "Hidden" Variables. I und II. In: Physical Review Vol. 85, No. 2, 166–179 und 180–193.

BOLTZMANN, Ludwig (1877/1970): Über die Beziehung eines allgemeinen mechanischen Satzes zum zweiten Hauptsatze der Wärmetheorie. In: Sitz.-Ber. Akad. Wiss. Wien (11) 75, 67–73. Nachdruck in: L. BOLTZMANN (1902), Wissenschaftliche Abhandlungen Bd. 2, Leipzig: Barth, 116–122; sowie in: S. G. BRUSH (Hrsg.) (1970), Kinetische Theorie II: Irreversible Prozesse. Einführung und Originaltexte. Braunschweig: Vieweg, 240–247.

CHURCHLAND, Patricia S. (2005): Die Neurobiologie des Bewußtseins: Was können wir von ihr lernen? In: METZINGER (2005), 463–490.

EAGLEMAN, et al. (2005): Time and the Brain: How Subjective Time Relates to Neural Time. In: Journal of Neuroscience Vol. 25, No. 45, 10369–10371.

EVERETT, Hugh (1957): "Relative State" Formulation of Quantum Mechanics. In: Reviews of Modern Physics Vol. 29, 454–462.

FILK, Thomas / GIULINI, Domenico (2004): Am Anfang war die Ewigkeit. Auf der Suche nach dem Ursprung der Zeit. München: Beck.

FOERSTER, Heinz von (1985): Sicht und Einsicht. Versuche zu einer operativen Erkenntnistheorie. Braunschweig: Vieweg; Neuauflage: Heidelberg: Carl Auer 1999.

Fölsing, Albrecht (1983/1996): Galileo Galilei. Prozeß ohne Ende. Eine Biographie. München: Piper 1983; Rowohlt: Reinbek 1996.

GIULINI, Domenico, et al. (2005): Decoherence and the Appearance of a Classical World in Quantum Theory. Berlin / Heidelberg: Springer.

GLASERSFELD, Ernst von (1987): Wissen, Sprache und Wirklichkeit. Arbeiten zum radikalen Konstruktivismus. Braunschweig: Vieweg.

GLASERSFELD, Ernst von (1995/1996): Radical Constructivism. A Way of Knowing and Learning. London 1995. Dt.: Der Radikale Konstruktivismus. Ideen, Ergebnisse, Probleme. Frankfurt a. M.: Suhrkamp 1996.

HEARNSHAW, L. S. (1956): Temporal Integration and Behavior. In: Bulletin of the British Psychological Society Vol. 30, 1–20.

HELSON, Harry (1964): Adaptation-level Theory. New York: Harper & Row.

HOFFMANN, Dieter (2008): Max Planck. Die Entstehung der modernen Physik. München: Beck.

HUANG, Kerson (1964): Statistische Mechanik, Bd I und Bd. II. Mannheim: BI-Verlag. (Abb. 5.1: Bd. I, 110)

KANT, Immanuel (1781/1787): Kritik der reinen Vernunft. Auflage A (1781) und B (1787). Riga: Hartknoch.

KELLY, Sean D. (2005): The Puzzle of Temporal Experience. In: BROOK, Andrew / AKINS, Kathleen (Hrsg.), Cognition and the Brain. The Philosophy and Neuroscience Movement. Cambridge: Cambridge University Press, 208–238.

KLEIN, Stefan (2006): Zeit. Der Stoff, aus dem das Leben ist. Eine Gebrauchsanleitung. Frankfurt a. M.: Fischer.

KRÜGER, Lorenz (1980): Reduction as a Problem: Some Remarks on the History of Statistical Mechanics from a Philosophical Point of View. Nachdruck in: KRÜGER, Lorenz: Why Does History Matter to Philosophy and the Sciences (hrsg. von THOMAS Sturm et al.). Berlin: de Gruyter, 93–117.

KRÜGER, Lorenz (1989): Reduction without Reductionism. In: BROWN, J. R. und MITTELSTRASS, J. (Hrsg.), An Intimate Relation. Boston: Kluwer, 369–390.

LAPLACE, Pierre-Simon (1814): Essai philosophique sur les probabilités. Zitiert nach der dt. Übersetzung: Philosophischer Versuch über die Wahrscheinlichkeit. Hrsg. v. Richard von MISES. Repr., 2. Auflage, Frankfurt a. M.: Harri Deutsch 1996.

LIBET, Benjamin (2005): Mind time. Wie das Gehirn Bewusstsein produziert. Frankfurt a. M.: Suhrkamp.

LYRE, Holger (2008): Time in Modern Philosophy of Physics: The Central Issues. In: *Physics and Philosophy*. Open access online journal, hrsg. von B. FALKENBURG und W. RHODE, http://physphil.tu-dortmund.de/, hier: https://eldorado.tu-dortmund.de/handle/2003/25146.

MACH, Ernst (1865): Die Analyse der Empfindungen und das Verhältnis des Physischen zum Psychischen. Jena: G. Fischer.

MARKOSIAN, Ned (2010): "Time", The Stanford Encyclopedia of Philosophy, Edward N. ZALTA (Ed.), http://plato.stanford.edu/archives/win2010/entries/time/ [Winter 2010 Edition].

MCTAGGART, John Ellis (1908): The Unreality of Time. In: *Mind. A Quarterly Review of Psychology and Philosophy* Vol. 17, 456–473.

MERLEAU-PONTY, Maurice (1966): Phänomenologie der Wahrnehmung. Photomechan. Nachdr., Berlin: de Gruyter 2008.

NEWTON, Isaac (1687/1729/1872/1999): Philosophiae Naturalis Principia Mathematica, Londinum. (1687). Engl. Übers. (1729): Mathematical Principles of Natural Philosophy and his System of the World, Vol. I and II. Übers. von A. MOTTE, Hrsg.: F. CAJORI (1934). Nachdr.: University of California Press 1962. Dt. Übers. (1872): Mathematische Principien der Naturlehre. Übersetzt und erläutert von Jacob Philip WOLFERS. Oppenheim: Berlin 1872. Unveränd. Nachdr.: Frankfurt a. M.: Minerva 1992. Neue engl. Übers. (1999): The Principia. Mathematical Principles of Natural Philosophy. A New Translation. Übers. von I. Bernard Cohen und Anne Whitman, University of California Press.

ORNSTEIN, Robert E. (1969): On the Experience of Time. Harmondsworth / England.

PÖPPEL, Ernst (1971): Oscillations as Possible Basis for Time Perception. *Studium Generale* Vol. 24 (1971), 85–107. Reprint in: J. T. FRASER (Ed.), The Study of Time. Berlin / Heidelberg: Springer 1972, 219–241.

PÖPPEL, Ernst (1978): Time Perception. In: HELD, R. / LEIBOWITZ, H. W. / TEUBER, H.-L. (Eds.), Handbook of Sensory Physiology. 8. Perception, Chapter 23. Berlin / Heidelberg: Springer, 713–729.

PÖPPEL, Ernst (1992): Erlebte Zeit und die Zeit überhaupt: Ein Versuch der Integration. In: ASCHHOFF, J. (Hrsg.), Die Zeit. Dauer und Augenblicke. München: Piper, 369–382.

PÖPPEL, Ernst (1997a): A Hierarchical Model of Temporal Perception. In: *Trends in Cognitive Sciences* Vol. 1, No. 2, 56–61.

PÖPPEL, Ernst (1997b): Grenzen des Bewußtseins. Wie kommen wir zur Zeit, und wie entsteht Wirklichkeit? Frankfurt a. M. / Leipzig: Insel.

PÖPPEL, Ernst, et al. (1990): A Hypothesis Concerning Timing in the Brain. In: HAKEN, H. / STADLER, M. (Eds.), Synergetics of Cognition. Berlin / Heidelberg: Springer, 144–149.

PRIGOGINE, Ilya (1988): *Vom Sein zum Werden. Zeit und Komplexität in den Naturwissenschaften.* München: Piper (6. Aufl.: 1992).

PRIGOGINE, Ilya / STENGERS, Isabelle (1990): Dialog mit der Natur. Neue Wege naturwissenschaftlichen Denkens. Neuausgabe, München: Piper.

PRIGOGINE, Ilya / STENGERS, Isabelle (1993): Das Paradox der Zeit. München: Piper 1993.

SCHWEGLER, Helmut (2001): Reduktionismen und Physikalismen. In: PAUEN, Michael / ROTH, Gerhard (Hrsg.), Neurowissenschaften und Philosophie. Eine Einführung. München: Fink, 58–82.

SINGER, Wolf (1999): Neuronal Synchrony: A Versatile Code for the Definition of Relations? Review. In: *Neuron* Vol. 24, 49–65.

SINGER, Wolf (2007): Binding by Synchrony. In: *Scholarpedia* Vol. 2, No. 12, 1657. http://www.scholarpedia.org/wiki/index.php?title=Binding_by_synchrony&action=cite&rev=73618 [Aufruf: 13.8.2011]

SPIEGEL online (2009): *Tierische Intelligenz* (26.05.2009), http://www.spiegel.de/wissenschaft/ natur/0,1518,626863,00.html [Aufruf: 6.3.2011]

TAATGEN, Niels, et al. (2008): Time Perception: Beyond Simple Interval Estimation. *Department of Psychology.* Paper 60. http://repository.cmu.edu/psychology/60 [Aufruf: 10.8.2011].

UFFINK, Jos (2010): *Irreversibility in Stochastic Dynamics-* In: HUETTEMANN, von A. / ERNST, G. (Hrsg.), Time, Chance, and Reduction. Philosophical Aspects of Statistical Mechanics, Cambridge University Press, S. 180-206.

WOLFRAM, Stephen (1994): Cellular Automata and Complexity. Boulder, CO: Westview Press.

WOLFRAM, Stephen (2002): A New Kind of Science. Champaign, IL: Wolfram Media Inc.

ZEH, H.-Dieter (1999/2007): The Physical Basis of the Direction of Time. Berlin / Heidelberg: Springer, 3. bzw. 4. Auflage.

LITERATUR ZUM 6. KAPITEL

ALEKSANDER, Igor (2007): Neural Models. A Route to Cognitive Brain Theory. In: BAARS / GAGE (2007), 453-476.

BECHTEL, William (2008): Mental Mechanisms. Philosophical Perspectives on Cognitive Neuroscience. London: Routledge.

BECHTEL, William / ABRAHAMSEN, Adele (2005a): Explanation. A Mechanistic Alternative. In: *Studies in History and Philosophy of Biological and Biomedical Sciences* Vol. 36, 421-441.

BECHTEL, William / ABRAHAMSEN, Adele (2005b): Mechanistic Explanation and the Nature-Nurture Controversy. In: *Bulletin d'Histoire et d'Epistémologie des Sciences de la Vie* Vol. 12, 75-100.

BENNETT, Maxwell R. / HACKER, Peter M. S. (2003/2010): Philosophical Foundations of Neuroscience. Malden: Blackwell Publishing 2003. Dt.: Die philosophischen Grundlagen der Neurowissenschaften. Darmstadt: Wissenschaftliche Buchgesellschaft 2010.

BENNETT, Maxwell R. / HACKER, Peter M. S. (2008): History of Cognitive Neuroscience. Chichester / Malden: Wiley-Blackwell.

BOGEN, James (2005): Regularities and Causality. Generalizations and Causal Explanations. In: *Studies in History and Philosophy of Biological and Biomedical Sciences* Vol. 36, CRAVER, Carl F. and DARDEN, Lindley (Eds.), Special Issue: "Mechanisms in Biology", 397-420.

BOHM, David (1952): A Suggested Interpretation of the Quantum Theory in Terms of "Hidden" Variables. I und II. In: *Physical Review* Vol. 85, No. 2, 166-179 und 180-193.

BOHR, Niels (1922/1985): On Atomerne Bygning. -Vortrag, December 11, 1922. Nachdruck der dt. Übers. [W. Pauli: „Über den Bau der Atome." In: *Naturwissenschaften* 11 (1923), 606-624] in: K.v. MEYENN (Hrsg.), Niels Bohr 1885-1962. Der Kopenhagener Geist in der Physik. Braunschweig: Vieweg 1985, 70-109. Dänischer Text und engl. Übers. In: BCW (Bohr's Collected Works) 4, 425-482.

CARTWRIGHT, Nancy (1983): How the Laws of Physics Lie. Oxford: Oxford University Press.

CHRISLB (2005): Schema eines künstlichen neuronalen Netzes mit einer Ebene mit rekurrenten Kanten. Wikimedia commons: RecurrentLayerNeuralNetwork_deutsch.png [Aufruf am 16.8.2011].

CLAYTON, Philip D. (2008): Emergenz und Bewusstsein. Evolutionärer Prozess und die Grenzen des Naturalismus. Göttingen: Vandenhoeck & Ruprecht.

CRAVER, Carl F. (2007): Explaining the Brain. Mechanisms and Mosaic Unity of Neuroscience. Oxford: Clarendon Press.

CRAVER, Carl F. / DARDEN, Lindley (Eds.) (2005): "Mechanisms in Biology", Special Issue of *Studies in History and Philosophy of Biological and Biomedical Sciences* Vol. 36, No. 2.

DAKE / Mysid (2006): A Simplified View of an Artifical Neural Network. Vectorized by Mysid in CorelDraw on an image by Dake. Wikimedia commons: Neural network.svg [Aufruf am 16.8.2011]

DARRIGOL, Olivier (1992): From c-Numbers to q-Numbers. The Classical Analogy in the History of Quantum Theory. Berkeley: University of California Press.

EARMAN, John (1989): World Enough and Space-Time. Absolute versus Rational Theories of Space and Time. Cambridge, MA / London: MIT Press.

EINSTEIN, Albert (1949): Autobiographical Notes. In: SCHILPP, P. A. (Ed.), Albert Einstein. Philosopher – Scientist. Evanston / Illinois: Library of Living Philosophers, 1–94. Zitiert nach der dt. Ausgabe: Albert Einstein als Philosoph und Naturforscher. Stuttgart: Kohlhammer.

EINSTEIN, Albert / PODOLSKY, B. / ROSEN, N. (1935): Can Quantum-Mechanical Description of Physical Reality be Considered Complete? In: *Physical Review* Vol. 47, 777–780.

EMMECHE, Claus, et al. (2000): Wholeness and Part. Cosmos and Man in 16th and 17th Century Natural Philosophy and in Modern Holism. In: ANDERSON, Peter B. et al. (Eds.), Downward Causation. Minds, Bodies, Matter. Aarhus: Aarhus University Press, 13–34.

FALKENBURG, Brigitte (1998): Bohr's Principles of Unifying Quantum Disunities. In: *Philosophia Naturalis* Vol. 35, 95–120.

FALKENBURG, Brigitte (2007): Particle Metaphysics. A Critical Account of Subatomic Reality. Berlin / Heidelberg: Springer.

FALKENBURG, Brigitte (2010): Wave-Particle Duality in Quantum Optics. In: SUÁREZ, M. / DORATO, M. / RÉDEI, M. (Hrsg.), EPSA Philosophical Issues in the Sciences. Launch of the European Philosophy of Science Association, Vol. 2. Dodrecht: Springer, 31–42.

FALKENBURG, Brigitte / HUBER, Renate (2007): Die Welt als Maschine – eine Metapher. In: *Spektrum der Wissenschaft Spezial 3:* Ist das Universum ein Computer? 20–26.

FRIEDMANN, Michael (1974): Explanation and Scientific Understanding. In: *Journal of Philosophy* Vol. 71, No. 1, 5–19.

GREENFIELD, Susan A. (1997/2003): The Human Brain. Orion Publishing Group Ltd. und Basic Books 1997. Dt.: Reiseführer Gehirn. Heidelberg: Spektrum Akad. Verlag.

HESSE, Mary B. (1963): Models and Analogies in Science. Notre Dame, IN: University of Notre Dame Press.

HUANG, Kerson (1964): Statistische Mechanik, Bd I und Bd. II. Mannheim: BI-Verlag. (Abb. 5.1: Bd. I, 110).

HUANG, Kerson (2001): Introduction to Statistical Physics. Boca Raton: CRC Press.

KANT, Immanuel (1790/1793): Kritik der Urteilskraft. Riga: Auflage A (1790) und B (1793).

LIN, Shu-Kun (2009): Gibbs paradox and its resolutions, http://www.mdpi.org/lin/entropy/gibbs-paradox.htm [Aufruf: 27.11.2011].

MACH, Ernst (1883): Die Mechanik in ihrer Entwicklung historisch-kritisch dargestellt. Leipzig: Brockhaus 1883. Nachdruck der 9. Auflage, Leipzig: Brockhaus 1933. Darmstadt: Wissenschaftliche Buchgesellschaft 1991.

MACH, Ernst (1905): Erkenntnis und Irrtum. Skizzen zur Psychologie der Forschung. Nachdruck der 5. Auflage, Leipzig: Barth 1926. Darmstadt: Wissenschaftliche Buchgesellschaft 1991.

MACKIE, John L. (1965): Causes and Conditionals. In: *American Philosophical Quarterly* Vol. 2, 245–264.

MACKIE, John L. (1980): The Cement of the Universe. Oxford: Clarendon Press.

MAYR, Ernst (1991): Einen neue Philosophie der Biologie. München: Piper.

MCVITTIE, Brona (2006): Wie gestaltet die Epigenetik das Leben? In: "Epigenetik? Öffentliches Wissenschaftsportal": http://epigenome.eu/de/1,6,0 [Aufruf: 15.9.2010].

MILL, John Stuart (1843/1950): System of Logic, Ratiocinative and Inductive. Being a Connected View of the Principles of Evidence and the Methods of Scientific Investigation. Nachdruck (Auszüge): Philosophy of Scientific Method. Hrsg. von Ernest NAGEL, New York: Hafner Publishing 1950.

MONOD, Jacques (1970/1996): *Le hasard et la nécessité. Essai sur la philosophie naturelle de la biologie moderne.* Paris: Le Seuil 1970. Dt.: Zufall und Notwendigkeit. Philosophische Fragen der modernen Biologie. München / Zürich: Piper 1996.

NEWEN, Albert (2000): Selbst und Selbstbewußtsein aus philosophischer und kognitionswissenschaftlicher Perspektive. In: NEWEN / VOGELEY 2000, 17–53.

NEWTON, Isaac (1687/1729/1872/1999): Philosophiae Naturalis Principia Mathematica, Londinum. (1687). Engl. Übers. (1729): Mathematical Principles of Natural Philosophy and his System of the World, Vol. I and II. Übers. von A. Motte, Hrsg.: F. CAJORI (1934). Nachdr.: University of California Press 1962. Dt. Übers. (1872): Mathematische Principien der Naturlehre. Übersetzt und erläutert von Jacob Philip WOLFERS. Oppenheim: Berlin 1872. Unveränd. Nachdr. : Frankfurt a. M.: Minerva 1992. Neue engl. Übers. (1999): The Principia. Mathematical Principles of Natural Philosophy. A New Translation. Übers. von I. Bernard Cohen und Anne Whitman, University of California Press.

NEWTON, Isaac (1730/1979): Opticks. London (4th edn.). Reprint with a Preface by I. B. COHEN. New York: Dover (1979). Dt. Übers. (1898): Optik oder Abhandlung über Spiegelungen, Brechungen, Beugungen und Farben des Lichts. I., II. und III. Buch. (1704). Nachdr.: Thun: Harri Deutsch 1996.

PICCININI, Gualticro / CRAVER Carl: Integrating Psychology and Neuroscience: Functional Analyses as Mechanism Sketches. http://www.umsl.edu/~piccininig/Integrating_Psychology_and_Neuroscience_Functional_Analyses_as_Mechanism_Sketches.pdf [Aufruf: 23.7.2011].

PRIGOGINE, Ilya (1988): *Vom Sein zum Werden. Zeit und Komplexität in den Naturwissenschaften.* München: Piper (6. Aufl.: 1992).

PRIGOGINE, Ilya / STENGERS, Isabelle (1990): Dialog mit der Natur. Neue Wege naturwissenschaftlichen Denkens. Neuausgabe, München: Piper.

ROJAS, Raul (2001): Künstliche neuronale Netze als neues Paradigma der Informationsverarbeitung. In: PAUEN, Michael / ROTH, Gerhard (Hrsg.), Neurowissenschaften und Philosophie. Eine Einführung. München: Fink, 269–276.

RUSSELL, Bertrand A. W. (1912 / 1953): On the Notion of Cause. In: *Proceedings of the Aristotelian Society* (1912/13) No. 13, 1–26. Nachdruck in: Herbert FEIGL / Max BRODBECK (Hrsg.), Readings in the Philosophy of Science. New York: Appleton.

SCHEIBE, Erhard (1976) Gibt es Erklärungen von Theorien? In: Allg. Zeitschr. f. Philosophie **1**, 26–45. Engl.: Are there Explanations of Theories? In: Contemporary German Philosophy, Bd. **3**, hrsg. von. D. E. Christensen et al. Penn State University Press: London 1983, 141–158; auch in: Between Rationalism and Empiricism. Selected Papers in the Philosophy of Physics (hrsg. von B. Falkenburg), Berlin / Heidelberg: Springer 2001, 324–338.

SINGER, Wolf (2002): Der Beobachter im Gehirn. Essays zur Hirnforschung. Frankfurt a. M.: Suhrkamp.

SINGER, Wolf (2003): Ein neues Menschenbild? Gespräche über Hirnforschung. Frankfurt a. M.: Suhrkamp.

STEPHAN, Achim (1999): Emergenz. Von der Unvorhersagbarkeit zur Selbstorganisation. Paderborn: Mentis.

STEPHAN, Achim (2001): Emergenz in kogitionsfähigen Systemen. In: PAUEN / Roth 2001, 123–154.

STÖLTZNER, Michael / WEINGARTNER, Paul (Hrsg.) (2005): Formale Teleologie und Kausalität in der Physik. Paderborn: Mentis.

WEBER, Marcel (1998): *Die Architektur der Synthese: Entstehung und Philosophie der modernen Evolutionstheorie.* Berlin: de Gruyter.

WEBER, Marcel (2007): Evolutionäre Kontingenz und naturgesetzliche Notwendigkeit. In: FALKENBURG, Brigitte (Hrsg.), Natur, Technik, Kultur. Philosophie im interdisziplinären Dialog. Paderborn: Mentis., 129–142.

WEBER, Max (1914): Wirtschaft und Gesellschaft.Tübingen: Mohr.

WEBER, Max (1968): Gesammelte Aufsätze zur Wissenschaftslehre. Tübingen: Mohr.

WHEELER, John A. (1983): Law without Law. In: WHEELER, J. A. / ZUREK, W. H. (Eds.), Quantum Theory and Measurement. Princeton, NJ: Princeton University Press, 182–213.

WINGERT, Lutz (2006): Grenzen der naturalistischen Selbstobjektivierung. In: STURMA, Dieter (Hrsg.), Philosophie und Neurowissenschaften. Frankfurt a.M.: Suhrkamp, 240–260.

WOODWARD, James (2003): Making Things Happen: A Theory of Causal Explanation. Oxford: Oxford University Press.

WOODWARD, James (2008): Causation and Manipulability. In: *The Stanford Encyclopedia of Philosophy*, Edward N. ZALTA (Ed.), URL = http://plato.stanford.edu/archives/win2008/entries/causation-mani/ [Winter 2008 Edition].

WRIGHT, Georg H. von (1971/2008): Explanation and Understanding. (1971). Dt.: Erklären und Verstehen. Hamburg: EVA Europ. Verlags-Anstalt 2008.

LITERATUR ZUM 7. KAPITEL

ANDERSON, Philip W. (1972): More Is Different. In: *Science* Vol. 177, No. 4047, 393–396.

ANDERSON, Philip W. (1997): Concepts in Solids. Lectures on the Theory of Solids. Singapore: World Scientific.

BAARS, Bernard J. / GAGE, Nicole M. (Hrsg.) (2007): Cognition, Brain, and Consciousness. Introduction to Cognitive Neuroscience. London / Amsterdam: Elsevier.

BARBOUR, Julian B. (1999): The End of Time. The Next Revolution in Physics. Oxford: Oxford University Press.

BECHTEL, William (2008): Mental Mechanisms. Philosophical Perspectives on Cognitive Neuroscience. London: Routledge.

BENNETT, Maxwell R., et al. (2007/2010): Neuroscience and Philosophy. Brain, Mind, and Language. Columbia University Press 2007. Dt.: Neurowissenschaft und Philosophie: Gehirn, Geist und Sprache. Frankfurt a. M.: Suhrkamp 2010.

BENNETT, Maxwell R. / HACKER, Peter M. S. (2003/2010): Philosophical Foundations of Neuroscience. Malden: Blackwell Publishing 2003. Dt.: Die philosophischen Grundlagen der Neurowissenschaften. Darmstadt: Wissenschaftliche Buchgesellschaft 2010.

BENNETT, Maxwell R. / HACKER, Peter M. S. (2008): History of Cognitive Neuroscience. Chichester / Malden: Wiley-Blackwell.

BLACKMORE, Susan (2006): Conservations on Consciousness. What the Best Minds Think About the Brain, Free Will, and What it Means To Be Human. New York: Oxford University Press.

BLACKMORE, Susan / Churchland, Patricia and Paul (2006): "The brain is a causal machine." "The visual sensation of redness is a particular pattern of activations." Interview mit Patricia & Paul Churchland, in: Blackmore (2006), 50–67.

BLACKMORE, Susan / GREENFIELD, Susan A. (2006): "I get impatient when the really big questions are sliding past." Interview mit Susan Greenfield, in: BLACKMORE (2006), 92–103.

BLUEBRAIN.EPFL.CH (2011), http://bluebrain.epfl.ch/ [Aufruf: am 22.08.2011].

CHURCHLAND, Patricia S. (2005): Die Neurobiologie des Bewußtseins: Was können wir von ihr lernen? In: METZINGER (2005), 463–490.

CHURCHLAND, Paul M. (1995/2001): The Engine of Reason, the Seat of the Soul. Cambridge, MA: MIT Press 1995. Dt.: Die Seelenmaschine. Eine philosophische Reise ins Gehirn. Heidelberg: Spektrum Akad. Verlag 2001.

DENNETT, Daniel (2007): Reply to BENNETT and Hacker (2003). In: Bennett et al. (2007).

DUNCAN, David Ewing (2005): Hirnimplantate. Fernsteuerung durch Gedanken. In: *Technology Review* März 2005. http://www.heise.de/tr/downloads/08/4/6/3/medizin2_tr0305.pdf [Aufruf am 13.12.2011].

ENGEL, Andreas K. (2000): Zeitliche Bindung und phänomenales Bewusstsein. In: NEWEN, Albert / VOGELEY, Kai (Hrsg.), Selbst und Gehirn. Menschliches Selbstbewußtsein und seine neurobiologischen Grundlagen. Paderborn: Mentis, 417–445.

EVERETT, Hugh (1957): "Relative State" Formulation of Quantum Mechanics. In: *Reviews of Modern Physics* Vol. 29, 454–462

FALKENBURG, Brigitte (1997): Incommensurability and Measurement. In: *Theoria* Vol. 12, No. 30, 467–491.

FALKENBURG, Brigitte (2000): Kants Kosmologie. Die wissenschaftliche Revolution der Naturphilosophie im 18. Jahrhundert. Frankfurt a. M.: Klostermann.

FALKENBURG, Brigitte (2006): Was heißt es, determiniert zu sein? Grenzen der naturwissenschaftlichen Erklärung. In: STURMA, Dieter (Hrsg.), Philosophie und Neurowissenschaften. Frankfurt a. M.: Suhrkamp, 43–74.

FALKENBURG, Brigitte (2007): Particle Metaphysics. A Critical Account of Subatomic Reality. Berlin / Heidelberg: Springer.

FALKENBURG, Brigitte (2008): Selbst und Welt – Der Mensch als das Andere der Natur. Vortrag auf der *Gedenktagung für Christa Hackenesch*, Universität Wuppertal 4.7.2008. Hrsg.: M. Wunsch, Publikation in Vorbereitung.

FALKENBURG, Brigitte (2010a): Wave-Particle Duality in Quantum Optics. In: SUÁREZ, M. / DORATO, M. / RÉDEI, M. (Hrsg.), EPSA Philosophical Issues in the Sciences. Launch of the European Philosophy of Science Association, Vol. 2. Dordrecht: Springer, 31–42.

FOUCAULT, Michel (1961): Wahnsinn und Gesellschaft. Eine Geschichte des Wahns im Zeitalter der Vernunft. Frankfurt a. M.: Suhrkamp.

FUCHS, Thomas (2010): Das Gehirn – ein Beziehungsorgan. Eine phänomenologisch-ökologische Konzeption. Stuttgart: Kohlhammer, 3., überarbeitete Auflage.

GEHLEN, Arnold (1940): Der Mensch, seine Natur und seine Stellung in der Welt. Berlin: Junker und Dünnhaupt.

GEHLEN, Arnold (1957): Die Seele im Technischen Zeitalter. Sozialphilosophische Probleme in der industriellen Gesellschaft. Reinbek: Rowohlt.

GREENFIELD, Susan A. (2003): Reiseführer Gehirn. Heidelberg: Spektrum Akad. Verlag. Engl.: The Human Brain. Orion Publishing Group Ltd. / Basic Books 1997.

HEISENBERG, Werner K. (1969): Der Teil und das Ganze. Gespräche im Umkreis der Atomphysik. München: Piper.

HOFFMANN, Dieter (2008): Max Planck. Die Entstehung der modernen Physik. München: Beck.

KANT, Immanuel (1781/1787): Kritik der reinen Vernunft. Auflage A (1781) und B (1787). Riga: Hartknoch.

KUHN, Thomas S. (1961): The function of measurement in modern physical science. In: *Isis* Vol. 52, 161–193. Zitiert nach der dt. Übersetzung in: KUHN, Thomas S., Die Entstehung des Neuen. Hrsg. und übers. von Lorenz KRÜGER, Frankfurt a. M.: Suhrkamp 1977, 254 ff.

KUHN, Thomas S. (1962): The Structure of Scientific Revolutions. Chicago: University of Chicago Press. 2nd edition, with postscript, 1970.

METZINGER, Thomas (Hrsg.) (2005): Bewußtsein. Beiträge aus der Gegenwartsphilosophie. 5., erweiterte Auflage. Paderborn: Mentis.

NEWTON, Isaac (1687/1729/1872/1999): Philosophiae Naturalis Principia Mathematica, Londinum. (1687). Engl. Übers. (1729): Mathematical Principles of Natural Philosophy and his System of the World, Vol. I and II. Übers. von A. MOTTE, Hrsg.: F. CAJORI (1934). Nachdr.: University of California Press 1962. Dt. Übers. (1872): Mathematische Principien der Naturlehre. Übersetzt und erläutert von Jacob Philip WOLFERS. Oppenheim: Berlin 1872. Unveränd. Nachdr.: Frankfurt a. M.: Minerva 1992. Neue engl. Übers. (1999): The Principia. Mathematical Principles of Natural Philosophy. A New Translation. Übers. von I. Bernard Cohen und Anne Whitman, University of California Press.

NEWTON, Isaac (1730/1979): Opticks. London (4th edn.). Reprint with a Preface by I. B. COHEN. New York: Dover (1979). Dt. Übers. (1898): Optik oder Abhandlung über Spiegelungen, Brechungen, Beugungen und Farben des Lichts. I., II. und III. Buch. (1704). Nachdr.: Thun: Harri Deutsch 1996.

N-TV.DE (2010), 21. Mai 2010: Durchbruch in der Gen-ForschungKünstliches Leben erzeugt. http://www.n-tv.de/wissen/Kuenstliches-Leben-erzeugt-article883033.html [Aufruf: 17.09.2010].

PASSON, Oliver (2006): What You Always Wanted to Know about Bohmian Mechanics but Were Afraid to Ask. In: *Physics and Philosophy*. Open access online journal, hrsg. von B. FALKENBURG und W. RHODE http://physphil.tu-dortmund.de/, hier: https://eldorado.tu-dortmund.de/handle/2003/23108.

PAUEN, Michael / ROTH, Gerhard (Hrsg.) (2001): Neurowissenschaften und Philosophie. Eine Einführung. München: Fink.

PLESSNER, Helmuth (1928): Die Stufen des Organischen und der Mensch. Einleitung in die philosophische Anthropologie. Berlin: de Gruyter.

PORTMANN, Adolf (1961): Neue Wege der Biologie. München: Piper.

RAMACHANDRAN, Vilayanur S. (2003/2005): The Emerging Mind. The Reith Lectures. (2003). Dt.: Eine kurze Reise durch Geist und Gehirn. Reinbek: Rowohlt 2005.

RAMACHANDRAN, Vilayanur S. (2008): The Man with the Phantom Twin. Adventures in the Neuroscience of the Human Brain. New York: Dutton Adult.

ROTH, Gerhard (2001): Die neurobiologischen Grundlagen von Geist und Bewußtsein. In: PAUEN / ROTH 2001, 155–209.

ROTH, Gerhard (2009): Aus Sicht des Gehirns. Frankfurt a. M.: Suhrkamp, vollst. überarb. Neuauflage.

RUHNAU, Eva (2005): Zeit-Gestalt und Beobachter. Betrachtungen zum *tertium non datur* des Bewußtseins. In: METZINGER (2005), 201–220.

SCHLEIM, Stefan (2008): Gedankenlesen. Pionierabeit der Hirnforschung. Hannover: Heise.

SINGER, Wolf (2002): Der Beobachter im Gehirn. Essays zur Hirnforschung. Frankfurt a. M.: Suhrkamp.

SPIEGEL online (2011): "Human Brain Project". Forscher basteln an der Hirnmaschine. Von Christoph Seidler und Cinthia Briseño (12.05.2011), http://www.spiegel.de/wissenschaft/mensch/0, 1518,761995,00.html [Aufruf: 22.8.2011]
STAPP, Henry P. (2007): Mindful Universe: Quantum Mechanics and the Participating Observer. Berlin / Heidelberg: Springer.
STAPP, Henry P. (o.J.): Philosophical Foundations of Neuroscience. In: http://philpapers.org/ browse/explanation-in-neuroscience [Aufruf: 23.7.2011].
WEBER, Max (1914): Wirtschaft und Gesellschaft.Tübingen: Mohr.
WEBER, Max (1968): Gesammelte Aufsätze zur Wissenschaftslehre. Tübingen: Mohr.
WHITEHEAD, Alfred N. (1929): Process and Reality: An Essay in Cosmology. New York: Macmillan. Korrigierte Ausgabe, hrsg. von David R. GRIFFIN und Donald W. SHERBURNE, New York: The Free Press 1979. Dt.: Prozeß und Realität: Entwurf einer Kosmologie. Frankfurt a. M., Suhrkamp: 1987.

LITERATUR ZUM 8. KAPITEL

BENNETT, Maxwell R. / HACKER, Peter M. S. (2003/2010): Philosophical Foundations of Neuroscience. Malden: Blackwell Publishing 2003. Dt.: Die philosophischen Grundlagen der Neurowissenschaften. Darmstadt: Wissenschaftliche Buchgesellschaft 2010.
BLACKMORE, Susan / CHURCHLAND, Patricia and Paul (2006): "The brain is a causal machine." "The visual sensation of redness is a particular pattern of activations." Interview mit Patricia & Paul Churchland, in: BLACKMORE, Susan: Conservations on Consciousness. What the Best Minds Think About the Brain, Free Will, and What it Means To Be Human. New York: Oxford University Press, 50–67.
CHURCHLAND, Patricia S. (2005): Die Neurobiologie des Bewußtseins: Was können wir von ihr lernen? In: METZINGER, Thomas (Hrsg.), Bewußtsein. Beiträge aus der Gegenwartsphilosophie. 5., erweiterte Auflage, Paderborn: Mentis, 463–490.
CHURCHLAND, Patricia S. (2006): The Big Questions: Do We Have Free Will? http:// philosophyfaculty.ucsd.edu/faculty/pschurchland/papers/newscientist06dowehavefreewill.pdf
DU BOIS-REYMOND, Emil (1872): Über die Grenzen des Naturerkennes. In der zweiten allgemeinen Sitzung der 45. Versammlung Deutscher Naturforscher und Ärzte zu Leipzig am 14. August 1872 gehaltener Vortrag. In: Reden von Emil DU BOIS-REYMOND in zwei Bänden. Erster Band. 2., vervollst. Auflage, edited by Estelle du Bois-Reymond. Leipzig: Veit & Comp. 1872, 441–473.
ELGER, Christian E., et al. (2004/2006): Das Manifest. Elf führende Neurowissenschaftler über Gegenwart und Zukunft der Hirnforschung. In: *Gehirn und Geist* (2004) No. 6, 30–37. Wiederabgedruckt u.d.T.: Das Manifest. Gegenwart und Zukunft der Hirnforschung. In: KÖNNEKER (2006), 77–84.
ENGFER, Hans-Jürgen (1982): Philosophie als Analysis. Studien zur Entwicklung philosophischer Analysiskonzeptionen unter dem Einfluss mathematischer Methodenmodelle im 17. u. frühen 18. Jahrhundert. Stuttgart: Frommann-Holzboog.
FALKENBURG, Brigitte (2000): Kants Kosmologie. Die wissenschaftliche Revolution der Naturphilosophie im 18. Jahrhundert. Frankfurt a. M.: Klostermann.
FALKENBURG, Brigitte (2007): Particle Metaphysics. A Critical Account of Subatomic Reality. Berlin / Heidelberg: Springer.

FEYNMAN, Richard P. (1985/1991): QED. The Strange Theory of Light and Matter. Princeton, NJ: Princeton University Press 1985. Dt. QED. Die seltsame Theorie des Lichts und der Materie. München: Piper, 15. Aufl. 1992.

FUCHS, Thomas (2010): Das Gehirn – ein Beziehungsorgan. Eine phänomenologisch-ökologische Konzeption. Stuttgart: Kohlhammer, 3., überarbeitete Auflage.

JANICH, Peter (2009): Kein neues Menschenbild. Zur Sprache der Hirnforschung. Frankfurt a. M.: Suhrkamp.

KÖNNEKER, Carsten (Hrsg.) (2006): Wer erklärt den Menschen? Hirnforscher, Psychologen und Philosophen im Dialog. Frankfurt a. M.: Fischer.

MITTELSTAEDT, Peter / WEINGARTNER, Paul (1995): Laws of Nature. Berlin / Heidelberg: Springer.

MORGAN, Mary S. / MORRISON, Margaret (Hrsg.) (1999): Models as Mediators: Perspectives on Natural and Social Science. Cambridge: Cambridge University Press.

NEWTON, Isaac (1730/1979): Opticks. London (4th edn.). Reprint with a Preface by I. B. COHEN. New York: Dover (1979). Dt. Übers. (1898): Optik oder Abhandlung über Spiegelungen, Brechungen, Beugungen und Farben des Lichts. I., II. und III. Buch. (1704). Nachdr.: Thun: Harri Deutsch 1996.

PLESSNER, Helmuth (1928): Die Stufen des Organischen und der Mensch. Einleitung in die philosophische Anthropologie. Berlin: de Gruyter.

RAMACHANDRAN, Vilayanur S. (2003/2005): The Emerging Mind. The Reith Lectures. (2003). Dt.: Eine kurze Reise durch Geist und Gehirn. Reinbek: Rowohlt 2005.

ROTH, Gerhard (2006): Gleichtakt im Neuronennetz. Der rasante Fortschritt der Hirnforschung macht auch vor einem der letzten großen Rätsel des Menschen nicht Halt: dem Bewusstsein. Die naturwissenschaftliche Beschäftigung mit diesem traditionell geisteswissenschaftlichen Thema führt zu faszinierenden Ergebnissen. In: KÖNNEKER (2006), 23–31.

ROTH, Gerhard (2009): Aus Sicht des Gehirns. Frankfurt a. M.: Suhrkamp, vollst. überarb. Neuauflage.

SINGER, Wolf (2002): Der Beobachter im Gehirn. Essays zur Hirnforschung. Frankfurt a. M.: Suhrkamp.

SINGER, Wolf (2004): Verschaltungen legen uns fest. Wir sollten aufhören von Freiheit zu sprechen. In: GEYER (2004), 30–65.

Namensindex

Sachindex